SINOMA
中国中材
硬质合金柱钉辊套
□对抗极端磨蚀性物料
对抗磨损我们有一“套”——超级辊套
□多重复合离心浇注，耐磨层厚达60mm（>HRC60）
□中材装备集团科力公司和中钢邢机联合研制，中材机电备件公司核心推广
辊压机专业化系统解决方案

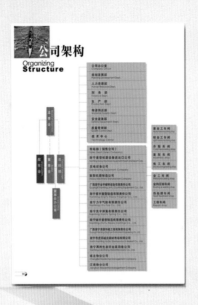

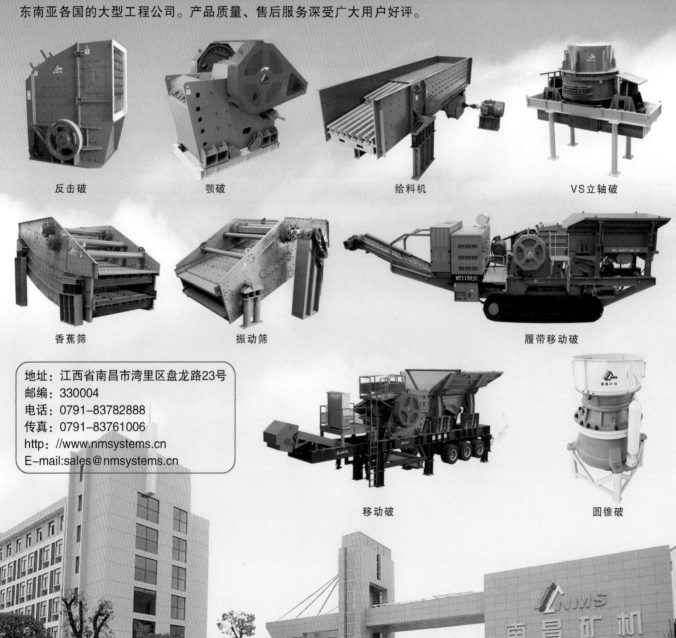

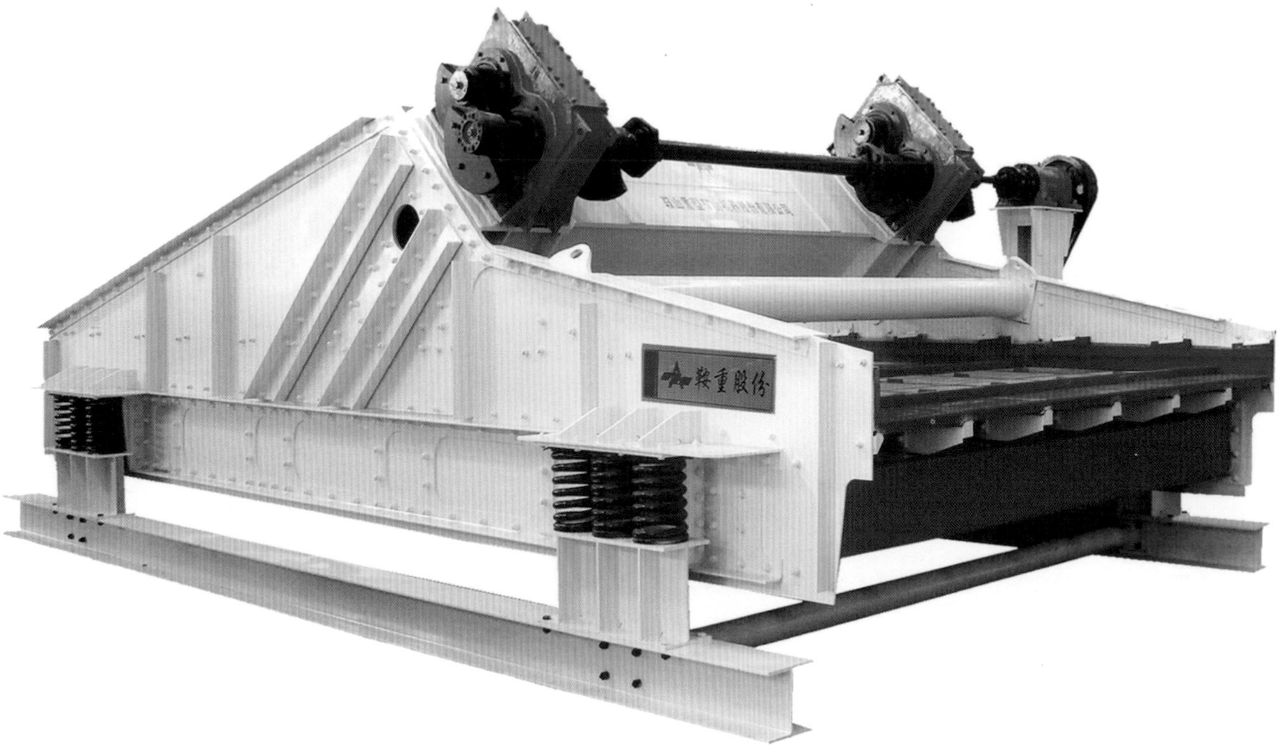

直线振动筛

1 鞍重股份全貌
2 数控机床车间
3 加工中心车间
4 装配调试车间
5 振动筛用户使用现场
6 $56m^2$巨型振动筛产品
7 技术中心设计研究室
8 国外展会产品展示

鞍山重型矿山机器股份有限公司

网址：www.aszkjqc.com
电话：0412-5235088

1、应用场合

在全世界范围内 ABB低压断路器在主要机械设备行业都具有广泛的应用：

- 牵引设备 ■ 连续采煤机 ■ 钻机、铲车
- 长臂挖掘机

发电和配电：

- MV/LV移动式变压器（带配电柜）
- 配电柜和电动机/泵起动器 移动式配电柜

其他机械设备：

- 发电机 ■ 工程机车

ABB低压断路器和开关在采矿行业亦有广泛应用：

- 水处理设备 ■ 传送带 ■ 通风设备等

应用市场：
■地下采掘、露天采掘及矿石加工

2、ABB 1000V断路器和开关产品

SACE Tmax-1000VDC/1150VAC

在Tmax的全系列产品中，T4、T5和T6型断路器适用于高达1150V的交流应用场合 以及1000V的直流应用场合。此类产品主要应用于采掘行业。

3极和4极断路器可匹配TMD或TMA热磁脱扣器，用于直流或交流场合；可匹配电子脱扣器PR221DS、PR222DS/P、PR223DS和PR223EF，用于交流场合。

此类特殊用断路器，尺寸与标准断路器完全相同。型式为固定式，带高端子盖和绝缘板，可装配所有的电气附件Tmax断路器适用的环境条件：周围空气温度在–25°C和+70°C之间；储存温度在–40°C和+70°C之间。带热磁脱扣器的断路器，其热敏元件设置的参考温度是+40°C。

1000V直流用断路器的主要特性

			T4	T5	T6
额定电流	Iu	[A]	250	400/630	630/800
极数			4	4	4
额定工作电压，Ue	(DC)4 极串联	[V]	1000	1000	1000
额定冲击耐受电压，Uimp		[kV]	8	8	8
额定绝缘电压，Ui	(AC) 50~60 Hz	[V]	1150	1150	1000
工频测试电压 1 分钟		[V]	3500	3500	3500
额定极限短路分断能力	Icu		V	V	L
	(DC)4 极串联	[kA]	40	40	40
额定运行短路分断能力	Ics				
	(DC)4 极串联	[kA]	20	20	
使用类别(根据 IEC 947-2)			A	B (400A) - A(500 A)	B
隔离功能（根据 IEC 947-2)			■	■	■
热磁脱扣器	TMD		■	-	-
	TMA		■	■	■
型式			F	F	F
端子			FC Cu	FC Cu	F-FC CuAl-R
机械寿命		[操作次数]	20000	20000	20000
		[每小时操作次数]	240	120	120
固定式的基本尺寸*	3 极 L	[mm]	105	140	210
	4 极 L	[mm]	140	184	280
	P	[mm]	103,5	103,5	103,5
	H	[mm]	205	205	268
重量	固定式 3/4 极	[kg]	2,35/3,05	3,25/4,15	9,5/12

*此类断路器无高端子盖

**Tmax T5630 只有固定式

1150V交流用断路器的主要特性

			T4		T5		T6
额定电流	In	[A]	250		400/630		630/800
极数			3, 4		3, 4		3, 4
额定工作电压	(AC) 50~60 Hz	[V]	1000	1150	1000	1150	1000
额定冲击耐受电流		[kV]	8		8		8
额定绝缘电压	(AC) 50~60 Hz	[V]	1000	1150	1000	1150	1000
工频测试电压 1 分钟		[V]	3500		3500		3500
额定极限短路分断能力	Icu		L	V	L	V	L
	(AC) 50~60 Hz 1000 V	[kA]	12	20	12	20	12
	(AC) 50~60 Hz 1150 V	[kA]		12		12	
额定运行短路分断能力	Ics						
	(AC) 50~60 Hz 1000 V	[kA]	12	12	10	10	6
	(AC) 50~60 Hz 1150 V	[kA]		6		6	
额定短路接通能力（峰值）	Icm						
	(AC) 50~60 Hz 1000 V	[kA]	24	40	24	40	24
	(AC) 50~60 Hz 1150 V	[kA]		24		24	
使用类别(根据 IEC 947-2)			A		B (400A) - A(630 A)		B
隔离功能（根据 IEC 947-2)			■		■		■
热磁脱扣器	TMD			■			
	TMA *			■		■	■
电子脱扣器	PR221		■	■	■	■	■
	PR222		■	■	■	■	■
型式			F, P, W	F	F, P, W***	F	F
端子			FC Cu		FC Cu		F-FC CuAl-R
机械寿命		[操作次数]	20000		20000		20000
		[每小时操作次数]	240		120		120
固定式的基本尺寸**	3 极 L	[mm]	105		140		210
	4 极 L	[mm]	140		184		280
	P	[mm]	103,5		103,5		103,5
	H	[mm]	205		205		268
重量	固定式 3 / 4 极	[kg]	2,35/3,05	2,35/3,05	3,25/4,15	3,25/4,15	9,5/12
	插入式 3 / 4 极	[kg]	3,6/4,65		5,15/6,65		
	抽出式 3 / 4 极	[kg]	3,85/4,9		5,4/6,9		

* Tmax T5 630 最高可配置 TMD R500

**此类断路器无高端子盖

***Tmax T5 630 只有固定式

TOGETHER WE CAN GO FAR
合力致领先
环境恶劣、温差悬殊……矿山企业面对重重挑战，如何一路领先，成就未来？选择壳牌工业润滑油，征服挑战、阔步前行，只需合力同心、紧密合作。
壳牌佳度(Gadus)系列润滑脂长寿命、抗腐蚀、机械稳定性强、泵送性好。一切努力，只为鼎力帮助矿山行业强化设备保护、延长换油周期、优化系统工作效率、降低运营成本。
GADUS
壳牌润滑油热线:
400 010 3208
壳牌润滑油网址:
www.shell.com.cn/lubes
壳牌工业润滑油 — 合力致领先

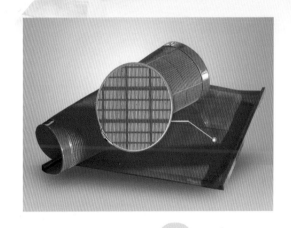

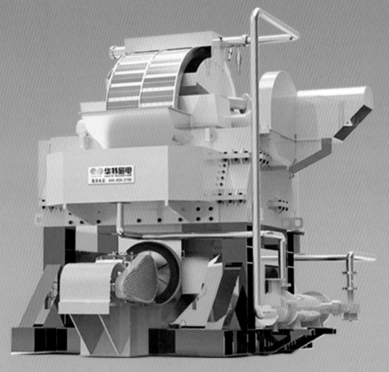

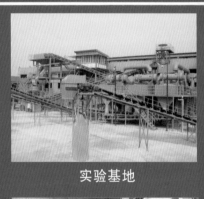

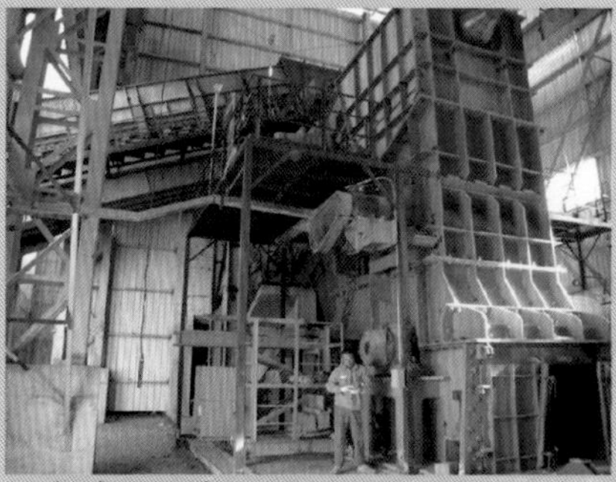
混合破碎系统

锤式筛分破碎机

预筛分破碎系统

板喂机

波动辊式筛分机

波动辊式给料机

双转子锤式破碎机

石灰石用反击式破碎机

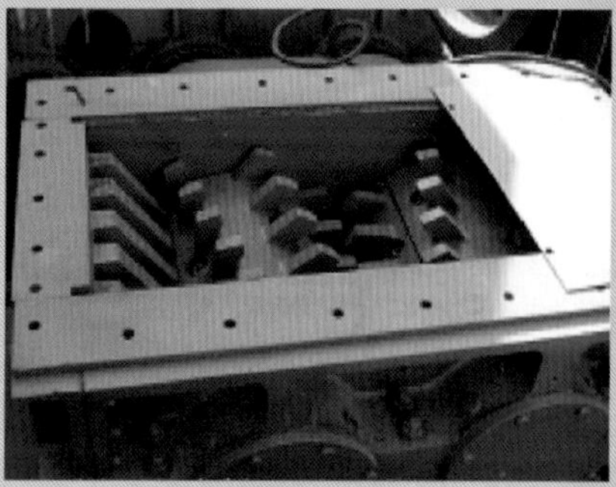
新型齿式筛分破碎机

硬物料用反击式破碎机

齿辊式破碎机

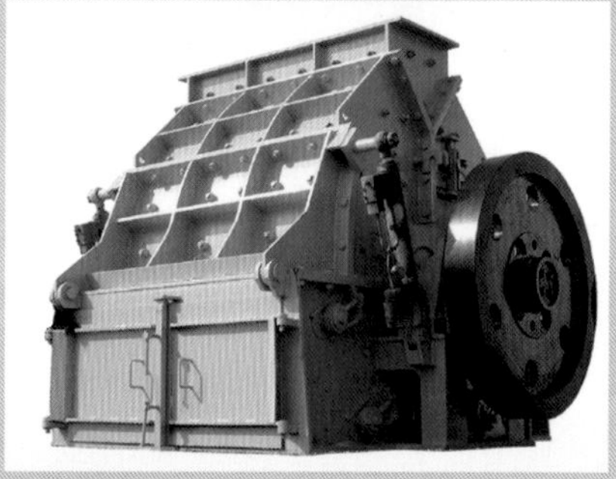
中碎用锤式破碎机

公司产品

气垫式输送机

反击式破碎机

移动式破碎站

圆锥破碎机

圆管带式输送机

大倾角带式输送机

DT Ⅱ 型固定式带式输送机

气垫式输送机

石料生产线工艺

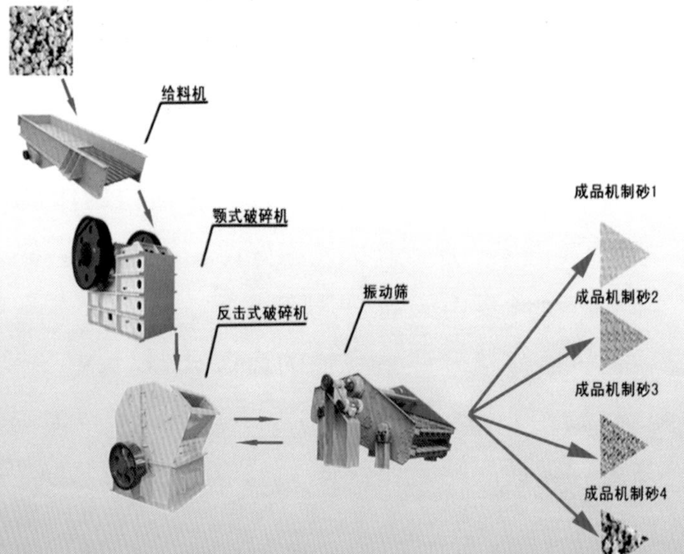

矿井提升机(提升绞车)全自动变频电控

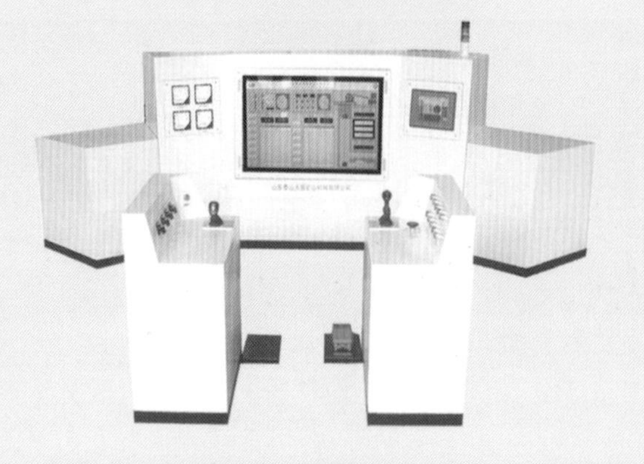

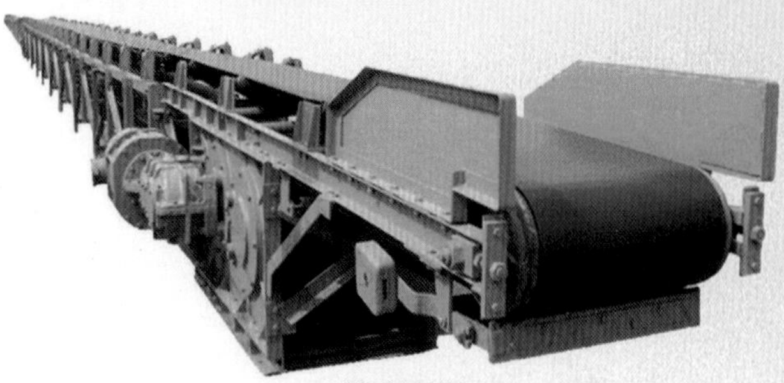

带式输送机

单绳缠绕式矿井提升机

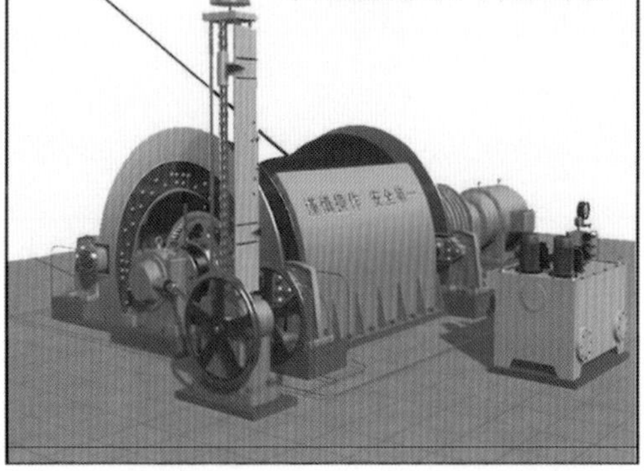

单绳缠绕式矿井提升机

落地式多绳摩擦式提升机

凿井绞车

美孚润滑油应用图析

1 推拉齿轮箱

美孚SHC™齿轮油OH 320
美孚 SHC™齿轮油 320
美孚黑霸王™合成齿轮油 80W-140
美孚黑霸王™齿轮油 85W-140

2 润滑室 提升/推进/回转齿轮箱

美孚SHC™齿轮油 OH 320
美孚 SHC™齿轮油 320
美孚黑霸王™合成齿轮油 80W-140
美孚黑霸王™齿轮油 85W-140

3 回转齿圈

美孚得耐格™2000 开式齿轮润滑脂
美孚得耐格™800 开式齿轮润滑脂
美孚得耐格™600 开式齿轮润滑脂

4 勺杆齿条

- 美孚得耐格™2000开式齿轮润滑脂
- 美孚得耐格™800开式齿轮润滑脂
- 美孚得耐格™600开式齿轮润滑脂

5 马鞍座

- 美孚得耐格™2000开式齿轮润滑脂
- 美孚得耐格™800开式齿轮润滑脂
- 美孚得耐格™600开式齿轮润滑脂

6 轴销及其他润滑脂加注点

- 美孚力富™SHC系列
- 美孚润滑脂XHP™矿山系列
- 美孚润滑脂XHP™460
- 美孚润滑脂XHP™222/221

液压系统	空压机系统	仪表系统
美孚 SHC™500系列	美孚拉力士SHC™1024	美孚™透平油
美孚 DTE 10超凡™系列		
美孚 DTE™20系列		

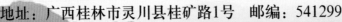

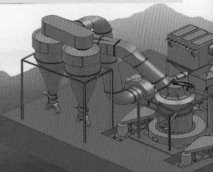

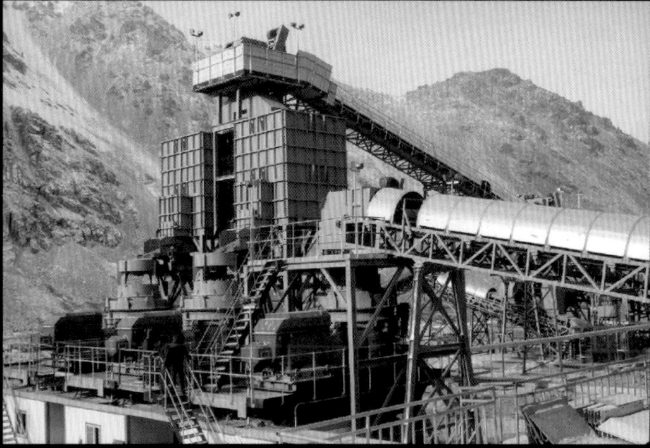

中国重型机械选型手册

（矿山机械）

中国重型机械工业协会　编

北　京
冶　金　工　业　出　版　社
2015

内容提要

《中国重型机械选型手册》以介绍产品性能、结构特点、工作原理、技术参数、外形和安装尺寸以及应用案例等状况为主，按冶金及重型锻压设备，矿山机械，物料搬运机械，重型基础零部件四个分册分别出版。手册全面反映我国重型机械行业在产品转型升级、科技创新、信息化等方面的科研成果，满足电力、钢铁、冶金、煤炭、交通、石化、国防、机械、港口及水利等业主及工程设计单位对先进技术装备采购的需要，为产业链企业在投资、采购、招标、建设中所需重型机械提供方便、完善、翔实的产品信息。

本分册为矿山机械，共有10章，第1章井巷掘进设备；第2章采掘设备；第3章提升设备；第4章矿用运输设备；第5章破碎粉磨设备；第6章矿用筛分设备；第7章洗选设备；第8章焙烧设备；第9章矿物深加工设备；第10章矿山安全装备。

本分册介绍了矿山机械中各种产品的工作原理、技术特点、适用范围等，收集了国内主要生产企业产品的技术性能参数，为使用单位提供了部分矿山机械产品选型计算方法。

本分册可供重型机械装备中的矿山机械生产企业及电力、钢铁、冶金、煤炭、交通、石化、国防、机械、港口及水利等行业的业主及工程设计单位的学者、研究人员、采购人员、工程技术人员及相关专业的高校学生参考阅读。

图书在版编目(CIP)数据

中国重型机械选型手册．矿山机械／中国重型机械工业协会编．—北京：冶金工业出版社，2015.3

ISBN 978-7-5024-6831-6

Ⅰ.①中…　Ⅱ.①中…　Ⅲ.①机械—重型—选型—中国—手册　②矿山机械—选型—中国—手册　Ⅳ.①TH－62　②TD4－62

中国版本图书馆CIP数据核字(2014)第287718号

出 版 人　谭学余
地　　址　北京市东城区嵩祝院北巷39号　邮编　100009　电话　(010)64027926
网　　址　www.cnmip.com.cn　电子信箱　yjcbs@cnmip.com.cn
责任编辑　杨盈园　美术编辑　吕欣童　版式设计　孙跃红
责任校对　卿文春　责任印制　李玉山
ISBN 978-7-5024-6831-6
冶金工业出版社出版发行；各地新华书店经销；北京百善印刷厂印刷
2015年3月第1版，2015年3月第1次印刷
210mm×297mm；19.25印张；20彩页；712千字；295页
138.00元

冶金工业出版社　投稿电话　(010)64027932　投稿信箱　tougao@cnmip.com.cn
冶金工业出版社营销中心　电话　(010)64044283　传真　(010)64027893
冶金书店　地址　北京市东四西大街46号(100010)　电话　(010)65289081(兼传真)
冶金工业出版社天猫旗舰店　yjgy.tmall.com

编 委 会

前　　言

21世纪以来，在社会主义市场经济的新形势下，重型机械行业取得了迅猛的发展与长足的进步。我国现已成为重型机械领域的制造大国。特别是近年来，重型机械行业在加强科技创新能力建设、推动产业升级方面取得了可喜的成绩，涌现出一批接近或达到国际先进水平的新产品和新技术。应行业广大读者的要求，中国重型机械工业协会组织有关单位，编写了《中国重型机械选型手册》(以下简称《手册》)。《手册》共分为四个分册：冶金及重型锻压设备、矿山机械、物料搬运机械、重型基础零部件。《手册》在内容编排上主要包含产品概述、分类、工作原理、结构特点、主要技术性能与应用、选型原则与方法和生产厂商等。供广大读者在各类工程项目中为重型机械产品的选型、订货时参考。

《中国重型机械选型手册　矿山机械》主要包括井巷掘进设备、采掘设备、提升设备、矿用运输设备、破碎粉磨设备、矿用筛分设备、洗选设备、焙烧设备、矿物添加设备和矿山安全装备。

本《手册》由北方中冶（北京）工程咨询有限公司进行资料的收集和整理，同时得到了行业相关单位的大力支持，在此表示衷心的感谢！由于编写时间短，收集的产品资料覆盖不够全面，向广大读者表示歉意。

《中国重型机械选型手册》编委会
2015年1月

目　录

1 井巷掘进设备

井巷掘进设备是用于将一定范围内的岩石从岩体上破碎下来并运出地面，形成设计要求的断面形状井筒、巷道及硐室的机械设备，其中包括：竖井、天井掘进机械，巷道掘进机械等。

1.1 竖井、天井掘进机械

竖井、天井掘进机械用于矿井建设工程。从地面向地下巷道或在井下的两个水平巷道之间掘凿天井，用以提升矿石和废石、运送人员和材料、井下通风、安装水电设施、放矿与充填以及采矿前的采准等，主要包括：竖井钻机、天井钻机、钻架、抓岩机等机械。

1.1.1 转盘式竖井钻机

1.1.1.1 概述

竖井钻机是采用钻井法施工的设备。当钻孔直径不大于3m时，也可用于钻桩基孔，常称为工程钻机。目前在用的竖井钻机主要有转盘式和动力头式两种，转盘式竖井钻机由钻架、天车、游车、绞车、封口平车、气动抱钩、水龙头、转盘以及钻具系统（包括钻杆、导向器、配重）、液压系统、电控系统、泥浆冲洗净化系统等组成，如图1-1-1和图1-1-2所示。除此之外，钻机还有外围配套设备，如龙门

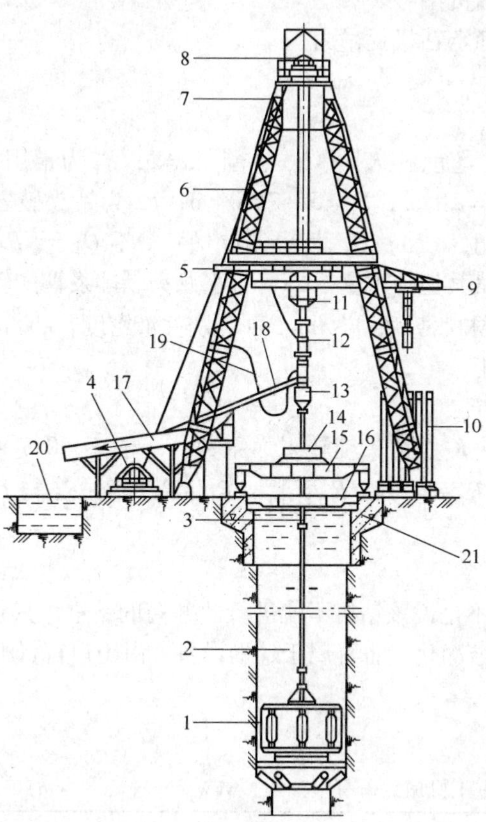

图1-1-1 转盘式竖井钻机

1—钻具系统；2—钻杆；3—主动钻杆；4—主绞车；5—主动钻杆吊车；6—钻架；7—钢丝绳；8—天车；9—钻杆车；10—钻杆仓；11—游车；12—抱钩；13—水龙头；14—转盘；15—钻台；16—封口平车；17—排浆槽；18—排浆管；19—供风管；20—沉淀池；21—锁口

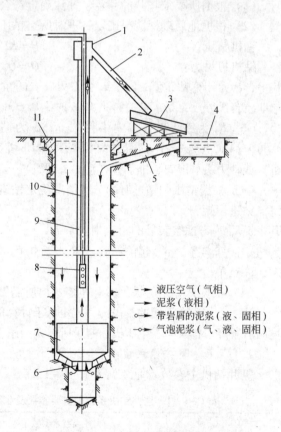

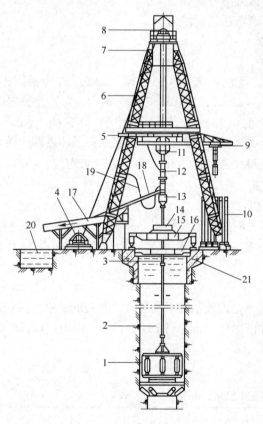

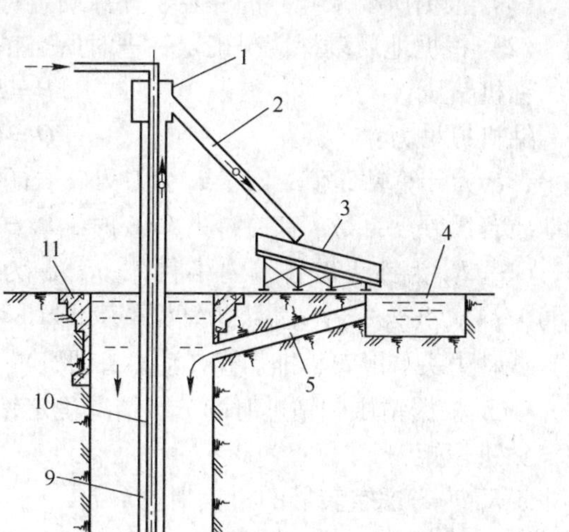

图1-1-2 泥浆冲洗净化系统

1—水龙头；2—排浆管；3—排浆溜槽；4—沉淀池；5—回浆沟槽；6—洗渣口；7—钻头；8—混合器；9—钻杆内风管；10—钻杆；11—锁口

吊、空压机和洗井液净化机械等。

1.1.1.2 工作特点

(1) 真正全断面钻进，实现打井不下井，节能环保，安全可靠。

(2) 钻进时可实现无级调压、无级调速，恒功率、恒扭矩；适应不同工况、多种地层。

(3) 钻机有固定式和移动式两种，可满足不同场地要求。

(4) 转盘或动力头采用多点输入、硬齿面传动，结构紧凑，能力大。

1.1.1.3 工作原理

转盘带动钻杆转动，驱动钻头旋转，在一定钻压下旋转破岩，破岩所需钻压由钻具自重提供，钻压大小由绞车或油缸举升控制，为保证钻井垂直度，采用减压（取钻头在泥浆中质量的30%～60%为钻压）钻进，自动进给；为提升钻屑，采用压气升液反循环洗井方式，将含有钻屑的泥浆排至地面，经沉淀后运走岩屑；为保护井帮不坍塌，采用特殊配方泥浆护壁，当钻凿硬岩井筒，不需保护井帮时，可用清水洗井。

1.1.1.4 产品型号

竖井钻机产品型号为：

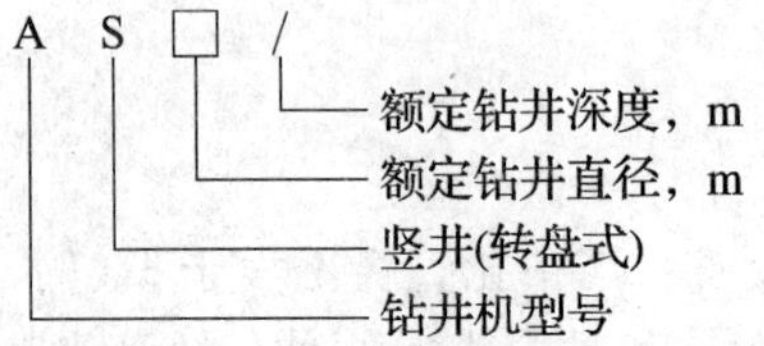

1.1.1.5 选型原则及方法

根据所钻竖井的井径、井深和地质情况进行竖井钻机的选型。具体如下：

(1) 根据所要求竖井的井径、井深确定符合要求的钻机型号。

(2) 根据地质勘探情况确定钻进时所需钻压，从而确定钻机提吊力。

钻机钻压： $P = KP_1(R_1 - R_2)/\cos\alpha$

钻机提吊力： $Q = Q_1 + Q_2 + Q_3$

其中，P 为计算钻压值，kN；K 为刀刃破岩的重复系数，超前孔 $K = 1.5$，扩孔 $K = 2$；P_1 为常用比压值，与地质普氏硬度系数 f 有关，当 $f = 8$ 时，$P_1 = 3$kN/cm，$f = 20$ 时，$P_1 = 5 \sim 7$kN/cm；R_1 为钻头破岩带外半径，cm；R_2 为钻头破岩带内半径，cm；α 为钻头井底角，(°)；Q_1 为钻头重量，kN，$Q_1 = [P/(0.4 \sim 0.6)] \times [\gamma_T/(\gamma_T - \gamma)]$；$Q_2$ 为钻杆重量，kN；Q_3 为需提吊其他件重量，kN，含水龙头、排浆管（转盘式钻机）或动力头、滑架、排浆管（动力头钻机）；γ_T 为钻头材料密度，kN/m^3，γ 为洗井液密度，kN/m^3。

(3) 根据钻压和钻进时的分级情况确定钻进所需扭矩。

钻进扭矩： $M = K_0 KPR$

其中，K_0 为考虑空转等的扭矩损失系数，$K_0 = 1.2 \sim 1.3$；K 为钻头旋转阻力系数，一般 $K = 0.1 \sim 0.3$；R 为扭矩换算半径，m，超前钻 $R = 2R_1/3$，扩孔钻 $R = 2[(R_1 + R_2)^2 - R_1 R_2]/3(R_1 + R_2)$，$R_1$、$R_2$ 与 P 意义同上，注意单位统一。

(4) 根据计算出的提吊力和扭矩选出所需钻机。

注意：如现有钻机的提吊力、扭矩低于计算值，也并不是说该钻机不能进行此井筒的钻进，只是钻进速度略有下降；排浆所需空压机、起吊所需龙门吊以及洗井液净化设备等属于辅助设备，由用户自行配备。

1.1.1.6 竖井钻机主参数及业绩

竖井钻机主参数及业绩见表1-1-1。

表1-1-1 竖井钻机系列的主要参数及业绩（中信重工机械股份有限公司 www.chmc.citic.com）

序号	型 号	主要技术参数						钻凿业绩	备 注
		额定井径/m	驱动扭矩/kN·m	提吊力/kN	额定深度/m	转速/r·min^{-1}	结构形式		
1	SZ9/700 竖井钻机	ϕ9	300 (400)	3000	700	0～11	转盘式	由淮北特凿公司钻凿直径ϕ6.3～9m不等的井筒多个，累计井深约3000m	括号内为改造后能力

续表 1-1-1

序号	型号	主要技术参数						钻凿业绩	备注
		额定井径/m	驱动扭矩/kN·m	提吊力/kN	额定深度/m	转速/r·min^{-1}	结构形式		
2	AS9/500(G)竖井钻机	ϕ9	300(400)	3000	500	0~11	转盘式	由淮北特凿公司钻凿直径ϕ5.7~9m不等的井筒多个，累计井深约4500m	获机械部科技进步一等奖（括号内为改造后能力）
3	AD-60竖井钻机	ϕ6	300	3000	300	0~16	动力头式	由河北勘察设计院在河北地区钻凿多个井筒	
4	AD60/300竖井钻机	ϕ6	200	3000	200	0~20	动力头式	由平煤矿建特殊凿井公司在平顶山和厦门钻凿井筒多个	
5	AS12/800竖井钻机	ϕ12	500	5500	800	0~16	转盘式	由平煤矿建特殊凿井公司在板集和朱集矿钻凿ϕ10.8m和ϕ7.7m的井筒两个，累计井深约1200m	结合施工工艺，以“复杂地层特大型竖井钻机及成井工艺关键技术”获国家科技进步二等奖
6	AD130/1000竖井钻机	ϕ13	600	7000	1000	0~18	动力头式	由淮北特凿公司在袁店矿和朱集矿钻凿ϕ7.7m和ϕ7.1m井筒两个，累计井深800多米	
7	AD120/900竖井钻机	ϕ12	600	7000	900	0~18	动力头式	由平煤矿建特殊凿井公司在袁店矿和平顶山矿已钻凿ϕ7.5m和ϕ8m井筒各两个，累计井深约1600m	
8	GZY-3000工程钻机	ϕ3	200	1000	90	0~8	转盘式	由交通部二航局钻凿黄石长江公路大桥桥墩桩基孔，ϕ3m孔深约80m	获国家科技进步三等奖
9	XZ-30斜孔工程钻机	ϕ3	180	1500	100	0~20	动力头式	在广东肇庆大桥和宝钢马迹山矿石中转码头钻凿ϕ2.6~3m的多个基础桩孔	斜孔最大倾角20°
10	GDZ-30工程钻机	ϕ3	90	1500	100	0~14	动力头式	由平煤矿建特殊凿井公司在舞钢钻凿ϕ3.5m井筒，井深200m	
11	L40/800竖井钻机	ϕ8(ϕ10)	420	4000	800(1000)	0~12	转盘式	由淮北特凿公司钻凿直径ϕ7.7~9.8m不等的井筒多个，累计井深约3000m	括号内为改造后能力

生产厂商：中信重工机械股份有限公司。

1.1.2 动力头式竖井钻机

1.1.2.1 介绍

竖井钻机是采用钻井法施工的钻井设备，动力头式竖井钻机由钻架、举升油缸、滑架、动力头、封口平车以及钻具系统、液压系统、电控系统、泥浆冲洗净化系统等组成，如图1-1-3所示。除此之外，竖井钻机还有外围配套设备，如龙门吊、空压机和洗井液净化机械等。

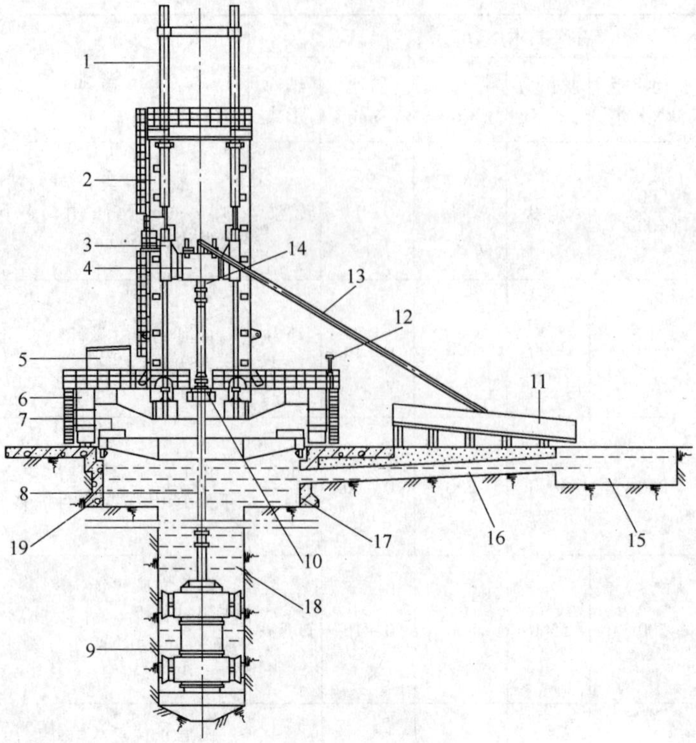

图 1-1-3　动力头式竖井钻机

1—主油缸；2—钻架；3—滑架；4—动力头；5—液压、电气系统；6—钻机平台；7—封口平车；
8—钻杆；9—钻头；10—抱卡；11—排浆溜槽；12—排浆管举升装置；13—排浆管；
14—抱钩；15—沉淀池；16—泥浆沟槽；17—泥浆锁口；18—井孔；19—锁口

1.1.2.2　工作特点

（1）全断面钻进，真正实现打井不下井，节能环保，安全可靠。

（2）钻进时可实现无级调压、无级调速，恒功率、恒扭矩；适应不同工况、多种地层。

（3）钻机有固定式和移动式两种，可满足不同场地要求。

（4）动力头采用硬齿面传动，结构紧凑。

1.1.2.3　工作原理

动力头驱动钻杆旋转，带动钻头在一定钻压下旋转破岩，破岩所需钻压由钻具自重提供，钻压大小由绞车或油缸举升控制，为保证钻井垂直度，采用减压（取钻头在泥浆中质量的 30% ~60% 为钻压）钻进，自动进给；为提升钻屑，采用压气升液反循环洗井方式，将含有钻屑的泥浆排至地面，经沉淀后运走岩屑；为保护井帮不坍塌，采用特殊配方泥浆护壁，当钻凿硬岩井筒，不需保护井帮时，可用清水洗井。

1.1.2.4　产品型号

动力头式竖井钻机产品型号为：

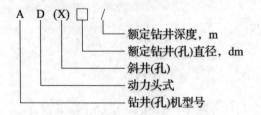

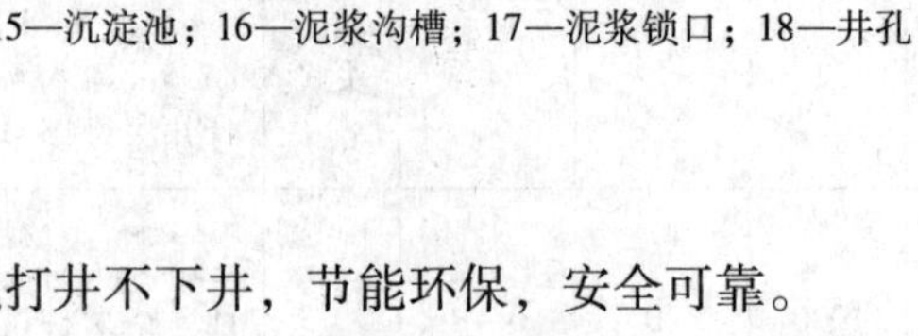

1.1.2.5　竖井钻机主参数及业绩

竖井钻机主参数及业绩见表 1-1-2、表 1-1-3。

表 1-1-2 竖井钻机的主要参数及业绩（中信重工机械股份有限公司 www.chmc.citic.com）

型号	主要技术参数						钻凿业绩	备注
	额定井径 /m	驱动扭矩 /kN·m	提吊力 /kN	额定深度 /m	转速 /r·min^{-1}	结构形式		
AD-60 竖井钻机	ϕ6	300	3000	300	0~16	动力头式	由河北勘察设计院在河北地区钻凿多个井筒	
AD60/300 竖井钻机	ϕ6	200	3000	300	0~20	动力头式	由平煤矿建特殊凿井公司在平顶山和厦门钻凿井筒多个	
AD130/1000 竖井钻机	ϕ13	600	7000	1000	0~18	动力头式	由淮北特凿公司在袁店矿和朱集矿钻凿 ϕ7.7m 和 ϕ7.1m 井筒两个，累计井深 800 多米	结合施工工艺，以“复杂地层特大型竖井钻机及成井工艺关键技术”获国家科技进步二等奖
AD120/900 竖井钻机	ϕ12	600	7000	900	0~18	动力头式	由平煤矿建特殊凿井公司在袁店矿和平顶山矿已钻凿 ϕ7.5m 和 ϕ8m 井筒各两个，累计井深约 1600m	
XZ-30 斜孔工程钻机	ϕ3	180	1500	100	0~20	动力头式	在广东肇庆大桥和宝钢马迹山矿石中转码头钻凿 ϕ2.6~3m 的多个基础桩孔	斜孔最大倾角 20°
GDZ-30 工程钻机	ϕ3	90	1500	100	0~14	动力头式	由平煤矿建特殊凿井公司在舞钢钻凿 ϕ3.5m 井筒，井深 200m	

表 1-1-3 SJZ 系列、XFJD 系列竖井钻机的基本性能参数（张家口宣化华泰矿冶机械有限公司 www.htkyjx.cn.china.cn）

型号	适用井筒直径（荒径）/m	收拢尺寸 /m×m	动臂数量	支撑范围	摆臂角度 /(°)	摆臂方式	钻孔直径 /mm	钻孔范围	钻机质量 /kg
SJZ3.5	4~6	ϕ1.4×6	3	按协议制作	150	摆动马达	ϕ38~55	ϕ1.65~6	4100
SJZ4.5	4~6	ϕ1.65×6	4		150			ϕ1.65~6	4700
XFJD5.5	5~6	ϕ1.8×6	5		115	液压油缸		ϕ1.65~6.3	5300
XFJD5.6	6~8	ϕ1.9×7.2	5		115			ϕ1.65~8.2	6300
XFJD6.7	6~8	ϕ1.9×7.2	6		120			ϕ1.65~8.2	7800
XFJD6.10	8~10	ϕ1.9×8	6		120			ϕ1.65~10.5	8700
XFJD6.11	9~11	ϕ1.9×8	6		120			ϕ1.7~11.5	9000
XFJD8.12	10~13	ϕ2.25×8.1	8		96			ϕ1.7~11.5 ϕ1.7~13.5	12000

生产厂商：中信重工机械股份有限公司，张家口宣化华泰矿冶机械有限公司。

1.1.3 天井钻机

1.1.3.1 概述

天井钻机也称反井钻机，主要用于矿井的巷道之间钻井，用来建造通风井、充填井、管道井等，也可以作为矿山地下掘进大断面天井和溜井之用，钻机采用全液压驱动，各种钻进参数可无级调整，抗冲击性好，工作平稳，结构紧凑，安装简单方便。与普通凿岩爆破法相比，使用天井钻进具有生产效率高、成井质量好、操作安全、工人劳动强度低、钻孔偏斜率小等优点。如图 1-1-4、图 1-1-5 所示。

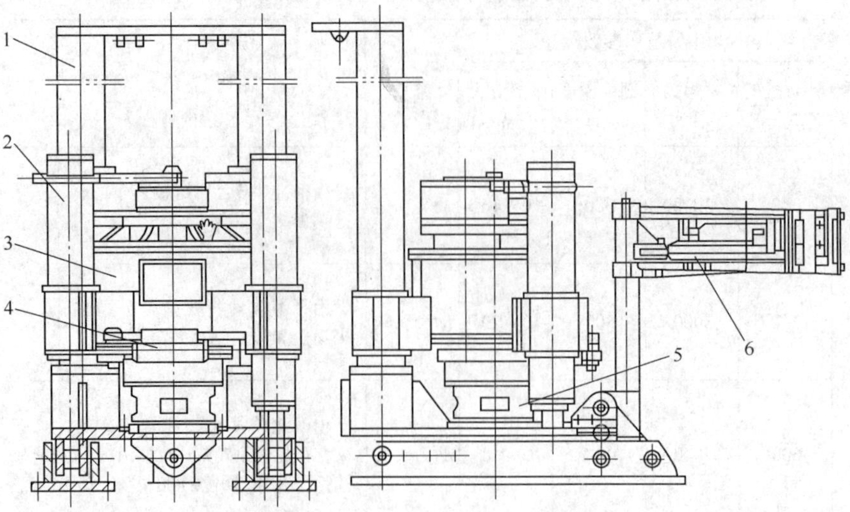

图1-1-4 反井钻机主机结构

1—主机架；2—推进缸；3—减速箱；4—辅助缸杆器；5—驱动头；6—机械手

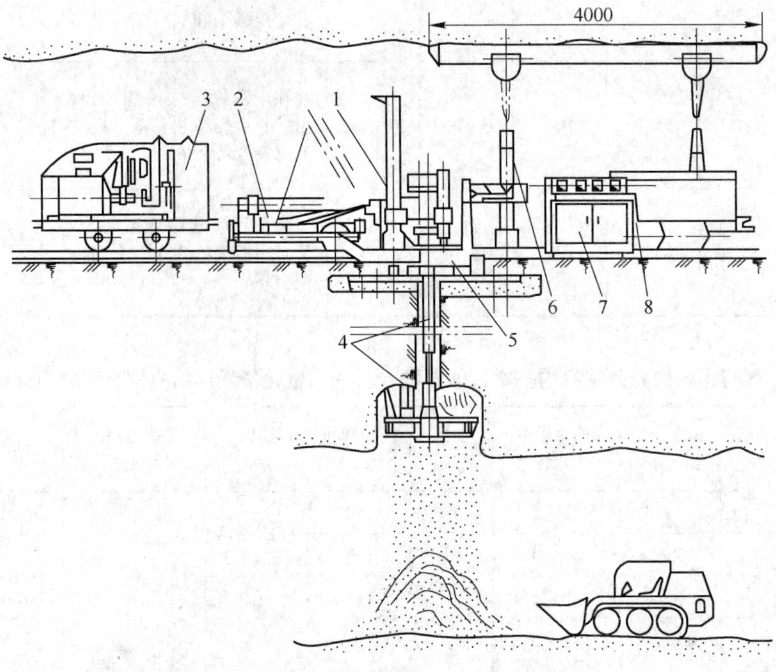

图1-1-5 反井钻机工作示意图

1—主机；2—搬运车；3—泵站；4—钻具；5—主机基础；6—吊挂装置；7—液压操作台；8—电气开关柜

1.1.3.2 工作原理

低矮型反井钻机工艺原理是通过钻机的电机带动液压马达，液压马达驱动水龙头，并利用液压动力将扭矩传递给钻具系统，带动钻杆及钻头旋转，导孔钻头或扩孔钻头上的滚刀在钻压的作用下，沿井底岩石工作面做纯滚动或微量滑移，产生冲击载荷，使滚刀齿对岩石产生冲击、挤压和剪切作用，破碎岩石。在钻导孔时，导孔钻头向下钻进被破碎的岩屑被正循环的洗井液冲洗，岩屑沿着钻杆与孔壁间的环形空间由洗井液提升到钻孔外。在扩孔时，将导孔钻头卸下，安装反扩滚刀盘，刀盘被钻杆沿导孔向上拉动并转动。岩屑靠自重直接落到下水平巷道内，采用装载机和运输设备及时清理运出。该机器施工工艺简单，钻井速度快，适应性强，能满足不同岩层施工需求。

1.1.3.3 主要结构特点

(1) 钻机采用向下钻导向孔、向上扩孔、全断面切割、直接成井的钻进方式，天井能直接钻通，扩孔刀头从上水平取出。

(2) 整套设备采用全液压驱动控制系统，各钻进参数（轴压、转速和扭矩等）可根据岩石情况和钻进深度无级调整，抗冲击性好，工作平衡。

(3) 回转系统采用低速大扭矩液压马达、普通直齿轮变速器和具有轴向浮动、万向摆角机构的机头。

(4) 液压系统采用主、副泵双回路系统，使回转系统和推进系统互不干涉，设有用于深井钻进的减压钻进系统，能实现提着钻杆钻进的特殊功能。

(5) 采用双油缸推进系统、推进力大，平衡性好。

(6) 主机、泵站和钻杆车均采用轨轮移动方式，搬运较方便。配备接卸杆机械手，可从地面直接提取钻杆送至钻机轴线，减轻了劳动强度。

(7) 配备了防卡杆控制机构，能有效防止抱钻故障的出现。

1.1.3.4 性能参数

性能参数见表 1-1-4 ~ 表 1-1-6。

表 1-1-4 AT/ZFY 系列天井钻机的基本性能参数（湖南有色重型机器有限责任公司 www.hnnhm.com）

型号基本参数		AT1000 ZFY0.9/100（A）	AT1200 ZFY1.2/100（A）	AT1500 ZFY1.5/100（A）	AT2000 ZFY2.0/80/200（A）	AT3000
主机	额定转速/r·min⁻¹	扩孔：0~15 钻孔：0~30	扩孔：0~15 钻孔：0~30	扩孔：0~15 钻孔：0~30	扩孔：0~13 钻孔：0~27	扩孔：8~9 钻孔：22~25
	额定扭矩/kN·m	扩孔：32 钻孔：16	扩孔：42 钻孔：21	扩孔：57.5 钻孔：28.8	扩孔：95 钻孔：47	扩孔：130 钻孔：43
	钻进推力/kN	240	320	1200	1200	1200
	扩孔拉力/kN	556	880	883	2200	2200
	导孔直径/mm	216	250	250	250	311
	钻井深度/m	（AT）150 （ZFY）100	（AT）150 （ZFY）100	（AT）200 （ZFY）100	（AT）400 （ZFY）100	200
	扩孔直径/mm	900~1000	1200	1500	2000	3000
	钻机摆角/(°)	60~90	60~90	60~90	60~90	60~90
	运输尺寸(长×宽×高)/mm×mm×mm	1920×1010×1130	2283×1300×1500	2666×1244×1545 （不可拆卸轨面高度）	3020×1420×2000 （不可拆卸轨面高度）	3020×1420×2000 （不可拆卸轨面高度）
	外形尺寸(长×宽×高)/mm×mm×mm	2940×1320×2833	2800×1580×3250	3564×2835× (3250~3550)	3450×3074× (3900~4200)	3450×3074× (3900~4200)
	噪声/dB(A)	≤95	≤90	≤90	≤90	≤90
	质量/kg	8000	6500	8500	10500	12500
	轨距/mm	600/762/900 可调	600/762/900 可调	600/762/900 可调	600/762/900 可调	600/762/900 可调
泵站	额定压力/MPa	副泵系统：21 主泵系统：25	副泵系统：21 主泵系统：25	副泵系统：28 主泵系统：25	副泵系统：28 主泵系统：25	副泵系统：28 主泵系统：25
	额定流量/L·min⁻¹	副泵系统：10 主泵系统：160	副泵系统：10 主泵系统：160	副泵系统：24 主泵系统：220	副泵系统：24 主泵系统：220	副泵系统：40 主泵系统：320
	电动机额定功率/kW	副泵系统：5.5 主泵系统：75	副泵系统：5.5 主泵系统：75	副泵系统：11 主泵系统：75	副泵系统：11 主泵系统：132	副泵系统：11 主泵系统：132
	额定电压/V	380/660 可选	380/660 可选	380/660 可选	380/660 可选	380/660 可选
	油箱有效容积/L	927	927	1100	1100	1100
	油箱尺寸(长×宽×高)/mm×mm×mm	1230×1140×1460	1230×1140×1460	—	—	—
	外形尺寸(长×宽×高)/mm×mm×mm	2350×1120×1500	2350×1120×1500	2910×1300×1600	2600×1300×1600	2600×1300×1600
	机重/kg	2750	2750	3500	3500	3500

续表 1-1-4

型号基本参数		AT1000 ZFY0. 9/100（A）	AT1200 ZFY1. 2/100（A）	AT1500 ZFY1. 5/100（A）	AT2000 ZFY2. 0/80/200（A）	AT3000
操作台	外形尺寸(长×宽×高)/mm×mm×mm	1000×550×920	1000×550×920	（AT）800×600×1080 （ZFY）950×800×950	（AT）800×600×1080 （ZFY）950×800×950	630×490×1000
	机重/kg	304	304	（AT）40 （ZFY）150	（AT）40 （ZFY）150	40

表 1-1-5 低矮型反井钻机的技术参数（山东山矿机械有限公司 www. sdkj. com. cn）

钻 机 型 号	ZFYD1200	ZFYD1500	ZFYD2500	ZFBP1000（变频式）
导孔直径/mm	200	250	311	200
扩孔直径/mm	1200	1500	2500	1000
钻孔深度/mm	100	100	100	200
钻杆直径/mm	150	200	200	150
导孔钻速/r·min^{-1}	0~68	0~35	0~33	0~42
扩孔钻速/r·min^{-1}	0~17	0~17	0~15	0~17
主轴扭矩/kN·m^{-1}	10. 7~21. 5	21. 9~43. 8	68. 5~98	8. 53~17. 05
许用最大推力/kN	196	338	350	170
拉力/kN	441	1154	1470	882
钻孔倾角/(°)	60~90	60~90	60~90	60~90
主机质量（包括搬运车）/t	3. 65	6. 5	8. 37	4. 4
主机搬运尺寸(长×宽×高)/mm×mm×mm	2160×940×1295	2309×1142×1659	2697×1420×2097	2104×970×1613
主机工作尺寸(长×宽×高)/mm×mm×mm	1915×1020×2300	2265×1245×2764	2438×1590×2960	1981×1099×3320
钻杆有效长度/mm	1000	1000	1000	1000
钻孔偏斜率/%	≤1	≤1	≤1	≤1
电机功率/kW	50. 5	118. 5	166. 5	45. 5
驱动方式	全液压驱动	全液压驱动	全液压驱动	电液联合驱动

表 1-1-6 低矮型反井钻机应用案例（山东山矿机械有限公司 www. sdkj. com. cn）

单 位 名 称	规 格 型 号	数 量
兖矿集团济宁三号井煤矿	ZFYD 1200	2
兖矿集团济宁兴隆庄煤矿	ZFYDT 2000	1
肥城矿务局	ZFYD 2000	2
兖矿集团济宁南屯煤矿	ZFYD 2500	2
龙口煤电公司	ZFYD 1200	1
兖矿集团鲍店矿	ZFYD 1500	1
济宁运河煤矿	ZFYDT 2000	1
煤炭科学研究总院北京建井研究所	ZFYDT 2000	1
兖矿集团东滩煤矿	ZFYD 1200	2
兖矿集团北宿煤矿	ZFYD 1200	2
煤炭科学研究总院南京研究所	ZFYD 1200	1
贵州中岭矿业有限公司	ZFYD 1200	1
山东省武所屯生建煤矿	ZFYD 1200	1
淄博矿业集团有限公司许厂矿	ZFYD 1200	1

生产厂商：山东山矿机械有限公司，湖南有色重型机器有限责任公司。

1.1.4 伞形钻架

1.1.4.1 概述

伞形钻架是竖井掘进机械化的专用凿岩设备。其结构形式为伞状，主要由立柱、支撑臂、动臂、凿岩机、风水系统等组成，按动臂数量分为四臂、六臂、九臂伞钻。它以压缩空气为动力，所有动作实现全液压控制，配以独立回转高性能消音凿岩机。该机性能优越、重量轻、高度低、收拢尺寸小，适用范围广。在实现立井施工机械化中，已经成为凿岩作业的主要设备，被广泛采用。

1.1.4.2 工作原理

伞形钻架以压缩空气为动力，采用液压传动形式，所有动作实现机械化。配用导轨式独立回转凿岩机，也可改装滑座后，配用其他型号高效凿岩机。液压站由气动马达驱动油泵供油，多路阀集中控制各油缸实现立柱在井筒工作面的定位。各油缸进出口都配有液压锁，实现各油缸定位准确。带动动臂和推进器运动，并采用平行移动机构，使钻凿炮眼精度和效率提高。

1.1.4.3 性能特点

(1) 本机独有的液压自动平行移动机械，结构新颖独特、简单可靠，它能使推进器在移动孔位过程中，始终保持与地面垂直。也可以打向内或向外倾斜孔，移位迅速准确，大大节省辅助时间。

(2) 实现全液压操作，操作集中、省力、方便、灵活、安全、可靠。

(3) 凿岩机的推进形式为油缸—钢丝绳结构，推进力可任意无级调节，拔钎力大，凿岩机冲击力、转钎速度、推进力均可随岩石硬度不同实现最佳匹配调节，不易卡钎，结构紧凑简单，工作可靠，平稳，零件寿命长。

(4) 动臂绕中央立柱的左右摆动，由能回转120°专用摆动油缸来完成，结构紧凑、体积小、寿命长、易拆装。

(5) 泵站为两套，一套工作一套备用，风马达配有消声装置，有效降低排气噪声，抗冲击、故障少、寿命长。

(6) 适用国内目前最先进的独立回转消声凿岩机，重量轻、扭矩大、噪声低、凿岩效率高、启动灵活、故障少。

1.1.4.4 产品结构

伞形钻架主要由导轨式独立回转凿岩机、推进器、动臂、调高器、立柱、安装架、摆动架、支撑臂、液压水气系统等九部分组成，其结构如图1-1-6所示。

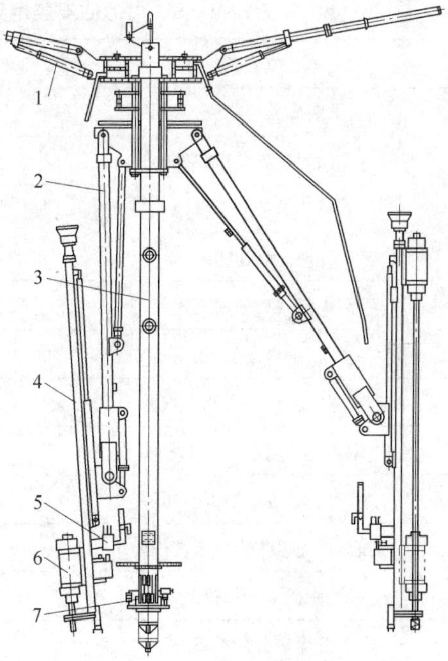

图1-1-6 伞形钻架外形结构

1—支撑臂；2—动臂；3—立柱；4—推进器；5—风水系统；6—凿岩机；7—液压系统

1.1.4.5 选用原则

伞形钻架的选用可从以下方面考虑：

(1) 选型主要考虑钻井直径、钻井深度及岩石硬度系数，根据这三个主要参数选用合适的型号。

(2) 现场环境，尤其是煤矿，要考虑煤矿安全要求。

1.1.4.6 技术参数

技术参数见表1-1-7，表1-1-8。

表1-1-7 伞形钻架的技术参数（山东山矿机械有限公司 www.sdkj.com.cn）

基本参数		型号		
		FJD 6	FJD 6A	FJD 9A
适用井筒直径/m		5.0~6.0	5.5~8.0	5.5~8.0
收拢后外形尺寸/m	高度	≤4.50	≤7.20	≤7.70
	外接圆直径	≤1.5	≤1.65	≤1.75

续表 1－1－7

基 本 参 数		型 号		
		FJD 6	FJD 6A	FJD 9A
支撑臂支撑范围/m		ϕ4.85～6.8	ϕ5.1～9.6	ϕ5.5～9.6
一次钻凿岩炮孔深度/m		≥4.2	≥4.2	≥4.2
周边炮孔最大圈径/m		≥8.0	≥8.0	≥8.8
机器质量/t		≤5.3	≤7.5	≤10.5
总耗风量/$m^3 \cdot min^{-1}$		50	80	100
液压系统工作压力/MPa		55	70	70
凿岩机	型 号	YGZ－70	YGZX－55/YGZ－70	YGZ－70
	数 量	6	6	9
	钎尾规格	六角 25×159	圆钎杆 ϕ30×42、六角 25×159	六角 25×159
	钎头直径	ϕ40～45	ϕ42～50	ϕ38～55
推进器形式		气动马达—丝杠或油缸—钢丝绳		
动力驱动形式		气动—液压		

表 1－1－8 伞形钻架应用案例（山东山矿机械有限公司 www.sdkj.com.cn）

单 位 名 称	规格型号	数 量
淮南矿务局物资公司	FJD 9A	2
徐州矿务局建井处	FJD 6A	3
新汶矿务局工程处	FJD 6A	4
河北煤建四处	FJD 6A	1
河南鹤壁矿务局工程处	FJD 6A	1
中煤五公司	FJD 6A、FJD 9A	7
中煤三公司二十九工程处	FJD 6A	2
中煤一公司三十一工程处	FJD 6A	2
枣庄矿务局物资公司	FJD 6A	2
郑州矿业建设集团有限责任公司	FJD 6A	1
淮南矿务局物资公司	FJD 6A	1
开滦矿务局工程部	FJD 6A	1

生产厂商：山东山矿机械有限公司。

1.1.5 抓岩机

1.1.5.1 概述

抓岩机又叫竖井抓渣机、立井抓岩机、竖井装岩机、立井装渣机、抓斗机、液压中心回转抓渣机等。中心回转式抓岩机按其抓斗容积，分为 0.4m^3 和 0.6m^3 两种，是竖井掘进装渣的机械化配套产品。用于开凿竖井，抓取井下爆破后松散岩石投入到吊桶里，吊桶被提升出地面倒出，以实现装岩出渣的机械化，提高生产率，减轻工人劳动强度，实现竖井工作面无人的安全环保掘进施工。其结构如图 1－1－7 所示。

1.1.5.2 性能特点

中心回转式抓岩机按其抓斗容积，分为 0.4m^3（HZ－4）和 0.6m^3（HZ－6）两种。中心回转式抓岩机包括：

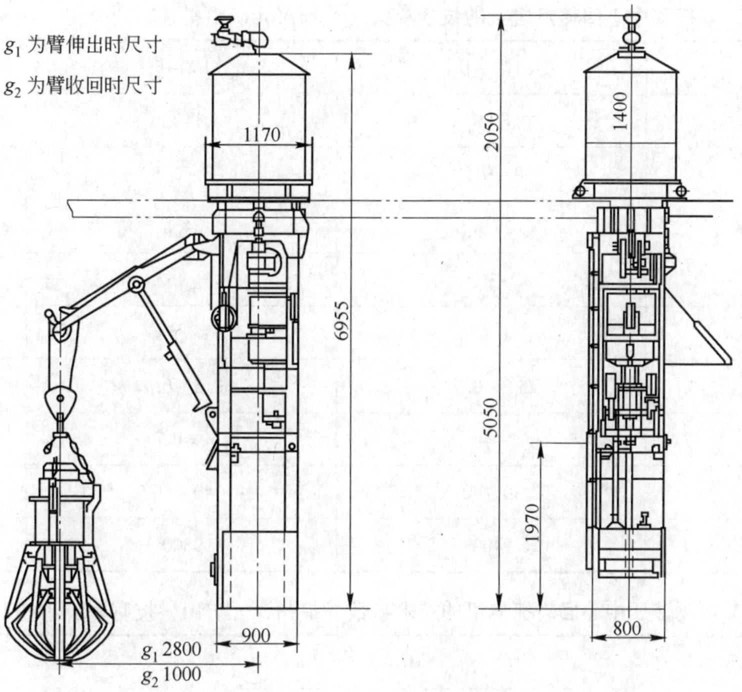

图 1-1-7 抓岩机外形尺寸

(1) 提升工作系统。
(2) 回转工作系统。
(3) 变幅工作系统。
(4) 抓料和卸料工作系统。

1.1.5.3 机器成套供应范围

机器成套供应范围包括：
(1) 机器整体一套。
(2) 抓斗两个，其中备用一个。
(3) 吊盘固定装置一套，手摇泵一台，液压、手动千斤顶各两台（HZ-6 无手动千斤顶）。
(4) 各机械易损备件。
(5) 根据订货合同可增减供应项目。

1.1.5.4 技术参数

技术参数见表 1-1-9 ~ 表 1-1-11。

表 1-1-9 中心回转式抓岩机的技术参数（太原重型机械集团煤机有限公司 www.sxkuangji.com）

项目	参数	
	HZ-4	HZ-6
提升能力/kg	900	1100
提升速度/m·s^{-1}	0.35 ~ 0.5	0.2 ~ 0.4
提升风马达功率/kW	18.6	18.6
回转角度/(°)	>360	>360
回转速度/r·min^{-1}	3 ~ 4	3 ~ 4
回转风马达功率/kW	6.3	6.3
抓斗容积/m^3	0.4	0.6
工作风压/MPa	0.5 ~ 0.7	0.5 ~ 0.7
适应井筒直径/m	≥4	≥4
生产率/m^3·h^{-1}	30 ~ 40	50 ~ 60

表 1-1-10　HZ-6 气动中心回转抓岩机的技术参数（徐州汉元矿山科技有限公司　www.xzhanyuan.com）

型　号	HZ-4	HZ-5	HZ-6
提升能力（抓斗除外）/kg	1100	1100	1100
提升速度/$m \cdot s^{-1}$	0~0.5	0~0.5	0~0.4
提升风马达功率/kW	24.6	24.6	24.6
回转角度/(°)	>360	>360	>360
抓斗容积/m^3	0.4	0.5	0.6
工作风压/MPa	0.5~0.7	0.5~0.7	0.5~0.7
适用井筒直径/m	≥4	≥4.5	≥5
生产率/$m^3 \cdot h^{-1}$	30~40	40~50	50~60
机器质量（含 2 个抓斗）/kg	9400	9800	10700

表 1-1-11　HZDY 电动液压中心回转抓岩机的技术参数（徐州汉元矿山科技有限公司　www.xzhanyuan.com）

型　号	HZY-6	HZY-10
适用井筒净径/m	5~7.5	6~7.5
整机质量/kg	7300	9800
抓斗容积/m^3	0.6	1
抓斗质量/kg	2500	3300
提升速度/$m \cdot s^{-1}$	0.4~0.5	0.4~0.5
回转速度/$r \cdot min^{-1}$	3~4	3~4
变幅速度/$m \cdot s^{-1}$	0.4	0.4
动力驱动形式	电液驱动	电液驱动
系统驱动压力/MPa	16	16
机架回转角度/(°)	≥360	≥360
回转机座/mm×mm	1400×1170	1400×1170
主机架/mm×mm	990×860	1070×960
整机高度/mm	6500	7100

生产厂商：太原重型机械集团煤机有限公司，徐州汉元矿山科技有限公司。

1.2　巷道掘进机械

巷道掘进机械是采掘设备之一，主要包括：断面掘进机、悬臂式掘进机、扒渣机等，主要用于金属、非金属的井下掘进、开采和煤矿巷道的掘进，也可用于水利、交通隧道施工。

1.2.1　全断面掘进机

1.2.1.1　介绍

全断面硬岩掘进机（Full Face Hardrock Tunnel Boring Machine），简称硬岩掘进机（TBM），靠旋转并推进刀盘，通过盘形滚刀破碎岩石而使巷道全断面一次成形的机器，是一种集掘进、出渣、支护和通风除尘等诸多功能为一体的大型高效联合作业机械。主要适用于中硬岩地质的巷道掘进施工，因其高效、优质、安全、环保、自动化程度高等众多优点越来越受到青睐，在快速开挖中，优先采用掘进机。

1.2.1.2　主要结构类型

全断面硬岩掘进机按结构形式分为开敞式和护盾式。开敞式又分为水平支撑形式和 X 形支撑形式。护盾式分为单护盾、双护盾和三护盾。

开敞式掘进机结构示意图如图 1－2－1 所示。

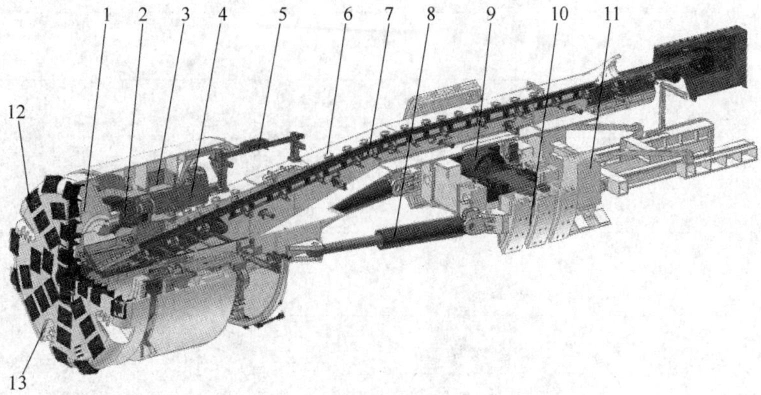

图 1－2－1　开敞式硬岩掘进机示意图

1—刀盘；2—主轴承及密封；3—机头架；4—主驱动；5—钢拱梁拼装机；6—大梁；7—主机皮带；8—推进缸；9—撑靴缸；10—撑靴；11—后支撑；12—盘形滚刀；13—铲刀

全断面硬岩掘进机除了承担掘进任务的主机外，还有配合其完成掘进工作的不可缺少的后配套系统。后配套系统含有：桥架、后配套台车、司机室、液压系统、润滑系统、电气控制系统、激光导向系统、通风除尘系统、给排水系统、皮带运输系统以及配电系统等。

1.2.1.3　工作原理

全断面硬岩掘进机采用盘形滚刀，盘刀在主推油缸推力作用下，将切刃压入岩面，同时在刀盘回转传动系作用下，盘刀沿同心圆滚动破碎岩石，岩渣靠自重落入洞底，由收渣口铲刀旋转铲起，进入刀盘内部岩渣通道卸入主机皮带，经由主机皮带转入一级转运皮带，再转到连续皮带运至洞外。

掘进机工作循环如图 1－2－2 所示（以开敞式硬岩掘进机为例）：

（1）掘进行程，如图 1－2－2（a），图 1－2－2（b）所示。撑靴通过撑靴油缸撑紧洞壁，后支撑油缸收回，刀盘回转，推进油缸加压，刀盘旋转并向前掘进。

（2）换步行程，如图 1－2－2（c），图 1－2－2（d）所示。后支撑油缸伸出，支撑设备尾部重量，刀盘停止转动，撑靴油缸收回，撑靴离开洞壁，主推油缸收回带着鞍架和撑靴一起前移一个行程。

（3）准备下一个掘进行程，如图 1－2－2（e）所示。

1.2.1.4　选型原则

针对地质的条件和特点，选择适合的机型是首要条件，掘进机属于典型的非标准设备，没有适合任何地质条件的通用掘进机，生产厂家不可能提前制造或批量生产，每一台掘进机都要有用户根据地质条件、支护要求、工程进度等提出所需的技术性能和参数。全断面硬岩掘进机，有敞开式、单护盾、双护盾和三护盾多种形式的掘进机，可以在不同的地质条件下发挥作用。

（1）开敞式掘进机。开敞式掘进机在对应较完整，有一定自稳性的围岩时，能充分发挥优势，特别适应在硬岩和中硬岩地层中掘进，此时强大的支撑系统可以为刀盘提供足够的推力。

（2）护盾式掘进机。护盾式掘进机利用已经安装好的管片提供支反力来完成掘进，因此可以在较软围岩和破碎地层中掘进。双护盾由于在后盾上设置了撑靴，因此双护盾还具备了在硬岩条件下，也能为刀盘提供强大推力的能力，从而增强了护盾式掘进机的适应范围。但是护盾式掘进机在通过高地应力地段时存在被卡住的危险。

1.2.1.5　主要性能特点

全断面硬岩掘进机施工较钻爆施工法具有以下五个特点：

（1）快速。掘进机可以实现连续掘进，能同时完成破岩、出渣、支护等作业，并一次成洞，掘进速

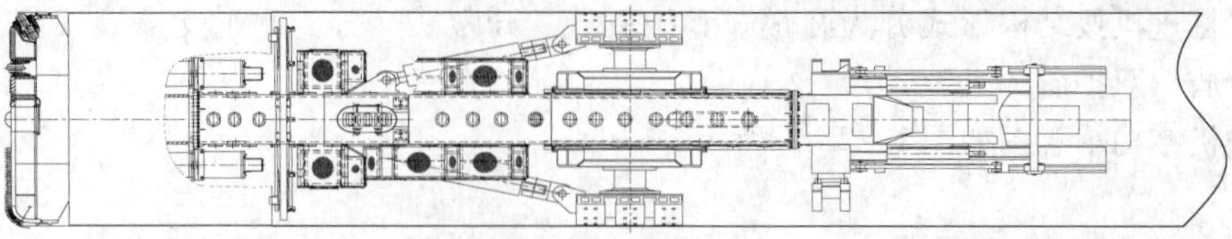

(a)

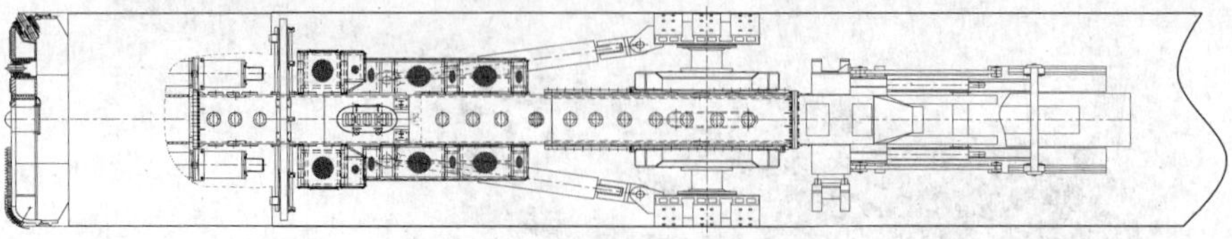

(b)

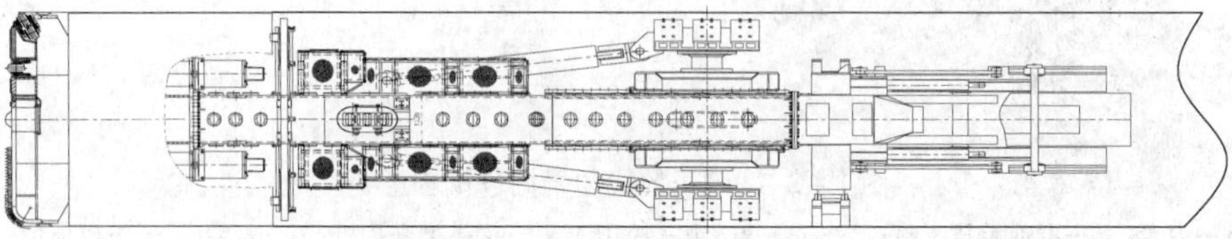

(c)

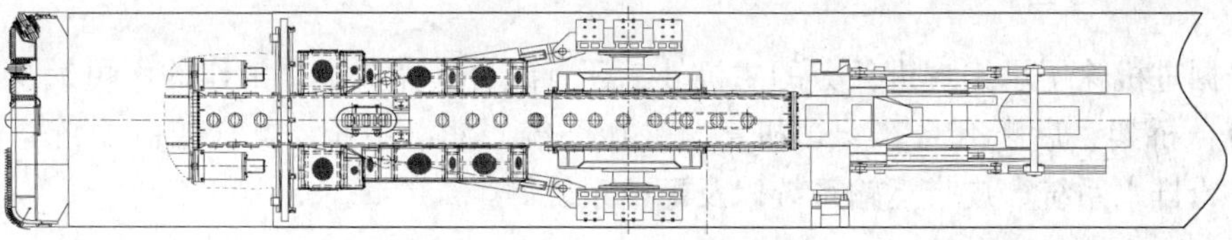

(d)

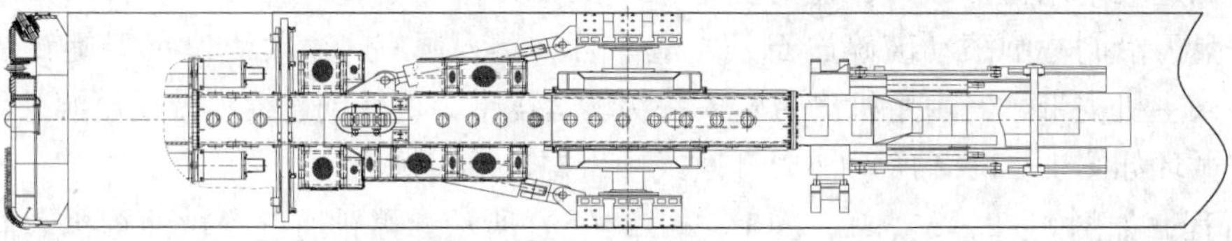

(e)

图 1-2-2　掘进机工作过程示意图

度快、效率高。如采用钻爆法，则钻孔、装药、放炮、通风、照明、排水、出渣等作业是间断进行，大截面隧洞又要分块开挖，不能一次成洞，掘进速度慢，效率低。

(2) 优质。掘进机实行机械破岩，避免了爆破作业，成洞周围岩层不会受爆破振动而破坏，洞壁完整光滑，超挖量少，一般小于开挖隧洞断面积的5%，减少了衬砌量。而钻爆法爆破成洞，围岩震裂，洞壁粗糙且凹凸不平，超挖量大于开挖隧洞面积的20%，衬砌厚。

(3) 经济。掘进机施工速度快，缩短了工期，大大提高了经济效益与社会效益，由于超挖量少，节省了大量衬砌费用。

(4) 安全。用掘进机施工，改善了作业人员的洞内劳动条件，减轻了体力劳动量，避免了爆破施工可能造成的人员伤亡，事故大大减少。

(5) 环保。掘进机施工不用炸药爆破，施工现场环境不被污染，有利于环境保护。

因此，全断面硬岩掘进机也特别适用于城市地下工程、河海地下隧道及山区隧洞的开挖。对深埋长隧洞，如采用钻爆法开挖时，必须开挖若干支洞以供主洞施工时出渣、通风等之用，当地形条件不允许开挖支洞时，则掘进机法施工是唯一选择。

1.2.1.6　主要参数

主要参数见表 1-2-1。

表1-2-1 开敞式硬岩掘进机的主要技术参数（中信重工机械股份有限公司 www.chmc.citic.com）

型号	EQK-5.0	EQK-6.4	EQK-3.8
直径/m	5.0	6.4	3.8
岩石抗压强度/MPa	50~200	50~150	50~180
推进速度/m·h^{-1}	3~7	3~7	4~8
掘进最大坡度/‰	10	5	8
最小转弯半径/m	235	400	250
主机长/m	21.5	24.8	22.3
主机质量/t	306	370	220
刀盘转速/r·min^{-1}	0~8~12	0~12	5.7/11.4
盘刀数量/把	32	36	25
中心刀/把	4（双刃432mm）	4（双刃432mm）	8（单刃432mm）
正刀/把	19（432mm）	28（483mm）	12（400mm）
边刀/把	9	4	5（400mm）
刀盘驱动电机/kW	6×280+280	7×315	5×260
刀盘扭矩/kN·m	2000	4055	1100
主轴承形式	径向轴向组合轴承（三排滚柱）	径向轴向组合轴承（三排滚柱）	双列圆锥滚子轴承
主驱动减速器	两级行星减速器	两级行星减速器	两级行星减速器
总推力/kN	9000	15400	6250
推进行程/mm	1500	1800	1500

生产厂商：中信重工机械股份有限公司。

1.2.2 纵轴式部分断面掘进机

1.2.2.1 概述

纵轴式部分断面掘进机切割头部轴线与主机纵轴线的相同。悬臂式掘进机属于部分断面掘进机。

1.2.2.2 主要结构

掘进机由切割部、铲板部、第一运输机、本体部、行走部、后支撑、液压系统、水系统、润滑系统、电气系统构成。通过电气系统与液压系统配合操作，可自如实现整机的各项生产作业。整机外形如图1-2-3所示。

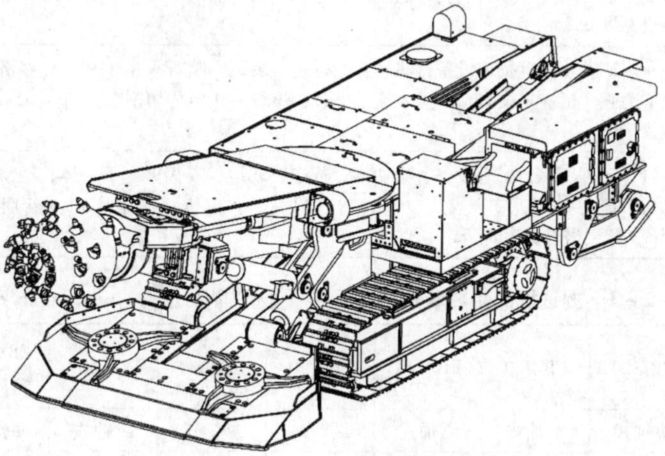

图1-2-3 纵轴式部分断面掘进机

1.2.2.3 工作原理

掘进机用于前部切割头上下、左右摆动，截割巷道断面岩石，实现巷道或隧道断面的掘进。

1.2.2.4 主要特点

(1) 若岩石需要支护或其他辅助工作跟不上时，掘进速度受掘进机利用率影响很大，在最优条件下利用率可达60%左右。

(2) 可连续开挖、无爆破震动、能更自由地决定支护岩石的适当时机；可减少超挖；可节省岩石支护和衬砌的费用。

(3) 与全断面掘进机比较，悬臂式掘进机小巧，在隧道中有较大的灵活性，能用于任何支护类型。具有投资少、施工准备时间短等优势。

1.2.2.5 主要参数

主要参数见表1-2-2~表1-2-8。

表1-2-2 掘进机的技术指标（北方重工集团有限公司 www.nhi.com.cn）

掘进机型号	产品用途
EBZ120 掘进机	一种煤矿井下综合掘进设备，集切割、行走、装运、喷雾灭尘于一体；主要适用于煤岩硬度不大于60MPa的煤巷、半煤岩巷道的掘进，也可适用于条件类似的其他矿床及工程巷道的掘进；最大掘进断面20.9m²，最大掘进高度4.1m，最大掘进宽度5.1m
EBZ132 掘进机	一种煤矿井下综合掘进设备，集切割、行走、装运、喷雾灭尘于一体；主要适用于煤岩硬度不大于70MPa的煤巷、半煤岩巷道的掘进，也可适用于条件类似的其他矿床及工程巷道的掘进；最大掘进断面20.9m²，最大掘进高度4.1m，最大掘进宽度5.1m
EBZ160A 矮型掘进机	一种煤矿井下综合掘进设备，集切割、行走、装运、喷雾灭尘于一体；专为切割地质条件复杂的中小巷道研制的可伸缩式掘进机；最大掘进断面22m²，最大掘进高度4m，最大掘进宽度5.5m；可切割不大于80MPa半煤岩和层理节理发育的沉积岩全岩断面
EBZ160A 掘进机	一种煤矿井下综合掘进设备，集切割、行走、装运、喷雾灭尘于一体；主要适用于煤岩硬度不大于80MPa的煤巷、半煤岩巷道的掘进，也可适用于条件类似的其他矿床及工程巷道的掘进；最大掘进断面26.4m²，最大掘进高度4.8m，最大掘进宽度5.5m
EBZ200 全岩掘进机	一种煤矿井下综合掘进设备，集切割、行走、装运、喷雾灭尘于一体；重型全岩部分断面掘进机；该机可广泛适用于煤巷、半煤岩巷、全岩巷道的掘进，也可在铁路、公路、水利工程等条件类似隧道中使用；该机一次定位切割断面可达33.15m²，最大掘进高度5.1m，最大掘进宽度6.5m，经济切割硬度不大于80MPa
EBZ220 全岩掘进机	一种煤矿井下综合掘进设备，集切割、行走、装运、喷雾灭尘于一体；经济切割硬度不大于80MPa的煤巷，最大切割硬度100MPa（层理节理发育沉积岩），破岩能力强，适应半煤岩、全岩巷道的掘进；该机一次定位切割断面可达27.22m²，最大掘进高度4.55m，最大掘进宽度5.99m
EBZ240 全岩掘进机	一种煤矿井下综合掘进设备，集切割、行走、装运、喷雾灭尘于一体；经济切割硬度不大于85MPa的煤巷，最大切割硬度100MPa（层理节理发育沉积岩），破岩能力强，适应半煤岩、全岩巷道的掘进；该机一次定位切割断面可达27m²，最大掘进高度4.52m，最大掘进宽度5.99m
EBZ260 全岩掘进机	一种煤矿井下综合掘进设备，集切割、行走、装运、喷雾灭尘于一体；经济切割硬度不大于90MPa煤巷，破岩能力强，适应半煤岩、全岩巷道的掘进；该机一次定位切割断面可达31.5m²，最大掘进高度4.85m，最大掘进宽度6.5m
EBZ320 全岩掘进机	一种煤矿井下综合掘进设备，集切割、行走、装运、喷雾灭尘于一体；经济切割硬度不大于90MPa煤巷，破岩能力强，适应半煤岩、全岩巷道的掘进；该机一次定位切割断面可达35m²，最大掘进高度5m，最大掘进宽度7m
EBH360 全岩掘进机	一种煤矿井下综合掘进设备，集切割、行走、装运、喷雾灭尘于一体；经济切割硬度不大于100MPa的煤巷，破岩能力强，适应半煤岩、全岩巷道的掘进；该机一次定位切割断面可达51.7m²，最大掘进高度5.95m，最大掘进宽度8.7m

表1-2-3 掘进机的主要参数（天地科技股份有限公司 www.tdtec.com）

主要参数 \ 产品型号	EBH315	EBZ320	EBZ260	EBZ240	EBZ220	EBZ200	EBZ160A	EBZ160A（矮）掘进机	EBZ132	EBZ120
切割轴形式	纵轴式	纵轴式	纵轴式	纵轴式	纵轴式	纵轴式	纵轴式	纵轴式	纵轴式	纵轴式
外形尺寸（长×宽×高）/m×m×m	12.95×3.08×2.5	12.77×2.9×2.05	12.0×2.84×2.0	10.51×2.58×1.72	10.55×2.58×1.68	10.63×2.58×1.68	9.13×2.4×1.67	9.3×2.5×1.55	8.88×2.26×1.48	8.88×2.26×1.48
总机质量/t	125	103	95	70	62	62	45	46	37	37

续表 1-2-3

主要参数 \ 产品型号	EBH315	EBZ320	EBZ260	EBZ240	EBZ220	EBZ200	EBZ160A	EBZ160A (矮)掘进机	EBZ132	EBZ120
装机总功率/kW (含二运 11kW)	533	495	431	361	341	321	261	261	206	206
切割电机功率/kW	315	320/220	260/200	240	220/132	200/110	160/100	160/100	132	120
经济切割硬度/MPa	≤80/100	≤90/80	≤90/80	≤85/75	≤80/70	≤80/60	≤80/60	≤80/60	≤70/50	≤60
最大掘进断面/m^2		35	31.5	27	27.22	33.15	26.4	22	20.9	20.9
最大掘进高度/m	5.825/5.459	5	4.85	4.52	4.55	5.1	4.8	4	4.1	4.1
最大掘进宽度/m	7.01/6.57	7	6.5	5.99	5.99	6.5	5.5	5.5	5.1	5.1
供电电压/V	AC1140	AC1140	AC1140	AC1140	AC1140	AC1140	AC1140/660	AC1140/660	AC1140/660	AC1140/660
切割头转速/$r \cdot min^{-1}$	20	47.6/23.6	55/27.3	36.96	48/23.9	48/23.9	46/23	46/23	47.6	47.6
机身地隙/mm	300	300	300	310	300	300	350	300	250	250
龙门高度/mm		510	510	407	430	430	425	410	330	330
行走速度/$m \cdot min^{-1}$		0~6	0~6	0~6	0~6	0~6	0~7.8	0~7.8	0~7.8	0~7.8
爬坡能力/(°)	±16	±18	±18	±18	±18	±18	±18	±18	±16	±16
切割头卧底量/mm	360	250	300	217	220	220	300	220	250	250
铲板卧底量/mm	380	220	260	268	260	260	300	300	250	250
铲板抬起量/mm		410	380	345	340	340	300	265	300	300
泵站功率/kW	200	160	160	110	110	110	90	90	75	75
液压系统压力/MPa	25	25	25	25	25	25	25	25	20	20
牵引力/kN		800	800	420	320	320	260	260	210	210
装载形式	等摩擦角三爪星轮	六齿星轮式	六齿星轮式	弧形三齿星轮	弧形三齿星轮	弧形三齿星轮	弧形三齿星轮	弧形三齿星轮	三齿星轮	三齿星轮
装载能力/$m^3 \cdot min^{-1}$		4.3	4.3	4.3	4.3	4.3	3.6	3.6	3.75	3.75
星轮转速/$r \cdot min^{-1}$	35	0~33	0~33	0~33	0~33	0~33	0~27	0~27	0~35	0~35
转载运输机形式	边双链	边双链	边双链	边双链	边双链	边双链	边双链	边双链	边双链	边双链
运输能力/$m^3 \cdot min^{-1}$	5.3	6	6	6	6	6	4	4	4.5	4.5
运输机链速/$m \cdot min^{-1}$	1.0	0~61	0~61	0~61	0~61	0~61	0~56	0~56	0~66	0~66

续表 1－2－3

主要参数＼产品型号	EBH315	EBZ320	EBZ260	EBZ240	EBZ220	EBZ200	EBZ160A	EBZ160A（矮）掘进机	EBZ132	EBZ120
运输机槽宽/mm		600	600	620	620	620	540	540	520	520
履带宽度/mm		750	720	620	620	620	600	600	520	520
铲板宽度/m	3.5	3.6	3.6	3.2	3.2	3.2	2.9（2.7）	2.9（2.7）	2.8（2.5/3.0）	2.8（2.5/3.0）
接地比压/MPa	0.22	0.17	0.17	0.17	0.15	0.15	0.14	0.146	0.14	0.14
冷却水压/MPa		1	1	1	1	1	1	1	1.5	1.5
内喷雾水压/MPa	3~8	40	8	8	8	8	4	4	3	3
外喷雾水压/MPa		8	8	3	3	3	4	4	3，1.5	3，1.5
最大不可拆卸件尺寸（长×宽×高）/m×m×m	4.51×1.748×1.675	3.09×1.615×1.385	2.83×1.54×1.356	3.265×1.39×1.407	2.5×1.534×1.304	2.5×1.534×1.304	3.375×1.19×1.44	3.375×1.19×1.378	2.81×2.52×1.37	2.81×2.52×1.37
最长不可拆卸件尺寸（长×宽×高）/m×m×m		5.432×0.79×0.575	5.18×0.79×0.575	4.005×0.702×0.605	4.005×0.79×0.605	4.005×0.79×0.605	3.808×0.712×0.591	3.88×0.712×0.591	3.27×1.10×1.30	3.27×1.10×1.30
最大不可拆卸件质量/t	11.217	10.1	5.89	8.396	4.798	4.798	5.19	5.4	4.205	4.205

表 1－2－4　EBZ132TY 标准型掘进机的技术参数（天地科技股份有限公司　www.tdtec.com）

项　目	技术参数	项　目	技术参数
外形尺寸(长×宽×高)/m×m×m	8.6×2.1×1.55	装运能力/$m^3\cdot h^{-1}$	180
定位最大可掘高度/m	3.75	行走形式	履带式
定位最大可掘宽度/m	5.0	行走速度/$r\cdot min^{-1}$	0~9
抗压强度/MPa	≤80/60	制动形式	摩擦离合器
截割卧底深度/mm	240	液压系统形式	定量型/开式回路
地隙/mm	250	额定压力/MPa	16
适应巷道坡度/(°)	±16	总流量/$L\cdot min^{-1}$	450
接地比压/MPa	0.14	泵站电机功率/kW	75
整机质量/t	38（不含二运和除尘）	油箱有效容积/L	610
总额定功率/kW	207（不含二运和除尘）	灭尘形式	内喷雾及加强型外喷雾
机器供电电压/V	1140/660	供水压力/MPa	3~8
截割电机功率/kW	132	流量/$L\cdot min^{-1}$	≥63
截割头转速/$r\cdot min^{-1}$	55	电控箱	隔爆及本质安全型
平均单刀力/N	4820	控制箱	本质安全型
装载形式	等摩擦角三爪星轮	电气控制	进口专用控制器
运输形式	边双链刮板	最大不可拆卸件尺寸（长×宽×高）/m×m×m	2.885×1.336×1.305
装载铲板宽度/m	2.5/2.8		
运输机链速/$m\cdot s^{-1}$	0.93	最大不开拆卸件质量/t	5.065

表1-2-5 EBZ132TY变量型掘进机的技术参数（天地科技股份有限公司 www.tdtec.com）

项　目	技术参数	项　目	技术参数
外形尺寸(长×宽×高)/m×m×m	8.6×2.1×1.55	运输机链速/$m\cdot s^{-1}$	0.93
		装运能力/$m^3\cdot h^{-1}$	180
定位最大可掘高度/m	3.75	行走形式	履带式
定位最大可掘宽度/m	5.0	行走速度/$r\cdot min^{-1}$	0~9
抗压强度/MPa	≤80/60	制动形式	摩擦离合器
截割卧底深度/mm	240	液压系统形式	负载敏感、恒功率变量系统
地隙/mm	250	额定压力/MPa	18
适应巷道坡度/(°)	±16		

表1-2-6 EBZ55悬臂式掘进机的技术参数（江苏巨鹰机械有限公司 www.fb-jy.com）

项　目	技术参数	项　目	技术参数
机器质量/kg	16000	爬坡能力/(°)	±18
外形尺寸（长×宽×高）/mm×mm×mm	7200×1600×1500	液压系统额定工作压力/MPa	16
可经济截割煤岩硬度/MPa	≤50	截割功率/kW	55
最大掘进高度/mm	3800	截割头转速/$r\cdot min^{-1}$	46
最大定位掘进宽度/mm	4600	伸缩行程/mm	600
平均接地比压/MPa	0.11	总装机功率/kW	92
平均生产能力/$m\cdot h^{-1}$	1~2（4~16m^2截面）	供电电压/V	380/660
行走速度/$m\cdot min^{-1}$	4.2/8.4		

表1-2-7 EBZ45悬臂式掘进机的技术参数（江苏巨鹰机械有限公司 www.fb-jy.com）

项　目	技术参数	
	A	B
机器质量/kg	8500	12000
外形尺寸（长×宽×高）/mm×mm×mm	6100×1300×1500	7400×1400×1300
可经济截割煤岩硬度/MPa	≤40	≤40
最大掘进高度/mm	3600	3200
最大定位掘进宽度/mm	4000	4000
平均接地比压/MPa	0.09	0.1
平均生产能力/$m\cdot h^{-1}$	1~2	1~2（4~9m^2截面）
行走速度/$m\cdot min^{-1}$	16	5.6/11.2
爬坡能力/(°)	±16	±18
液压系统额定工作压力/MPa	16	16
截割功率/kW	45	45
截割头转速/$r\cdot min^{-1}$	42	42
伸缩行程/mm	870	600
总装机功率/kW	67	75
供电电压/V	380/660	380/660

表 1-2-8 EBZ90 悬臂式掘进机的技术参数（江苏巨鹰机械有限公司 www.fb-jy.com）

项　目	技术参数	项　目	技术参数
外形尺寸（长×宽×高）/m×m×m	8.56×1.78×1.5	输送机形式	边双圆环链刮板式
铲板宽度/mm	2500	输送机链速/m·s^{-1}	0.9
履带外侧宽度/mm	1780	输送机槽宽/mm	500
龙门高/mm	350	运输能力/m^3·h^{-1}	268
装机总功率/kW	145	行走形式	履带式
整机质量/t	26.5	行走速度/m·min^{-1}	3.2/6
最大掘进高度/m	3.6	履带最大牵引力/N	250000
最大定位掘进宽度/m	5	平均接地压/MPa	0.13
经济切割断面/m^2	7~17	泵站功率/kW	55
掘进断面形状	任意	额定工作压力/MPa	16
爬坡能力/(°)	±18	工作介质	N68 号抗磨液压油
可切割岩石单轴抗压强度/MPa	≤70	外喷雾压力/MPa	1.5
地隙/mm	180	内喷雾压力/MPa	3.0
切割头最大直径/mm	910	总流量/L·min^{-1}	40~80
切割电机功率/kW	90	供电电压/V	660/1140
切割头转速/r·min^{-1}	3	总控制功率/kW	145
最大卧底深度/mm	250	照明电压/V	36
装载形式	星轮式	防爆形式	隔爆兼本质安全型
星轮转速/r·min^{-1}	29		

生产厂商：北方重工集团有限公司，江苏巨鹰机械有限公司，天地科技股份有限公司。

1.2.3 横轴式部分断面掘进机

1.2.3.1 概述

横轴式部分断面掘进机切割刀头轴线与主机纵轴线垂直，是一种能够完成截割、装载、转载煤岩，并能自己行走，具有喷雾灭尘等功能的巷道掘进联合机组，主要用于煤岩巷道掘进、工程涵洞及隧道的施工，工作机构上下左右多次摆动、移动，逐渐截割掘出所需断面，断面形状可以是矩形、梯形、拱形等。

1.2.3.2 产品特点

（1）采用伸缩机构，具有结构简单、刚性好、可靠性高的优点，配有横轴式截割头，截割过程中可充分利用自身重量，截割稳定性好，截割能力强。

（2）采用双齿条回转机构为国内外首创，不仅继承了传统齿轮齿条式回转机构的优点，而且使齿轮齿条可靠性大幅提高。

（3）采用集中润滑系统，可对各铰接销轴、油缸、整个回转台及关键部位轴承进行集中、自动润滑。

（4）采用的鱼脊梁分体式，改向链轮前置的高效装运机构，可扩大刮板机的主动受料能力，提高装载机构的装运速度，同时，在转盘外侧加焊了耐磨板，铲板面板增加了可拆卸耐磨板，并采用全程压链，以提高耐磨性，减小运料阻力。

（5）本机全部动作均可由遥控器来控制，大屏幕显示器采用 Windows 操作系统，具有良好的人机交换功能。截割过程中，截割头可在屏幕上随截割摆动显示位置，并有油温、油位、流量、压力、截割减速器温升等运行状态的数字显示。

（6）截割部设有摄像机，通过显示器上的摄像显示，司机可以观察到迎头实际作业景象。

（7）具有数据远程传输功能，可以将掘进机的运行参数和故障记录等数据进行远程传输。

（8）采用压力、流量、温度等多种传感器，对掘进机进行实时监测，并提供了丰富的显示界面。

（9）采用的新型销轴防转机构，彻底解决以往掘进机因铰接销轴转动引起的各种事故。

（10）采用的 LED 冷光灯、高效喷嘴、截割减速器润滑油外循环冷却系统等新技术有效地提高了本机的可靠性。

（11）操作台、泵站、电箱等元部件均采取了防震设计。

1.2.3.3 外形尺寸图

EBH315 型掘进机结构如图 1-2-4 所示。

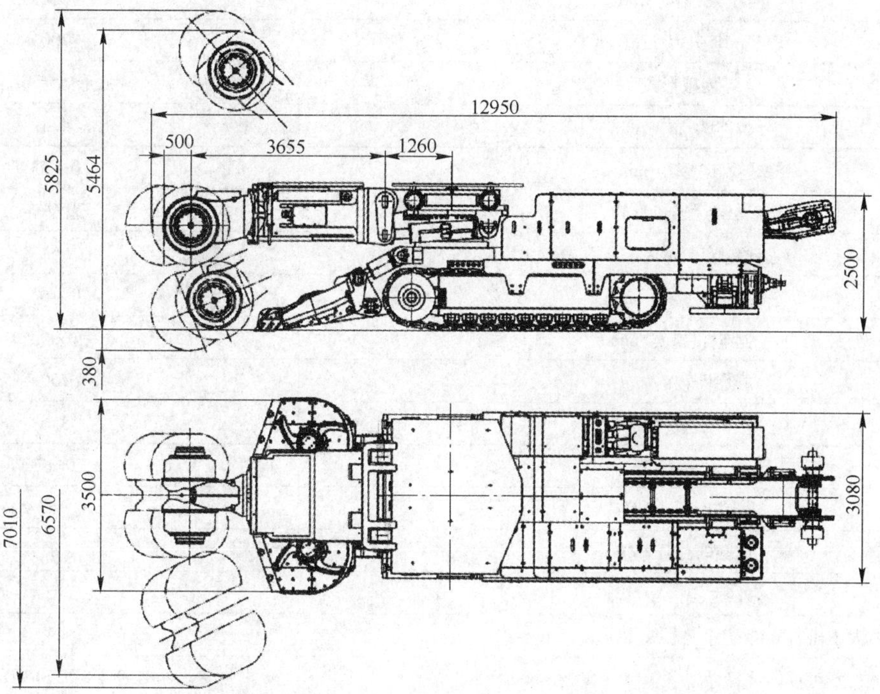

图 1-2-4 EBH315 型掘进机结构

1.2.3.4 主要参数

主要参数见表 1-2-9。

表 1-2-9 EBH360 型掘进机的主要参数（天地科技股份有限公司 www.tdtec.com）

项 目	技术参数
切割轴形式	横轴式
外形尺寸（长×宽×高）/m×m×m	13.21×2.9×2.228
总机质量/t	125
装机总功率/kW（含二运 11kW）	576
切割电机功率/kW	360
可/经济切割硬度/MPa	≤100/90
最大掘进断面/m^2	51.7
最大掘进高度/m	5.95
最大掘进宽度/m	8.7
供电电压/V	AC1140
切割头转速/$r \cdot min^{-1}$	23
机身地隙/mm	300
龙门高度/mm	510
行走速度/$m \cdot min^{-1}$	7.9/12.6
爬坡能力/(°)	±18

续表1-2-9

项目	技术参数
切割头卧底量/mm	360
铲板卧底量/mm	200
铲板抬起量/mm	400
泵站功率/kW	160
液压系统压力/MPa	25
牵引力/kN	700
装载形式	弧形六齿星轮
装载能力/$m^3 \cdot min^{-1}$	4.3
星轮转速/$r \cdot min^{-1}$	0~33
转载运输机形式	边双链
运输能力/$m^3 \cdot min^{-1}$	6
运输机链速/$m \cdot min^{-1}$	0~62
运输机槽宽/mm	600
履带宽度/mm	750
铲板宽度/m	3.6
接地比压/MPa	0.17
冷却水压/MPa	1
内喷雾水压/MPa	8
外喷雾水压/MPa	45
最大不可拆卸件尺寸（长×宽×高）/m×m×m	3.09×1.615×1.485
最长不可拆卸件尺寸（长×宽×高）/m×m×m	5.962×0.79×0.737
最大不可拆卸件质量/t	10.5

生产厂商：天地科技股份有限公司。

1.2.4 扒渣机

1.2.4.1 概述

扒渣机适用于矿山出渣（矿）以及隧洞挖掘。主要用于作业空间狭窄、生产规模小的金属、非金属等采用钻爆法的矿山工程的矿石、岩土采集、输送、装车作业。

1.2.4.2 主要特点

扒渣机由机械手与输送机相接合，采集和输送功能合二为一，采用电动液压控制系统，具有安全环保、能耗小、效率高的特点，是矿山及小型隧洞必不可少的采矿、掘进装备。

适用宽×高为1.5m×1.5m超小隧道到3m×3m以上矿洞的采掘、输送，也用于平巷采掘和斜井（坡度为15°、据实设计）采掘，运输都有相匹配的机械设备。动力源有电动型、柴油型、柴电两用型；行走方式可为胶轮、轨道、履带；输送方式有皮带、刮板；驱动方式可以是液电混用型或全液压型。

1.2.4.3 技术参数

技术参数见表1-2-10~表1-2-14。

表1-2-10 PWT系列主要技术参数（襄阳宇清重工装备有限公司 www.yqzgzb.cn）

项目	主要参数					
型号	PWT1.7M-80T-4B-CDQ	PWT1.7M-70T-4B-CD	PWT1.5M-70T-4B-CDQ	PWT1.5M-60T-4B-CD	PWT1.3M-50T-4B-CDQ	PWT1.5M-50T-4B-CD
外形尺寸（长×宽×高）/mm×mm×mm	5500×1700×1650	5500×1700×1650	5200×1500×1500	5200×1500×1500	4800×1400×1300	4800×1400×1300

续表 1-2-10

项　目	主　要　参　数					
型　号	PWT1.7M-80T-4B-CDQ	PWT1.7M-70T-4B-CD	PWT1.5M-70T-4B-CDQ	PWT1.5M-60T-4B-CD	PWT1.3M-50T-4B-CDQ	PWT1.5M-50T-4B-CD
装载质量/$m^3 \cdot h^{-1}$	80	70	70	60	50	50
整机质量/kg	3500	3200	3200	3000	2600	2600
挖掘宽度/mm	2400	2400	2100	2100	1800	1800
挖掘高度/mm	2100	2100	2100	2100	1800	1800
挖掘深度/mm	300~500	300~500	300~500	300~500	200~300	200~300
适应巷道坡度/(°)	±15	±15	±15	±15	±15	±15
适应巷道最小断面/mm	2200~2400	2200~2400	2000~2200	2000~2200	1800	1800
挖掘距离/mm	1700	1600	1600	1600	1500	1500
卸载距离/mm	1700（可加长）	1700（可加长）	1600（可加长）	1600（可加长）	1400（可加长）	1400（可加长）
卸载高度/mm	1400~2100	1300~2100	1300~2100	1300~2100	1300~1800	1300~1800
轮距/mm	1700	1700	1500	1500	1300	1300
轴距/mm	1650	1650	1550	1550	1550	1550
电机功率/kW	15/18.5	11/15	11/15	11/15	11/15	11/15
最小转弯半径/mm	5000	5000	5000	5000	5000	5000
最大大臂回转角度/(°)	±45	±45	±45	±45	±45	±45
最大物料通过尺寸/mm	650×500	600×500	600×500	600×500	500×500	500×500

表 1-2-11　PWT 系列主要技术参数（襄阳宇清重工装备有限公司　www.yqzgzb.cn）

项　目	主　要　参　数	
型　号	PWT1.3M-40T-4B-DZ	PWT1.5M-50T-4B-CDZ
外形尺寸（长×宽×高）/mm×mm×mm	3500×1300×1500	4200×1500×1500
装载质量/$m^3 \cdot h^{-1}$	50	70
整机质量/kg	1800	3200
挖掘宽度/mm	1400	2100
挖掘高度/mm	1500	2100
挖掘深度/mm	200~300	300~500
适应巷道坡度/(°)	±12	±15
适应巷道最小断面/mm	1600	2000~2200
挖掘距离/mm	1500	1600
卸载距离/mm	1300	1400（可加长）
卸载高度/mm	1150	2000~2200
轮距/mm	1300	1500
轴距/mm	1380	1550
电机功率/kW	11	11/15
最小转弯半径/mm	3500~4000	5000
最大大臂回转角度/(°)	±45	±45
额定电压/V	365-380-400	
最大物料通过尺寸/mm×mm	500×300	600×500
适应巷道最小断面/mm	1800	1800
挖掘距离/mm	1500	1500

续表 1-2-11

项　目	主　要　参　数	
型　号	PWT1.3M-40T-4B-DZ	PWT1.5M-50T-4B-CDZ
卸载距离/mm	1400（可加长）	1400（可加长）
卸载高度/mm	1300~1800	1300~1800
轮距/mm	1300	1300
轴距/mm	1550	1550
电机功率/kW	11/15	11/15
最小转弯半径/mm	5000	5000
最大大臂回转角度/(°)	±45	±45
最大物料通过尺寸/mm×mm	500×500	500×500

表 1-2-12 PWT 系列主要技术参数（襄阳宇清重工装备有限公司 www.yqzgzb.cn）

项　目	主　要　参　数	
型　号	PWT1.5M-70T-4B-DF	PWT1.5M-70T-4B-CDQ
外形尺寸（长×宽×高）/mm×mm×mm	5200×1500×1500	5200×1500×1500
装载质量/$m^3 \cdot h^{-1}$	70	70
整机质量/kg	3200	3000
挖掘宽度/mm	2100	2100
挖掘高度/mm	2100	2100
挖掘深度/mm	300~500	300~500
适应巷道坡度/(°)	±15	±15
适应巷道最小断面/mm	2000~2200	2000~2200
挖掘距离/mm	1600	1600
卸载距离/mm	1600（可加长）	1500（可加长）
卸载高度/mm	1300~2100	1300~1800
轮距/mm	1500	1500
轴距/mm	1550	1550
电机功率/kW	15/18.5	11/15
最小转弯半径/mm	5000	5000
最大大臂回转角度/(°)	±45	±45
最大物料通过尺寸/mm×mm	600×500	600×500

表 1-2-13 PWT 系列主要技术参数（襄阳宇清重工装备有限公司 www.yqzgzb.cn）

项　目	主　要　参　数	
型　号	PWT1.8M-80T-LDQG	PWT1.7M-70T-4B-CD
外形尺寸（长×宽×高）/mm×mm×mm	5500×1600×2100	4800×1500×1600
装载质量/$m^3 \cdot h^{-1}$	80（40，60，100，120）	70
整机质量/kg	5800	3800
挖掘宽度/mm	3000	2100
挖掘高度/mm	1800	2000
挖掘深度/mm	300~500	300~500
适应巷道坡度/(°)	25	15
适应巷道最小断面/mm	2000~2200	2200

续表 1-2-13

项　目	主 要 参 数	
型　号	PWT1.8M-80T-LDQG	PWT1.7M-70T-4B-CD
挖掘距离/mm	1800	1800
卸载距离/mm	1400	1400~1800
卸载高度/mm	1100~1500	1400~2000
电机功率/kW	30/45	1500
最小转弯半径/mm	5500	1600
最大大臂回转角度/(°)	±45	25
最大物料通过尺寸/mm	530×500×560	5000
刮板链速度/m·min⁻¹	30	±45
刮板运输机构形式	单链单驱动/双链双驱动	550×500

表 1-2-14 PWT 系列主要技术参数（襄阳宇清重工装备有限公司 www.yqzgzb.cn）

项　目	主 要 参 数	
型　号	PWT1.3M-50T-4B-DZ	PWT1.5M-50T-4B-DF
外形尺寸（长×宽×高）/mm×mm×mm	3050×1300×1400	3000×1300×1400
装载质量/$m^3 \cdot h^{-1}$	50	50
整机质量/kg	1800	1800
挖掘宽度/mm	1500	1500
挖掘高度/mm	1600	1600
挖掘深度/mm	200~300	200~300
适应巷道坡度/(°)	±12	±15
适应巷道最小断面/mm	1600	1600
挖掘距离/mm	1000	1000
卸载距离/mm	1000	1000
卸载高度/mm	1300	1300
轮距/mm	1300	1300
轴距/mm	1300	1300
电机功率/kW	11	11
最小转弯半径/mm	3000	3000
最大大臂回转角度/(°)	±45	±45
最大物料通过尺寸/mm×mm	500×300	500×300

生产厂商：襄阳宇清重工装备有限公司。

2 采掘设备

2.1 采煤工作面设备

采煤工作面设备包括采煤机、液压支架、刮板输送机等设备。选型首先要考虑工作面的地质因素，如煤层厚度、倾角、顶底板的稳定性、煤层硬度及瓦斯含量等。

采煤机的选型重点是适应煤层条件和力学特性，输送机选型要保证足够的输送能力和铺设长度，液压支架的选型，要求支架的结构形式与支护特性与煤层赋存条件相适应，具备合适的初撑力和工作阻力并提高支架的刚度，支护断面要与工作面的通风要求相适应。乳化液泵站为移动式。

2.1.1 单滚筒采煤机

2.1.1.1　概述

普通机械化采煤（简称普采）工作面一般采用单滚筒采煤机（少数条件下用双滚筒采煤机）落煤和装煤，可弯曲大型刮板输运机运煤，单体液压支柱铰接顶梁（或⊓形长钢梁对棚或悬移液压支架）支护、液压推移器移溜。普采工作面上、下区段平巷断面不大，刮板输送机头、机尾通常都设在工作面内，故工作面上、下两端需要用人工打眼爆破开切口（又称机窝），上切口长为 6 ~ 10m，下切口为 3 ~ 4m。

2.1.1.2　外形尺寸

MGY300/710 - 1.1D 电牵引采煤机端面如图 2 - 1 - 1 所示。

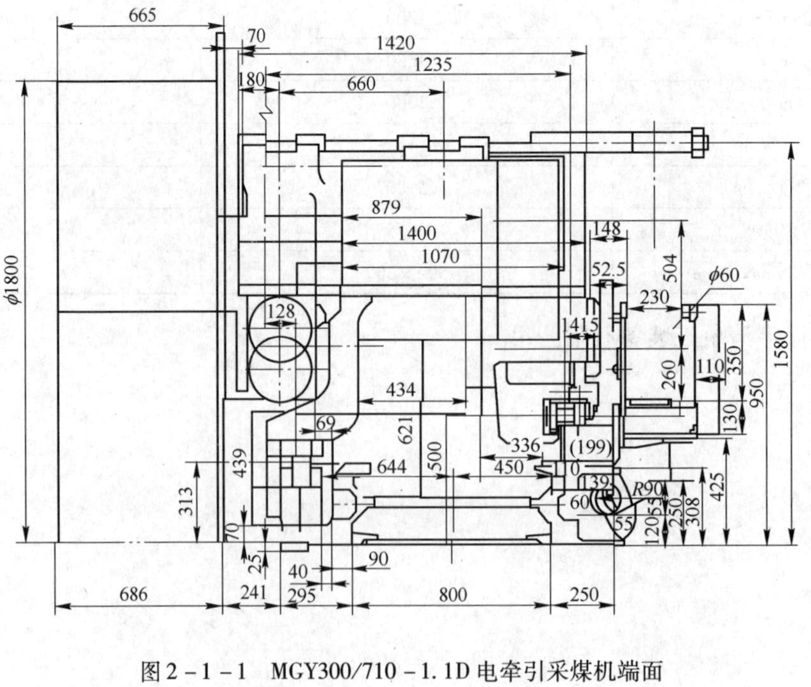

图 2 - 1 - 1　MGY300/710 - 1.1D 电牵引采煤机端面

2.1.1.3　主要参数

主要参数见表 2 - 1 - 1、表 2 - 1 - 2。

表 2-1-1 MG100-TP 型单滚筒爬底板采煤机的主要参数（太原重型机械集团煤机有限公司 www.sxkuangji.com）

项目	主要参数	项目	主要参数
采高范围/m	1.4~2.5（1.6~3.0）	牵引中心距/mm	4323（4945）
机面高度/mm	1200（1240）	摇臂回转中心距/mm	6102（6740）
煤层倾角/(°)	≤25	滚筒最大中心距/mm	9902（10479）
供电电压/V	1140	滚筒直径/mm	1400/1600
牵引形式	机载式交流变频调速 销轨式无链牵引	最大不可拆卸部件（长×宽×高）/mm×mm×mm	2472×1220×700
装机功率/kW	500（200×2+40×2+20） 600（250×2+40×2+20）	滚筒截深/mm	630（800）
		最大卧底量/mm	260/360（300）
牵引速度/m·min^{-1}	0~7~11.6	整机质量/t	30（35）
牵引力/kN	550~320（580~350）		

表 2-1-2 MG2X40/102-TWD 采煤机的主要参数（山东瀚业机械有限公司 www.sdhanye.com）

项目	主要参数
总装机功率/kW	102
截割电机功率/kW	2×40
牵引电机功率/kW	2×11
机面高度/mm	560
机身外形尺寸/mm×mm×mm	4050×1184×350（不含摇臂）
采高/mm	650~1300
最小卧底量/mm	70（ϕ650 滚筒）
过煤高度/mm	110
最小过机间隙/mm	100
适应倾角/(°)	≤35
滚筒直径/mm	ϕ650，ϕ780，ϕ800
截深/mm	750、800
摇臂长度/mm	1569
摇臂摆角/(°)	+16.48-7.35
滚筒转速/r·min^{-1}	92.6
牵引速度/m·min^{-1}	0~6
牵引力/kN	18
调高液压系统最高工作压力/MPa	15
机重/t	约 10
操作方式	手动/遥控控制
配套输送机	SGB620/40T

生产厂商：太原重型机械集团煤机有限公司，山东瀚业机械有限公司。

2.1.2 支撑掩护式液压支架

2.1.2.1 介绍

综采以其安全、高效等优点成为重要的煤炭生产方式，在现代化的矿井中得到普遍的应用。回撤端头掩护支架是配合“内外辅巷多通道快速回撤工艺”而研制的一种回撤工作面专用端头掩护支架，为快速搬家倒面提供了技术支撑。

2.1.2.2 外形结构

支撑掩护式液压支架外形结构如图2-1-2所示。

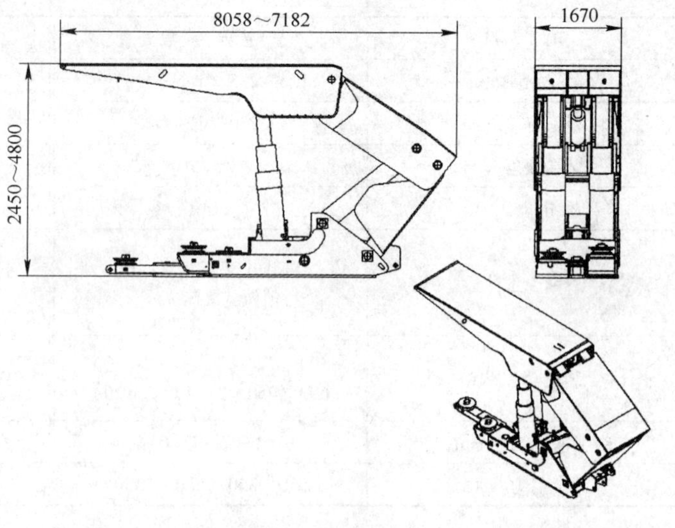

图2-1-2 支撑掩护式液压支架外形结构示意图

2.1.2.3 产品特点

(1) 支架设计充分考虑了本支架与被回撤综采支架之间的相对空间关系，使回撤支架工作更加顺畅和安全。回撤掩护端头支架两架一组，分别为主、副掩护端头支架，根据与被撤支架的位置关系，为适应双向平行作业的要求，主、副掩护端头支架局部结构有区别。

(2) 在支架底座前船头专门设计了用于绞车拉架的专用型、安全系数较高的高强度滑轮组，滑轮上设计有防止钢丝绳滑出槽的压盖，提高了拉架安全性，根据支架回撤工艺要求布置滑轮组，提高了回撤设备的效率。

(3) 采用特殊配置的电液控制系统。配置了专用防爆型蓄电池，适应回撤工作面无供电的实际情况，控制系统选用功能主控制阀组，该阀配备的操作手柄可以保证在外部供电及蓄电池供电均失效的情况下正常操作支架。除手动电液控制外，还增加了无线遥控系统，可实现远距离无线遥控，提高了回撤设备与操作人员的安全。支架可实现手动、电液和远程无线遥控三种控制方式。

2.1.2.4 适用条件

顶板稳定煤层中等硬度，倾角在15°以下的综采工作面，一般与三角区回撤掩护支架配套使用。

2.1.2.5 应用说明

回撤端头掩护支架在神华能源股份有限公司神东煤炭分公司得到普遍的应用。回撤掩护支架与三角区支架的配合使用促进了“内外辅巷多通道快速回撤工艺”的推广。工作面回撤平均用时8天，最快5天，较传统工艺少用约20天，极大地缩短了综采工作面的回撤与安装时间，提高了设备使用率。

回撤端头掩护支架的使用使辅巷多通道搬家倒面工艺得到进一步完善和发展。使用实践表明：回撤掩护支架高强度特殊伸缩顶梁结构提供了更大范围安全作业空间；高强度特种滑轮组设计，提高了绞车拉架的安全水平；先进的遥控式电液控制系统避免了操作人员在危险区域作业，有力地保障了作业人员的安全。

2.1.2.6 技术参数

技术参数见表2-1-3、表2-1-4。

表2-1-3 ZY系列回撤端头掩护支架的技术参数（天地科技股份有限公司 www.tdtec.com）

支架形式	支撑高度/m	适用条件			初撑力/kN	操作方式	外形尺寸(长×宽×高)/mm×mm×mm	支护强度/MPa	对底板最大比压/MPa	泵站工作压力/MPa	安全阀开启压力/MPa	支架质量/t	最大不可拆卸件	
		煤层倾角/(°)	顶板										外形尺寸(长×宽×高)/mm×mm×mm	质量/t
			老顶	直接顶										
ZY12000/24.5/48	2.45~4.8	≤15	中等稳定以上		7888	无线遥控/本架电液控制/本架手动	8058×1670×2450	1.1~1.3	3.08	31.5	47.8	39.7	5450×1670×560	9.3
ZY10000/21.5/42	2.15~4.2	≤15	中等稳定以上		7888	无线遥控/本架电液控制/本架手动	8013×1670×2150	1.0~1.2	2.57	31.5	39.8	35.9	5450×1670×510	8.4
ZY8500/21/40	2.1~4.0	≤15	中等稳定以上		6390	无线遥控/本架电液控制/本架手动	7215×1650×2100	0.89~0.92	1.99	31.5	41.8	29.3	4780×1650×470	7.7

表2-1-4 支架技术参数（平顶山煤矿机械有限责任公司 www.cpmj.com）

支架高度/mm	2500~3800
支架宽度/mm	1680~1880
中心距/mm	1750
初撑力/kN	6168
工作阻力/kN	8000
支护强度/MPa	平均0.63
操作方式	手动控制

生产厂商：天地科技股份有限公司，平顶山煤矿机械有限责任公司。

2.1.3 乳化液泵站

2.1.3.1 概述

乳化液泵站（简称泵站）是综合机械化采煤工作面的主要装备之一，是一种把电能、机械能转变为液压能的转换装置，是液压支架、单体液压支柱的液压动力源。

2.1.3.2 乳化液泵站的用途

乳化液泵站主要用作煤矿井下机械化采煤、推移、运输设备的动力源，也适用于地面清洗设备，工作液为3%~5%乳化液或清水。

2.1.3.3 外形结构

乳化液泵站如图2-1-3~图2-1-5所示。

图2-1-3 BRW315/31.5型乳化液泵站（长×宽×高为：20254mm×1467mm×1500mm）

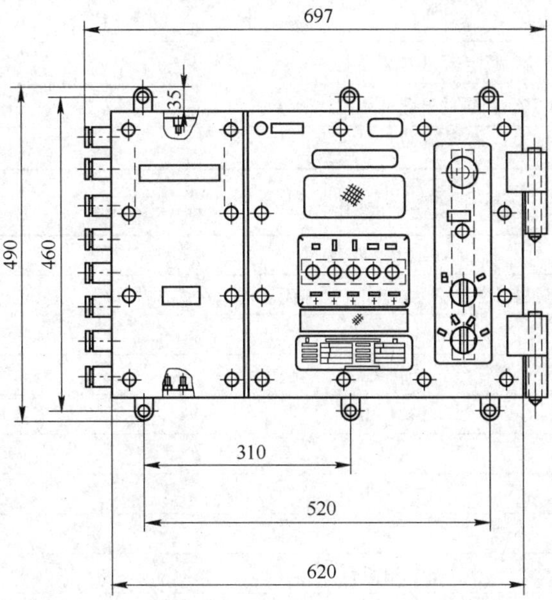

图2-1-4 KXJZ1-127R型隔爆兼本质安全型乳化液泵站

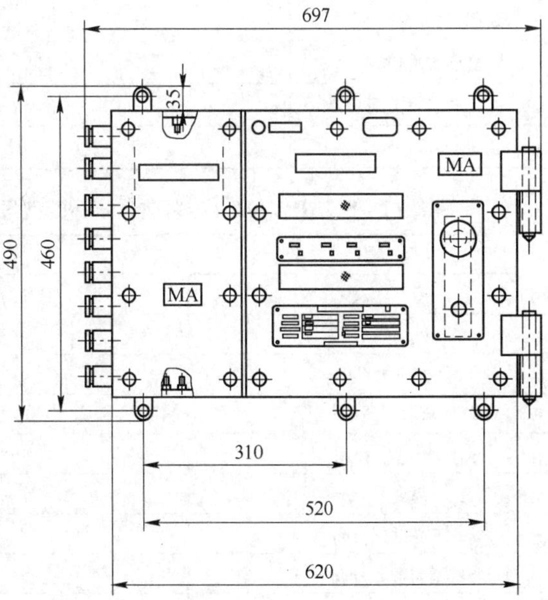

图2-1-5 KXJ1-127R型隔爆兼本质安全型乳化液泵站

2.1.3.4　主要技术参数

主要技术参数见表 2－1－5～表 2－1－8。

表 2－1－5　技术参数（天地科技股份有限公司　www.tdtec.com）

型　号	公称压力/MPa	最高压力/MPa	公称流量/L·min^{-1}	电动机		外形尺寸（长×宽×高）/mm×mm×mm	配套液箱型号	质量/kg
				功率/kW	转速/r·min^{-1}			
BRW315/31.5	31.5	37.5	315	224	1485	2920×1106×1308	RX5000	4540
BPW420/14	14	16	420	112	1485	2720×1106×1308	SX5000	4200

表 2－1－6　乳化液泵站的技术参数（天地科技股份有限公司　www.tdtec.com）

型　号	额定电压/V	输出功率/kW	输出回路		外形尺寸（长×宽×高）/mm×mm×mm	配套本安电源箱型号	质量/kg
KXJZ1－127R	127	<1000	补水阀	声光报警	697×232×490	KDW17	125
KXJ1－127R	127	<200	电子卸载阀		697×232×490	KDW17	120

表 2－1－7　BRW200/315/400 泵站的主要技术参数（天地科技股份有限公司　www.tdtec.com）

型 号 参 数	BRW200/31.5D	BRW315/31.5D	BRW400/31.5D
公称流量/L·min^{-1}	200	315	400
公称压力/MPa	31.5	31.5	31.5
曲轴转速/r·min^{-1}	552	498	498
柱塞直径/mm	50	48	54
电机转速/r·min^{-1}	1480	1480	1480
电机功率/kW	125	200	250
泵组外形尺寸/mm×mm×mm	2300×1200×1100	3200×1300×1300	3200×1300×1300
泵组质量/kg	2820	4850	5330
乳化液箱容积/L	2000	2500	3000
乳化液箱尺寸/mm×mm×mm	3000×1250×1220	3000×1250×1350	3500×1400×1400
乳化液箱重量/kg	900	980	1290
蓄能器容积/L	40	40	40
卸载压力/MPa	31.5	31.5	31.5
恢复压力/MPa	额定压力 76% 左右		
工作介质	含 3%～5% 的乳化油中型水溶液		
进口压力	常　压		

表 2－1－8　BRW40/20 型乳化液泵站的型号参数（山东中煤工矿集团　www.zhongmeigk.com）

型　号	BRW40/20
型号含义	B：泵；R：乳化液；W：卧式；公称流量 40；公称压力 20
进水压力	常压
公称压力/MPa	20
公称流量/L·min^{-1}	40
曲轴转速/r·min^{-1}	547
柱塞直径/mm	50
柱塞行程/mm	50
电机转速/r·min^{-1}	1470
电机功率/kW	15
外形尺寸	泵：664mm×600mm×335mm；总成：1380mm×664mm×665mm

生产厂商：天地科技股份有限公司，山东中煤工矿集团。

2.1.4 喷雾泵站

2.1.4.1 概述

喷雾泵站是与大中型采煤机、电液控制支架组配套的大流量高压力喷雾灭尘泵站，它可以满足采煤机内外喷雾、电液支架喷雾的要求，供给喷雾所需的压力水，实现喷雾灭尘。泵站可与BRW315/31.5型乳化液泵站由同一套电控系统集中控制，共同组成综采工作面的动力装置。泵站由三台喷雾泵和一台水箱组成，两台使用，一台备用。水箱的额定容积为5000L。

2.1.4.2 外形结构

BPW420/14型喷雾泵站如图2-1-6所示。

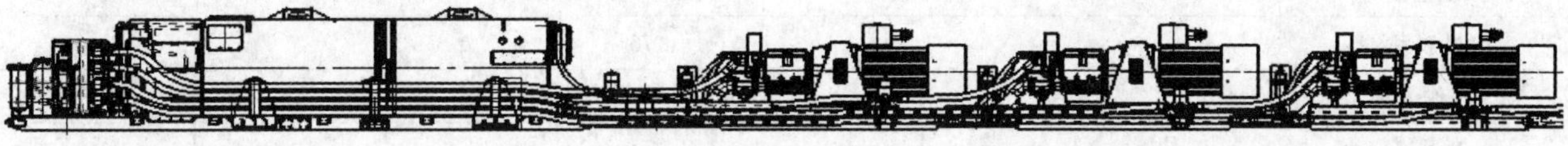

图2-1-6 BPW420/14型喷雾泵站（长×宽×高为：16754mm×1467mm×1500mm）

2.1.4.3 适用条件

BPW420/14型系列喷雾泵站是与大中型采煤机、电液控制支架组配套的大流量高压力喷雾灭尘泵站，它可以满足采煤机内外喷雾、电液支架喷雾的要求，供给喷雾所需的压力水，实现喷雾灭尘。适用于宽度大于3.5m，高度大于2.5m的巷道截面。

2.1.4.4 技术参数

技术参数见表2-1-9。

表2-1-9 乳化液泵/喷雾泵的技术参数（天地科技股份有限公司 www.tdtec.com）

型号	公称压力/MPa	最高压力/MPa	公称流量/L·min⁻¹	电动机		外形尺寸（长×宽×高）/mm×mm×mm	配套液箱型号	质量/kg
				功率/kW	转速/r·min⁻¹			
BPW420/14	14	16	420	112	1485	2720×1106×1308	SX5000	4200

生产厂商：天地科技股份有限公司。

2.1.5 煤电钻

2.1.5.1 概述

煤电钻是煤矿生产中一种小型采掘机械，常用于炮采工作面在煤、软岩层上钻炮孔用。功率一般为1.2/1.5/1.8kW，工作电压为三相交流127/380V。有湿式煤电钻和干式煤电钻两种。配用的煤钻杆（煤钻杆有湿式和干式钻杆标配）与煤钻头共同使用。适用于有甲烷或煤尘爆炸危险的矿井中，可在硬度$f<7$以下的软岩、半煤岩、硬煤以及轻质混凝土上钻孔，也可用于煤矿煤层探水、瓦斯探测等，更适用于采煤工作面的过顶、卧底等。

2.1.5.2 主要结构

煤电钻由隔爆型电机、煤电钻开关、减速器及主轴等组成。

2.1.5.3 主要技术参数

主要技术参数见表2-1-10、表2-1-11。

表 2-1-10 ZM15QQ 强力煤电钻的主要参数（济宁市卓信机械设备有限公司 www.jnzhuoxin.com）

项目	ZM12（A）型煤电钻	ZM12S 型煤电钻	ZMS12Q 型湿式煤电钻	ZM15D 型煤电钻	ZM15Q 型煤电钻	ZM15S 型煤电钻	ZMS15Q 型湿式煤电钻
主轴转速/$r \cdot min^{-1}$	520	425	520	640	520	425	520
主轴转矩/N·m	22	25.4	22	22.4	27.5	33	27.5
钻孔直径/mm	ϕ38~45						
额定功率/kW	1.2			1.5			
额定电压/V	127						
额定频率/Hz	50						
相数/N	3						
额定电流/A	9			11.2			
电机效率/%	76						
工作方法	S_2-30min（半小时间歇工作）						
质量/kg	15	15.4	15.3	15.6	15.8	16	16

表 2-1-11 ZM15 煤电钻的技术参数（山东中煤工矿集团 www.zhongmeigk.com）

型号	ZM15D 型煤电钻	ZM15Q 型煤电钻
质量/kg	15.6	15.8
主轴转速/$r \cdot min^{-1}$	640	520
主轴转矩/N·m	22.4	27.5
钻孔直径/mm	38~45	38~45
额定功率/kW	1.5	1.5
额定电压/V	127	127
额定频率/Hz	50	50
相数/N	3	3
额定电流/A	11.2	11.2
电机效率/%	76	76
工作方法（半小时间歇工作）	S_2-30min	S_2-30min

生产厂商：济宁市卓信机械设备有限公司，山东中煤工矿集团。

2.2 穿孔设备

在采矿场矿岩内钻凿一定直径和深度的炮孔（孔径 80~444mm，孔深 10~20m 或更深）用于装填炸药，以爆破矿岩体。主要穿孔方式有冲击式、旋转式等。冲击式穿孔利用冲击力作用破碎矿岩，形成孔眼，主要设备有凿岩机、潜孔钻机。旋转式穿孔是在轴向压力作用下，钻头连续回转穿凿矿岩，主要设备有旋转钻机和牙轮钻机。各种设备的适用条件与矿岩硬度和矿山规模有关。

岩芯钻机用于对地质勘探中，钻取地层的岩芯。

2.2.1 岩芯钻机

2.2.1.1 概述

岩芯钻机能够钻入深度超过 350m 的地层，可广泛适用于地面条件极为复杂的岩芯钻探工作。

2.2.1.2 功能特点

（1）能够 360°的调节，可以进行垂直、水平和斜孔钻。

（2）体积小，拆卸方便，稳定性也非常好。

2.2.1.3 主要技术参数

主要技术参数见表 2-2-1~表 2-2-3。

表 2-2-1 HYDX-6 型全液压岩芯钻机的技术参数（连云港黄海机械股份有限公司 www.hh-jx.com）

柴油机	型 号	康明斯 6CTA8.3-C240
	功率/kW	179
	转速/r·min^{-1}	2200
钻进能力	BQ/m	2000
	NQ/m	1600
	HQ/m	1300
	PQ/m	1000
动力头能力	转速/r·min^{-1}	二挡无级 0~1100
	扭矩/N·m	6400
	主轴通孔直径/mm	121
	最大起拔力/kN	220
	最大给进力/kN	110
主卷扬能力	提升力（单绳）/kN	120
	钢丝绳直径/mm	22
	钢丝绳长度/m	60
绳索卷扬能力	提升力（单绳）/kN	15（空毂）
	钢丝绳直径/mm	6
	钢丝绳长度/m	2000
桅 杆	桅杆总高度/m	12
	桅杆调整角度/(°)	0~90
	钻进角度/(°)	45~90
	给进行程/mm	3800
	桅杆滑动行程/mm	1100
其 他	总质量/kg	14500
	外形尺寸（$L \times W \times H$）/mm×mm×mm	6250×2220×2500
	移动方式	钢履带自行式
泥浆泵	型 号	BW250
下夹持器	夹持范围/mm	55.5~117.5（通孔 ϕ154mm）

表 2-2-2 XD-1200 全液压岩芯钻机（1200m）的基本参数（南京南地钻探机械有限公司 www.njndzt.com）

钻杆直径/mm	ϕ56（BQ）	ϕ71（NQ）	ϕ89（HQ）	ϕ114（PQ）
钻孔深度/m	1200	1000	700	600
钻孔角度/(°)	0~90			
钻机质量/kg	8600			

表 2-2-3 XD-1200 全液压岩芯钻机（1200mm）的主要技术参数（南京南地钻探机械有限公司 www.njndzt.com）

动力头：双马达机械变挡形式		
配 S195 马达	转速/r·min^{-1}	转矩/N·m
单 泵	440~615	670
	84~120	3600
双 泵	720~1020	670
	138~192	3600

续表 2-2-3

动力头给进行程：3500mm	
给进装置：单油缸链条倍速机构	
动力头提升能力/kN	120
动力头给进能力/kN	60
动力头提升速度/$m \cdot min^{-1}$	0~4
动力头快速提升速度/$m \cdot min^{-1}$	29
动力头给进速度/$m \cdot min^{-1}$	0~8
动力头快速给进速度/$m \cdot min^{-1}$	58
移塔装置	
移塔行程/mm	1000
移塔油缸提升力/kN	100
移塔油缸给进力/kN	70
夹持器	
夹持范围/mm	50~200
夹持力/kN	120
卸扣器	
卸扣力矩/N·m	8000
主卷扬机：PD12C-29064-02	
提升速度/$m \cdot min^{-1}$	46
单绳提升能力/kN	55
钢丝绳直径/mm	16
容绳量/m	40
副卷扬机：W125	
提升速度/$m \cdot min^{-1}$	205
单绳提升能力/kN	10
钢丝绳直径/mm	5
容绳量/m	1200
泥浆泵：卧式三缸往复式活塞泵	
型　号	BW-250A
行程/mm	100
缸径/mm	80
流量/$L \cdot min^{-1}$	250，145，90，52
压力/MPa	2.5，4.5，6.0，6.0
液压支腿	配备四个液压支腿
钻机外形/mm×mm×mm　运输状态（去副塔、支腿）	8500（5750）×2580（2200）×2320
钻机外形/mm×mm×mm　工作状态	4850×2580×8500
动力	
柴油机	（康明斯）
型号	6BTA5.9-C180
功率/kW	132（2200r/min）

续表 2-2-3

可配不同马达：满足微桩孔钻进，中小型水井等不同工艺施工		
A 动力头：配 S245 马达		
	转速/r·min^{-1}	转矩/N·m
双 泵	570~800	1100
	110~153	5733
单 泵	350~490	1100
	67~93	5733
B 动力头：配 S310 马达		
	转速/r·min^{-1}	转矩/N·m
双 泵	450~630	1395
	86~121	7254
单 泵	279~390	1395
	52~74	7254
C 动力头：配 S390 马达		
	转速/r·min^{-1}	转矩/N·m
双 泵	360~500	1732
	69~96	9000
单 泵	220~307	1732
	42~59	9000
D 动力头：配 S490 马达		
	转速/r·min^{-1}	转矩/N·m
双 泵	288~400	2167
	55~76	11000
单 泵	175~244	2167
	33~47	11000

生产厂商：南京南地钻探机械有限公司，连云港黄海机械股份有限公司。

2.2.2 露天矿用牙轮钻机

2.2.2.1 概述

牙轮钻机是露天矿中以牙轮钻头为凿岩工具的自行式钻机。在矿、岩石内穿凿爆破孔。

2.2.2.2 主要结构

牙轮钻机主要由行走机构、主动力机构、平台、压气排渣系统、回转小车、除尘系统、钻具、加压机构、钻架、机棚、司机室、电缆卷筒、液压系统、电气系统等组成。

K Y -×××

×××——孔径，mm

Y——牙轮钻机

K——矿用

2.2.2.3 工作原理

钻机的钻架垂直于地面（或倾斜一定的角度），钻架上装有回转小车，其上下移动由链条牵引，链条向上拉动回转小车，向钻杆加压。钻杆安装在回转小车上，钻杆下端装有牙轮钻头，当回转小车带动钻杆旋转，并向下加压时，钻头在矿、岩上钻凿形成炮孔。钻下的岩屑由压缩空气从孔底带出。

2.2.2.4 技术参数

技术参数见表 2-2-4、表 2-2-5。

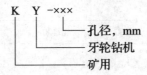

表 2-2-4 KY 系列牙轮钻机技术参数（南昌凯马有限公司 www.nckama.cn）

型　号	KY-310A	KY-250D	KY-200B
孔径/mm	310	220~270（标准孔径 ϕ250）	ϕ170~220
孔深/m	18（不接杆）	18（不接杆）	17（接杆一次）
孔向	垂直	垂直	垂直
适应矿岩硬度系数(f)	5~20	5~20	4~14
轴压/kN	0~490	0~370	0~160
钻进速度/m·min^{-1}	0~4.5	0~2.1	0~1.2
回转速度/r·min^{-1}	0~100	0~88	0~20
额定回转扭矩/N·m	8477	7930	5670
提升速度/m·min^{-1}	0~20	0~21	0~20
行走速度/km·h^{-1}	0~0.78	0~1.0	0~1.0
爬坡能力/(°)	12（21%）	12（21%）	12（21%）
排渣风量/m^3·min^{-1}	43.9	36	32
排渣风压/MPa	0.7（0.45）	0.5	0.5
回转电机功率（交流变频）/kW	60	75（1480r/min）	85（1480r/min）
行走电机功率（交流变频）/kW	75	75（1480r/min）	75（1480r/min）
加压电机功率（交流变频）/kW	11	7.5（1000r/min）	5（1000r/min）
电源/kV	6（3 相）	6（3 相）	6（3 相）
安装总功率/kW	455	390	330
变压器容量/kV·A	500	400	400
机重/t	130	105	47
外形尺寸（长×宽×高）钻架竖起/mm×mm×mm	13800×5850×26300	12107×6215×25060	9300×4760×13885
外形尺寸（长×宽×高）钻架放倒/mm×mm×mm	26600×5850×7620	24276×6215×7214	13890×4760×5050

表 2-2-5 KY 系列牙轮钻机技术参数（中信重工机械股份有限公司 www.chmc.citic.com）

型　号	KY-150	KY-200	KY-250	KY-250 全液压	KY-310	KY-380
钻孔尺寸/mm	150	150~200	250	250	250~310	310~380
钻孔方向/(°)	65~90	70~90	90	90	90	90
钻孔深度/m	17	15、21	18	18	18	18
最大轴压/kN	≥150	≥200	≥400	≥450	≥500	≥600
钻进速度/m·min^{-1}	0~3		0~5			
转速/r·min^{-1}	0~200		0~160			
最大扭矩/N·m	7565	9197	9900	10000	12000	15000
提升速度/m·min^{-1}	0~23	0~20	0~26	0~20	0~20	0~19.8
行走方式	履带	液压驱动履带	履带	液压驱动履带	履带	履带
行走速度/km·h^{-1}	0~1.3		0~1.5			0~1.3
爬坡能力/(°)	14					

续表 2-2-5

型号			KY-150	KY-200	KY-250	KY-250 全液压	KY-310	KY-380
排渣风量/$m^3 \cdot min^{-1}$			19.8	21	40	40	50	
排渣风压/MPa			0.5					
安装功率/kW			240	320	500	500	600	650
外形尺寸/mm	钻架竖起	长	9300	8720	14980	13720	13835	13010
		宽	4060	3580	6950	7040	5695	6435
		高	14580	12335	27620	27050	26326	26980
	钻架放倒	长	14227	12225	27680	27400	26606	26380
		宽	4060	3580	6950	7040	5695	6435
		高	5447	5100	6675	7650	7620	6340
机重/t			33.6	39	107	110	123	125

生产厂商：中信重工机械股份有限公司，南昌凯马有限公司。

2.2.3 露天矿用潜孔钻机

2.2.3.1 介绍

潜孔钻机广泛应用于冶金、矿山、建材、铁路、水电建设、国防施工及土石方等露天矿山或工程的爆破孔钻凿及水下钻孔爆破工程。一体化液压潜孔钻机是目前国内最先进的潜孔钻机，具有高效的高气压潜孔钻进系统，便于高精度、高效率的爆破孔钻凿。

2.2.3.2 主要结构特点及技术优越性

（1）凿岩、供气、动力三位一体，能实现全天候作业和远距离自行，避免了传统设备远距离行走需解体运输的弱点。

（2）采用高效高风压螺杆空压机，成倍提高了凿岩穿孔速度，可大幅度提高生产效率。

（3）采用目前最先进的 CAN-BUS 现场总线控制技术及现代程序控制技术，实现高度的智能化、自动化，具有实时显示、动态检测、故障诊断、操作互锁等功能。

（4）采用多自由度钻架结构，全面地扩展了钻机的作业范围，能有效地穿凿采场炮孔，边坡孔及根底孔，不需要其他特种钻机配套。

（5）采用先进的全液压驱动技术，便于调节和控制，大幅度提高了回转和推进等主要工作机构的驱动能力、平稳度和抗过载能力，极大地简化了整机定位、接卸杆等机械结构。

（6）采用变量泵和比例阀组成高效液压系统，各动作参数连续可调，凿岩参数综合控制系统实时调节钻机参数，合理匹配回转和推进，以达到最佳转速和最佳推进力，使钻机始终处于最优工作状态，从而实现高效低耗的凿岩。

（7）推进器可提供补偿功能，定位准确，易于保证各钻孔中心线接近垂直，同时适应许多特殊情况的凿岩要求。

（8）专业设计的空调驾驶室，采用平板显示技术实时显示各工作参数和状态，人机关系和谐，作业环境优良，操作轻松自如。

（9）具有钻孔导向和液压接卸杆机构以及自动防卡杆功能，极大地减轻工人劳动强度，提高工作效率。

（10）该机采用模块化组合设计方法，主要元器件均选用国际上先进成熟的配套产品，确保整机性能的稳定可靠。

2.2.3.3 技术参数

技术参数见表 2-2-6、表 2-2-7。

表2-2-6 CS系列露天潜孔钻机的技术参数（湖南有色重型机器有限责任公司 www. hnnhm. com）

参数		名称	CS100L	CS165E/D	CS225E/D	备注
整机参数	行走状态	长/mm	4850	12700	12700	
		宽/mm	2220	3450	3450	
		高/mm	2630	5000	5000	
	运输状态	长/mm	4850	8450	8450	卸下推进器总成
		宽/mm	2220	3450	3400	
		高/mm	2630	3500	3500	
	补偿行程/mm		1000	1500	1450	
	整机质量/kg		8800	40000	40000	
	推进器左右摆角/(°)		30	±20	±20	推进器与垂直线夹角
钻孔参数	钻孔直径/mm		76~165	138~178	202~225	
	钻孔深度/m		30	18	18	
	钻孔角度/(°)		-10~+120	-15~+60	-15~+60	以垂直为基准
	钻杆直径/mm		76/89	114	180	
	钻杆长度/m		3	9	9	
	钻杆库钻杆容量/根		0	1	1	
推进参数	推进行程/mm		3250	9350	9350	
	推进（提升）力/kN		0~20	0~39	0~39	连续可调
	推进（提升）速度/m·min^{-1}		0~16	0~26	0~26	连续可调
回转参数	回转扭矩/N·m		0~3700	0~4700	0~4700	连续可调
	回转速度/r·min^{-1}		0~32/0~64	0~46	0~46	连续可调
空压机参数	输出压力/MPa		—	CS165E：2.0 /CS165D：2.4	CS225E：2.1 /CS225D：2.0	连续可调
	排气量/m^3·min^{-1}		—	CS165E：28 /CS165D：30	CS225E：32 /CS225D：30.5	
	空压机功率/kW		—	CS165E：250 /CS165D：347	CS225E：280 /CS225D：328	
行走参数	柴油机功率/kW		48	133（2000r/min）	133（2000r/min）	
	电机功率/kW		—	45	45	
	行走速度/km·h^{-1}		2.7/1.8（快/慢挡）	2.0/1.0（快/慢挡）	2.0/1.0（快/慢挡）	
	爬坡能力/(°)		≥25	≥20	≥20	
	行走方式		液压传动履带	液压传动履带	液压传动履带	
	最小离地间隙/mm		385	400	400	
其他	驱动形式		柴动	CS165E：柴/电双动力 CS165D：柴动	CS225E：柴/电双动力 CS225D：柴动	
	功率/kW		48	CS165E：133/45 CS165D：133	CS225E：133/45 CS225D：133	
	控制方式		PLC程控	PLC程控	PLC程控	可选配无线遥控
	捕尘方式		湿式捕尘	湿式捕尘	湿式捕尘	自带水箱
	冲击器润滑		精密定量注油	精密定量注油	精密定量注油	
	驾驶室		冷暖空调	冷暖空调	冷暖空调	

表2-2-7 高气压潜孔钻机的技术参数（安徽铜冠机械股份有限公司 www. ahttgs. com）

钻机型号	KQG-100	KQG-150	备注
外形尺寸（长×宽×高）/mm×mm×mm	4370×1670×2030	4323×1670×2360	
整机质量/kg	4150	6000	不含配套零部件
钻孔直径范围/mm	76~115	120~254	
最大钻孔深度/m	60	100	
钻臂回转角度/(°)	0~360	0~360	正反向180
最大爬坡能力/(°)	≥25%（14）	≥25%（14）	
额定总功率/kW	16.5	25.5	380V/50Hz
最大推进力/kN	38	44	
最高回转扭矩/N·m	1000	3400	
最高行走速度/km·h^{-1}	1	1	16m/min

生产厂商：湖南有色重型机器有限责任公司，安徽铜冠机械股份有限公司。

2.2.4 凿岩钻机

2.2.4.1 概述

用于在中硬以上的岩石中钻凿直径为20~100mm、深度在20m以内的炮孔。按其动力不同可分为风动、内燃、液压和电力凿岩机，其中风动凿岩机应用最广。

2.2.4.2 工作原理

凿岩机是按冲击破碎原理进行工作的。工作时活塞做高频往复运动，不断地冲击钎尾。在冲击力的作用下，呈尖楔状的钎头将岩石压碎并凿入一定的深度，形成一道凹痕。活塞退回后，钎子转过一定角度，活塞向前运动，再次冲击钎尾时，又形成一道新的凹痕。两道凹痕之间的扇形岩块被由钎头上产生的水平分力剪碎。活塞不断地冲击钎尾，并从钎子的中心孔连续地输入压缩空气或压力水，将岩渣排出孔外，即形成一定深度的圆形钻孔。液压凿岩机工作原理如图2-2-1所示。

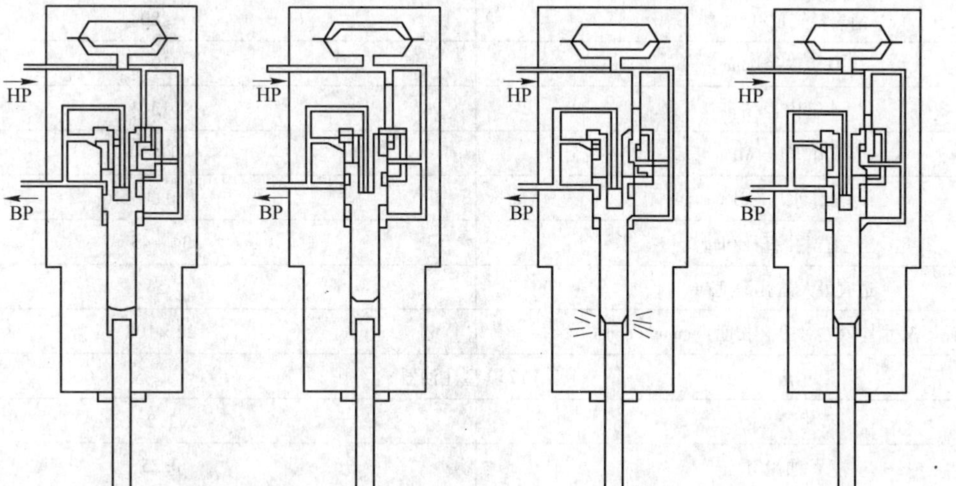

图2-2-1 液压凿岩机工作原理

2.2.4.3 技术参数

技术参数见表2-2-8~表2-2-14。

表 2-2-8 7665 气腿式凿岩机的技术参数（山东中煤工矿凿岩机制造有限公司 www.zhongmeidq.com）

机重/kg	24
全长/mm	628
使用气压/MPa	0.63
气缸直径/mm	76
活塞结构行程/mm	60
凿岩冲击频率/Hz	≥36
冲击能/J	≥65
凿岩耗气量/L·s^{-1}	≤80
空转转速/r·min^{-1}	≥300
噪声/dB(A)	≤112
使用气压/MPa	0.2~0.3
输气管内径/mm	25
输水管内径/mm	13
钻孔直径/mm	34~42
最大钻孔深度/m	5
钎尾规格（六方对边×长度）/mm×mm	B22×108

表 2-2-9 YT27 气腿式凿岩机的技术参数（山东中煤工矿凿岩机制造有限公司 www.zhongmeidq.com）

机重/kg	27
外形尺寸（长×宽×高）/mm×mm×mm	668×248×202
缸径/mm	80
活塞行程/mm	60
冲击能量/J	≥75.5
凿岩冲击频率/Hz	≥36.7
凿岩耗气量/L·s^{-1}	≤80
气管内径/mm	19
水管内径/mm	13
工作气压/MPa	0.63
工作水压/MPa	0.3
适宜凿孔直径/mm	34~45
适宜最大凿孔深度/m	5
钎尾尺寸（六方对边×长度）/mm×mm	22×108
FY250 型注油器	
质量/kg	1.2
贮油量/L	0.25
气腿：FT160A 型；FT160B 型	
质量/kg	17；16
气腿长度/mm	最大 3006；2526 最小 1668；1428
推进长度/mm	1338；1098
最大轴推力/N	2000；2000

表 2-2-10 **YT24 凿岩机的技术参数**（山东中煤工矿凿岩机制造有限公司 www.zhongmeidq.com）

机器质量/kg	24
机器长度/mm	678
缸径/mm	70
活塞行程/mm	70
工作气压/MPa	0.4~0.63
冲击频率/Hz	≥31
耗气量/L·s^{-1}	≤66.7
气管内径/mm	19
水管内径/mm	13
钎头尺寸/mm	34~42
钎尾规格（六方对边×长度）/mm×mm	22×108

表 2-2-11 **YSP45 型向上凿岩机的技术参数**（山东中煤工矿凿岩机制造有限公司 www.zhongmeidq.com）

型 号	YSP45	冲击频率/Hz	47
质量/kg	44	冲击能/J	49
外形尺寸(长×宽×高)/mm×mm×mm	1420×390×160	转速/r·min^{-1}	350
缸径/mm	95	工作气压/MPa	0.5
气管内径/mm	25	钎尾规格(六方对边×长度)/mm×mm	B22×108
水管内径/mm	13	推进长度/mm	750
活塞行程/mm	47	配套注油器	FY500A
耗气量/L·s^{-1}	83		

表 2-2-12 **YT25 凿岩机的技术参数**（山东中煤工矿凿岩机制造有限公司 www.zhongmeidq.com）

机器质量/kg	25
全长/mm	693
使用气压/MPa	0.4~0.63
缸径/mm	90
活塞行程/mm	70
冲击频率/Hz	≥37
耗气量/L·s^{-1}	≤75
内径/mm	19
水管内径/mm	13
钎头尺寸/mm	34~42
最大凿岩深度/m	5
钎尾规格（六方对边×长度）/mm×mm	22×108
FY200A 型注油器	
质量/kg	1.2
贮油量/L	0.2
该机装配 FT160A 型长气腿或 FT160B 型短气腿，也可卸掉气腿，装在台车上使用	
气腿：FT160A 型；FT160B 型	
质量/kg	17；16
气腿长度/mm	最大 3006；2526
	最小 1668；1428
推进长度/mm	1338；1098
最大轴推力/N	2000；2000

表 2－2－13　7655D 型气腿式凿岩机的技术参数（山东中煤工矿凿岩机制造有限公司　www. zhongmeidq. com）

机重/kg	24
全长/mm	628
使用气压/MPa	0. 63
气缸直径/mm	76
活塞结构行程/mm	60
凿岩冲击频率/Hz	≥36
冲击能/J	≥65
凿岩耗气量/L · s^{-1}	≤80
空转转速/r · min^{-1}	≥300
噪声/dB(A)	≤112
使用气压/MPa	0. 2 ~ 0. 3
输气管内径/mm	25
输水管内径/mm	13
钻孔直径/mm	34 ~ 42
最大钻孔深度/m	5
钎尾规格（六方对边 × 长度）/mm × mm	B22 × 108
FY200A 型注油器	
质量/kg	1. 2
贮油量/L	0. 2
气腿：FT160A 型；FT160B 型	
质量/kg	17；16
气腿长度/mm	最大 3006；2526
	最小 1668；1428
推进长度/mm	1338；1098
最大轴推力/N	2000；2000

表 2－2－14　内燃凿岩机的技术参数（山东中煤工矿凿岩机制造有限公司　www. zhongmeidq. com）

主机质量/kg	27
发动机形式	单缸风冷二冲程汽油机
化油器形式	无浮子式
点火方式	可控硅无触点系统
发动机排量/cm^3	185
发动机负荷转速（在凿五孔时测定）/r · min^{-1}	≥2450
钎杆空转转速/r · min^{-1}	≥200
钎柄尺寸钎杆尾部/mm × mm	六角 22 × 108
最深凿孔深度/m	≥6
油箱容积/L	≥1. 14
凿孔速度/mm · min^{-1}	≥250
汽油与润滑油混合比例（按容积）	9 : 1
火花塞电极间隙/mm	0. 5 ~ 0. 7
耗油率（在凿五孔时测定）/L · m^{-1}	≤0. 12
冲击能/J	≥20

生产厂商：山东中煤工矿凿岩机制造有限公司。

2.2.5　单臂式凿岩台车

2.2.5.1　概述

单臂全液压凿岩台车适应于矿山、水电、铁路、公路及国防等领域掘进巷道、涵洞时穿凿炮孔工作。该机采用全液压驱动单臂凿岩，柴油机驱动轮胎地盘行走，适应于巷道截面（宽×高）6m×6m 以下巷道作业。

2.2.5.2　主要特点

（1）液压平动钻臂具有使推进梁全方位保持平行的功能，可直接、快速、准确定位；钻出孔与孔之间相对平行，无需人工校准平行，操作简单，能极好的控制孔与孔间距精度及平行度。

（2）伸缩臂可补偿钻臂由掌子面下向上方移动时自身产生的位移差，提高钻孔范围、不留死角。

（3）标配液压凿岩机，凿岩硬度高、钻孔速度快、钎具消耗低、故障率低等特点；采用螺旋油缸，扭矩大、无位置偏移、有很好的抗污能力，持久耐用。

（4）铰链式重型底盘，柴油机四轮驱动，行走速度快、灵活转场，提高工作效率；采用动力转向，行车、紧急停车双制动器；底盘配集中润滑系统；整车配备四个液压支腿，工作时稳定性更高。

（5）采用直接控制式凿岩系统，具有极佳的自动防卡钎功能，冲击、回转和推进分别采用各自的液压泵，独立的控制回路确保稳定的功率输出。

（注：根据矿种条件可做防爆和非防爆型）

2.2.5.3　技术参数

技术参数见表 2-2-15。

表 2-2-15　轮胎式单臂全液压凿岩台车的技术参数（江西鑫通机械制造有限公司　www.sitoncn.com）

项　目	技术参数值
产品型号	DW1-31
钻臂数量/套	1
钻孔速度/m·min^{-1}	0.8~2
钎杆长度/mm	3090
钻孔直径/mm	28~102
孔深（一次性推进）/mm	2700
适用断面（宽×高）/m×m	≤6×6
行走速度/m·min^{-1}	水平路面上（滚动阻力系数为0.05）：>10；在1∶8的坡道上：>4.5
发动机功率/kW	60
配用凿岩机数量型号	1×HC25/1×HC50、HC109 选配
外形尺寸（长×宽×高）/mm×mm×mm	10700×1650×2800/2100
电机功率/kW	59
使用电压/V	1140/660/380
整机质量/kg	10000
钻臂形式	液压平动
升/降/(°)	升65/降30
摆臂（内/外）/(°)	内35/外35
补偿/mm	1250
回转（正/反）/(°)	正180/反180
俯仰（俯/仰）/(°)	俯3/仰95
臂伸缩长度/mm	850

生产厂商：江西鑫通机械制造有限公司。

2.3 装药填充设备

在矿山装药作业中，装药填充设备通过装药输送混合系统将乳胶基质和敏化剂充分混合后装填到炮孔，在炮孔内经过一定时间后完全敏化形成乳化炸药。装药器内装的是炸药半成品，其生产、运输和使用过程的本质安全性高，可广泛应用于各种类型矿山的爆破工程。现场混装技术提高了装药效率，降低了工人劳动强度，减少了危险作业人员。既可节约炸药生产和爆破作业成本，也有利于安全管理。已形成药卷装药器、散装炸药装药器和装药车三种类型的设备，适合露天、地下作业。

2.3.1 装药器

2.3.1.1 技术特点

(1) 安全可靠。装药器内装的不是成品炸药，乳胶基质无雷管感度，只有当其和敏化剂经静态混合器混合进入炮孔后才开始敏化形成炸药，整个操作过程安全可靠。在用户的场地范围内只需存放非爆破性半成品，而无需储存炸药，减少储存费用和危险性。

系统有压力、温度、断流、液位、过载保护等安全连锁保护，多重保护装置保证设备的正常使用和安全性。

(2) 准确计量、性能卓越。采用先进的液压电气结合控制技术，配置高性能的液压、电气元件。先进的控制系统保证乳胶与敏化剂严格按工艺配比输送至炮孔末端静态混合器，装药误差控制在1%以内，提高了炸药性能和装药准确性，提高了炸药的整体爆破效果。

(3) 结构简单、灵活实用。通过先进的CAD、CAE技术进行优化组合设计，针对井下作业环境进行独特设计，其结构简单、灵活实用。

迷你的外形结构保证其在狭窄的井下巷道的通过性能，独特的轮系结构保证其在井下的移动作业和运输，能广泛应用于各种矿井下爆破作业。

(4) 操作便捷、省时高效。采用先进的人机控制界面，在防爆箱上配置功能齐全的操作按钮，操作简单便捷。采用先进的输送和装药技术，实现自动化装填炮孔，在保证装药准确性的同时节约了大量装药时间，显著提高了劳动生产效率，减轻了操作工人的劳动强度，减少了危险作业人员，降低了作业成本。

2.3.1.2 技术参数

技术参数见表2-3-1、表2-3-2。

表2-3-1 JWL-HZD型井下装药器的主要技术参数（深圳市金奥博科技有限公司 www.kingexplorer.com）

外形尺寸/mm×mm×mm	2500×1400×1650
装药量/kg	100
装药速度/kg·min^{-1}	15~40
计量误差/%	≤1
系统总功率/kW	11
装填孔径/mm	≥32
软管规格/(″)	3/4
软管长度/m	40

表2-3-2 BQF-100型装药器的技术参数（长治市昌路矿山机械设备制造有限公司 www.czchanglu.com）

<table>
<tr><th>技术参数
产品型号</th><th>装药量
/kg</th><th>工作风压
/MPa</th><th>输药管内径
/mm</th><th>适应炮孔
内径/mm</th><th>输药能力
/kg·h^{-1}</th><th>自重
/kg</th><th>装药密度
/g·cm^{-3}</th></tr>
<tr><td>BQF-100Ⅱ</td><td rowspan="3">100</td><td>0.25~0.6</td><td rowspan="4">25~32</td><td rowspan="4">40~90</td><td rowspan="3">600</td><td>105</td><td>0.95~1.01</td></tr>
<tr><td>BQF-100</td><td>0.25~0.45</td><td>85</td><td rowspan="2">0.95~1</td></tr>
<tr><td>BQF-100</td><td>0.3~0.4</td><td>85</td></tr>
<tr><td>BQF-50</td><td>50</td><td>0.25~0.4</td><td>400</td><td>66</td><td>0.95~1</td></tr>
</table>

生产厂商：深圳市金奥博科技有限公司，长治市昌路矿山机械设备制造有限公司。

2.3.2 装药车

2.3.2.1 概述

在爆破现场向炮孔内装填成品炸药或者炸药原料在爆破现场混制成炸药并装入炮孔的机械。主要用于露天和地下采矿、井巷掘进及其他各种爆破工程中炮孔装药。按用途分为地下装药机械和露天装药机械。辅助装药机械有炮孔排水车和炮孔填塞机。

2.3.2.2 主要参数

主要参数见表2-3-3。

表2-3-3 装药车的技术参数（安徽铜冠机械股份有限公司 www.ahttgs.com）

主要参数 \ 主要机型		装 药 车
外形尺寸/mm	长	8240±100
	宽	1800±50
	高	2500±50
转弯半径/mm	内侧，*R*(内)	*R*(内)≤4000
	外侧，*R*（外）	*R*(外)≤6300
最高行驶速度/km·h^{-1}	1挡	4.5±0.45
	2挡	10±1
	3挡	22±2
额定载重量/t		1
整机质量/kg		8500±300
最大转弯角度/(°)		40
爬坡能力/%		25
最大牵引力/kN		≥80
最小离地间隙/mm		≥230
横向摆动角/(°)		左右各7~10
轮距/mm		1520±30
轴距/mm		3410±60
平台最大高度/mm		≥6000
平台面积/mm×mm		(2540±60)×(1680±40)
装药量/kg		100
工作风压/MPa		0.2~0.4
输药软管内径/mm		25或32
产品特性		选配件，用炸药车厢由专业厂家制作，安全系数高
		空压机排气量大，工作效率高
说 明		考虑服务车产品特性及安标需求，已将现有的运炸药车和装药车合成一种车型，共用一个安标证，装药车属于特种车辆，公司生产专用底盘，所选特种作业的配件，运炸药车厢与装药器、空压机均由具有专业资质厂家生产

生产厂商：安徽铜冠机械股份有限公司。

2.3.3 乳化炸药混装炸药车

2.3.3.1 概述

混装乳化炸药车是现场混装乳化炸药车辆，其性能可靠、自动化程度高、现场混制的炸药性能及爆破效果好，其技术性能及本质安全性达到国际先进水平。用于矿山、大型水利工程爆破矿岩。

2.3.3.2 主要结构

混装乳化炸药车由专用底盘、乳胶储存及输送系统、敏化剂储存及输送系统、装药输送混合系统、推管器、举升臂、工作平台、液压系统、电气控制系统等组成。

2.3.3.3 工作原理

装药车从乳化炸药厂或乳胶基质地面工作站装载乳胶基质和敏化剂，驶入装药作业现场。在作业现场通过举升臂、工作平台、推管器等将装药软管插入炮孔。通过装药输送混合系统将乳胶和敏化剂安全输送至炮孔内。在输送过程中通过水环输送系统保证高黏度乳胶的远距离输送，通过末端静态混合器将乳胶和敏化剂充分混合并改善乳胶黏度，混合后的乳胶基质和敏化剂在炮孔内均匀敏化形成高性能的乳化炸药。

2.3.3.4 主要特点

(1) 安全可靠。装药车内装的不是成品炸药，乳胶基质无雷管感度，只有当其和敏化剂经静态混合器混合进入炮孔后才开始敏化形成炸药，整个操作过程安全可靠。在用户的场地范围内只需存放非爆破性半成品，而无需储存炸药，减少储存费用和危险性。

系统有压力、温度、液位、断流、过载保护等安全连锁保护，多重保护装置保证设备的正常使用和安全性。

(2) 准确计量、性能卓越。先进的控制系统保证乳胶与敏化剂严格按工艺配比输送至炮孔，并准确计量炮孔的装填量，装药误差控制在1%以内，提高了炸药性能和装药准确性，从而提高了炸药的整体爆破效果。

(3) 操作便捷、省时高效。采用先进的人机控制界面，并配置性能优越的手持PDA遥控装置，操作简单便捷。

采用先进的输送和装药技术，配置高性能推管器，全自动化装填炮孔，在保证装药量准确性的同时节约了大量装药时间，装填速度为人工的6~12倍，显著提高了劳动生产效率，减轻了操作工人的劳动强度，减少了危险作业人员，降低了作业成本。

2.3.3.5 技术参数

技术参数见表2-3-4。

表2-3-4 JWL-DXRH型现场混装乳化炸药车技术参数（深圳市金奥博科技有限公司 www.kingexplorer.com）

整车及底盘	外形尺寸（长×宽×高）/mm×mm×mm	10280×2345×2400
	离地最小间隙/mm	350
	自重/kg	12000
	最大载重/kg	8000
	轴距/mm	3701
	转弯半径/mm	外径：6954
		内径：3759
	满载时最大车速/km·h^{-1}	26.8
	最大爬坡度/%	25
	发动机	DEUTZ涡轮增压发动机，欧Ⅲ排放标准
输药、装药系统	装药量/m^3	0.8（约1000kg）
	装药速度/L·min^{-1}	15~30（约20~40kg/min）
	计量误差/%	≤1
	装药管规格/(″)	3/4
	装填炮孔深度/m	40
	适应炮孔范围/mm	ϕ25~70
举升臂及工作平台	举升臂最大举升高度/mm	7000
	举升臂旋转角度/(°)	90（±45）
	作业范围/m^2	93
	工作平台安全起吊质量/kg	500
推管器	液压驱动，药管输送双向控制	
	药管输送速度可调	

生产厂商：深圳市金奥博科技有限公司。

2.3.4　多功能混装炸药车

2.3.4.1　概述

多功能现场混装炸药车（下简称“多功能车”）性能可靠、自动化程度高，现场混制的炸药性能及爆破效果好，其技术性能及本质安全性达到国际先进水平。多功能车可广泛应用各种类型岩石的爆破，可广泛用于矿山铁路、公路、采石场开采等爆破作业。

2.3.4.2　工作原理

多功能车由汽车底盘、乳胶储存及输送系统、敏化剂储存及输送系统、多孔粒硝酸铵储存及输送系统、柴油储存及输送系统、乳化炸药混合输送系统、铵油炸药混合输送系统、重铵油炸药混合输送系统、清洗系统、液压系统、电气控制系统等组成。

2.3.4.3　主要性能特点

（1）可生产多类型产品，应用范围广。一台车可生产乳化炸药、铵油炸药和重铵油炸药三种类型的炸药。根据矿岩特性和爆破需求，任意选择需要生产的炸药类型，通过复合料仓的不同组合即可轻松实现生产纯乳化炸药、纯铵油炸药或不同比例的重铵油炸药。生产不同类型炸药时进行简单切换即可实现。

（2）安全可靠。多功能车内装的不是成品炸药，在用户的场地范围内只需存放非爆破性半成品，而无需储存炸药，减少储存费用和危险性。

系统有乳胶、硝铵、柴油、敏化剂料位、乳胶、敏化剂和柴油断流，乳胶压力、乳胶温度、液压油温度等安全连锁保护，多重保护装置保证设备的正常使用和安全性。

（3）利用水环减阻与炮孔末端静态混合技术。采用自主研发的水环减阻技术与炮孔末端静态混合技术相结合。水环减阻输送系统保证乳胶与敏化剂分层输送，使得高黏度乳胶基质得以低压输送，在0.5～1.0MPa的输送压力下乳胶输送距离即可达80m以上。

（4）采用柴油喷射与螺旋高效混合输送技术。在柴油输送末端设置一个独特的柴油喷射装置，在柴油注入螺旋与多孔粒状硝酸铵混合前将其进行增压喷射处理，柴油通过柴油喷射装置后形成环状油雾，均匀喷洒于螺旋内。通过柴油喷射装置后柴油与多孔粒状硝酸铵的接触面积扩大了5～10倍，显著提升了两者的混合均匀性。

（5）比例闭环、性能卓越，装填计量准确。配置先进的控制元件和系统保证了装填计量的准确性，提高了炸药性能和装药准确性，提高了炸药的整体爆破效果。

（6）操作便捷、省时高效。采用先进的人机控制界面，并配置性能优越的手持PDA遥控装置，操作简单便捷。

在生产多孔粒铵油炸药或铵油－乳化型重铵油炸药时，顶置混合螺旋可360°自由旋转找孔定位装药，作业半径可达6m，显著提高了作业效率，可比侧置螺旋型多功能车提高效率50%。

旋转伸缩臂的应用显著降低了操作工人劳动强度，提高了工作效率，减少了危险作业人员数量，降低了作业成本。

2.3.4.4　技术参数

技术参数见表2－3－5、表2－3－6。

表2－3－5　JWL－BCZH型多功能现场混装炸药车的技术参数（深圳市金奥博科技有限公司　www.kingexplorer.com）

外形尺寸（长×宽×高）/mm×mm×mm	11850×2490×4400
汽车底盘	陕汽重汽SX1316DR366
最高时速/km·h^{-1}	90
最大载重/kg	25000
装药量/kg	最大23400
装药速度/kg·min^{-1}	标配：200～630 最高：1000
炸药类型	纯乳化，纯铵油，乳化－铵油型重铵油，铵油－乳化型重铵油

续表 2-3-5

计量误差/%	≤1
装填孔径/mm	≥32
软管规格	1″，2″各一根
软管长度/m	40
混合螺旋作业半径/mm	6000
混合螺旋旋转最大角度/(°)	360

表 2-3-6 多功能混装炸药车的技术参数（安徽铜冠机械股份有限公司 www.ahttgs.com）

外形尺寸/mm	长	7300±100
	宽	1800±50
	高	1800±50
最高行驶速度/km·h^{-1}	1挡	4.5±0.45
	2挡	10±1
	3挡	22±2
额定载重量/t		4
整机质量/kg		7500±300
最大转弯角度/(°)		40
爬坡能力/%		25
最大牵引力/kN		≥80
最小离地间隙/mm		≥230
横向摆动角/(°)		左右各7~10
轮距/mm		1520±30
轴距/mm		3410±60
选配件，运炸药车厢容积/m^3		5±0.2
选配件，运炸药车厢外形尺寸（长×宽×高）/mm×mm×mm		3300×1800×1405
装药量/kg		100
工作风压/MPa		0.2~0.4
输药软管内径/mm		25或32
产品特性		选配件，用炸药车厢由专业厂家制作，安全系数高
		车厢后部和顶部均可打开，人性化设计，操作方便
说　明		考虑服务车产品特性及安标需求，已将现有的运炸药车和装药车合成一种车型，共用一个安标证。本车属于特种车辆，公司生产专用底盘，所选特种作业的配件，运炸药车厢与装药器、空压机均由具有专业资质厂家生产

生产厂商：安徽铜冠机械股份有限公司，深圳市金奥博科技有限公司。

2.4 井下装载设备

地下矿使用的主要装载设备，按其作业方式和结构形式分为铲斗式装载机械、耙爪式装载机械和铲运机。铲斗式装载机械分为装岩机和装载机、装运机等。耙爪式装载机有蟹爪式装载机、立爪式装载机、电耙和蟹立爪式装载机。铲运机分为内燃铲运机和电动铲运机等。

2.4.1 正装后卸式铲斗装岩机

2.4.1.1 概述

装岩机是在水平或歪斜坡的巷道中装载松散矿石、岩石的机械。从设备前端装载矿岩物料，从后面卸出。

2.4.1.2 使用条件

铲斗容积0.3m^3以下（包括0.3m^3）时，矿岩的块度不大于300mm，普氏硬度系数不大于16，松散比重不大于1.8t/m^3；铲斗容积为0.5m^3时，矿岩的块度不大于600mm，普氏硬度系数不大于16，松散比重不大于1.8t/m^3。

装岩机装载矿岩的极限范围为普氏硬度系数20，矿岩的松散密度为2.4t/m^3，此时允许降低技术生产率和第一次大修前装载岩量，降低幅度不得大于20%。

2.4.1.3 技术参数

技术参数见表2-4-1~表2-4-4。

表2-4-1 LWL-90系列履带挖掘装载机的技术参数（南昌凯马有限公司 www.nckama.cn）

型号	LWL-90C	LWL-90D	LWL-90E
最大装载能力/$m^3 \cdot h^{-1}$	90		
最大挖掘高度（H_1）/mm	1780	2235	2220
最大挖掘深度（H_2）/mm	400	437	430
最大挖掘距离（L_1）/mm	1790	2220	2150
最大挖掘宽度（B_2）/mm	2500	3000	
挖掘力/kN	40		
工作臂偏摆角度（α）/(°)	±16	±20	
爬坡能力/(°)	12		
离地间隙/mm	225		
接地比压/MPa	0.07		
电机功率/kW	45		
运输槽宽度/mm	680		800
整机质量/kg	11500	12000	12500
整机推进力/kN	60		
行走速度/$km \cdot h^{-1}$	0~2		
卸载距离（L_2）/mm	1700	1755	1800
卸载高度（H_3）/mm	1400	1650	1720
外形尺寸（工作状态）（$L \times B_1 \times H$）/m×m×m	8.2×2.29×1.97	9.08×2.29×2.45	8.49×2.38×2.4
外形尺寸（运输状态）（$L \times B \times H$）/m×m×m	6.7×1.65×1.9	7.65×1.65×2.32	6.9×1.75×2.4

表2-4-2 LWL-260装载机的技术参数（南昌凯马有限公司 www.nckama.cn）

型号	LWL-260	LWL-260A（双动力）
最大装载能力/$m^3 \cdot h^{-1}$	260	
最大挖掘高度/mm	6500	
最大挖掘深度/mm	1050	
最大装载宽度/mm	9200	
最大卸载高度（可根据要求调整）/mm	3600	
最大卸载距离（可根据要求调整）/mm	5000	
挖掘力/kN	58	

续表 2-4-2

型　号	LWL-260	LWL-260A（双动力）
工作臂偏摆角度/(°)	±50	
爬坡能力/(°)	12	
离地间隙/mm	225	
接地比压/MPa	<0.1	
电缆长度/m	100	
电机功率/kW	115	电动115；内燃112
运输槽宽度/mm	1000	
整机质量/kg	28000	30000
整机推进力/kN	176	
行走速度/km·h^{-1}	低速0.85；高速1.7	电动0.8；内燃0.75
外形尺寸（工作状态）($L\times B\times H$)/m×m×m	16.07×3.5×4.38	
外形尺寸（运输状态）($L\times B\times H$)/m×m×m	13.8×2.5×3.1	13.8×2.8×3.1

表2-4-3　挖装机技术参数（山东山挖重工股份有限公司　www.sanva.cn）

型　号	SW60	SWG70
生产率/m^3·h^{-1}	60	70
挖取距离/mm	1270	1300
挖掘宽度/mm	2250	2510
挖掘高度/mm	2050	1990
挖掘深度/mm	270	460
卸载高度/mm	1500	1575
最大工作高度/mm	2150	2240
最小离地间隙/mm	180	220
最小转弯半径（外侧）/m	5700	5320
轴距/mm	1450	1530
轮距（前桥/后桥）/mm	1250/1240	1300
爬坡能力（空载）/(°)	≥20	≥20
最大牵引力/kN	12	10.3
行驶速度（1挡/2挡双向）/km·h^{-1}	1.5/3.4	2/4.5
物料输送形式	胶带输送	刮板输送
输送带宽度/mm	600	655（输送槽）
电功率/kW	11.5	15
动力源	电动机	电动机
驱动方式	4轮	2轮
外形尺寸（长×宽×高）/mm×mm×mm	5200×1600×1650	5100×1670×1900
整机质量/kg	2700	2900

表2-4-4　井下直接卸载铲斗式气动装岩机的技术参数（太原重型机械集团煤机有限公司　www.sxkuangji.com）

项　目	参　数		
型　号	FZH-5	ZCQ-1	ZCQ-4
装载能力/m^3·h^{-1}	20	15~20	70~90
铲斗容积/m^3	0.17	0.13	0.5
装载宽度/m	2	1.7	3.5

续表 2-4-4

项目	参数		
型号	FZH-5	ZCQ-1	ZCQ-4
运行速度/m·s^{-1}	0.86	1.41	1.57
轨距/m	0.6	0.6	0.75，0.9，0.762
气体机功率/kW	2×7.8	2×6.3	2×18.6
工作气压/MPa	0.4~0.5	0.4~0.5	0.4~0.6
质量/t	3	2	7.562

生产厂商：南昌凯马有限公司，太原重型机械集团煤机有限公司，山东山挖重工股份有限公司。

2.4.2 正装侧卸式铲斗装岩机

2.4.2.1 概述

煤矿用侧卸装岩机是履带行走的无轨装载设备，主要用于煤、半煤岩巷，也可用于小断面全岩巷煤、岩及其他物料的装载。具有插入力大、机动性好、全断面作业、安全性好、一机多用等特点。除完成装载作业外还可以充当支护时的工作平台，完成工作面短距离运输、卧底、清帮等，可以显著提高掘进速度，取得良好的综合经济效益。

2.4.2.2 型号表示方法

Z □-□ □

改进序号，隔爆型为B(爆)

铲斗容积代号，m³/100

动力形式，电动不注，气动为Q(气)

正装侧卸、直接卸载型铲斗装岩机(直)

2.4.2.3 主要特点

(1) 装载功能强、履带行走插入力大、全断面装载，适用于各种断面的平、斜巷道施工。在较大断面巷道或巷道交叉点施工时，能充分发挥其高技术生产率的特点。

(2) 综合配套性能好、机动灵活、适应性强。可以很方便地与巷道中的其他设备如钻车、刮板输送机、带式输送机及矿车等配套。

(3) 一机多用使煤矿用侧卸式装岩机优于其他类型装岩机，可用铲斗举升重物，如支护用金属支架、碹胎。铲斗举升后可以充当支护工作平台，便于顶板管理。可在工作面短距离运送物料，如背板、沙石，搬运小型设备。可为其他设备提供高压油源，如为液压锚杆钻机提供动力。

2.4.2.4 技术参数

技术参数见表2-4-5。

表2-4-5 全液压侧卸式装岩机的主要技术参数（山东中煤工矿集团 www.zhongmeigk.com）

名称	参数				
产品型号	ZCY45R	ZCY60R	ZCY80R	ZCY100R	ZCY120R
主电机功率/kW	30	30	55	55	55
主电机电压/V	380/660 或 660/1140		660/1140	660/1140	660/1140
铲斗容积/m^3	0.45	0.6	0.8	1.0	1.2
铲斗宽度/mm	1348	1520	1420	1420	1600
最大卸载高度/mm	1400	1700	1700	1700	1700
卧底深度/mm	600	600	400	400	400
最大牵引力/kN	30	30	40	40	40
行走速度/m·s^{-1}	0.42	0.42	0.81	0.81	0.81

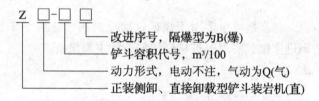

续表 2-4-5

名称		参数				
产品型号		ZCY45R	ZCY60R	ZCY80R	ZCY100R	ZCY120R
爬坡能力/(°)		±16	±16	±16	±16	±16
最小离地间隙/mm		180	180	180	180	180
平均接地比压/MPa		0.07	0.07	0.1	0.1	0.1
液压系统工作压力/MPa		16	16	16	16	16
噪声声压级/dB		≤90	≤90	≤90	≤90	≤90
重心位置/mm	X_g	635	650	710	750	780
	Y_g	625	625	685	685	685
外形尺寸(运输状态)/mm	长	4150	4150	5010	5010	5010
	宽	1348	1520	1420	1420	1600
	高	2046	2046	2180	2180	2180
设备总重/kg		4800	5100	8500	8700	8900

生产厂商：南昌凯马有限公司，山东中煤工矿集团。

2.4.3 行星传动式耙斗装岩机

2.4.3.1 概述

耙斗装岩机，又称耙装机，耙岩机。主要用于煤矿、冶金矿山、隧道等工程巷道掘进中配以矿车或箕斗进行装载作业，是提高掘进速度，实现掘进机械化的一种主要设备。

2.4.3.2 型号表示方法

P－×× B
隔爆型(非隔爆型不标记)
耙斗容积，$m^3/100$
行星传动耙斗装岩机

2.4.3.3 主要特点

耙斗装岩机主机部分采用行星轮传动，具有装岩效率高、结构简单、可靠性好、操作方便、适用范围广等特点。耙斗装岩机不仅用于平巷，而且可以在30°以下斜巷使用。耙斗装岩机带有气动推车缸，矿车装满后，可用风动推车缸将重车推出，以减轻工人的劳动强度，缩短调车时间，提高掘进速度。

2.4.3.4 技术参数

技术参数见表 2-4-6、表 2-4-7。

表 2-4-6 P型系列耙斗装岩机的技术参数（安徽新园矿山设备制造有限责任公司 www.ahxyjd.com.cn）

技术参数			产品型号				
			P15B	P30B	P60B	P90B	P120B
耙斗容积/m^3			0.15	0.3	0.6	0.9	1.2
生产率/$m^3 \cdot h^{-1}$			15~30	30~50	70~110	95~140	120~180
绞车	牵引力/kN	主绳	6.4~10	13.24~19.12	23.3~32.7	31.8~44.2	38~55
		尾绳	5~7.7	9.49~13.85	17.5~24.5	23~32	22~43
	绳速/$m \cdot s^{-1}$	主绳	0.9~1.4	0.85~1.22	0.97~1.35	1.02~1.42	0.93~1.86
		尾绳	1.2~1.9	1.18~1.7	1.34~1.86	1.41~1.96	1.29~2.58
钢丝绳直径/mm			12.5	12.5	15.5	17	18.5
主电机	型号		YBB11-4	YBB17-4	YBB30-4	YBB45-4	YBB55-4
	功率/kW		11	17	30	45	55

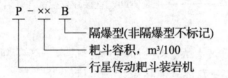

续表 2-4-6

技术参数		产品型号				
		P15B	P30B	P60B	P90B	P120B
外形尺寸/mm	长	4700	6600	7825	8500	9670
	宽	1140	1405	1806	1960	2320
	高	1750	1950	2327	2531	2770
总质量/t		2.2	4.2	5.82	7.9	12.13

表 2-4-7 行星传动式耙斗装岩机的技术参数（湖北安鼎重工制造有限公司 www.hubeianding.com）

项目		参数			
型号		P-15B (A)	P-30B (A)	P-60B (A)	P-90B (A)
耙斗容积/m^3		0.15	0.3	0.6	0.9
技术生产率/$m^3 \cdot h^{-1}$		15~30	35~50	70~100	95~140
轨距/mm		600	600	600	900
主绳牵引力/kN		7.2~10.4	13.5~19.5	23.3~32.7	32~50
主绳牵引速度/$m \cdot s^{-1}$		0.9~1.4	0.85~1.22	0.97~1.35	1.20~1.80
钢丝绳直径/mm		12	12.5~15.5	15.5	17
容绳量/m		56	85	105	180
电机功率/kW		11	17	30	45
外形尺寸/mm	长	4710	6360	7890	8400
	宽	1150	1450	1850	2010
	高	1560	1720	2070	2531
整机质量/kg		2200	4500	7200	8600

生产厂商：安徽新园矿山设备制造有限责任公司，湖北安鼎重工制造有限公司。

2.4.4 铲运机

2.4.4.1 概述

铲运机是一种集铲、装、运为一体的地下多功能多用途设备，广泛应用于有色、冶金、化工、黄金地下矿山采掘工作及国防、铁道、水利、建筑等部门的地下工程施工。铲运机铲斗容量 0.75~4.0m^3，采用柴油、电动驱动，无线电遥控。

2.4.4.2 性能特点

（1）采用低污染柴油机，配以催化水洗尾气净化箱，对地下巷道空气污染少，更加环保。

（2）使用变量泵、负载感应控制的液压系统，具有灵活、可靠、高效的特点，设备插入力、铲取力更大，而能耗更小。

（3）整机采用中心铰接、液压动力转向结构，由一对转向油缸驱动。

（4）后桥设置摆动架悬挂结构，使整机的后桥摆动灵活，同时具有可靠性。

（5）采用反转连杆结构的工作机构，具有卸载高度高，铲取力大的特点。

（6）设置于前车架的防翻滚、半封闭司机室具有更好的安全性以及更加舒适的驾驶环境。

（7）采用电子换挡变速箱使整机的行驶操控更加舒适。

2.4.4.3 外形尺寸

铲运机外形尺寸如图 2-4-1~图 2-4-16 所示。

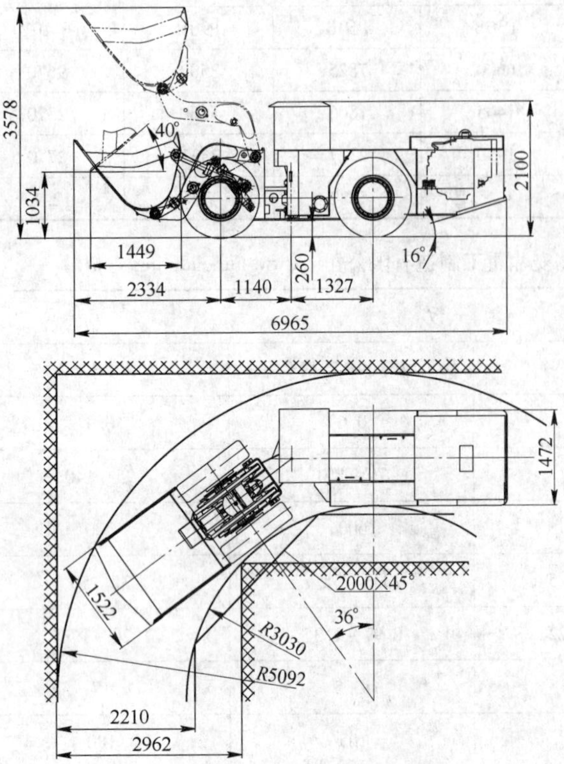

图 2-4-1 ACY-15 地下内燃铲运机工作尺寸

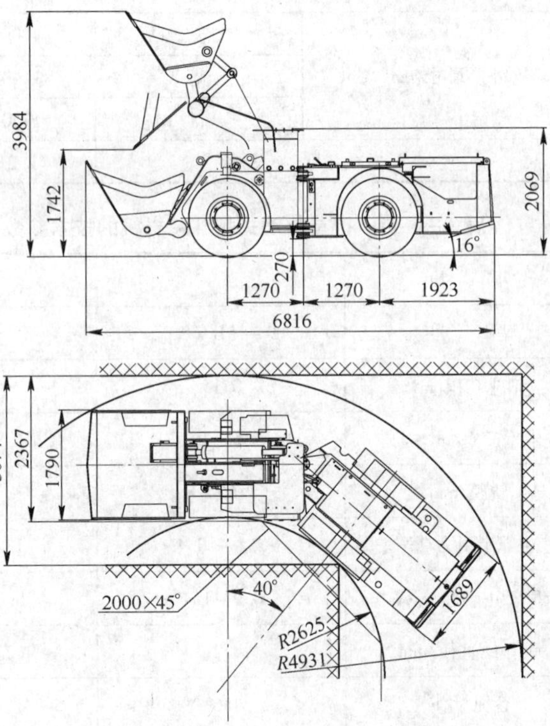

图 2-4-2 AXY-2 地下内燃铲运机工作尺寸

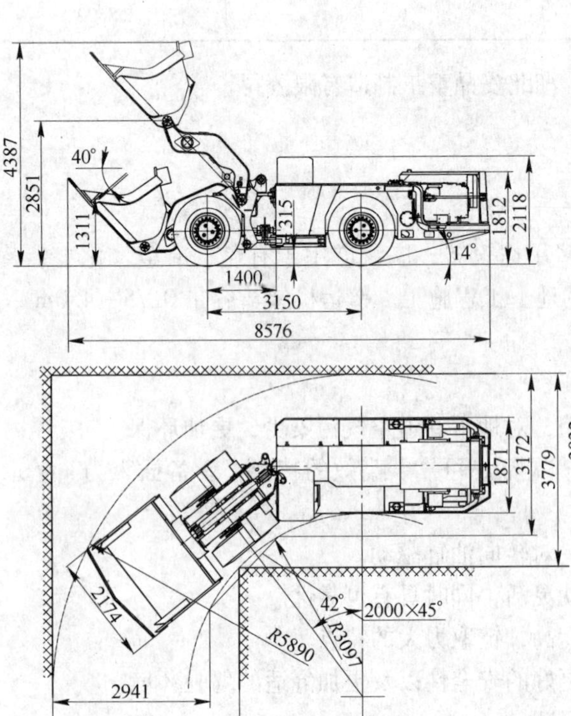

图 2-4-3 ACY-3 地下内燃铲运机工作尺寸

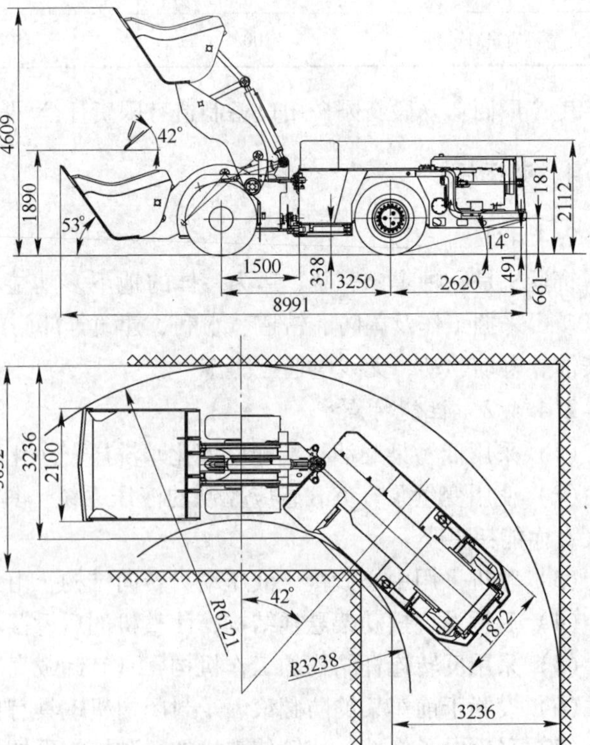

图 2-4-4 ACY-3L 地下内燃铲运机工作尺寸

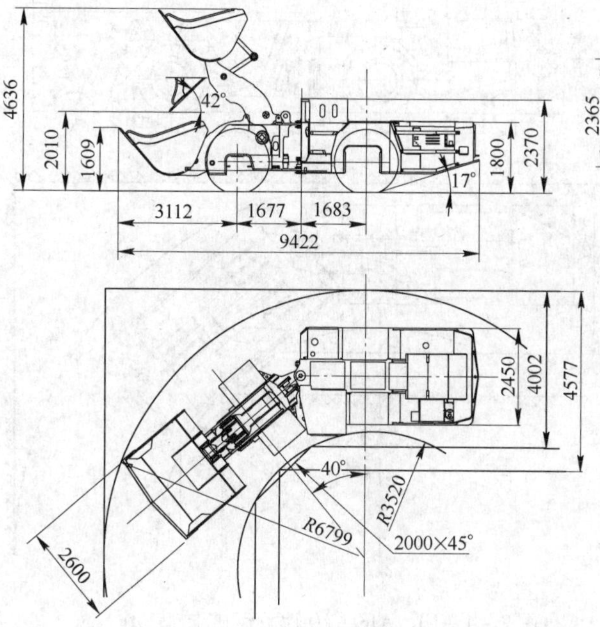

图 2－4－5　ACY－4 地下内燃铲运机工作尺寸

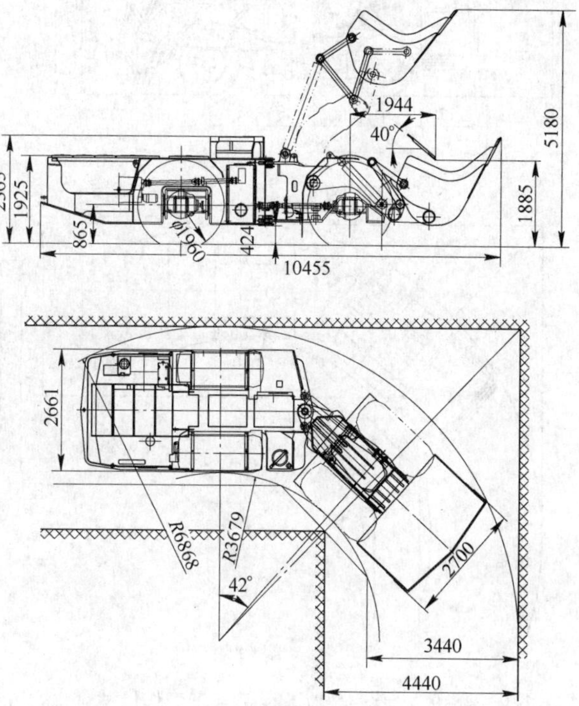

图 2－4－6　ACY－6 地下内燃铲运机工作尺寸

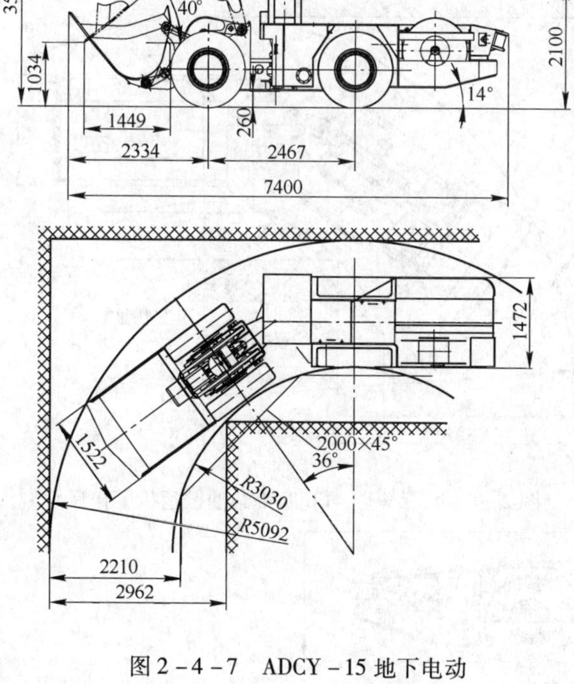

图 2－4－7　ADCY－15 地下电动
铲运机工作尺寸

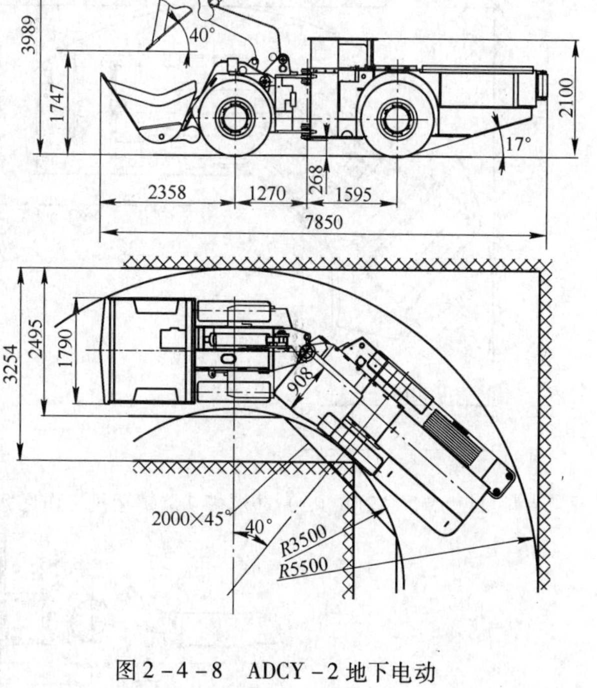

图 2－4－8　ADCY－2 地下电动
铲运机工作尺寸

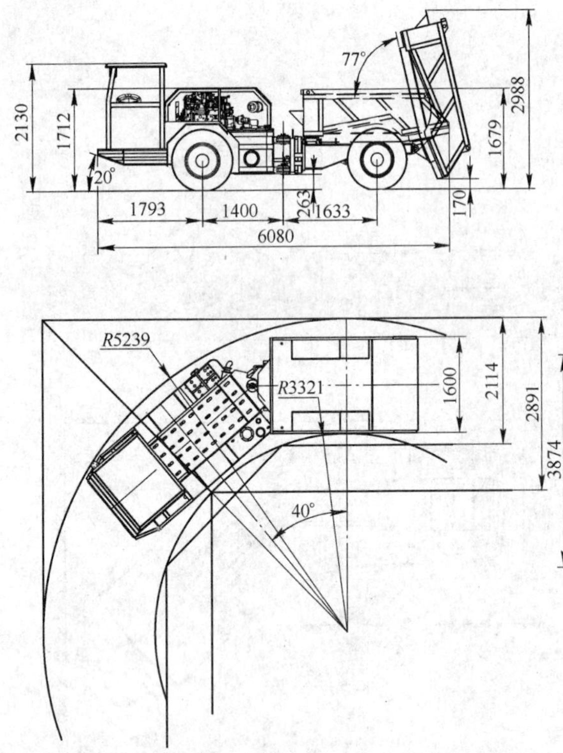

图 2-4-9　AJK-5 地下运矿卡车工作尺寸

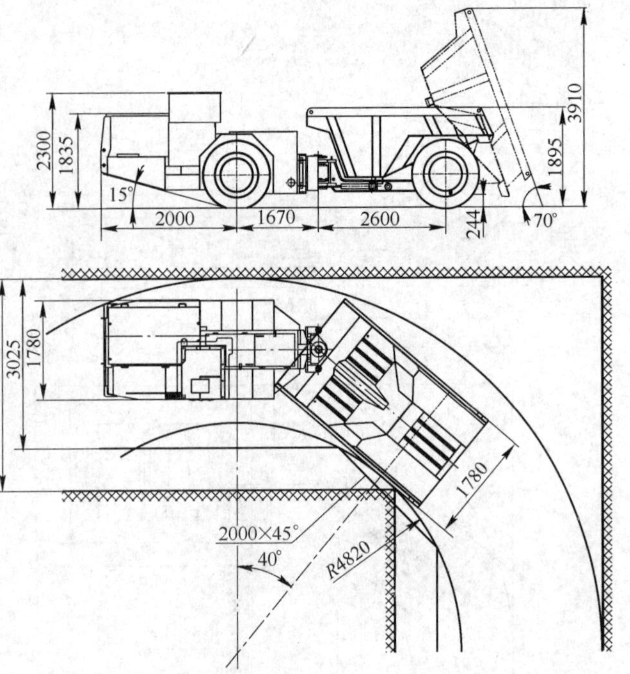

图 2-4-10　AJK-10 地下运矿卡车工作尺寸

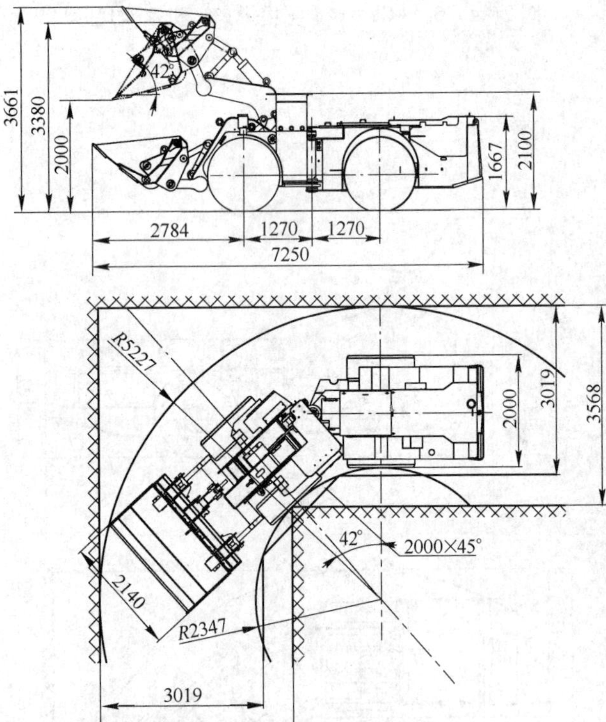

图 2-4-11　ACY-2FB（A）防爆多功能铲运机工作尺寸

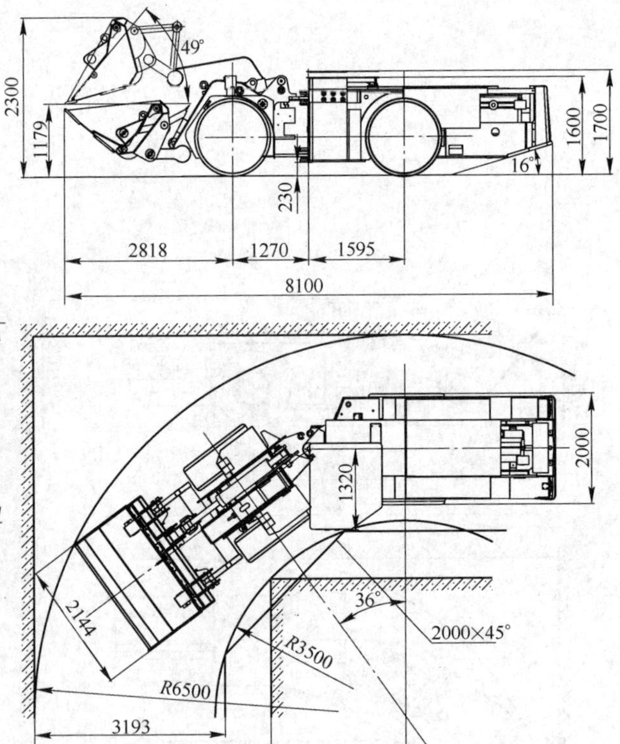

图 2-4-12　WJ-4FB 防爆柴油铲运机工作尺寸

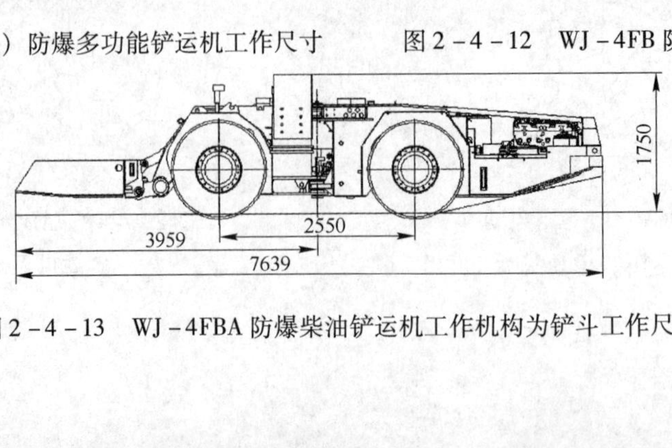

图 2-4-13　WJ-4FBA 防爆柴油铲运机工作机构为铲斗工作尺寸

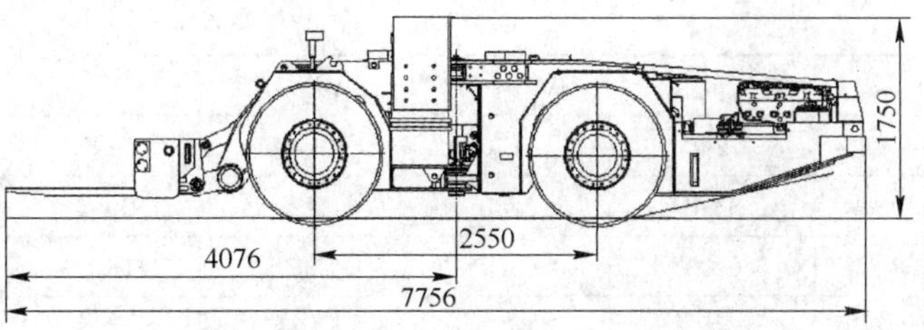

图 2-4-14 WJ-4FBA 防爆柴油铲运机
工作机构为叉斗工作尺寸

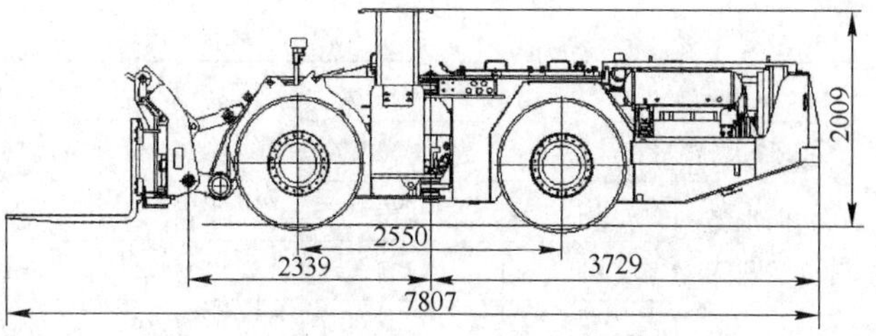

图 2-4-15 WJ-4FB 防爆柴油
铲运机工作尺寸

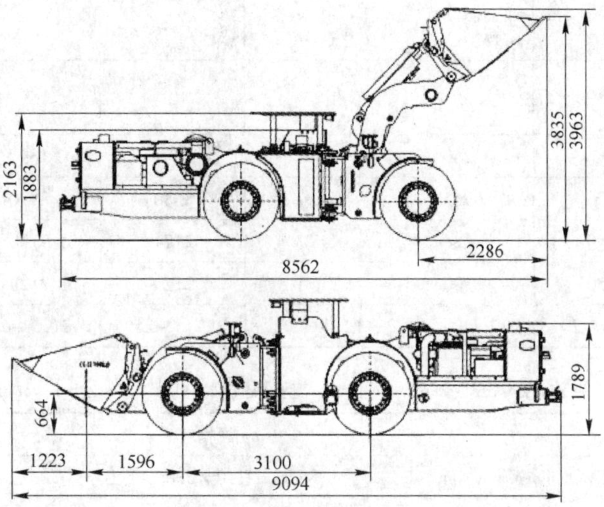

图 2-4-16 WJ-7FB 防爆柴油铲运机工作尺寸

2.4.4.4 技术参数

技术参数见表 2-4-8~表 2-4-21。

表 2-4-8 ACY 型柴油铲运机的技术参数（北京安期生技术有限公司 www.anchises.com.cn）

型　号		ACY-10	ACY-15H	ACY-2	ACY-3	ACY-3L	ACY-4	ACY-6
额定容积（SAE 堆装）/m³		0.75	1.5	2	3	3	4	6
额定载荷/kg		1500	3000	4000	6000	6000	8000	12000
整机空载质量/kg		6550	12350	12500	21340	21340	25300	34450
变速箱		—	RT20000	R32000	R32000	R32000	R36000	5000 系列
变矩器		—	C270	C270	C270	C270	C5000	C8000
驱动桥			ZLD-40B	QY150	DANA16D2149	DANA16D2149	DANA43RM175	DANA21D
发动机		DEUTZ F5L912W	DEUTZ BF6M1013EC	DEUTZ F6L914	DEUTZ BF6M1013EC	DEUTZ BF6M1013EC	CUMMINS QSL9	CUMMINS QSM11
额定功率/kW		53（2300r/min）	148（2300r/min）	79（2300r/min）	148（2300r/min）	148（2300r/min）	224（2100r/min）	261（2100r/min）
最大牵引力/kN		42	100	100	180	180	200	317
最大铲取力/kN		38	80	80	举升 119 倾翻 111	举升 105 倾翻 226	180	284
车速/km·h⁻¹	1 挡	13.5	4.2	3.6	4.7	4.7	4.5	5.6
	2 挡		8.3	7.1	9.4	9.4	10.3	9.9
	3 挡		19.2	16.5	18.1	18.4	16.9	16.9
	4 挡		—	—	—	—	29	28.5

续表 2-4-8

型号		ACY-10	ACY-15H	ACY-2	ACY-3	ACY-3L	ACY-4	ACY-6
最大转向角/(°)		±36	±36	±40	±40	±40	±40	±42
转向半径/mm	内	2550	2945	2650	3330	3500	3520	3690
	外	4300	5200	5100	6100	6300	6800	6870
制动形式	工作制动	液压鼓式制动器	全液压双管路工作制动，多盘湿式制动器	全液压双管路工作制动，多盘湿式制动器	三合为一，全液压系统，弹簧制动、液压释放	三合为一，全液压系统，弹簧制动、液压释放	三合为一，全液压系统，弹簧制动、液压释放	三合为一，全液压系统，弹簧制动、液压释放
	停车制动	二合为一，弹簧制动、液压释放	二合为一，弹簧制动、液压释放	二合为一，弹簧制动、液压释放				
	紧急制动							
制动能力（满载 8km/h 制动距离）/m		2	2	2	2	2	2	2
卸载高度/mm		995	1260	1740	1300	1890	2010	1885
外形尺寸/mm	长	5700	6965	6820	8580	8990	9442	10455
	宽	1350	1688	1770	2174	2100	2600	2700
	高	2050	2100	2100	2120	2120	2382	2400
轮胎规格		10.00-20	12.00-24	12.00-24	17.5-25	17.5-25	18.00-25	26.5-25L5S

表 2-4-9 铲运机总体性能参数（湖南有色重型机器有限责任公司 www.hnnhm.com）

参数名称			$3m^3$ 规格	$2m^3$ 规格
整机参数	外形尺寸（长×宽×高）/mm×mm×mm		8976×2110×2300	7545×1770×2030
	最大卸载高度/mm		1810	1756
	斗容（SAE 堆装）/m^3		3	2
	卸载角度/(°)		41±2	40
	转向角/(°)		±40	±40
	后车架摆动角度/(°)		8	8
	整机质量/t		17	13.5
	最大载重/t		6.5	4
	最大铲取力/kN		114	80
	最大牵引力/kN		138	120
工作时间	大臂举升时间/s		6	6
	大臂下降时间/s		5	4
	铲斗卸载时间/s		3	2
	铲斗回落时间/s		5	3
传动系统	发动机形式		DEUTZ 水冷	DEUTZ 风冷两级燃烧柴油机
	型号		BF4M1013C	F6L912W
	功率/kW		112（2300r/min）	63（2300r/min）
	变矩器		DANAC273 单级三元件带工作泵、转向泵接口	DANAC270 单级三元件带工作泵、转向泵接口
	变速箱		DANAR32420	DANAR20320
	挡位		前四后四	前三后三
	换挡形式		电子换挡	电子换挡
	桥	前桥	DANA16D2149	
		后桥	DANA16D2149trunnion	刚性驱动桥
	轮胎		17.5-25	12.00-24 3STL

续表 2-4-9

参数名称		$3m^3$ 规格	$2m^3$ 规格
制动	行车制动	设置于轮边的全封闭湿式制动器（全液压动力双管路）	设置于轮边的全封闭湿式制动器（全液压动力双管路）
	停车制动	设置于轮边的全封闭湿式制动器	设置于轮边的全封闭湿式制动器
液压系统	形式	负载反馈系统	负载反馈系统
	液压系统流量/$L \cdot min^{-1}$	180	149
	翻斗油缸	ϕ220/ϕ100 两端带缓冲	ϕ180/ϕ100 两端带缓冲
	大臂油缸	ϕ160/ϕ90 两端带缓冲	ϕ125/ϕ70 两端带缓冲
	转向油缸	ϕ90/ϕ50	ϕ80/ϕ45
电器	电压/V	24	24
	蓄电池/V	两个 12V 电瓶	两个 12V 电瓶
	车灯	前 2 后 2	前 2 后 2

表 2-4-10 地下铲运机的技术参数（山东德瑞矿山机械有限公司 www.sddrjx.com）

项目	参数	
型号	DRWJD-0.75 型	DRWJD-1 型
铲斗容量/m^3	0.75	1
额定载重量/t	1.5	2
最大铲取力/kN	45	45
最大牵引力/kN	54	54
最大卸载高度/mm	1180	1180
最小卸载距离/mm	860	860
铲斗举起最大高度/mm	3100	3100
电缆有效长度/m	95	95
爬坡能力（满载）/(°)	25	25
最小离地间隙/mm	200	200
最小转弯半径/mm	外侧 4260，内侧 2150	外侧 4260，内侧 2150
最大转向角（左/右）/(°)	38	38
离去角/(°)	16	16
机架摆动角/(°)	±8	±8
轴距/mm	2200	2200
行驶速度（双向）/$km \cdot h^{-1}$	0~8	0~8
电动机额定功率/kW	45（380V，50Hz）	45（380V，50Hz）
轮胎规格	10.00-20	10.00-20
外形尺寸（长×宽×高）/mm×mm×mm	5880×1300×2000	5880×1300×2000
整机质量/t	6.4	6.8

表 2-4-11 金-WJ（D）系列电动铲运机的技术参数（山东金岭矿业股份有限公司 www.sdjlky.com）

项目	参数
铲斗容量/m^3	0.75
额定载重量/t	1.5
最大铲取力/kN	45
最大牵引力/kN	54
最大卸载高度/mm	1180

续表 2-4-11

项　目	参　数
最小卸载距离/mm	860
铲斗举起最大高度/mm	3100
爬坡能力（满载）/(°)	25
最小离地间隙/mm	200
最小转弯半径/mm	外侧 4260，内侧 2150
最大转向角（左/右）/(°)	38
离去角/(°)	16
机架摆动角/(°)	±8
轴距/mm	2200
行驶速度（双向）/km·h^{-1}	0～11
柴油机型号/功率	DEUTZBF4L914/66kW（原装）
轮胎规格	10.00-20
外形尺寸（长×宽×高）/mm×mm×mm	5880×1300×2000
整机质量/t	6.4

表 2-4-12　WJ（D）系列电动铲运机的技术参数（山东金岭矿业股份有限公司　www.sdjlky.com）

型　号	WJD-1	WJ-1	WJD-1.5	WJ-1.5	WJD-2	WJ-2
斗容/m^3	0.75，1.0	0.75，1.0	1.5	1.5	2	2
额定载重量/kg	1500，2000	1500，2000	3600	3600	4000	4000
功率/kW	37，45	42	55	63	75	63
最大牵引力/kN	41，55	52	82	82	104	104
最大爬坡能力/(°)	12	12	12	12	12	12
最小离地间隙/mm	180	180	280	280		
最小转弯半径/mm	3050（内侧） 4710（外侧）	3050（内侧） 4710（外侧）	2800（内侧） 5000（外侧）	2800（内侧） 5000（外侧）	2400（内侧） 5000（外侧）	2200（内侧） 5000（外侧）
最大卸载角/(°)	42	42	40	40	40	40
最大卸载高度/mm	900	900	1498	1498	1740	1740
行驶速度/km·h^{-1}	0～6	0～9	0～13.8	0～21	0～19.4	0～19.4
最大运输距离/m	150	—	200	—	200	—
外形尺寸（长×宽×高）/mm×mm×mm	5880×1330×1965	5880×1330×1965	6854×1624×2032	6575×1624×2032	7345×1770×2000	6820×1770×2000

表 2-4-13　WJ-3 型内燃铲运机的主要技术参数（南昌凯马有限公司　www.nckama.cn）

项　目		参　数
额定斗容（堆装）/m^3		3
额定载重量/kg		6200
最大铲取力/kN		132
最大牵引力/kN		150
最大卸载高度/mm		1325
行驶速度（前进和后退）/km·h^{-1}	1 挡	5
	2 挡	10
	3 挡	21

续表 2-4-13

项目		参数
动力	形式	柴油机
	型号/制造商	F8L413FW/DEUTZ
	功率/kW	120（2300r/min）
	尾气净化方式	氧化催化+消声
动力传动	形式	液力+机械
	变矩器型号/制造商	C270/DANA
	变速箱型号/制造商	R32000/DANA
	驱动桥型号/制造商	19D/DANA
行车制动形式		湿式多盘
驻车制动形式		湿式多盘
转向方式		全液压动力转向
轮胎型号		17.5-25
整机操作质量/kg		17200
转弯半径/mm	内侧	3150
	外侧	5900
外形尺寸/mm	长	8576
	宽	2174
	高	2135

表 2-4-14 WJD-3 型电动铲运机的主要技术参数（南昌凯马有限公司 www.nckama.cn）

项目		参数
额定斗容/m^3	堆装	3.1
	平装	2.6
额定载重量/kg		6000
最大牵引力/kN		128
最大铲取力/kN		120
行驶速度/$km \cdot h^{-1}$	1 挡	0~3
	2 挡	0~6.4
	3 挡	0~13
最小转弯半径/mm	外转弯半径	6220
	内转弯半径	3550
最大卸载高度/mm		1670
相应卸载距离/mm		970
相应卸载距离角度/(°)		45
最小离地间隙/mm		360
最大爬坡能力/(°)		14
整机操作质量/t		15.5
外形尺寸/mm	全长	8721
	宽度	2090
	高度	1845（车身高），2245（驾驶棚高）
轴距/mm		2972
轮距/mm		1570
后桥摆动角/(°)		±8

续表 2-4-14

项目		参数
动力机	型号	Y280M-4
	形式	50Hz380V 交流电动机
	额定功率/kW	90
	额定转速/$r \cdot min^{-1}$	1480
传动系统	液力器	美国德纳公司 CLARK/C273.5
	变速箱	美国德纳公司 CLARK/R28391
驱动桥总速比		（徐州）美驰桥 25.9
最大桥荷/t		25
轮胎规格		16.00-25-28 层级光面耐切割型
充气压力/$cm^3 \cdot kg^{-1}$		6.7
轮辋规格		8.50~24
制动系统	方式一	双管路液压制动弹簧复位
	方式二	双管路弹簧制动液压释放
	制动阀	MICO（美国进口）
	制动盘	多片摩擦片
	充液阀	MICO（美国进口）
转向系统	形式	ZL20E-04T 阀
	转向油缸型号×缸数	HSGK01-100/55E-2611×2
	转向油泵	G2020C 齿轮泵
工作液压系统	形式	先导阀控制多路换向阀
	工作油泵	G30C
	举升油缸×缸数	HSGK01-150/85E-2611×2
	翻斗油缸×缸数	HSGK01-180/90E-2611×1
	多路换向阀	D32E-04U·04U
	先导阀	BJS11-B3T4
电气系统	电压	配有漏电保护装置、电机相序保护器 Y-Δ 降压启动，配有电机过载保护 电缆有限长度 120m
	发电机	
	启动马达	
加油容量	变速箱油/L	50（6 号，8 号液力油）
	液压油箱/L	250（46 机械油、68 抗磨液压油）
	驱动桥	使用美驰驱动桥主传动加油 14L，轮边减速器加油 4L，润滑油 GL-485W/90 齿轮油
卷缆液压系统	型式	卷缆马达：BM1-80（镇江液压）
	卷缆油泵	CPC4-40/20/20-C7R 三联齿轮泵（长江液压）中的一联
生产与安全性		环境工作温度不超过 40℃，护顶安全棚设计符合 GB/T5143 要求

表 2-4-15 SJ75 系列地下铲运机的技术参数（山东山挖重工股份有限公司 www.sanva.cn）

项目	参数			
型号	SJ75（内燃式）	SJD75（电动式）	SJ200（内燃式）	SJD100（电动式）
铲斗容量/m^3	0.75	0.75	2	1
额定载重量/kg	1500	1500	4000	2000
掘起力/kN	45	45	104	45
最大牵引力/kN	48	48	102	52
卸载高度/mm	1100	1100	1740	1100

续表 2-4-15

项目	参数			
型号	SJ75（内燃式）	SJD75（电动式）	SJ200（内燃式）	SJD100（电动式）
最小卸载距离/mm	850	850	900	850
铲斗举起时最大高度/mm	3280	3280	3740	3280
工作装置动作时间/s	12	12	16	12
爬坡能力（满载）/(°)	25	25	25	25
最小离地间隙/mm	220	220	250	220
最小转弯半径（铲斗运输位置时）/mm	4200（外侧） 2550（内侧）	4200（外侧） 2550（内侧）	4980（外侧） 2500（内侧）	4250（外侧） 2550（内侧）
最大转向角（左/右）/(°)	38	38	42	38
离去角/(°)	16	16	16	16
机架摆动角/(°)	±8	±8	±8	±8
轴距/轮距/mm	2200/958	2200/958	2540/1383	2200/958
行驶速度（双向）/$km \cdot h^{-1}$	0~8	0~8	4.5/10.6/19.4	0~8
柴油机型号/功率	DEUTZ F4L912W/46kW	—	DEUTZ F6L912W/63kW	—
电动机功率/kW	—	37（380V，50Hz）	—	45（380V，50Hz）
电缆有效长度/m	—	100	—	100
轮胎规格	10.00-20	10.00-20	12.00-24	10.00-20
运输状态外形尺寸（长×宽×高）/mm×mm×mm	5750×1260×2000	6000×1260×2000	6950×1770×2050	6090×1300×2000
整机质量/kg	6500	6600	12500	6700

表 2-4-16 WJ-4FBA 防爆柴油铲运机的技术参数（天地科技股份有限公司 www.tdtec.com）

型号	WJ-4FBA
驱动方式	4×4 全轮驱动
型式	前后机架铰接
驾驶操纵	横向驾驶
防爆柴油机型号	1006-6FB
防爆柴油机额定功率/转速	65kW/2200r/min（防爆后）
最大扭矩/转速	380N·m/1500r/min
防爆柴油机启动方式	压缩空气启动
装载质量/kg	4000
整车质量/kg	11724（铲斗），11133（叉斗）
最大总质量/kg	15724（铲斗），15133（叉斗）
轴距/mm	2550
轮距/mm	1300
外形尺寸/mm	全长：7639（铲斗），7756（叉斗）
	总宽：1895（铲斗），1655（叉斗）
	总高：1750
各挡车速/$km \cdot h^{-1}$	空载：1 挡 0~4.4，2 挡 0~8.9，3 挡 0~14.8，4 挡 0~24.2
	满载：1 挡 0~4.4，2 挡 0~8.7，3 挡 0~14.5，4 挡 0~23.6
最大爬坡度（在干硬路面上）/(°)	15
最小通过能力半径/mm	5154（外） 2647（内）
照明电源	隔爆永磁发电机
发电机额定功率/W	350
电压/V	DC24

表 2-4-17 WJ-4FB 防爆柴油铲运机的技术参数（天地科技股份有限公司 www.tdtec.com）

型　号	WJ-4FB
驱动方式	4×4 全轮驱动
形式	前后机架铰接
驾驶操纵	横向驾驶
防爆柴油机型号	1006-6FB
防爆柴油机额定功率/转速	65kW/2200r/min（防爆后）
最大扭矩/转速	380N·m/1500r/min
防爆柴油机启动方式	压缩空气启动
装载质量/kg	4000
整车质量/kg	12385
最大总质量/kg	16385
轴距/mm	2550
轮距/mm	1300
外形尺寸/mm	全长：7807
	总宽：1650
	总高：2009
各挡车速/$km \cdot h^{-1}$	空载：1挡0~4.4，2挡0~8.9，3挡0~14.8，4挡0~24.2
	满载：1挡0~4.4，2挡0~8.7，3挡0~14.5，4挡0~23.6
最大爬坡度（在干硬路面上）/(°)	15
最小通过能力半径/mm	4871（外），2635（内）
照明电源	隔爆永磁发电机
发电机额定功率/W	350
电压/V	DC24

表 2-4-18 WJ-7FB 防爆柴油铲运机的技术参数（天地科技股份有限公司 www.tdtec.com）

型　号	WJ-7FB
驱动方式	4×4 全轮驱动
形式	前后机架铰接
驾驶操纵	横向驾驶
装载质量/kg	7000
整车质量/kg	17500±100
最大总质量/kg	24500±100
轴距/mm	2850±50
轮距/mm	1500±50
外形尺寸/mm	全长：7900±100
	总宽：1900±50（不含铲斗）
	总高：2100±100
各挡车速/$km \cdot h^{-1}$	空载：1挡0~4.5，2挡0~9.1，3挡0~15.4，4挡0~25.4
	满载：1挡0~4.5，2挡0~9.0，3挡0~14.9，4挡0~24.4
最大爬坡度（在干硬路面上）/(°)	14
最小通过能力半径/mm	5400（外），2750（内）
照明电源	隔爆永磁发电机
发电机额定功率/W	350
电压/V	DC24

表 2-4-19　WJ-10FB 防爆柴油铲运机的技术参数（天地科技股份有限公司　www.tdtec.com）

型　号	WJ-10FB
驱动方式	4×4 全轮驱动
型式	前后机架铰接
驾驶操纵	横向驾驶
装载质量/kg	10000
整车质量/kg	21500±100
最大总质量/kg	31500±100
轴距/mm	3100±50
轮距/mm	1600±50
外形尺寸/mm	全长：9094±100
	总宽：2378±50（不含铲斗）
	总高：2163±100
各挡车速/$km \cdot h^{-1}$	空载：1 挡 0~4.5，2 挡 0~9.1，3 挡 0~15.4，4 挡 0~25.4
	满载：1 挡 0~4.5，2 挡 0~9.0，3 挡 0~14.9，4 挡 0~24.4
最大爬坡度（在干硬路面上）/(°)	14
最小通过能力半径/mm	6300（外），3100（内）
照明电源	隔爆永磁发电机
发电机额定功率/W	350
电压/V	DC24

表 2-4-20　WJ-3 内燃铲运机的技术参数（江西中润矿山智能设备有限公司　www.czmi.com.cn）

项　目		技 术 参 数
产品型号		WJ-3
额定斗容（堆装）/m^3		3
额定载重量/kg		6200
最大铲取力/kN		132
最大牵引力/kN		150
最大卸载高度/mm		1325
行驶速度（前进和后退）/$km \cdot h^{-1}$	1 挡	5
	2 挡	10
	3 挡	21
动　力	形　式	柴油机
	型号/制造商	F8L413FW/DEUTZ
	功率/kW	120（2300r/min）
	尾气净化方式	氧化催化+消声
动力传动	形　式	液力+机械
	变矩器型号/制造商	C270/DANA
	变速箱型号/制造商	R32000/DANA
	驱动桥型号/制造商	16D/DANA
行车制动形式		湿式多盘
驻车制动形式		湿式多盘
转向方式		全液压动力转向
轮胎型号		17.5-25
整机操作质量/kg		17200

续表 2－4－20

项目		技术参数
转弯半径/mm	内侧	3330
	外侧	6100
外形尺寸/mm	长	8576
	宽	2174
	高	2135

表 2－4－21 WJD－2 电动铲运机的技术参数（江西中润矿山智能设备有限公司 www.czmi.com.cn）

项目		技术参数
产品型号		WJD－2
额定斗容（堆装）/m^3		2
额定载重量/kg		4000
最大铲取力/kN		110
最大牵引力/kN		110
最大卸载高度/mm		1700
行驶速度（前进和后退）/$km \cdot h^{-1}$	1 挡	0～2.9
	2 挡	0～6.0
	3 挡	0～10.2
动力	形式	电动机
	型号	Y280M－4
	功率/kW	75
	电缆有效长度/m	120
动力传动	形式	液力机械
	变矩器型号/制造商	C270/DANA
	变速箱型号/制造商	R32000/DANA
	驱动桥型号/制造商	CY－2JD/E/国产
行车制动形式		湿式多盘
驻车制动形式		蹄式/湿式多盘
转向方式		全液压动力转向
轮胎型号		14.00－24
整机操作质量/kg		15000
转弯半径/mm	内侧	3355
	外侧	5800
外形尺寸/mm	长	7760
	宽	1960
	高	2250

生产厂商：北京安期生技术有限公司，江西中润矿山智能设备有限公司，南昌凯马有限公司，湖南有色重型机器有限责任公司，山东金岭矿业股份有限公司，山东德瑞矿山机械有限公司，天地科技股份有限公司，山东山挖重工股份有限公司。

2.4.5 矿用铰接车身前端式装载机

2.4.5.1 概述

井下前端式装载机适于阶段崩落法、分段崩落法、空场法、房柱法、留矿法和分层充填法的回采出矿和巷道出渣。在中、短运距条件下（小于 200m），可单人单机独立进行装运卸作业。在长距离运输条件下（大于200m），可作为装载设备，配合各类井下自卸矿车进行工作。

2.4.5.2 性能特点

（1）车身低矮，宽度较窄而长度较大，适应井下作业空间狭窄的环境。

（2）经常处于双向行驶状态，司机操纵室采用侧坐或可双向驾驶的布置，有的不设司机棚，以降低高度，但司机座位周围设有安全防护栏。

（3）动臂较短，卸载高度和卸载距离较小。

（4）柴油机采取消烟和净化措施。

（5）井下作业环境潮湿并往往有腐蚀性物质，零部件材料选择及制造工艺应考虑防潮防腐蚀，有些配套元件还应考虑防爆问题。

2.4.5.3 技术参数

技术参数见表2-4-22。

表2-4-22 ZL-07装载机的技术参数（淄博大力矿山机械有限公司 www.zibodali.com）

项目	参数
装载能力/$m^3 \cdot h^{-1}$	7~10
铲斗容积/m^3	0.7
工作高度/m	1.3
卸载高度/mm	850
运行速度/$m \cdot s^{-1}$	0.88
电动功率/kW	5.5×2
电机转速/$r \cdot min^{-1}$	960
机器质量/kg	900
外形尺寸（$L \times W \times H$）/mm×mm×mm	1340×850×1070

生产厂商：淄博大力矿山机械有限公司。

2.4.6 立爪装载机

2.4.6.1 概述

立爪式装载机是在蟹爪装载机基础上发展的，主要由耙取、转载、运输行走、控制系统（电或液压）组成的装载机械。其结构简单、动作灵活，多用于中小断面平巷、隧道掘进及采场装载。

2.4.6.2 工作原理

工作机构为一对立爪，可上下、前后、两侧移动，将岩（矿）石耙到运输机上，再转载到矿车内，然后经运输车把岩（矿）石运往废石场。

2.4.6.3 主要特点

（1）液力传动、无级调速、操纵简便。

（2）履带接地比压小、通过性好、重心低、稳定性好、附着力强、牵引力大、比切入力大，但速度低、灵活性相对差、成本高、行走时易损坏路面。

2.4.6.4 技术参数

技术参数见表2-4-23。

表2-4-23 立爪装载机的技术参数（南昌凯马有限公司 www.nckama.cn）

项目	参数		
型号	LZ-120D ZLZY-120/45G	LZ-80 ZLZY-80/45G	LZ-80A（加高）
装载能力/$m^3 \cdot h^{-1}$	120	80	
轨距/mm	600，762		
装载宽度（B_1）/mm	4100		

续表 2-4-23

项　目	参　数		
型　号	LZ-120D ZLZY-120/45G	LZ-80 ZLZY-80/45G	LZ-80A（加高）
扒取高度（H_1）/mm	1375	1345	
下挖深度（H_2）/mm	250	150	
卸载高度（H_3）/mm	1840	1500	1817
运输槽宽度（B_2）/mm	880	800	
最小弯道半径/m	9		
行走速度/m·s^{-1}	0.35；0.61		
运输链速度/m·s^{-1}	0.70		
总功率/kW	45		
机重/kg	11800	10000	10500
适应巷道最小断面（宽×高）/m×m	3×2.8	2.5×2.5	2.5×2.3
外形尺寸（工作状态）（$L\times B\times H$）/m×m×m	6.91×1.91×2.46	6.05×1.75×2.1	6.28×1.75×2.34
外形尺寸（运输状态）（$L\times B\times H$）/m×m×m	6.85×1.6×2.05	5.7×1.45×1.8	5.93×1.45×2.0

生产厂商：南昌凯马有限公司。

2.4.7 铲斗式装载机

2.4.7.1　概述

铲斗式装载机的铲斗装于装载机的前端，依靠装载机的行走系统使铲斗插入岩堆，借助提升机构提升铲斗实现装载。铲斗式装载机可以向前方或者向侧面卸载。在矿山生产中使用广泛。

2.4.7.2　技术参数

技术参数见表 2-4-24 ~ 表 2-4-26。

表 2-4-24　装载机技术参数（广西柳工机械股份有限公司　www.liugong.cn）

斗容/m^3		3.5	4.2	4.5
额定载重量/kg		6000	7000	8000
额定功率/kW		179		
工作质量/kg		19200±500	26475	29000±300
最大掘起力/kN		198	183	260±5
最大牵引力/kN		171.3	248.6	240±5
最小转弯半径/mm	铲斗外侧	6995	7425	6405±100
	车轮外侧	6264	6493	7488±100

表 2-4-25　NC836 铲斗式装载机的技术参数（山东纳科重工科技有限公司　www.nacooce.com）

发动机	形　式	直列、水冷、直喷、干式缸套
	额定功率/kW	92
	额定转速/r·min^{-1}	2300
	气缸数	6
	缸径/行程/mm×mm	108×125
	最低燃油消耗/g·(kW·h)$^{-1}$	≤227
	最大扭矩/N·m	450

续表 2-4-25

传动系统	变矩器形式	单级、三元件
	变矩系数	3.25
	变速箱形式	定轴式动力换挡
	驱动形式	四轮驱动
	轮胎型号	17.5-25
	变速挡位	前四后二
	最高车速/$km \cdot h^{-1}$	40
转向系统	转向形式	负荷传感全液压交接转向
	转向角度/(°)	36
	转向系统工作压力/MPa	16
工作装置	形式	机械手动控制
	系统工作压力/MPa	16
	斗满载提升时间/s	≤5.3
	空斗下降时间/s	≤2.8
	斗卸料时间/s	≤1.1
整机性能	斗容/m^3	1.8
	额定载荷/kg	3000
	最大牵引力（动力提供）/kN	≥96
	最小转弯半径（后轮外侧）/mm	6201
	最大掘起力/kN	≥96
	最大卸载高度（-45°卸载角度）/mm	2950
	对应卸载距离（-45°卸载角度）/mm	1050
	外形尺寸（长×宽×高）/mm×mm×mm	6970×2510×3087
	整机质量/kg	10200

表 2-4-26 NC856B 铲斗式铲运机的技术参数（山东纳科重工科技有限公司 www.nacooce.com）

发动机	形 式	直列、水冷、直喷、干式缸套
	额定功率/kW	162
	额定转速/$r \cdot min^{-1}$	2000
	排量/mL	9726
	气缸数	6
	缸径/行程/mm×mm	126×130
	最低燃油消耗/$g \cdot (kW \cdot h)^{-1}$	≤215
	最大扭矩/N·m	890
	排放标准	GB 20891—2007 国Ⅲ
传动系统	变矩器形式	单级四原件双涡轮液力变矩器
	驱动形式	四轮驱动
	轮胎型号	23.5-25
转向系统	转向形式	负荷传感全液压交接转向
	转向角度/(°)	35
	转向系统工作压力/MPa	16
工作装置	形式	机械手动控制
	系统工作压力/MPa	18
	斗满载提升时间/s	≤5.7
	空斗下降时间/s	≤3.5
	斗卸料时间/s	≤1.1

续表 2-4-26

整机性能	斗容/m^3	2.8
	额定载荷/kg	5000
	最大牵引力（动力提供）/kN	≥160.0
	倾翻载荷/kN	≥100
	最小转弯半径（后轮外侧）/mm	6201
	最大掘起力/kN	≥185
	最大卸载高度（-45°卸载角度）/mm	3050
	对应卸载距离（-45°卸载角度）/mm	1190
	外形尺寸（长×宽×高）/mm×mm×mm	7753×3024×3423
	轮距/mm	2250
	轴距（前/后）/mm	2920（990/1930）
	整机质量/kg	16600
	轴　数	2

生产厂商：广西柳工机械股份有限公司，山东纳科重工科技有限公司。

2.5 露天采矿挖掘设备

2.5.1 机械正铲式单斗挖掘机

2.5.1.1 概述

露天采矿由于受生产空间限制小，作业条件好，为采用大型或特大型的矿山设备和实行机械化生产创造有利条件，从而可以提高开采强度。矿用挖掘机（也称：电铲）是大型露天矿山采装设备，可适用于大型露天煤矿、铁矿及有色金属矿山的剥离和采装作用。矿用挖掘机可与 80~300t 矿用汽车、60t 以上的铁路自翻车或移动破碎站配套使用。更好地满足用户高效装载、降低单位生产成本的要求。

2.5.1.2 工作原理

机械式正铲单斗挖掘机，用一个铲斗以间歇重复的工作循环进行工作，即挖掘、满斗回转至卸载点、卸载、空斗回转至挖掘地点等四个工序构成一个工作循环。在作业过程中，挖掘机直到将一次停机范围内的物料挖完，才移动到新的作业面。

2.5.1.3 主要结构

（1）工作机构采用单梁起重臂、双斗杆齿轮—齿条推压机构，并配有气囊力矩限制器来限制推压机构承受的最大动载荷。

（2）上部平台采用并联的回转机构、双卷筒提升机构、正压通风除尘的密封机棚以及带空调除尘的司机室。此外，上部平台中还包括有三脚支架、压气操纵系统、稀油润滑系统和干油自动集中润滑系统以及电气控制系统的主要部分。

（3）平台的回转支撑采用了圆锥形辊盘、分段式装配的锥形环轨。

（4）行走支撑采用多支点履带式独立行走装置，行走机构采用两套各自独立且集中在底架梁后面的行星齿轮传动减速机，分别控制两履带的行走方向。

（5）各机构（提升、推压、回转、行走、开斗）均分别由直流电动机独立驱动，依靠电气控制系统和压气操纵系统来控制并完成挖掘机的各种运动。

2.5.1.4 外形结构

挖掘机外形结构如图 2-5-1~图 2-5-12 所示。

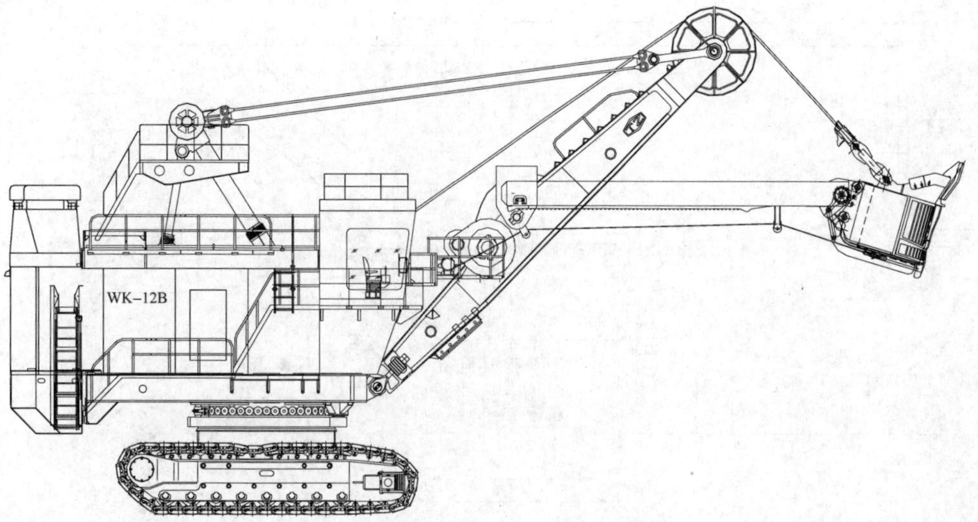

图 2-5-1 WK-12B 挖掘机外形结构

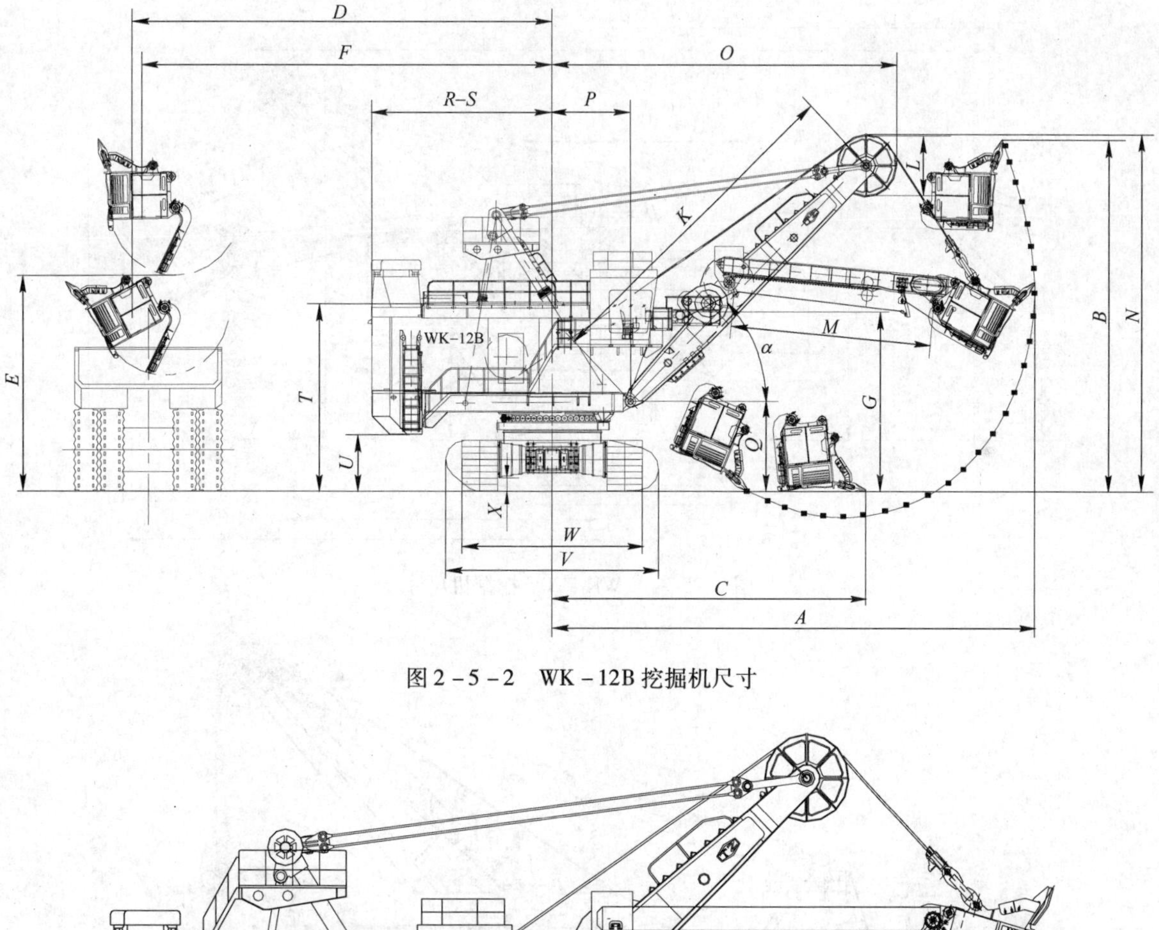

图 2-5-2 WK-12B 挖掘机尺寸

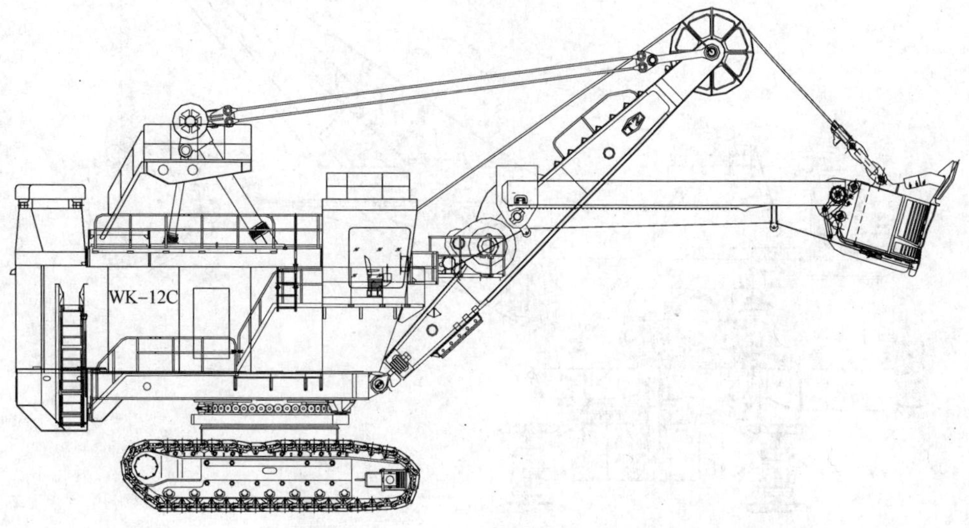

图 2-5-3 WK-12C 挖掘机外形结构

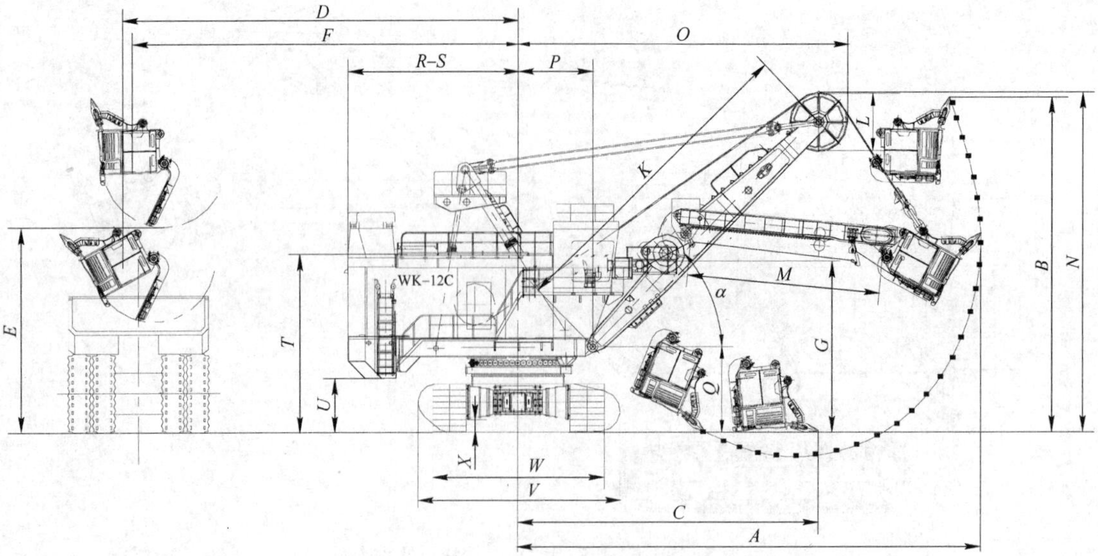

图2-5-4 WK-12C挖掘机尺寸

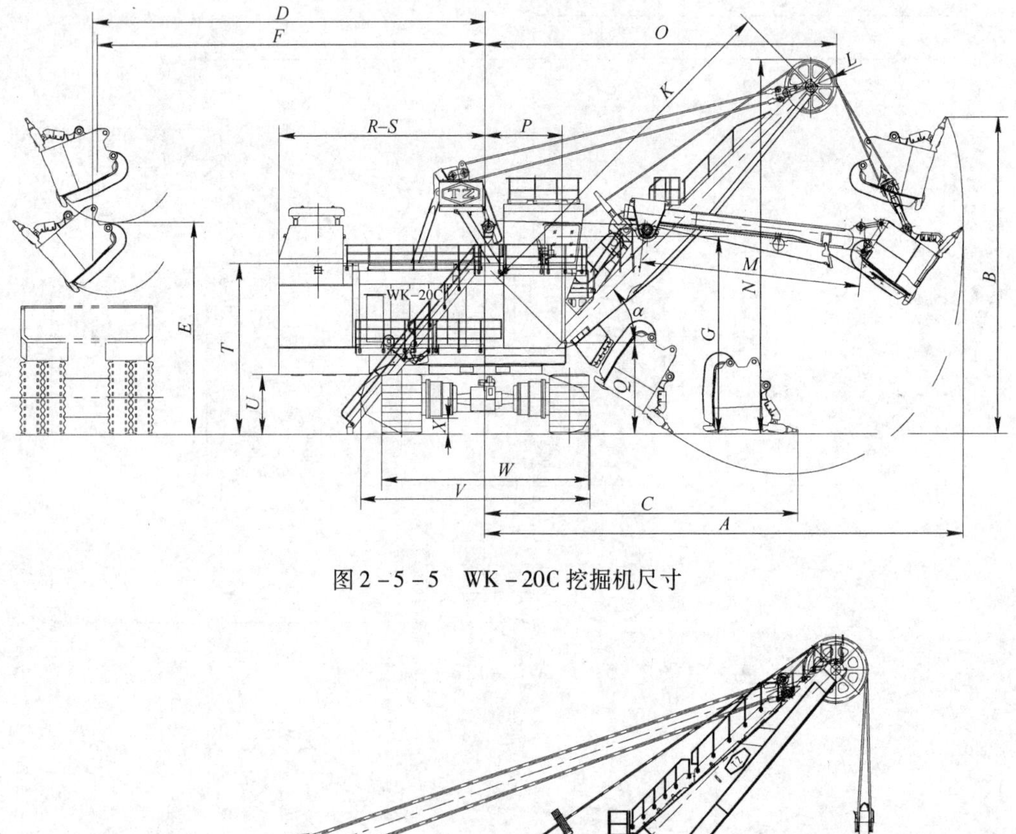

图2-5-5 WK-20C挖掘机尺寸

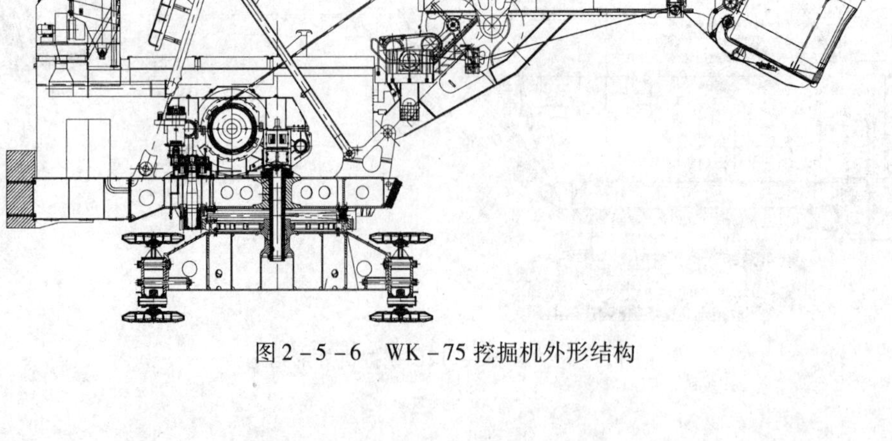

图2-5-6 WK-75挖掘机外形结构

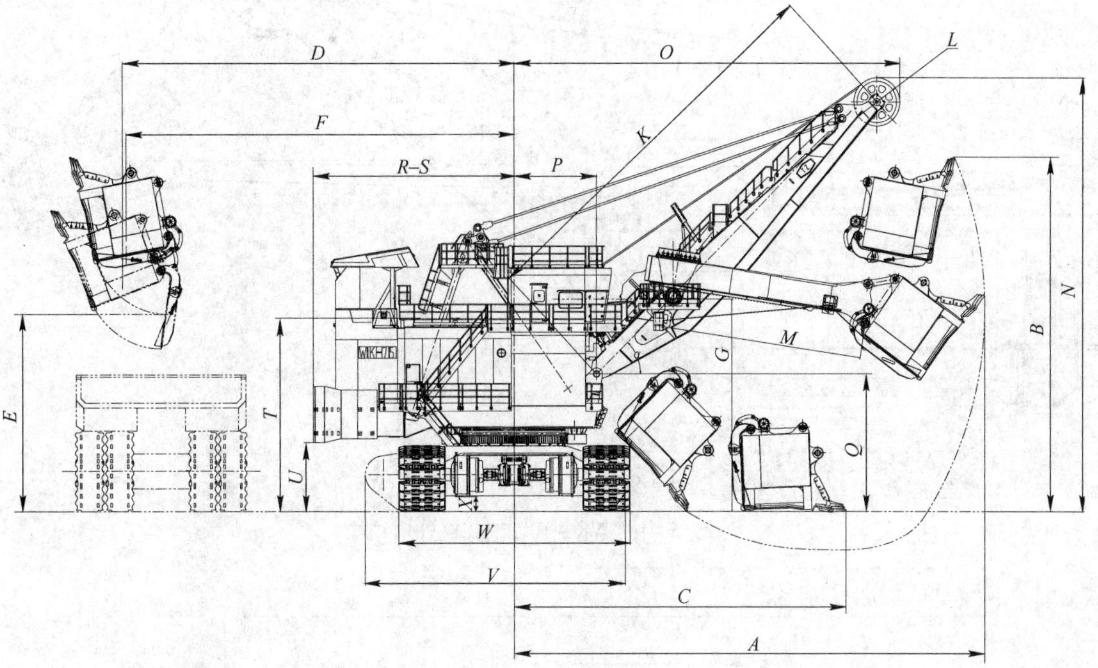

图2－5－7　WK－75 挖掘机尺寸

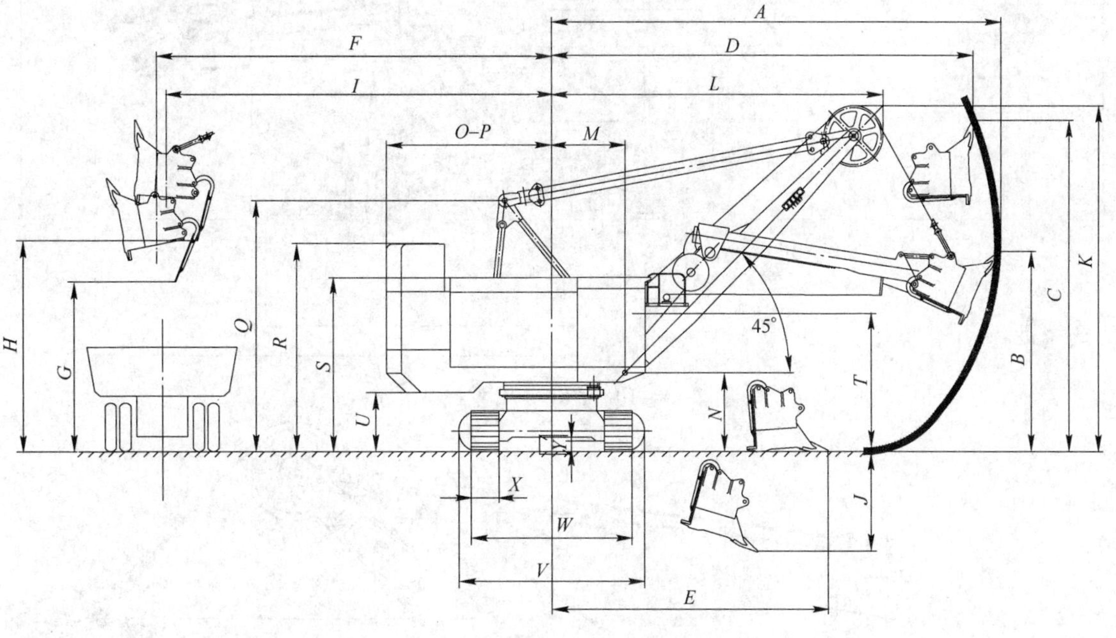

图2－5－8　WK－4C/D 挖掘机外形尺寸

2.5.1.5　选型原则及方法

(1) 根据自身所处环境的海拔高度、气温、矿山规模、设备条件等因素选择不同型号的挖掘机。海拔（高于4000m）和温度过高以及温度过低（小于－40℃）需直接与厂家联系，特别定制。

(2) 矿山地质条件、物料的不同类型需选择不同的挖掘机，为了适应挖掘不同的物料，WK－12B 配有 $8m^3$、$10m^3$、$12m^3$、$14m^3$、$16m^3$ 多种规格的铲斗，推荐的铲斗容量如表2－5－1所示。

2.5.1.6　主要技术参数

主要技术参数见表2－5－1～表2－5－30。

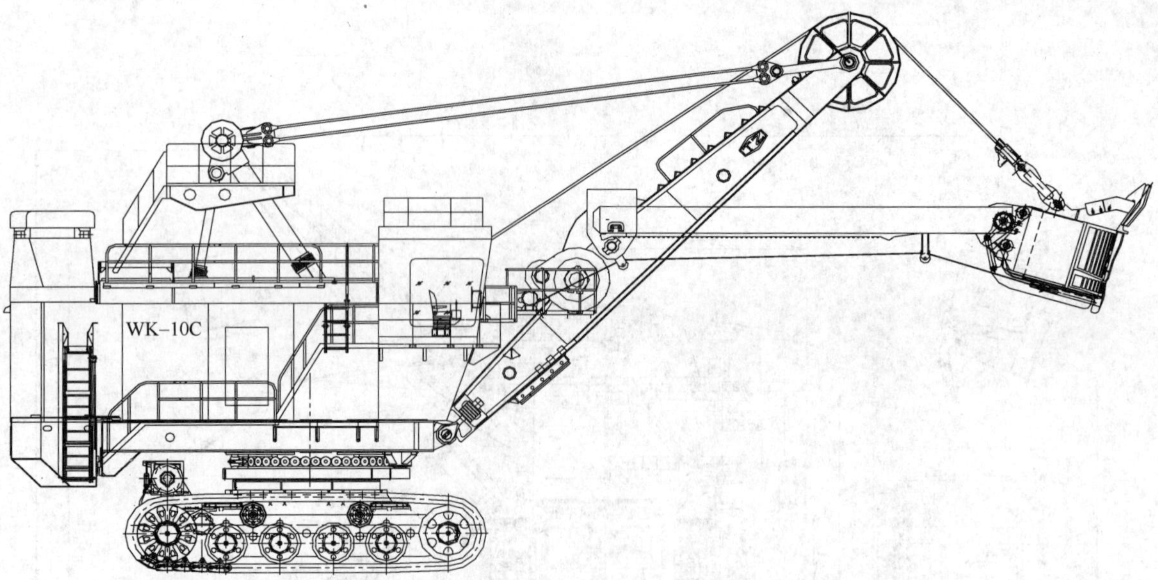

图 2-5-9 WK-10C 挖掘机外形结构

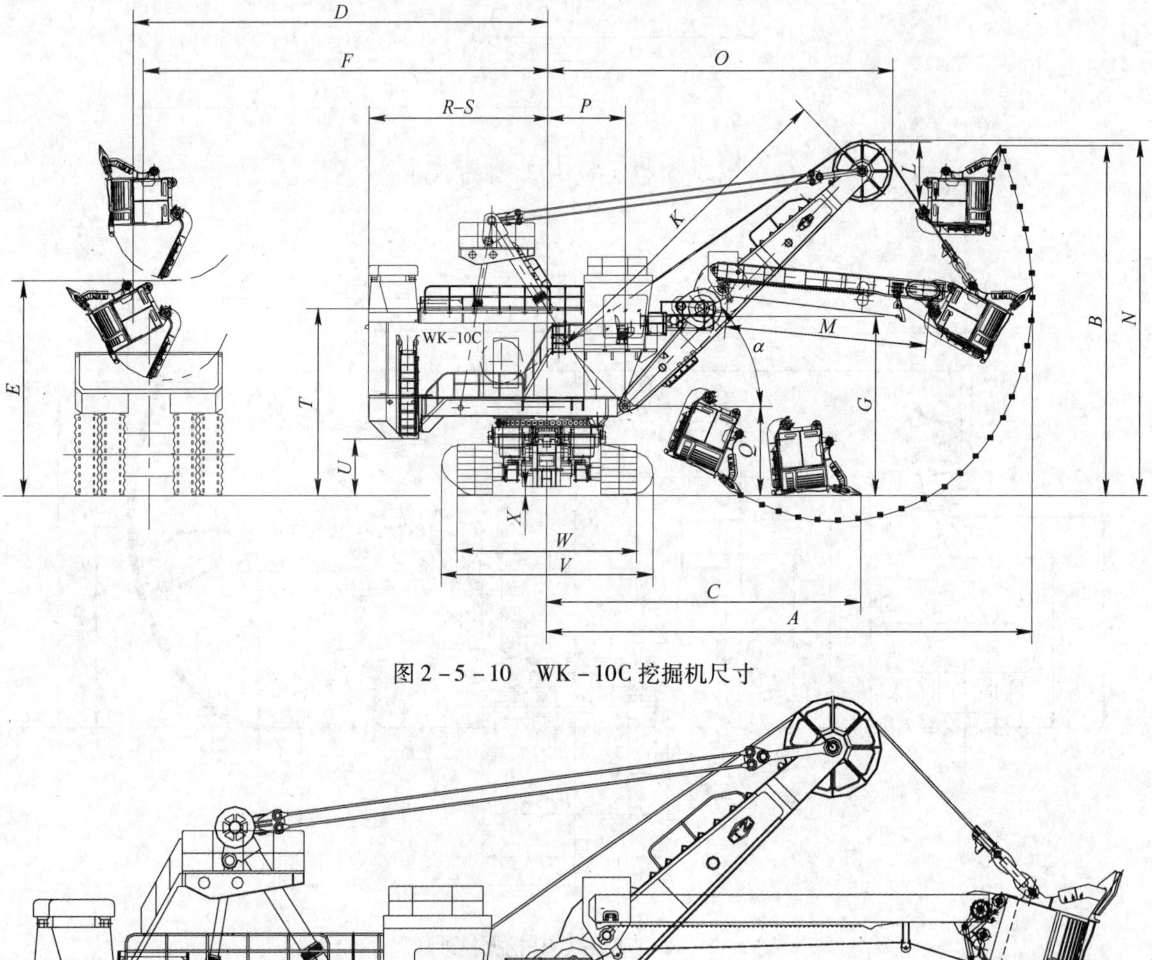

图 2-5-10 WK-10C 挖掘机尺寸

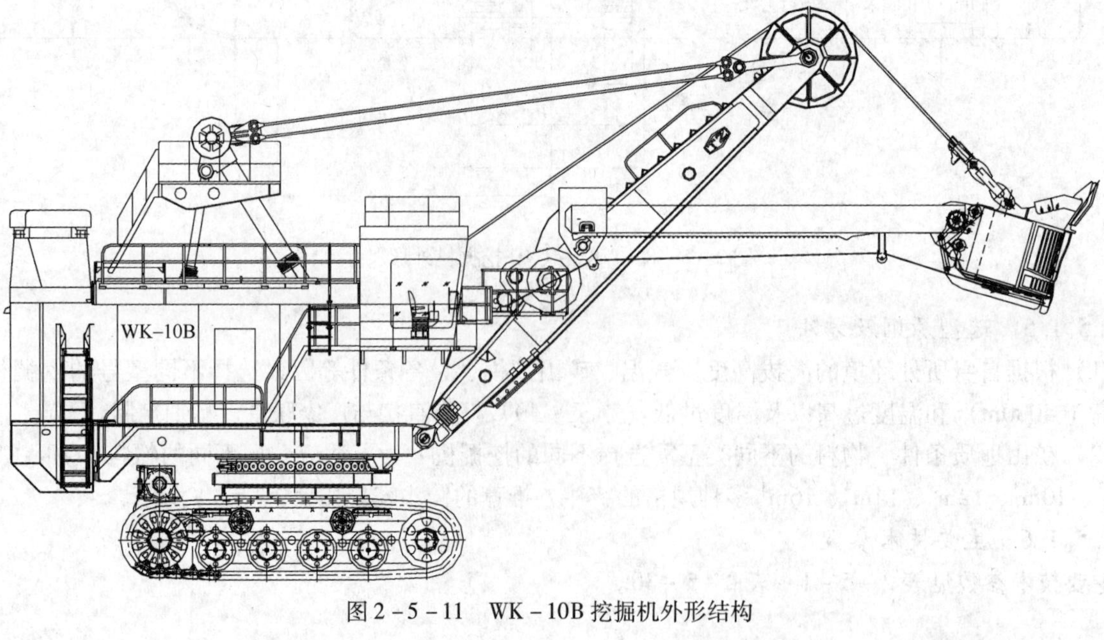

图 2-5-11 WK-10B 挖掘机外形结构

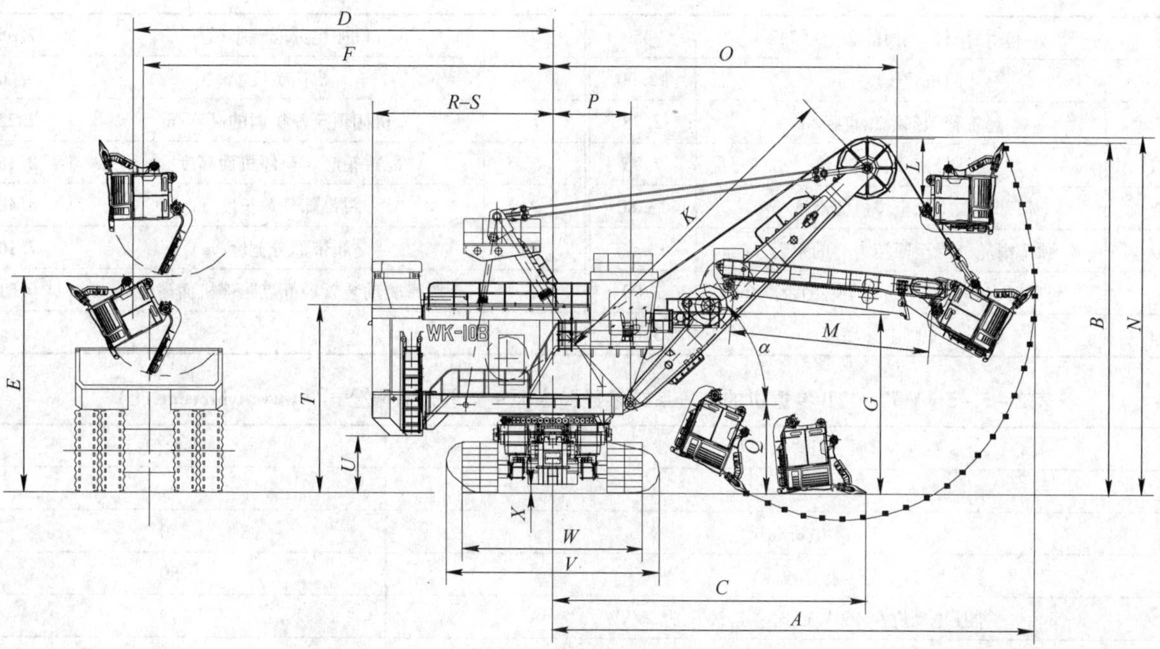

图 2-5-12 WK-10B 挖掘机尺寸

表 2-5-1 WK-12B、WK-12C 型挖掘机铲斗容量的技术参数（太原重工股份有限公司 www.tyhi.com.cn）

物料的松散密度/t·m^{-3}	<1.2	1.2~1.8	1.8~2.5
推荐使用的铲斗容量/m^3	14、16	10、12	8、10

表 2-5-2 WK-12B、WK-12C 型挖掘机的技术参数（太原重工股份有限公司 www.tyhi.com.cn）

额定负载/t	22
斗容范围/m^3	10~16
最大提升速度/m·s^{-1}	1.35
最大推压速度/m·s^{-1}	0.61
最大行走速度/km·h^{-1}	0.80
最大提升力/kN	1110
最大推压力/kN	541
履带最大牵引力/kN	2565
最大爬坡角度/(°)	13
履带板平均接地比压（履带板宽度=1400mm）/kPa	253
工作质量/t	约 490
配重/t	约 75

表 2-5-3 WK-12B 挖掘机的主要参数（太原重工股份有限公司 www.tyhi.com.cn） (m)

A	最大挖掘半径	约 18.90	*E*	最大卸载高度	约 8.60
B	最大挖掘高度	约 13.53	*F*	最大卸载高度时的卸载半径	约 15.58
C	水平清道半径	约 13.00	*G*	司机水平视线至停机面高度	约 7.10
D	最大卸载半径	约 16.25			

表2-5-4 WK-12B、WK-12C型挖掘机的尺寸参数（太原重工股份有限公司 www.tyhi.com.cn）

α	起重臂对停机面的倾角/(°)	45	R	机棚尾部回转半径/m	7.35
K	起重臂长度/m	13.00	S	机棚宽度/m	6.60
L	起重臂顶部滑轮直径/m	2.28	T	机棚顶至停机面的高度/m	7.22
M	斗杆有效长度/m	7.95	U	配重箱底面至停机面高度/m	2.16
N	顶部滑轮上缘至停机面高度/m	13.80	V	履带部分总长度/m	8.40
O	顶部滑轮外缘至回转中心的距离/m	13.50	W	履带部分宽度/m	7.10
P	起重臂支脚中心至回转中心的距离/m	3.00	X	履带驱动装置最低点距停机面高度/m	0.51
Q	起重臂支脚中心高度/m	3.43			

表2-5-5 WK-12B挖掘机的电气系统参数（太原重工股份有限公司 www.tyhi.com.cn）

项 目 名 称	参数值
输入电压/kV	6
主电机/kW	750
变压器容量/kV·A	180
推压电动机在460VDC时（连续）功率/kW	175
提升电动机在330VDC时（连续）功率/kW	2×260
回转电动机在330VDC时（连续）功率/kW	2×130
行走电动机在330VDC时（1小时制）功率/kW	2×200
开斗电动机的功率（220VDC)/kW	5.5
供电变压器最小容量/kV·A	1100

表2-5-6 WK-12C挖掘机的电气系统参数（太原重工股份有限公司 www.tyhi.com.cn）

项 目 名 称	数 值
输入电压/kV	6
应承受的最小短路容量/MV·A	8
主变压器容量/kV·A	1000
辅助变压器容量/kV·A	160
推压电动机的额定功率（690V时)/kW	250
推压电动机的峰值功率/kW	330
提升电动机的额定功率（690V时）/kW	2×350
提升电动机的峰值功率/kW	2×460
回转电动机的额定功率（690V时）/kW	2×160
回转电动机的峰值功率/kW	2×210
行走电动机的额定功率（690V时）/kW	2×150
行走电动机的峰值功率/kW	2×187
开斗电动机的功率/kW	11
供电变压器最小容量/kV·A	1200

表2-5-7 WK-20C挖掘机的主要参数（太原重工股份有限公司 www.tyhi.com.cn） （m）

A	最大挖掘半径	21.2
B	最大挖掘高度	13.54
C	水平倾倒半径	14.56
D	最大卸载半径	18.52

续表 2－5－7

E	最大卸载高度	8.5
F	最大卸载高度时的卸载半径	18
G	司机水平视线至停车面高度	8.45

表 2－5－8 WK－20C 挖掘机的技术参数（太原重工股份有限公司 www.tyhi.com.cn）

额定负载/t	45
斗容范围/m^3	16～37
最大提升速度/$m \cdot s^{-1}$	1.58
最大推压速度/$m \cdot s^{-1}$	0.54
最大行走速度/$km \cdot h^{-1}$	1.25
最大提升力/kN	1764
最大推压力/kN	745
履带最大牵引力/kN	3734
最大爬坡角度/(°)	13
履带板平均接地比压（履带板宽度＝1321mm）/kPa	437
履带板平均接地比压（履带板宽度＝1778mm）/kPa	330
工作质量（履带板宽度＝1321mm）/t	867
工作质量（履带板宽度＝1778mm）/t	880
配重/t	145

表 2－5－9 WK－20C 挖掘机的结构尺寸参数（太原重工股份有限公司 www.tyhi.com.cn）

α	起重臂对停机面的倾角/(°)	45
K	起重臂长度/m	15.5
L	起重臂顶部滑轮直径/m	2.17
M	斗杆有效长度/m	9.7
N	顶部滑轮上缘至停机面高度/m	16
O	顶部滑轮外缘至回转中心的距离/m	15.46
P	起重臂支脚中心至回转中心的距离/m	3.35
Q	起重臂支脚中心高度/m	3.89
R	机棚尾部回转半径/m	9.75
S	机棚宽度/m	8.53
T	机棚顶至停机面的高度/m	7.3
U	配重箱底面至停机面高度/m	2.57
V	履带部分总长度/m	10.17
W	履带部分宽度（履带板宽度＝1321mm）/m	8.713
	履带部分宽度（履带板宽度＝1778mm）/m	9.17
X	履带驱动装置最低点距停机面高度/m	0.67

表 2－5－10 WK－20C 挖掘机的电气系统参数（太原重工股份有限公司 www.tyhi.com.cn）

输入电压/V	6000
应承受的最小短路容量/MV·A	18
主变压器/kV·A	2000
辅助变压器/kV·A	250
提升电动机额定功率（690V）/kW	2×650

续表 2-5-10

推压电动机额定功率（690V）/kW	350
回转电动机额定功率（690V）/kW	2×260
行走电动机额定功率（690V）/kW	2×450
开斗电动机功率/kW	11

表 2-5-11 WK-75 挖掘机的技术参数（太原重工股份有限公司 www.tyhi.com.cn）

额定载荷/t	135
斗容范围/m^3	46~100
最大提升速度/$m \cdot s^{-1}$	1.84
最大推压速度/$m \cdot s^{-1}$	0.75
最大行走速度/$km \cdot h^{-1}$	1.60
最大提升力/kN	4219
最大推压力/kN	1354
履带最大牵引力/kN	8233
最大爬坡角度/(°)	13
履带板平均接地比压（履带板宽度=2600mm）/kPa	327
整机工作质量/t	1988
配重/t	190

表 2-5-12 WK-75 挖掘机的主要参数（太原重工股份有限公司 www.tyhi.com.cn） （m）

A	最大挖掘半径	约 26.36
B	最大挖掘高度	约 19.2
C	水平清道半径	约 18.51
D	最大卸载半径	约 21.78
E	最大卸载高度	约 10.65
F	最大卸载高度时的卸载半径	约 21.58
G	司机水平视线至停机面高度	约 11.48

表 2-5-13 WK-75 挖掘机的尺寸参数（太原重工股份有限公司 www.tyhi.com.cn）

α	起重臂对停机面的倾角/(°)	45
K	起重臂长度/m	21.5
L	起重臂顶部滑轮直径/m	2.628
M	斗杆有效长度/m	11.24
N	顶部滑轮上缘至停机面高度/m	23.47
O	顶部滑轮外缘至回转中心的距离/m	21.59
P	起重臂支脚中心至回转中心的距离/m	4.59
Q	起重臂支脚中心高度/m	7.44
R	机棚尾部回转半径/m	11.16
S	机棚宽度/m	11.69
T	机棚顶至停机面的高度/m	10.46
U	配重箱底面至停机面高度/m	3.73
V	履带部分总长度/m	14.36
W	履带部分宽度/m	12.84
X	履带驱动装置最低点距停机面高度/m	0.80

表2-5-14 WK-75挖掘机的电气系统参数（太原重工股份有限公司 www.tyhi.com.cn）

输入电压/kV	3~11
应承受的最小短路容量/MV·A	42
供电变压器最小容量/kV·A	4500
提升电动机额定功率（690VAC）/kW	2×1800
提升电动机峰值功率（690VAC）/kW	2×2250
推压电动机额定功率（690VAC）/kW	900
推压电动机峰值功率（690VAC）/kW	1150
回转电动机额定功率（690VAC）/kW	3×700
回转电动机峰值功率（690VAC）/kW	3×875
行走电动机额定功率（690VAC）/kW	2×900
行走电动机峰值功率（690VAC）/kW	1125

表2-5-15 WK-4C/D挖掘机的技术参数（太原重工股份有限公司 www.tyhi.com.cn）

斗容/m^3	5
提升速度/$m \cdot s^{-1}$	0.885
推压速度/$m \cdot s^{-1}$	0.53
行走速度/$m \cdot s^{-1}$	0.43
最大提升力/kN	450
最大推压力/kN	225
履带最大牵引力/kN	784
最大爬坡角度/(°)	12
平均比压/kPa	226
循环时间（90°时）/s	25
工作质量/t	210（WK-4C）/215（WK-4D）
配重/t	38（WK-4C）/43（WK-4D）

表2-5-16 WK-4C/D挖掘机的主要参数（太原重工股份有限公司 www.tyhi.com.cn） （mm）

A	最大挖掘半径	14300
B	最大挖掘半径时的挖掘高度	6300
C	最大挖掘高度	10100
D	最大挖掘高度时的挖掘半径	13700
E	停机地面上最大挖掘半径	9260
F	最大卸载半径	12650
G	最大卸载半径时的卸载高度	4500
H	最大卸载高度	6300
I	最大卸载高度时的卸载半径	12400
J	挖掘深度	1750

表2-5-17 WK-4C/D挖掘机的尺寸参数（太原重工股份有限公司 www.tyhi.com.cn）

	起重臂长度/mm	10500
α	起重臂对停机平面的倾角/(°)	45
	起重臂顶部滑轮直径/mm	1760
	斗臂长度/mm	7290
K	顶部滑轮上缘至停机平面高度/mm	10750
L	顶部滑轮外缘至回转中心的距离/mm	10634

续表 2－5－17

M	起重臂支脚中心至回转中心的距离/mm	2380
N	起重臂支脚中心高度/mm	2303
O	机棚尾部回转半径/mm	5560
P	机棚宽度/mm	5028（WK－4C）/5628（WK－4D）
Q	双脚支架顶部滑轮中心至停机面高度/mm	7709
R	除尘装置顶部至地面高度/mm	6370
S	机棚顶至地面高度/mm	5248
T	司机水平视线至地面高度/mm	约 4200（WK－4C）/约 5200（WK－4D）
U	配重箱底面至地面高度/mm	1690
V	履带部分长度/mm	约 6000
W	履带部分宽度/mm	5200
X	履带板宽度/mm	900
Y	底架下部至地面高度/mm	350

表 2－5－18　WK－4C 挖掘机的电气系统参数（太原重工股份有限公司　www. tyhi. com. cn）

输入电压（3 相 50Hz）/kV	6/3
主电动机/kW	250
提升电动机在 460V 直流电压时（连续）/kW	175
回转电动机在 230V 直流电压时（连续）/kW	2×54
推压电动机在 230V 直流电压时（连续）/kW	54
行走电动机在 230V 直流电压时（一小时制）/kW	54
开斗电动机在 220V 直流电压时/kW	5. 5

表 2－5－19　WK－4D 挖掘机的电气系统参数（太原重工股份有限公司　www. tyhi. com. cn）

输入电压（3 相 50Hz）/kV	6/10
提升电动机 AC690V/kW	200
回转电动机 AC690V/kW	2×65
推压电动机 AC690V/kW	60
行走电动机 AC690V/kW	55
开斗电动机在 220V 直流电压时/kW	5. 5
供电变压器最小容量/kV · A	400

表 2－5－20　WK－10C 挖掘机的技术参数（太原重工股份有限公司　www. tyhi. com. cn）

物料的松散密度/t · m^{-3}	<1. 2	1. 2～1. 8	1. 8～2. 5
推荐使用的铲斗容量/m^3	14、16	10、12	8、10

表 2－5－21　WK－10C 挖掘机的技术参数（太原重工股份有限公司　www. tyhi. com. cn）

额定负载/t	22
斗容范围/m^3	10～16
最大提升速度/m · s^{-1}	1. 0
最大推压速度/m · s^{-1}	0. 61
最大行走速度/km · h^{-1}	0. 64
最大提升力/kN	1110
最大推压力/kN	541
履带最大牵引力/kN	2328
最大爬坡角度/(°)	13

续表 2-5-21

履带板平均接地比压（履带板宽度=1400mm）/kPa	253
工作质量/t	约 490
配重/t	约 75

表 2-5-22 WK-10C 挖掘机的主要参数（太原重工股份有限公司 www.tyhi.com.cn） （m）

A	最大挖掘半径	约 18.90	*E*	最大卸载高度	约 8.60
B	最大挖掘高度	约 13.53	*F*	最大卸载高度时的卸载半径	约 15.58
C	水平清道半径	约 13.00	*G*	司机水平视线至停机面高度	约 7.10
D	最大卸载半径	约 16.25			

表 2-5-23 WK-10C 挖掘机的尺寸参数（太原重工股份有限公司 www.tyhi.com.cn）

α	起重臂对停机面的倾角/(°)	45	*R*	机棚尾部回转半径/m	7.35
K	起重臂长度/m	13.00	*S*	机棚宽度/m	6.60
L	起重臂顶部滑轮直径/m	2.28	*T*	机棚顶至停机面的高度/m	7.22
M	斗杆有效长度/m	7.95	*U*	配重箱底面至停机面高度/m	2.16
N	顶部滑轮上缘至停机面高度/m	13.80	*V*	履带部分总长度/m	8.40
O	顶部滑轮外缘至回转中心的距离/m	13.50	*W*	履带部分宽度/m	7.10
P	起重臂支脚中心至回转中心的距离/m	3.00	*X*	履带驱动装置最低点距停机面高度/m	0.51
Q	起重臂支脚中心高度/m	3.43			

表 2-5-24 WK-10C 挖掘机的电气系统参数（太原重工股份有限公司 www.tyhi.com.cn）

输入电压/kV	6
应承受的最小短路容量/MV·A	8
主变压器容量/kV·A	1000
辅助变压器容量/kV·A	160
推压电动机的额定功率（690V 时）/kW	175
推压电动机的峰值功率/kW	218
提升电动机的额定功率（690V 时）/kW	2×350
提升电动机的峰值功率/kW	2×460
回转电动机的额定功率（690V 时）/kW	2×130
回转电动机的峰值功率/kW	2×170
行走电动机的额定功率（690V 时）/kW	2×130
行走电动机的峰值功率/kW	2×170
开斗电动机的功率/kW	11
供电变压器最小容量/kV·A	1200

表 2-5-25 WK-10B 挖掘机的技术参数（太原重工股份有限公司 www.tyhi.com.cn）

额定负载/t	22
斗容范围/m^3	10~16
最大提升速度/$m \cdot s^{-1}$	1.0
最大推压速度/$m \cdot s^{-1}$	0.61
最大行走速度/$km \cdot h^{-1}$	0.64
最大提升力/kN	942
最大推压力/kN	496
履带最大牵引力/kN	1960
最大爬坡角度/(°)	13
履带板平均接地比压（履带板宽度=1400mm）/kPa	253
工作质量/t	约 490
配重/t	约 43

表 2-5-26 WK-10B 挖掘机的主要参数（太原重工股份有限公司 www.tyhi.com.cn） 单位：m

A	最大挖掘半径	约 18.90	E	最大卸载高度	约 8.60
B	最大挖掘高度	约 13.53	F	最大卸载高度时的卸载半径	约 15.58
C	水平倾倒半径	约 13.00	G	司机水平视线至停机面高度	约 7.10
D	最大卸载半径	约 16.25			

表 2-5-27 WK-10B 挖掘机的尺寸参数（太原重工股份有限公司 www.tyhi.com.cn）

α	起重臂对停机面的倾角/(°)	45	R	机棚尾部回转半径/m	7.35
K	起重臂长度/m	13.00	S	机棚宽度/m	6.60
L	起重臂顶部滑轮直径/m	2.28	T	机棚顶至停机面的高度/m	7.22
M	斗杆有效长度/m	7.95	U	配重箱底面至停机面高度/m	2.16
N	顶部滑轮上缘至停机面高度/m	13.80	V	履带部分总长度/m	8.40
O	顶部滑轮外缘至回转中心的距离/m	13.50	W	履带部分宽度/m	7.10
P	起重臂支脚中心至回转中心的距离/m	3.00	X	履带驱动装置最低点距停机面高度/m	0.51
Q	起重臂支脚中心高度/m	3.43			

表 2-5-28 WK-10B 挖掘机的电气系统参数（太原重工股份有限公司 www.tyhi.com.cn）

输入电压/kV	6
主电机/kW	750
变压器容量/kV·A	180
推压电动机在 460VDC 时（连续）功率/kW	175
提升电动机在 330VDC 时（连续）功率/kW	2×260
回转电动机在 330VDC 时（连续）功率/kW	2×130
行走电动机在 330VDC 时（一小时制）功率/kW	2×110
开斗电动机的功率（220VDC）/kW	5.5
供电变压器最小容量/kV·A	1100

表 2-5-29 WK-10B 挖掘机的技术参数（太原重工股份有限公司 www.tyhi.com.cn）

物料的松散密度/$t \cdot m^{-3}$	<1.2	1.2~1.8	1.8~2.5
推荐使用的铲斗容量/m^3	14、16	10、12	8、10

表 2-5-30 挖掘机应用案例（太原重工股份有限公司 www.tyhi.com.cn）

机 型	工作令	图 号	斗容/m^3	用 户	备 注
WK-4B	0808013	K1148.00/K1149.00	5.0	酒钢	
WK-4C	0808024	K1151.00	5.0	江西铜业	
WK-4D	0809014	K1152.00	5.0	武钢	变频调速
WK-4C	08010803	K1153.00	5.0	哈萨克斯坦	
WK-4B	08011014	K1154.00	5.0	酒钢	
WK-4D	08012010	K1155.00	5.0	广州鼎天	变频调速

生产厂商：太原重工股份有限公司，中国第一重型机械集团公司。

2.5.2 矿用液压式单斗挖掘机

2.5.2.1 概述

液压式单斗挖掘机主要由工作装置、回转机构、动力装置、传动操纵机构、行走装置和辅助设备等组成。常用的全回转式（转角大于360°）挖掘机，其动力装置、传动机构的主要部分和回转机构、辅助设备及驾驶室等都装在可回转的平台上。

2.5.2.2 工作原理

整机有6组动作（正反共12个）：包括回转、行走、动臂的举升与下放，斗杆的伸出和缩回、铲斗挖掘和翻出，开斗和闭斗，各个动作可以任意组合成复合动作。回转马达驱动回转减速机、回转支撑，完成整机上车的回转动作。行走马达驱动行走减速机，带动驱动轮完成整机的行走。动臂油缸的伸缩控制动臂的举升与下降，斗杆油缸的伸缩控制斗杆的伸出和缩回，铲斗油缸的伸缩完成铲斗的挖掘和翻出。开斗油缸的伸缩完成铲斗的闭斗和开斗动作。

如图2-5-13、图2-5-14所示，机器共有4个脚踏板、两个电子操作手柄作为信号的输入端，手柄或踏板的输出信号首先输入到BODAS控制器，在经过对控制信号的运算处理后，控制各个主泵的输出流量和功率以及比例多路阀的开口度。中间的两个脚踏板分别控制左右履带装置的行走，两边的两个脚踏板控制铲斗的开闭斗，左边手柄控制斗杆伸出、收回和平台的左右回转，右边手柄控制动臂上下和铲斗伸缩。整个机器的控制原则是在低速时采用比例多路阀实现精细控制，在正常运行过程将比例多路阀完全打开，采用液压泵直接控制各个液压执行元件的速度。

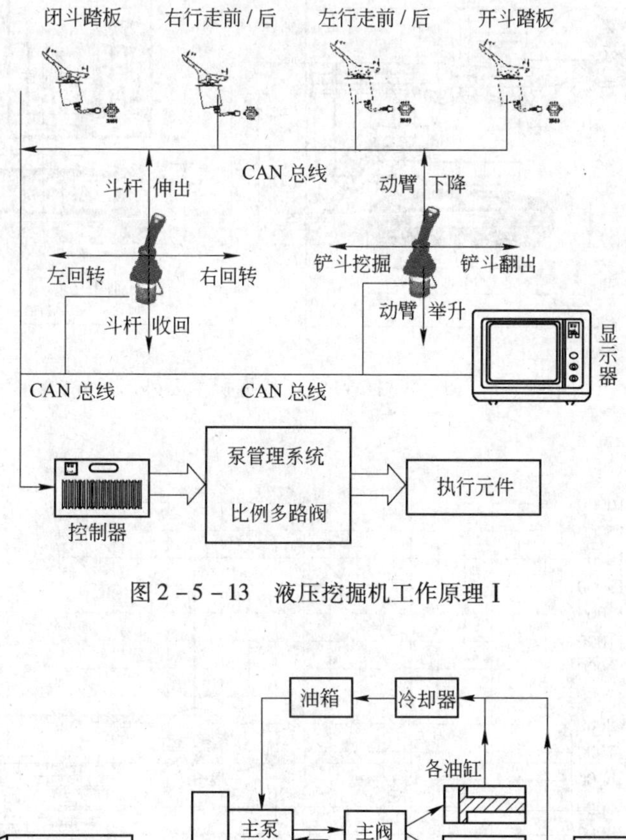

图2-5-13 液压挖掘机工作原理Ⅰ

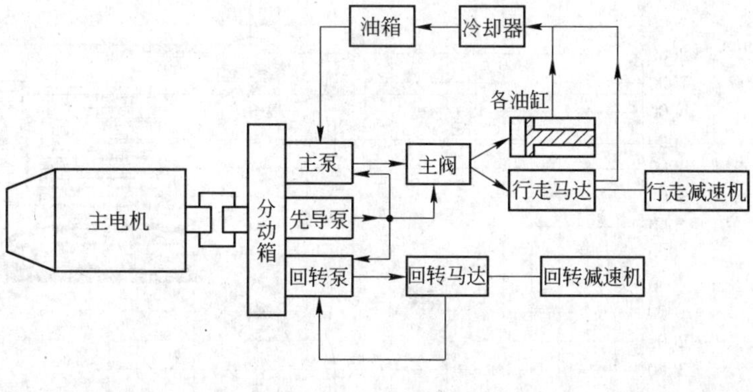

图2-5-14 液压挖掘机工作原理Ⅱ

2.5.2.3 整机主要技术特点

（1）动力系统为电动机、液压泵、油缸或液压马达。

（2）独立的闭式回转回路系统，极限功率控制，电液伺服控制。

（3）自动集中润滑系统。

(4) 低合金高强度钢板焊接的结构件。

(5) 宽敞舒适的司机室。

2.5.2.4　*产品结构*

整机由机械部件、电气系统、液压系统和润滑系统组成。

机械部件主要由工作装置（铲斗、斗杆、动臂）、动力装置（包括分动箱和联轴器）、油缸（包括开斗油缸、斗杆油缸、动臂油缸和铲斗油缸）、回转机构、回转平台组件、底架、行走机构、履带装置、伸缩梯、机棚和司机室等组成。

电气系统主要由主电机、BODAS 控制器、高压柜、PLC 柜、滑环和辅助装置组成。

液压系统主要由主回路系统、回转回路系统、先导回路系统、行走回路系统和主冷却系统等组成。

润滑系统主要对工作装置的各铰点、回转支撑和回转小齿轮进行润滑。

2.5.2.5　*主要外形尺寸、作业轨迹和平台布置图*

主要外形尺寸、作业轨迹和平台布置图如图 2－5－15～图 2－5－20 所示。

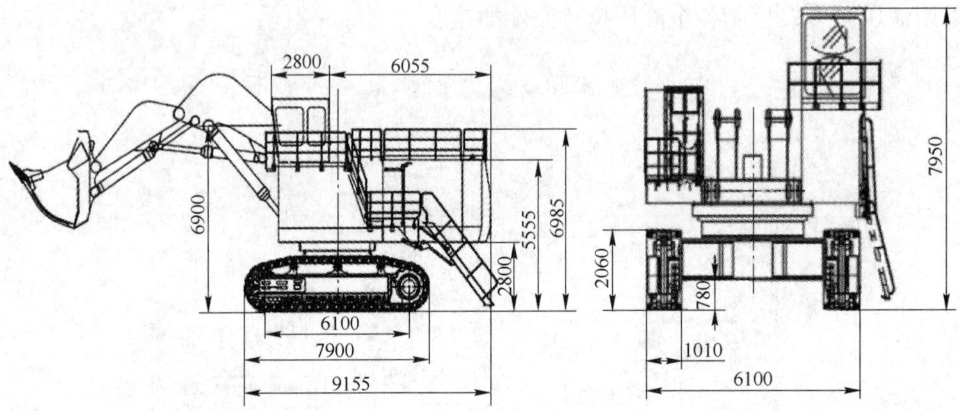

图 2－5－15　WYD260 液压挖掘机主要外形尺寸

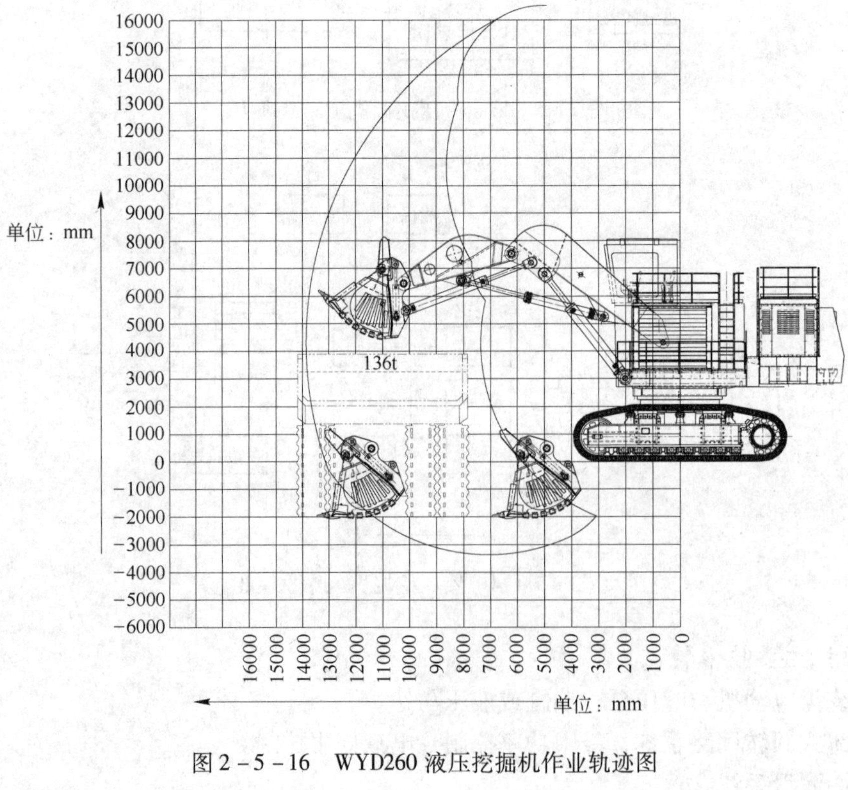

图 2－5－16　WYD260 液压挖掘机作业轨迹图

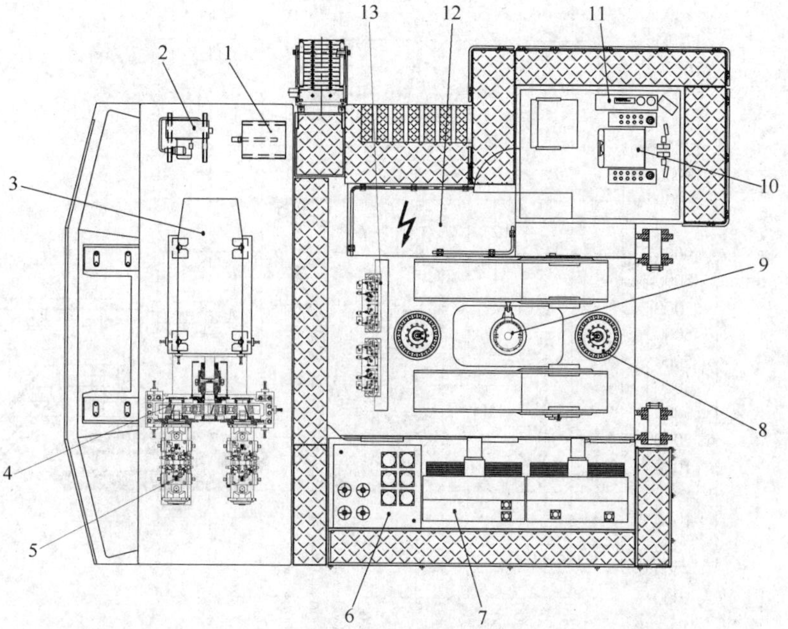

图 2－5－17 WYD260 液压挖掘机平台布置图

1—润滑脂站；2—分动箱冷却器；3—电动机；4—分动箱；5—泵单元；6—液压油箱；7—液压油冷却器；8—回转减速机；9—滑环和回转接头；10—司机座椅；11—控制面板；12—高压柜；13—主阀单元

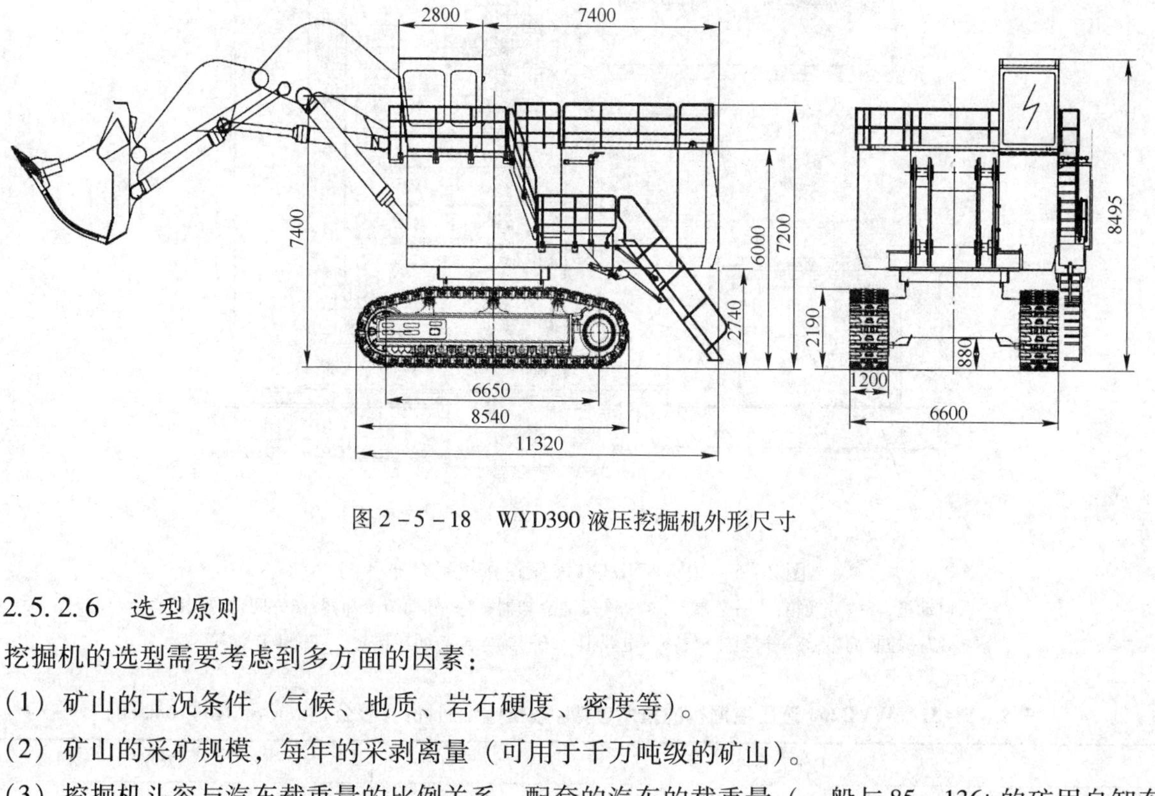

图 2－5－18 WYD390 液压挖掘机外形尺寸

2.5.2.6 选型原则

挖掘机的选型需要考虑到多方面的因素：

（1）矿山的工况条件（气候、地质、岩石硬度、密度等）。

（2）矿山的采矿规模，每年的采剥离量（可用于千万吨级的矿山）。

（3）挖掘机斗容与汽车载重量的比例关系，配套的汽车的载重量（一般与 85～136t 的矿用自卸车配套使用）。

2.5.2.7 主要技术参数

主要技术参数见表 2－5－31～表 2－5－37。

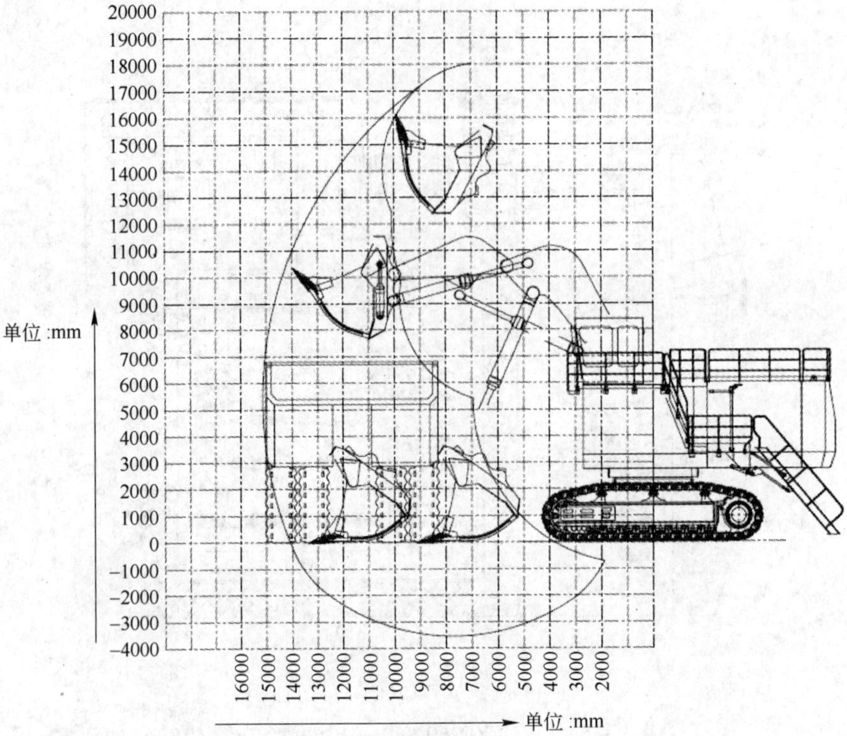

图 2-5-19　WYD390 液压挖掘机作业轨迹图

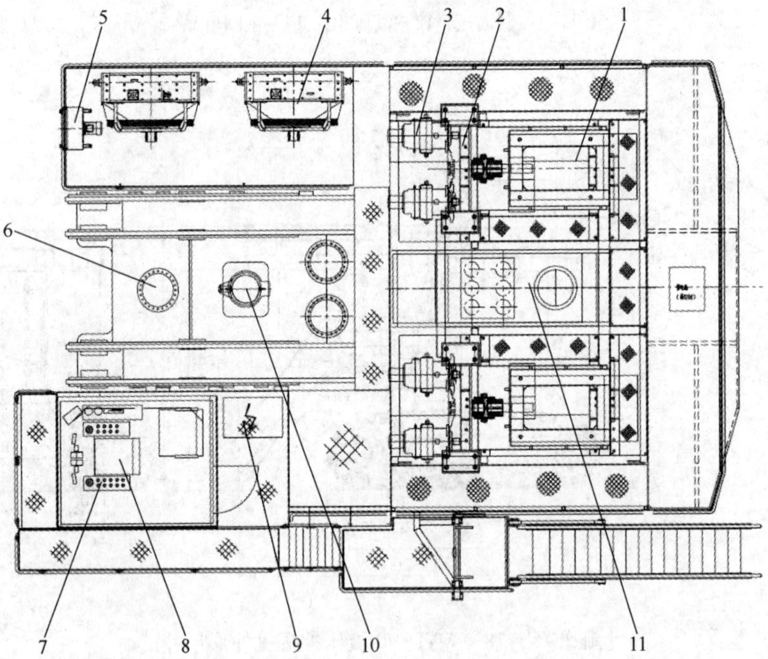

图 2-5-20　WYD390 液压挖掘机平台布置图

1—电动机；2—分动箱；3—泵单元；4—液压油冷却器；5—分动箱冷却器；6—回转减速机；7—控制面板；8—司机座椅；9—电源柜；10—集电环与回转接头；11—液压油箱

表 2-5-31　WYD260 液压挖掘机的技术参数（太原重工股份有限公司　www.tyhi.com.cn）

工作质量/t	260
标准斗容（正铲，SAE2∶1）/m^3	15
电机额定输出功率/kW	1000
接地比压/MPa	225
最大挖掘半径/m	13.8

续表 2-5-31

最大挖掘高度/m	16.3
最大挖掘深度/m	3.4
最大卸载高度/m	8.9
最大平推半径/m	14.8
铲斗打开宽度/m	2.6
最大挖掘力/kN	980
最大推压力/kN	1340
水平最大推压力/kN	1230
系统工作压力/MPa	35
回转速度/$r \cdot min^{-1}$	0~4.0
行走速度/$km \cdot h^{-1}$	0~2.2/0~1.7
最大牵引力/kN	1530
爬坡能力/%	约41

表 2-5-32 WYD260 液压挖掘机液压系统的技术参数（太原重工股份有限公司 www.tyhi.com.cn）

主 泵	4台变量柱塞泵
最大流量/$L \cdot min^{-1}$	4×720
最大工作压力（工作机构）/MPa	33
最大工作压力（行走机构）/MPa	33
回转泵	两台变量柱塞泵
最大流量/$L \cdot min^{-1}$	2×400
最大工作压力/MPa	32
液压油总容积/L	约4500
液压油箱容积/L	约2500
过滤器	回油过滤，每个主泵有一个高压过滤器
其 他	电子载荷控制
	根据操作手柄位置调节主泵流量
	不需要时可将主泵（或回转泵）调节至零排量
	液压油和电动机升高到一定温度时，可以减小主泵的流量
	主泵带压力切断控制

表 2-5-33 WYD260 液压挖掘机冷却系统的技术参数（太原重工股份有限公司 www.tyhi.com.cn）

冷却泵最大流量/$L \cdot min^{-1}$	2×100
风扇直径/mm	2×1220
其 他	主回路采用回油冷却
	变量轴向柱塞泵为风扇马达提供低流量高压液压油
	风扇转速根据液压油温自动调节
	极高的冷却效率以确保最佳的油温

表 2-5-34 WYD260 液压挖掘机自动集中润滑系统的技术参数（太原重工股份有限公司 www.tyhi.com.cn）

润滑站的油脂桶容量/L	200
油 泵	液动润滑泵
其 他	润滑点的间歇时间和润滑时间可以调节

表 2-5-35 WYD390 液压挖掘机的技术参数（太原重工股份有限公司 www.tyhi.com.cn）

工作质量/t	390
标准斗容（正铲，SAE2：1）/m^3	22
电机额定输出功率/kW	1500
接地比压/kPa	250
最大挖掘半径/m	15.2
最大挖掘高度/m	16.6
最大挖掘深度/m	3.5
最大卸载高度/m	12
最大平推距离/m	4.3
铲斗打开宽度/m	2.3
最大挖掘力/kN	1300
最大推压力/kN	1640
系统工作压力/MPa	35
回转速度/$r \cdot min^{-1}$	0~4.0
行走速度/$km \cdot h^{-1}$	0~2.4/0~1.0
最大牵引力/kN	2100
爬坡能力/%	约41

表 2-5-36 WYD390 液压挖掘机冷却系统的技术参数（太原重工股份有限公司 www.tyhi.com.cn）

冷却泵最大流量/$L \cdot min^{-1}$	2×680
风扇直径/mm	2×1200
其 他	主回路采用回油冷却
	变量轴向柱塞泵为风扇马达提供低流量高压液压油
	风扇转速根据液压油温自动调节
	极高的冷却效率以确保最佳的油温

表 2-5-37 WYD390 液压挖掘机自动集中润滑系统的技术参数（太原重工股份有限公司 www.tyhi.com.cn）

润滑站的油脂桶容量/L	1000
油 泵	液动润滑泵
其 他	润滑点的间歇时间和润滑时间可以调节

生产厂商：太原重工股份有限公司。

2.5.3 长臂式单斗挖掘机

2.5.3.1 概括

单斗挖掘机的种类很多，按用途的不同单斗挖掘机可分为采矿型挖掘机、剥离型挖掘机、隧道挖掘机。按动力装置分为电动机驱动式、内燃机驱动式、复合驱动式（柴油机—电力—液力驱动、电力—液力驱动）等，也可用于矿山辅助作业。

2.5.3.2 外形尺寸

外形结构如图 2-5-21、图 2-5-22 所示。

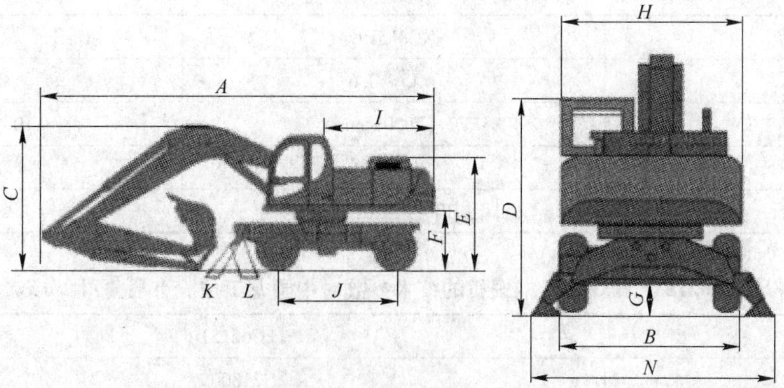

图 2-5-21　JYL621E 轮胎式液压挖掘机尺寸

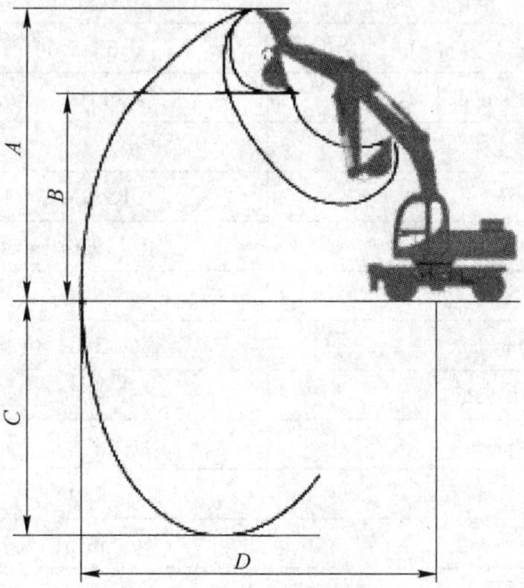

图 2-5-22　JYL621E 轮胎式液压挖掘机作业轨迹图

2.5.3.3　技术参数

技术参数见表 2-5-38～表 2-5-41。

表 2-5-38　LG6360E、LG6400E 液压挖掘机的技术参数（山东临工工程机械有限公司　www.sdlg.cn）

机　型	LG6360E	LG6400E
整机操作质量/kg	37700～37800	40050
斗容/m^3	1.7～1.9	2.0
最大挖掘力/kN	236	236
回转速度/$r \cdot min^{-1}$	0～9.7	0～9.7
行走速度（低/高）/$km \cdot h^{-1}$	3.3/4.5	3.3/4.5
整机外形尺寸（长×宽×高）/mm×mm×mm	11020×3340×3580	11020×3340×3580
最大挖掘半径/mm	11130	10610
最大挖掘深度/mm	7450	6850
最大卸载高度/mm	7290	7090
发动机功率/kW	198	198
系统工作压力/MPa	35	35
爬坡能力/(°)	35	35

表 2-5-39 XG815EL、XG821 挖掘机的技术参数（厦门厦工机械股份有限公司 www.xiagong.com）

机型	XG815EL	XG821
斗容/m^3	0.45~0.6	0.7~0.9
额定功率（净）/kW	70（2000r/min）	110（2100r/min）
整机质量/kg	13900	20500
发动机	五十铃 BB-4BG1TRP 发动机	五十铃 AA-6BG1TRP 发动机

表 2-5-40 LG6215D、LG6225 挖掘机的技术参数（中国龙工控股有限公司 www.lonking.cn）

机型		LG6215D	LG6225
整机	整机质量/kg	21800	21800
	斗容量/m^3	1.0	1.1
	斗容范围/m^3	0.8~1.0	0.8~1.1
	接地比压/kPa	51	51
	行走速度（低/高）/km·h^{-1}	3.33/5.54	3.33/5.54
	回转速度/r·min^{-1}	11.4	11.6
	爬坡能力/%	35	
发动机	型号	B5.9-C	B5.9-C
	功率/kW	112（1950r/min）	112（1950r/min）
	排气量/L	5.9	5.9
	油箱容量/L	380	380
液压系统	工作压力/MPa	32.4/34.3	31.5
	流量/L·min^{-1}	218×2	208×2
	油箱容量/L	280	280
工作装置	动臂长/mm	5675	5675
	斗杆长/mm	2920	2920
	铲斗半径/mm	1452	1452
挖掘力	铲斗最大挖掘力/kN	128	128
	斗杆最大挖掘力/kN	99	99

表 2-5-41 JYL621E 轮胎式液压挖掘机的技术参数（贵州詹阳动力重工有限公司 www.jonyang.com）

型号	JYL621E
作业质量/t	21
标准斗容/m^3	0.9
柴油机厂商	Cummins
发动机型号	6B5.9
发动机功率/kW	129
液压系统	
液压流量/L·min^{-1}	2×214
液压压力/MPa	32
行走速度/km·h^{-1}	28
爬坡能力/%	40
回转速度/r·min^{-1}	12.5
斗杆挖掘力/kN	90
铲斗挖掘力/kN	120
总长/mm	9550

续表 2-5-41

总宽/mm	2760
大臂高度/mm	3585
司机室顶高度/mm	3255
机罩高/mm	2685
配重离地高度/mm	1435
车底间隙/mm	400
上车体宽度/mm	2685
尾部旋转半径/mm	2835
轴距/mm	2960
推土板宽/mm	2400
推土板高/mm	630
推土板伸出距离/mm	1345
支腿伸出后的总宽度/mm	3835
支腿伸出距离/mm	1095
斗杆长度/mm	2600
最大挖掘高度/mm	9665
最大卸载高度/mm	6900
最大挖掘深度/mm	5915
最大挖掘半径/mm	9615

生产厂商：山东临工工程机械有限公司，厦门厦工机械股份有限公司，中国龙工控股有限公司，贵州詹阳动力重工有限公司。

2.5.4 矿用轮斗式挖掘机

2.5.4.1 概述

轮斗挖掘机用于赋存条件好、较松软的露天煤炭开采矿和表岩剥离的施工作业。连续作业，高效低耗。用轮斗挖掘机作业可省去钻孔、爆破等工艺，有效地降低了有害物的排放量。轮斗挖掘机也用于土方挖掘作业。

2.5.4.2 性能特点

(1) 斗轮挖掘机是采、运、排连续开采工艺中完成采掘工作的重要设备，用于开采量大、服务年限长的大型工程，特别适合在露天矿、大型土方工程等应用。

(2) 斗轮挖掘机具有生产能力大、效率高、适应复杂煤层选采、运输坡度大、操作简单、维修方便、易实现现代化管理等优点。

(3) 斗轮挖掘机由斗轮机、转载机、连接桥三部分组成。

2.5.4.3 技术参数

技术参数见表 2-5-42、表 2-5-43。

表 2-5-42 轮斗挖掘机设备选型参数（北方重工集团有限公司 www.nhi.com.cn）

最大出力/$m^3 \cdot h^{-1}$	挖掘高度/m	臂长/m	履带组数
1000~3600	30/3	20~32.5	三组双履带

表 2-5-43 轮斗挖掘机的应用案例（北方重工集团有限公司 www.nhi.com.cn）

设备名称	用 户
斗轮挖掘机	元宝山公司

生产厂商：北方重工集团有限公司，大连华锐重工集团股份有限公司。

2.5.5 转载机

2.5.5.1 概述

自移式转载机自身带有行走机构，高效灵活，在胶带机和斗轮挖掘机、单斗挖掘机、排土机之间起到连接作用。可增加工作面宽度，降低工作面上胶带机移设频率，提高矿山生产效率。

半移动转载机主要应用在工作面胶带机和端帮胶带机之间，起连接作用，可跨越采掘台阶。并随工作面胶带机一起定期移设。

2.5.5.2 工作原理

在工作时，转载机一端与工作面的挖掘机搭接，一端与带式输送机的机尾相连。把在采掘面上的矿物或者剥离物，转送到带式输送机上。

2.5.5.3 技术参数

技术参数见表 2-5-44、表 2-5-45。

表 2-5-44 设备选型参数（北方重工集团有限公司 www.nhi.com.cn）

最大出力/$m^3 \cdot h^{-1}$	受料悬臂外伸长/m	卸料悬臂外伸长/m	工作对象	履带组数	结构形式
1000～3200	30～70	30～80	露天煤矿的软矿岩和煤	两组单履带	低位液压俯仰，主钢结构俯仰

表 2-5-45 转载机的应用案例（北方重工集团有限公司 www.nhi.com.cn）

设备名称	用 户
转载机	山西平朔公司

生产厂商：北方重工集团有限公司。

2.5.6 排土机

2.5.6.1 概述

排土机是露天开采和土石方工程中向排土场排放物料的重要设备。履带式排土机适用于地形复杂的排土场，在限定的坡道上，排土机的履带机构可以自由行走。排料臂可以回转和俯仰。它与地面胶带输送机联结，可组成连续作业的高效率排运系统。

2.5.6.2 排土机的性能特点

排土机走行机构有轨道式、履带式、迈步式、迈步轨道式 4 种。履带走行式能满足土壤强度所能承受的接地比压要求，操作机动灵活，能适应一定坡度的地面及露天矿区恶劣的环境条件，为露天采矿设备普遍采用的走行机构形式。

排土机按照结构形式可分为悬臂式排土机和延伸式排土机，如图 2-5-23、图 2-5-24 所示。悬臂式排土机多用于外排土场，延伸式排土机多用于内排土场。悬臂式排土机根据支撑形式又可分为单支撑式和双支撑式排土机。单支撑悬臂式排土机又可分为单 C 型结构架与双 C 型结构架排土机。

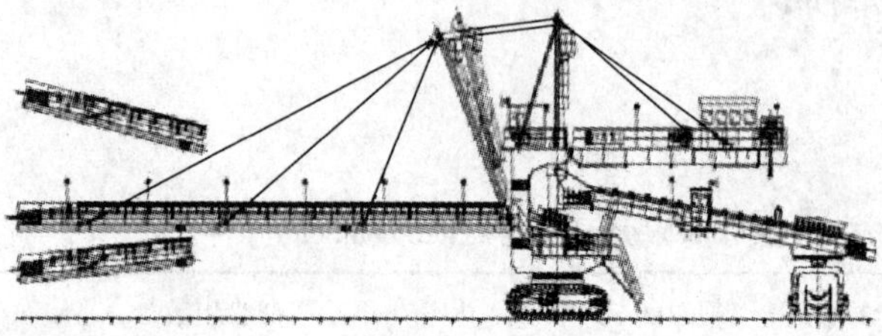

图 2-5-23 悬臂式（单 C 型）排土机

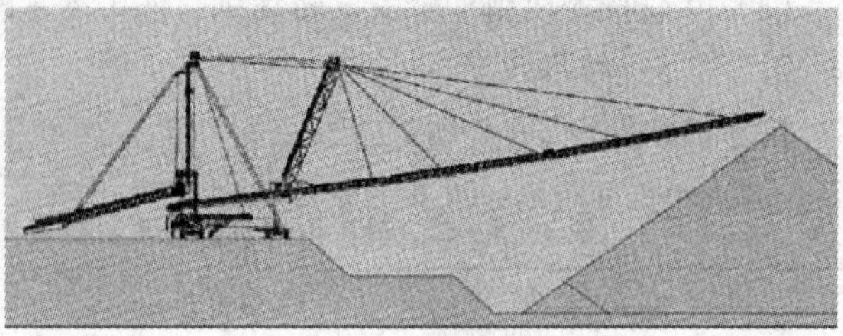

图 2-5-24 延伸式排土机

2.5.6.3 工作原理

排土机调至选定的位置，排料臂俯仰到一定的高度，物料由带式输送机转载到排土机上，排料作业时，靠排料臂回转进行第一排料堆布料，第一层布完料后，将排料臂上仰一定的角度进行第二层布料，如此循环，直至形成最终的规则料堆区域。当该区域排满以后，需要移动设备到下一个区域进行排料作业。

2.5.6.4 排土机组成

排土机组成见表2-5-46，履带式排土机主要结构如图2-5-25所示。

表2-5-46 排土机组成（大连华锐重工集团股份有限公司 www.dhidcw.com）

主机构	履带走行、回转、俯仰、排料及受料皮带
辅助机构	润滑、除尘、物料转载
主钢结构	门座架、回转钢结构、排料臂、平衡臂、受料臂、拉杆、撑杆、拉索
附属钢结构	梯子、走台、平台、栏杆、电气室、司机室等

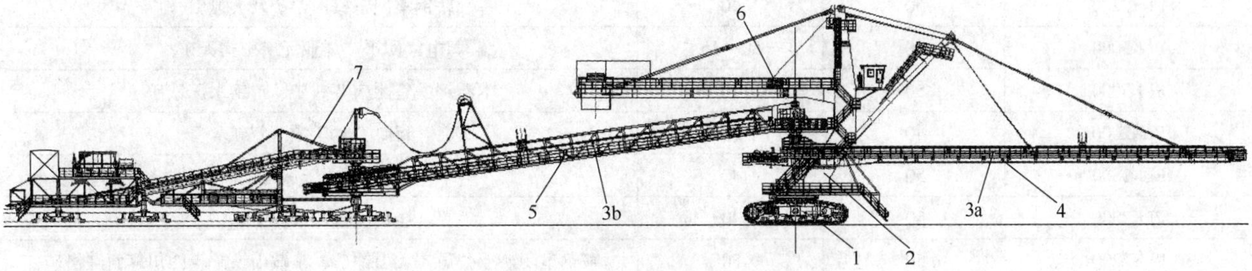

图2-5-25 履带式排土机主要结构

1—履带行走机构；2—回转平台；3a—排料皮带机；3b—受料皮带机；4—排料臂；
5—受料臂；6—平衡臂；7—转载小车

2.5.6.5 排土机的选型

排土机主要用于排弃剥离物，中硬以上的大块岩石，须经预先破碎，冬季物料的冻结对其作业影响较大。排土机按其使用特征分为：带式排土机、采掘排土综合机组、排土桥和多斗排土机，见表2-5-47。

表2-5-47 排土机分类（大连华锐重工集团股份有限公司 www.dhidcw.com）

类 别	走行机构	结构形式	输送机数量	适用条件
带式排土机	轨道、履带、迈步、迈步轨道	悬臂式、延伸式	2~3	软硬岩内外排土场
采掘排土综合机组	履带、轨道	悬臂式	5~6	水平或缓倾斜矿层的内排土场
排土桥	轨道、带两个支撑架		1~2	水平或缓倾斜矿层的内排土场
多斗排土机	轨道	悬臂式	1	铁道运输

排土机选型应遵循下列原则：

（1）排土机受料臂、排料臂长度的选择，主要取决于排弃宽度和高度；其次排土台阶的稳定性和倾角也起一定的作用；最后，还要综合考虑操作效率、机动灵活性及相应减少地面胶带移设次数。

（2）排土机的排土能力要等于或略大于带式输送机的能力。

在设备工作规格、能力与采运设备相匹配的情况下，应选择对地比压小，能独立行走的排土机。目前，排土机走行机构设计是以履带式为主，它最适合于牵引力条件差和承受能力低的排土场。

2.5.6.6 技术参数

技术参数见表2-5-48~表2-5-51。

表 2-5-48　排土机的技术参数（大连华锐重工集团股份有限公司　www.dhidcw.com）

理论排土能力/$m^3 \cdot h^{-1}$		1300
排料臂回转半径/m		50
受料臂长度/m		40±2
上排台阶高度/m		>10
上下排幅宽/m		30
皮带机带速/$m \cdot s^{-1}$	排料皮带机	3.6
	受料皮带机	3.5
履带走行装置走行速度/$m \cdot min^{-1}$		5.5
整机装机容量/kW		约 540

表 2-5-49　应用案例（大连华锐重工集团股份有限公司　www.dhidcw.com）

排土机/$m^3 \cdot h^{-1}$	排料臂长/m	受料臂长/m	用　户
PLK2000	40	18	云南小龙潭煤矿
PLK2200	50	40	鞍钢集团东鞍山铁矿及大孤山
PLK5000	60	50+15	国电集团平庄煤业元宝山露天矿
PLK3000	50	50	本溪钢铁集团南芬铁矿、首钢水厂铁矿
PLK2000	40	20	缅甸 TIGYT 露天煤矿
PLK1500	50	40	包钢集团白云鄂博铁矿
PLK2200	50	40	唐钢滦县司家营铁矿
PLK2200	50	50	鞍钢集团矿业公司齐大山铁矿、东鞍山铁矿、四川攀西红格矿
PLK4800	50	50	内蒙古霍林河露天煤业有限公司
PLK2800	50	50	国电集团平庄煤业元宝山露天矿
PLK2500	50	35	攀钢集团矿业有限公司（朱矿）
PLK2500	50	50	包钢集团白云鄂博铁矿

表 2-5-50　排土机的主要技术参数（以某露天铁矿排土机为例）（华电重工股份有限公司　www.hhi.com.cn）

环 境 特 征	
矿山位置	中国四川
海拔高度/m	1560~1800
环境温度/℃	-2~+35
平均气温/℃	+17.2
最大风速/$m \cdot s^{-1}$	21.7
平均风速/$m \cdot s^{-1}$	1.1
物料特性	
物　料	矿山剥离物
物料粒度/mm	0~350
物料破碎后密度/$t \cdot m^{-3}$	1.72
土石安息角/(°)	33
物料湿度/%	9
设备参数	
最大排料能力/$t \cdot h^{-1}$	4000
卸料臂回转半径/m	50
受料臂长度（回转中心至支撑车中心距离）/m	50±2.5
上排高度/m	15

续表2-5-50

下排高度/m	20
受料臂与卸料车最小允许夹角/(°)	±70
受料臂与卸料臂最小允许夹角/(°)	±70
卸料输送机	
带宽/mm	1400
带速/m·s^{-1}	4.2
受料胶带机	
带宽/mm	1400
带速/m·s^{-1}	4.2
回转装置	
回转半径/m	50
回转速度/r·min^{-1}	0~0.05
走行装置	
履带走行装置走行速度/m·min^{-1}	0~7
履带走行最小转弯半径/m	约15
俯仰装置	
起升速度（卸料胶带机端部改向滚筒中心处）/m·min^{-1}	3
起升高度（卸料胶带机端部改向滚筒距地面高度）/m	3~17
作业坡度	纵向：1：20
	横向：1：40
调车坡度	纵向：1：10
	横向：1：20
排土机平均对地比压/MPa	≤0.1
卸料车	
带宽/mm	400
带速/m·s^{-1}	4
张紧形式	液压张紧
行走方式	轨道式
工作面坡度	纵向：1：20
	横向：1：40
卸料车行走速度/m·min^{-1}	0~7
卸料车走行轨道型号	P50
卸料车转弯半径/m	≥120
卸料车供电方式	电缆卷筒
供　电	
电源电压/V	10000
机上使用电压/V	380
频率/Hz	50

表2-5-51　排土机典型应用（华电重工股份有限公司　www.hhi.com.cn）

名　称	型　号	应用场合
排土机	SP1400/（50+50）/15	露天铁矿
排土机	SP2200/（55+60）/15	露天煤矿

生产厂商：大连重工通用设备有限责任公司，华电重工股份有限公司。

2.6 采掘辅助设备

采掘辅助设备主要围绕主采设备完成各项辅助作业。

2.6.1 液压碎石锤

2.6.1.1 概述

液压破碎锤简称“破碎锤”或“破碎器”，液压破碎锤的动力来源是挖掘机、装载机或独立的液压泵站，它能在工作中更有效的破碎石块和矿石，也可用于其他行业的破碎作业。根据作业的要求选择液压破碎锤。

2.6.1.2 用途

（1）矿山开采。开凿矿岩体、格筛破碎、二次破碎。

（2）冶金。钢包、炉渣清理、拆炉体、设备基础拆除。

（3）铁路。开凿岩体、隧道掘进、道桥拆毁、路基夯实。

（4）公路。公路维修、水泥路面破碎、基础开挖。

（5）市政园林。混凝土破碎，水、电、气工程施工，旧城改造。

（6）建筑。旧建筑拆除、钢筋混凝土破碎。

（7）船舶。船体除蚌、除锈。

（8）其他。破冰、破冻土、砂型振捣。

2.6.1.3 工作原理

破碎锤体内置有液压阀体，阀芯在液压轴的驱动下，往复运动，带动活塞运动产生冲击力。

（1）回程加速阶段。活塞回程开始时，活塞上一次冲击已经结束，处于瞬时停顿状态。活塞在前腔高压油的作用下，做回程加速运动，同时压缩尾部氮气室氮气。

（2）回程制动运动。活塞在高压油的作用下继续向上做回程运动，当活塞中段下侧面越过控制口的下边时，阀芯开始换向运动，逐渐减少进入腔中的高压油，以致相应作用于活塞上的回程推力也逐渐减小，而相对被压缩的氮气施加的回程阻力却越来越大，活塞便转入回程制动阶段。阀芯将最终完全切断到 V1 腔中的压力油，活塞将很快停止回程运动。

（3）冲程加速运动。当活塞停止回程运动时，将马上转入冲程运动阶段。此时，主阀芯已经打开活塞前腔 V1 通向主阀芯回油腔的油路，使活塞前腔的油液能够顺利排出。此时活塞在氮气绝热膨胀力作用下开始快速冲程运动。在活塞做冲程运动时，阀芯将可靠地停留在上极限位置。

2.6.1.4 主要参数

主要参数见表 2-6-1 ~ 表 2-6-4。

表 2-6-1 KTD 系列破碎锤的主要参数（安徽博伟重工有限公司 www.cnboow.com）

型号		KTD-53	KTD-68	KTD-75	KTD-85	KTD-100	KTD-120	KTD-135	KTD-140	KTD-150	KTD-155	KTD-175
长度/mm		1140	1330	1699	1767	1939	2089	2289	2414	2603	2919	3189
驱动油量/$L \cdot min^{-1}$		25~50	40~70	50~90	60~100	80~110	90~120	100~150	120~180	150~210	200~260	210~290
驱动油压/$kg \cdot cm^{-2}$		80~120	110~140	120~150	130~160	150~170	150~170	160~180	160~180	160~180	160~180	160~180
打击频率/次$\cdot min^{-1}$		600~1100	500~900	400~800	400~800	350~700	350~650	350~600	350~500	300~450	250~400	200~350
油管直径/mm		12.7	12.7	12.7	19.05	19.05	25.4	25.4	25.4	25.4	1.8	1.8
钎杆直径/mm		53	68	75	85	100	120	135	140	150	155	175
钎杆长度/mm		580	700	712	800	950	1100	1200	1300	1400	1450	1500
配套主机	m^3	0.6~0.2	0.15~0.3	0.2~0.35	0.25~0.5	0.4~0.6	0.5~0.7	0.5~0.8	0.7~0.9	0.9~1.2	1.2~1.7	1.4~2.0
	t	2.5~4.5	4~7	6~9	7~14	1~16	15~18	16~21	18~26	25~30	30~45	40~55
整机质量/kg	三角	140	264	345	493	736	1484	1663	1887	2814	3075	3600
	塔式	163	330	458	591	880	1578	1890	2121	2935	3007	3684
	静音	260	390	480	648	917	1415	1712	2018	1676	2791	3532

表 2-6-2 MB1200 型液压碎石锤的主要参数（阿特拉斯·科普柯中国有限公司 www.atlascopco.com.cn）

底盘重量级/t	15~26
自重/kg	1200
油流量/L·min^{-1}	100~140
工作压力/MPa	16~18
冲击速度/次·min^{-1}	340~680
作业工具直径/mm	120
工具的作业长度/mm	610
最大液压输入功率/kW	42
保证的声功率级/dB(A)	117
声压级（$r=10$m）/dB(A)	88

表 2-6-3 破碎锤 BLT 180-Ⅱ、BLT-20S 的主要参数（贝力特机械有限公司 www.beilite.com）

型　号	BLT180-Ⅱ（静音液压）	BLT-20S（三角液压）
总质量/kg	4500	200
长度/mm	3800	1140
驱动油量/L·min^{-1}	250~340	25~50
驱动油压/kg·cm^{-2}	160~180	80~120
打击频率/次·min^{-1}	250~320	600~1100
钎杆直径/mm	180	53
钎杆长度/mm	1600	580
配套主机/t·m^{-3}	44~70	0.6~0.2/2.5~4.5

表 2-6-4 三角液压破碎锤 BLT-20S 适用挖掘机型号（贝力特机械有限公司 www.beilite.com）

产品型号	适用挖掘机型号
BLT-20S	DH30，SOLAR30，SOLAR35，HX15SR，PC10，PC12，PC15，PC20，PC27，EX25，EX27，EX30，UE30，EX33，SK015，SK15，SK16，SK25，EC30，EC25，ZL302C……

生产厂商：安徽博伟重工有限公司，阿特拉斯·科普柯中国有限公司，贝力特机械有限公司。

2.6.2 移动式破碎站

2.6.2.1 概述

移动式破碎站主要用于冶金、化工、建材、水电等经常需要搬迁作业的矿岩破碎物料加工，根据破碎的原理和产品产量、物料颗粒大小不同，又分为很多型号。移动破碎站广泛运用于矿山、建材、公路、铁路、水利和化学工业等众多部门也可应用于城市拆迁中建筑垃圾处理工程，将建筑垃圾破碎筛分成几种不同大小和规则的再生骨料，实现建筑垃圾资源化再利用。

2.6.2.2 特点

(1) 移动性强。轮胎移动式破碎站，将不同的破碎设备安装在独立的可移动底盘上，转弯半径小，可以在普通公路上及作业区内灵活行驶。

(2) 一体化整套机组。消除了单体设备的基础建造和设备安装作业，降低了材料、工时消耗。机组紧凑的空间布局，提高了转场和驻扎的灵活性。

(3) 降低物料运输成本。移动式破碎站可以在现场加工物料，而不必将物料搬离现场再加工，大大地降低了物料的运输成本。

(4) 作业作用直接有效。一体化的系列移动破碎站，可以独立使用，也可以针对客户对流程中的物料类型、产品要求，提供更加灵活的工艺配置，满足用户移动破碎、移动筛分等各种要求，使生成组织、物流转运更加直接有效，成本达到最大化的降低。

(5) 组合灵活，适应性强。可根据不同的破碎工艺要求组成不同的匹备方式，如“先碎后筛”、“先筛后碎”流程。破碎分成粗碎、细碎两段破碎筛分系统，也可以合成粗、中、细碎三段破碎筛分系统，还可以独立运行，有很大的灵活性。

(6) 性能可靠，维修方便。移动式破碎站主要设备经过优化及强化设计，强度更高、性能更优。

2.6.2.3　技术参数

技术参数见表2-6-5。

表2-6-5　PZL460/150型履带式转载破碎机的技术参数（天地科技股份有限公司　www.tdtec.com）

型　号		PZL460/150	PZL460/150A	PZL460/150B
受料斗	容积/m^3	6.5	4.5	6.5
	宽度/mm	3755	3766	3755
处理能力/$t \cdot min^{-1}$		460	460	460
刮板输送机	宽度/mm	1270（内宽）	1270（内宽）	1270（内宽）
	速度/$m \cdot s^{-1}$	0.463	0.463	0.463
卸载端对地高度/mm		1180	458	1180
破碎盘	直径/mm	650（含截齿）	650（含截齿）	650（含截齿）
	转速/$r \cdot min^{-1}$	112	112	112
行走速度/$m \cdot min^{-1}$		16	16	16
履带对地比压/MPa		0.175	0.175	0.175
电源电压（50Hz）/V		660/1140	660/1140	660/1140
电机功率/kW	输送机	75	75	75
	破碎辊	75	75	75
外形尺寸（长×宽×高）/mm×mm×mm		9984×3755×2025	10000×3766×1100	9984×3755×2025 卸料架长5138 受料架长4829
质量/t		28.07	27.96	28.68

生产厂商：天地科技股份有限公司。

3 提升设备

矿井提升设备是用于矿井提升矿（岩）石和下放、提升生产物资及人员的设备。按照钢丝绳在提升机卷筒上的缠绕方式，矿井提升机可以分为缠绕式提升机和摩擦式提升机。

3.1 缠绕式提升机

缠绕式提升机上的钢丝绳一端固定并缠绕在提升卷筒上，另一端绕过天轮悬挂提升容器，利用卷筒正、反方向转动缠绕或放出钢丝绳，实现提升容器的升、降运动。按照卷筒数量，分为单筒缠绕式提升机和双筒缠绕式提升机。

3.1.1 机械传动单绳型

3.1.1.1　概述

用于煤矿、金属矿和非金属矿中提升煤、矿物，升降人员和下放材料、设备等，也可做其他牵引运输，是联系井下与地面的枢纽设备，被人们称为矿山的“咽喉设备”。

3.1.1.2　产品型号

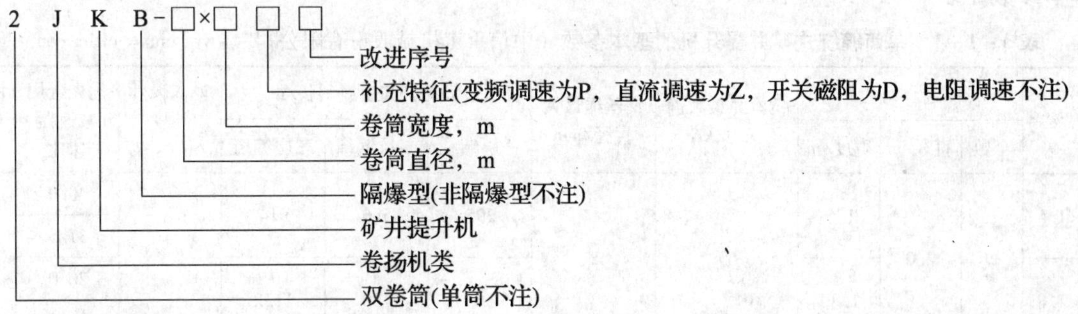

3.1.1.3　主要结构

单绳缠绕式提升机主要由动力系统、传动系统、工作系统、制动系统、控制操纵系统、指示保护系统等及其附属部分组成。它以电动机为动力源，通过减速器、主轴装置构成了传动系统，卷筒安装在主轴上。由液压站、盘形制动器装置构成了制动系统；由操纵台、电气控制设备构成了控制操纵系统；由深度指示器、测速发电机等构成了指示、保护系统。

3.1.1.4　工作原理

钢丝绳的一端固定并缠绕在提升机的卷筒上，另一端绕过井架天轮悬挂提升容器，工作时电动机通过减速器将动力传给缠绕钢丝绳的卷筒，从而实现容器的提升和下放。

3.1.1.5　性能特点

（1）可采用整体式、两瓣式、四瓣式卷筒。

（2）卷筒绳槽采用塑衬结构，层间设置钢丝绳过渡块。

（3）采用新型油缸后置式盘型制动器装置，无石棉环保闸瓦，具有闸瓦磨损、弹簧疲劳检测保护功能。

（4）可选配恒力矩或恒减速液压站。

（5）主轴与卷筒采用平面大扭矩摩擦连接。

（6）由光电编码器、自整角机及低速直流测速发电机组成的信号监控装置，有超速、过卷、深度指示失效、闸瓦磨损、弹簧疲劳等完善的检测保护功能。

（7）操纵台有整体式和分体式等型式。

（8）天轮装置采用整体式或两瓣式焊接结构，采用滚动轴承和轮缘上装有聚氯乙烯或尼龙的摩擦衬垫。

（9）可配有矿井提升机网络控制及远程诊断系统。

JK－2 单绳缠绕式矿井提升机外形尺寸如图 3－1－1 所示。

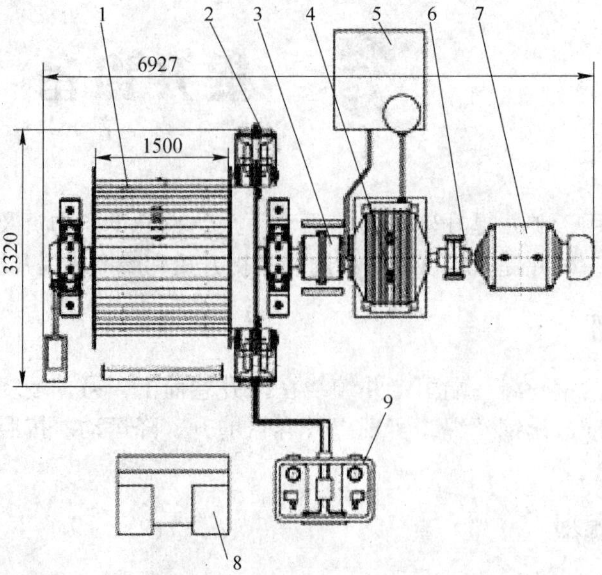

图 3－1－1 JK－2 单绳缠绕式矿井提升机外形尺寸

1—卷筒；2—盘形制动器；3—联轴器；4—减速器；5—深度指示器；6—联轴器；7—电动机；8—操作台；9—液压站

3.1.1.6 基本参数

基本参数见表 3－1－1～表 3－1－5。

表 3－1－1 单筒缠绕式矿井提升机的基本参数（中信重工机械股份有限公司 www.chmc.citic.com）

型号	卷筒			钢丝绳最大静张力/kN	钢丝绳最大直径/mm	最大提升高度或斜长/m			最大提升速度 /m·s^{-1}	优先选用减速器速比	电动机转速（不大于）/r·min^{-1}
	个数	直径/m	宽度/m			一层缠绕	二层缠绕	三层缠绕			
JK－2×1.5	1	2.0	1.5	60	25	295	586	914	5.2	20.0 31.5	1000
JK－2×1.8			1.80			366	730	1132		20.0 31.5	
JK－2.5×2		2.5	2.00	90	31	403	802	1245	4.9	20.0 31.5	750
JK－2.5×2.3			2.30			473	944	1460		20.0 31.5	
JK－3×2.2		3.0	2.20	130	37	447	887	1378	5.9	20.0 31.5	
JK－3×2.5			2.50			518	1030	1595		20.0 31.5	
JK－3.5×2.5		3.5	2.50	170	43	513	1017	—	6.9	20.0 31.5	
JK－3.5×2.8			2.80			584	1161	—		20.0 31.5	
JK－4×2.7		4.0	2.70	245	48	568	1124	—	6.3	20.0 31.5	600
JK－4.5×3		4.5	3.00	280	56	610	1207	—	7.0	20.0 31.5	

注：1. 最大提升高度或斜长是按照钢丝绳最大直径计算的参考值；

2. 最大提升速度是按一层缠绕计算时的提升速度。

表3-1-2 双筒缠绕式矿井提升机的基本参数（中信重工机械股份有限公司 www.chmc.citic.com）

型号	卷筒				钢丝绳最大静张力/kN	两根钢丝绳最大静张力差/kN	钢丝绳最大直径/mm	最大提升高度或斜长/m			最大提升速度/m·s^{-1}	优先选用减速器速比	电动机转速（不大于）/r·min^{-1}
	个数	直径/m	宽度/m	两卷筒中心距/mm				一层缠绕	二层缠绕	三层缠绕			
2JK-2×1	2	2.0	1.00	1090	60	40	25	177	346	550	7.0	11.2 20.0 31.5	750
2JK-2×1.25			1.25	1340				236	467	733		11.2 20.0 31.5	
2JK-2.5×1.2		2.5	1.20	1290	90	55	31	215	422	670	8.8	11.2 20.0 31.5	
2JK-2.5×1.5		2.5	1.50	1590	90	55	31	286	564	885	8.8	11.2 20.0 31.5	
2JK-3×1.5		3.0			130	80	37	282	553	873	10.5	11.2 20.0 31.5	
2JK-3×1.8			1.80	1890				353	697	1090		11.2 20.0 31.5	
2JK-3.5×1.7		3.5	1.70	1790	170	115	43	324	635	—	12.6	11.2 20.0	
2JK-3.5×2.1			2.10	2190				419	823	—		11.2 20.0	
2JK-4×2.1		4.0			245	165	50	423	831	—	11.2	11.2 20.0	600
2JK-5×2.3		5.0	2.30	2390	350	230	62	458	895	—	14.0	11.2 20.0	
2JK-6×2.5		6.0	2.50	2590	500	320	75	472	920	—	14.0	11.2 20.0	500

注：1. 最大提升高度或斜长是按照钢丝绳最大直径计算的参考值；

2. 最大提升速度是按一层缠绕计算时的提升速度。

表3-1-3 JK-2型矿井提升机的技术参数（锦州锦矿机器股份有限公司 www.jzjk.com）

型号	卷筒			钢绳						速度/m·s^{-1}	电动机		外形尺寸（长×宽×高）/m×m×m	主机质量/kg
	个数	直径/m	宽度/m	最大静张力/kN	最大静张力差/kN	直径/mm	容绳量/m 一层缠绕	二层缠绕	三层缠绕		功率/kW	转速/r·min^{-1}		
JK-2/20	1	2	1.5	60	60	24.5	290	610	950	5.0/3.7	348/256	980/730	7.00×6.90×2.73	21693
JK-2/30	1	2	1.5	60	60	24.5	290	610	950	3.3/2.5	215/180	980/730	7.00×6.90×2.73	21693
JK-2×1.8/20	1	2	1.8	60	60	24.5	330	720	1125	5.0/3.7	348/256	980/730	7.30×6.90×2.73	23218
JK-2×1.8/30	1	2	1.8	60	60	24.5	330	720	1125	3.3/2.5	215/180	980/730	7.30×6.90×2.73	23218

表3-1-4 单绳缠绕式矿井提升机的基本参数（重庆泰丰矿山机器有限公司 www. taifeng-mm. com）

型号	卷筒 个数	卷筒 直径/m	卷筒 宽度/m	钢丝绳最大静张力/kN	两根钢丝绳最大静张力差/kN	钢丝绳最大直径/mm	最大提升高度或拖运长度/m 一层缠绕	二层缠绕	三层缠绕	优先选用减速器速比	提升速度/m·s⁻¹	电动机 转速/r·min⁻¹	电动机 计算功率/kW	机器质量(不包括电气)/kg	外形尺寸(长×宽×高)/m×m×m
JK(B)-2×1.5(1.8)	1	2.0	1.50(1.80)	60		25	295(366)	586(730)	914(1132)	20	5.13	980	355	2000(23500)	7.6×8.68×2.79(7.9×8.68×2.79)
											3.85	735	266		
										31.5	3.26	980	266		
											2.44	735	169		
2JK(B)-2×1(1.25)	2	2.0	1.00(1.25)	60	40	25	177(236)	346(467)	550(733)	11.2	6.87	735	317	22570(24827)	8.1×8.68×2.8(8.6×8.68×2.8)
										20	5.13	980	237		
											3.85	735	178		
										31.5	3.26	980	150		
											2.44	735	113		
JK(B)-2.5×2(2.3)	1	2.5	2.00(2.30)	90		31	403(473)	802(944)	1245(1460)	20	4.81	736	499	39000(44000)	9.6×8.68×2.84(10.2×8.68×2.84)
											3.85	588	400		
										31.5	3.06	736	318		
											2.44	588	253		
2JK(B)-2.5×1.2(1.5)	2	2.5	1.20(1.50)	90	55	31	215(286)	422(564)	670(885)	11.2	8.60	736	546	40000(44000)	9.8×8.68×2.85(10.04×8.68×2.95)
											6.87	588	435		
											5.71	489	362		
										20	4.81	736	305		
											3.85	588	244		
										31.5	3.06	736	193		
											2.44	588	155		
JK-3×2.2	1	3.0	2.20	130		37	447	887	1378	20	5.18	736	867	52000(56600)	
											4.62	588	639		
										31.5	3.67	736	550		
											2.93	588	439		
2JK-3×1.5(1.8)	2	3.0	1.50(1.80)	130	80	37	282(353)	553(697)	873(1090)	11.2	10.32	736	952	58000(61000)	11.1×9.5×2.95(11.7×9.5×2.95)
											8.24	588	760		
											6.65	489	632		
										20	5.78	736	533		
											4.62	588	426		
										31.5	3.67	736	339		
											2.93	588	270		
2JK-3.5×1.7(2.1)	2	3.5	1.70(2.10)	170	115	43	324(419)	635(823)		11.2	12.04	736	1597	75500(79500)	12×9.8×3.8(12.4×9.8×3.8)
											9.62	588	1276		
											8.00	489	1061		
										20	6.74	736	894		
											5.39	588	715		
											4.48	489	594		

续表 3－1－4

型号	卷筒			钢丝绳最大静张力/kN	两根钢丝绳最大静张力差/kN	钢丝绳最大直径/mm	最大提升高度或拖运长度/m			优先选用减速器速比	提升速度/m·s^{-1}	电动机		机器质量(不包括电气)/kg	外形尺寸(长×宽×高)/m×m×m
	个数	直径/m	宽度/m				一层缠绕	二层缠绕	三层缠绕			转速/r·min^{-1}	计算功率/kW		
JK－3.5×2.5	1	3.5	2.50	170		43	513	1017		11.2	12.01	736	2361		
											9.62	588	1886		
											8.00	489	1569		
										20	6.74	736	1322		
											5.39	588	1057		
											4.48	489	878		

表 3－1－5 3m 以上单绳缠绕式提升机主要业绩表（中信重工机械股份有限公司 www.chmc.citic.com）

提升机型号	使用单位	出厂时间
JK－3.5×2.5	潞安新疆煤化工集团有限公司潞新二矿	2013
JK－3.5×2.8	龙煤矿业鹤岗南山煤矿西风井	2013
JK－3.5×2.8	阜新弘霖矿业集团有限公司	2013
JK－4×2.7	大同煤业	2013
JK－4×2.7	宁夏王洼煤业有限公司王洼煤矿	2013
JK－4×2.6	内蒙古博源煤化工湾图沟副斜井	2009
JK－4×2.6	神华宁煤石炭井焦煤公司	2010
JK－4×2.4	宁夏发电王洼煤矿	2009
JK－4×2.4	神华宁夏煤业	2010
JK－4.5×3	龙煤矿业集团鹤岗分公司峻德煤矿	2013
JKB－3×2.2P	义马煤业耿村矿	2009
JKB－3×2.2P	山东济矿鲁能煤电阳城矿	2009
JKB－3×2.2P	神华乌兰矿	2010
JKB－3×2.2P	济宁矿业集团霄云井田资源开发有限公司	2012
JKB－3×2.2P	四川川煤华荣能源股份有限公司花山煤矿	2013
JKB－3×2.2P	宁夏宝丰能源集团有限公司马莲台煤矿	2013
JKB－3×2.2P	山西潞安集团潞宁前文明煤业	2013
JKB－3×2.5P	宁夏发电集团王洼煤业有限公司	2012
JKB－3×2.5P	平顶山市瑞平煤电有限公司张村煤矿	2012
JKB－3×2.5P	黑龙江龙煤双鸭山分公司安泰煤矿	2013
JKB－3×2.5P	黑龙江龙煤双鸭山分公司东保卫煤矿	2013
JKB－3.5×2.5P	山西潞安集团潞宁孟家窑煤业有限公司	2013
2JK－3.5×1.7	北京华夏建龙朱日和铜矿	2009
2JK－3.5×1.7	邯邢冶金昌邑郑家坡铁矿	2009
2JK－3.5×1.7	龙煤集团双鸭山东荣一矿	2010
2JK－3.5×1.7	安徽富凯矿业	2010
2JK－3.5×1.7	优派能源（阜康）煤业有限公司	2011
2JK－3.5×1.7	山东盛鑫矿业有限公司主井	2013

续表 3－1－5

提升机型号	使 用 单 位	出厂时间
2JK－3.5×1.7	温州建设集团公司霍邱工程处	2013
2JK－3.5×1.7	格尔木庆华矿业有限责任公司	2013
2JK－3.5×2.1	安徽金安矿业	2010
2JK－3.5×2.1	峰峰集团南铭河铁矿	2012
2JK－3.5×2.1	山西汾西宜兴煤业有限责任公司	2012
2JK－3.5×1.7	中冶华冶	2009
2JK－3.5×1.7	古交金之中煤矿	2009
2JK－3.5×1.7	山西焦煤西山煤电屯兰矿副斜井	2009
2JK－3.5×1.7	贵州能源煤业木孔煤矿	2009
2JK－3.5×1.7	临沂亿金物资公司	2010
2JK－3.5×1.7	西山煤电杜儿坪矿	2010
2JK－3.5×1.7	内蒙古准格尔旗力量煤业大饭铺矿	2010
2JK－3.5×1.7	孝义方山金晖瑞隆煤业主井	2011
2JK－3.5×1.7	和丰鲁能沙吉海煤矿	2011
2JK－3.5×1.7	潞安新疆煤化工砂墩子矿	2011
2JK－3.5×1.7	登封金星煤业	2011
2JK－3.5×1.7	温州盛达矿业有限公司	2011
2JK－3.5×1.7	山东弘泰福源矿业	2012
2JK－3.5×1.7	铜陵化工集团新桥矿业	2012
2JK－3.5×2.1	青海省能源发展有限责任公司	2013
2JKB－3×1.5P	重煤集团红岩煤矿	2012
2JKB－3×1.5P	河南正龙煤业城郊矿	2012
2JKB－3×1.5P	重庆松藻煤电有责任公司松藻煤矿	2012
2JKB－3×1.8P	郑州磴槽金岭煤业	2012

生产厂商：中信重工机械股份有限公司，锦州锦矿机器股份有限公司，重庆泰丰矿山机器有限公司。

3.1.2 凿井型

3.1.2.1 概述

凿井型提升机是在开凿竖井时使用的提升机。用于提升开凿出的岩土，运送人员和物料。随着煤炭及有色金属矿山深井资源开发，深井提升设备的开发也迫在眉睫，4m 以上大型凿井提升机解决了井深在 1000m 以上，单次提升 $5m^3$ 以上吊桶的深井凿井难题，适用于千万吨级深井建设。

3.1.2.2 产品型号

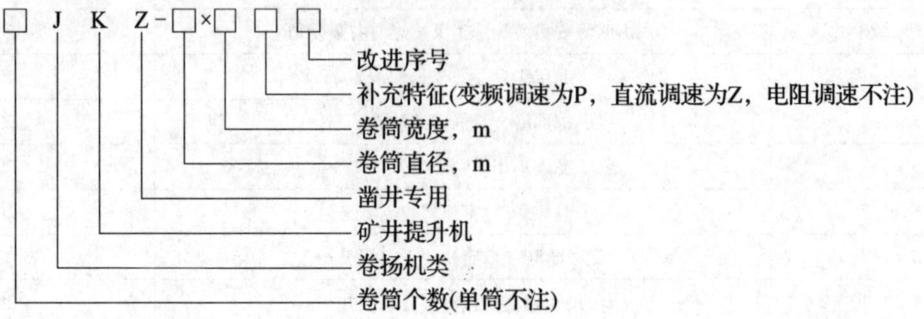

3.1.2.3 基本参数

基本参数见表3-1-6~表3-1-8。

表3-1-6 单筒凿井提升机的基本参数（中信重工机械股份有限公司 www.chmc.citic.com）

型号	卷筒			钢丝绳最大静张力/kN	钢丝绳最大直径/mm	最大提升高度或斜长/m			最大提升速度/m·s^{-1}	优先选用减速器速比	电动机转速（不大于）/r·min^{-1}
	个数	直径/m	宽度/m			一层缠绕	二层缠绕	三层缠绕			
JKZ-2.8×2.2		2.8	2.20	185	40	380	795	1250	5.68		
JKZ-3.2×3		3.2	3.00	200	42	590	1230	1920	6.48	15.5	
JKZ-3.6×3		3.6	3.00	220	44	640	1320	2060	7.29		
JKZ-4×3	1	4.0	3.00	270	48	650	1340	2100	7.39	17	600
JKZ-4×3.5		4.0	3.50	290	50	740	1530	2380	7.85	16	
JKZ-4.5×3.7		4.5	3.70	360	56	790	1630	2530	7.94	17.8	
JKZ-5×4		5.0	4.00	410	62	860	1770	2760	7.85	20.0	
JKZ-5.5×5		5.5	5.00	500	68	1100	2200		8.64		

注：1. 最大提升高度或斜长是按照钢丝绳最大直径计算的参考值；

2. 最大提升速度是按第一层缠绕时的计算速度。

表3-1-7 双筒凿井提升机的基本参数（中信重工机械股份有限公司 www.chmc.citic.com）

型号	卷筒				钢丝绳最大静张力/kN	两根钢丝绳最大静张力差/kN	钢丝绳最大直径/mm	最大提升高度或斜长/m			最大提升速度/m·s^{-1}	优先选用减速器速比	电动机转速（不大于）/r·min^{-1}
	个数	直径/m	宽度/m	两卷筒中心距/mm				一层缠绕	二层缠绕	三层缠绕			
2JKZ-3×1.8		3.0	1.80	1890	185	155	40	330	670	1070	6.08		
2JKZ-3.6×1.85		3.6	1.85	1940	200	180	42	380	800	1270	7.29	15.5	
2JKZ-4×2.65	2	4.0	2.65	2740	290	255	50	540	1100	1760	8.10		600
2JKZ-5×3		5.0	3.00	3090	410	290	62	620	1290	2020	7.85	20.0	
2JKZ-5.5×4		5.5	4.00	4090	500	410	68	860	1780	2770	8.64		

注：1. 最大提升高度或斜长是按照钢丝绳最大直径计算的参考值；

2. 最大提升速度是按第一层缠绕时的计算速度。

表3-1-8 主要业绩（中信重工机械股份有限公司 www.chmc.citic.com）

提升机型号	使用单位	出厂时间
JKZ-3.2×3	亳州市江淮工贸有限公司	2012
JKZ-3.2×3	中煤第五建设有限公司	2012
JKZ-3.2×3	金诚信矿业管理股份有限公司	2012
JKZ-3.6×3	中煤第五建设有限公司	2009
JKZ-3.6×3	金诚信矿业管理股份有限公司	2012
JKZ-4×3.5	金诚信矿业管理股份有限公司	2012
JKZ-4×3.5	中煤第三建设有限公司	2011
JKZ-4×3.5	中煤第五建设有限公司	2012
JKZ-4×3	中煤第五建设有限公司	2011
JKZ-4×3	湖南涟邵建设工程有限责任公司	2013
2JKZ-3	龙煤矿业双鸭山分公司	2010
2JKZ-3.6	中煤第五建设有限公司	2009

续表 3 – 1 – 8

提升机型号	使 用 单 位	出厂时间
2JKZ – 3.6 × 1.85	湖南涟邵建设工程有限责任公司	2013
2JKZ – 3.6 × 1.85	中平能化建工集团三处	2013
2JKZ – 3.6 × 1.85	重庆中环建设有限公司	2013
2JKZ – 4 × 2.65	金诚信矿业管理股份有限公司	2012
2JKZ – 4 × 2.65	中煤第三建设集团机电处	2013
2JKZ – 4 × 2.65	河南煤化建设集团国龙矿业	2013
2JKZ – 3.6	铜陵有色金属（集团）中都矿山	2009
2JKZ – 3.6	龙煤七台河分公司	2009
2JKZ – 3.6	新汶矿业集团	2008
2JKZ – 4	河南煤炭建设集团	2008
2JKZ – 4 × 2.65	中煤第三建设公司	2009
2JKZ – 4 × 2.65	中平能化建工集团三处	2009
2JKZ – 4 × 2.65	中煤河北煤炭建设第四工程处	2009
2JKZ – 4 × 2.65	中煤第五建设有限公司	2012
2JKZ – 4 × 2.65	龙煤七台河分公司	2010
2JKZ – 4 × 2.65	中煤第三建设集团机电处	2010

生产厂商：中信重工机械股份有限公司。

3.2　摩擦式提升机

摩擦式提升机的钢丝绳不缠绕在卷筒上，而是利用提升物的重量和尾绳配重在卷筒上的衬垫与钢丝绳产生的摩擦力提升或下降，来运送矿岩、物资、人员到工作层面。

3.2.1　多绳单驱动式

3.2.1.1　概述

多绳摩擦式提升机由电动机、卷筒钢绳、多绳天轮、多绳平衡轮、提升罐笼及平衡尾绳组成，提升钢绳的一端绕过多绳平衡轮与提升罐笼的上部相接，另一端与配重上端相接，平衡尾绳的两端分别与提升罐笼和配重的底部相接，钢丝绳附着在卷筒的槽上形成摩擦力，卷筒转动，提升或下降运送矿石。多绳摩擦式提升机与单绳缠绕驱动式矿用提升机相比具有结构简单、设备投资少、工作安全稳定、易于操作和管理等特点，因而具有很好的推广使用价值。

3.2.1.2　产品结构

主轴与轮毂为整体锻造，轮毂与摩擦轮辐采用高强度螺栓连接。卷筒上的摩擦衬垫采用高性能摩擦衬垫，摩擦系数高、耐磨性能好，摩擦轮采用全焊接结构，轮辐采用整体辐板式。行星齿轮减速器低速轴采用齿轮联轴器，高速轴采用弹性棒销联轴器。制动采用液压缸后置式盘型制动器，每个制动器均配置有闸瓦磨损开关及碟形弹簧疲劳检测开关。采用低速直流电机，定子为剖分式，转子为悬挂式，直接与主轴端部凸缘相连，带动卷筒工作。

3.2.1.3　特点

落地式直联多绳摩擦提升机电动机转子与提升机主轴采用锥套直接连接，电动机额定转速低，提升机运转平稳，维修量小，施工及安装不占用井口，能有效缩短建井工期。

3.2.1.4　技术参数

技术参数见表 3 – 2 – 1 ~ 表 3 – 2 – 4。

表3-2-1 落地式多绳摩擦式提升机的基本参数（中信重工机械股份有限公司 www.chmc.citic.com）

产品型号	摩擦轮直径/m	钢丝绳根数/根	摩擦系数	钢丝绳最大静张力差/kN	钢丝绳最大静张力/kN	钢丝绳最大直径/mm	钢丝绳间距/mm	最大提升速度/m·s^{-1} 有减速器	最大提升速度/m·s^{-1} 无减速器	天轮直径/m	钢丝绳仰角/(°)
JKMD-1.6×4	1.60			30	105	16		8	—	1.60	
JKMD-1.85×4	1.85			45	155	20	250			1.85	
JKMD-2×4	2.00			55	180	22		10		2.00	
JKMD-2.25×4	2.25			65	215	24				2.25	
JKMD-2.8×4	2.80			100	335	30				2.80	
JKMD-3×4	3.00			140	450	32	300	15		3.00	
JKMD-3.25×4	3.25	4	0.25	160	520	36				3.25	≥40~<90
JKMD-3.5×4	3.50			180	570	38			16	3.50	
JKMD-4×4	4.00			270	770	44				4.00	
JKMD-4.5×4	4.50			340	980	50				4.50	
JKMD-5×4	5.00			400	1250	54	350	—		5.00	
JKMD-5.5×4	5.50			450	1450	60				5.50	
JKMD-5.7×4	5.70			470	1550	62				5.70	
JKMD-6×4	6.00			500	1650	64				6.00	

注：1. 根据使用要求，表中摩擦轮直径允许在+4%的范围内变动，相关参数与之相应；

2. 选用时，如防滑系统计算不能满足要求，应对整个提升系统进行调整，仍不能满足要求时，可提高一档选用；

3. 对于装机功率较大、单机传动实现困难的大型多绳摩擦式提升机，优先选用Ⅳ型双机拖动方式。

表3-2-2 多绳摩擦式提升机的基本参数（重庆泰丰矿山机器有限公司 www.taifeng-mm.com）

型号	摩擦轮直径/m	钢丝绳根数/根	钢丝绳 最大静张力/kN	钢丝绳 最大静张力差/kN	钢丝绳 最大直径/mm	最大提升速度/m·s^{-1}	减速器速比	电动机转速/r·min^{-1}	电动机计算功率/kW	机器旋转部分的变位质量/kg	外形尺寸（长×宽×高）/m×m×m	机器质量（不包括电气）/kg	备注
JKMD-1.6X4I	1.60		105	30	16	6.15			213	4300	7×7.4×2.55	21300	JKMD落地式多绳摩擦式提升机基本参数
JKMD-1.85X4I	1.85		155	45	20	7.12			370	6200	7.6×8×2.86	32350	
JKMD-2X4I	2.00		180	55	22	7.69			488	7000	8.2×8.5×3.1	35200	
JKMD-2.25-4I	2.25	4	215	65	24	8.65	10	735	649	8000	8.7×8.5×3.2	38750	
JKMD-2.8X4I	2.80		335	100	30	10.78			1243	9600	9.1×10×3.4	53100	
JKMD-3X4I	3.00		450	140	32	11.54			1863	11800	9.7×10×3.4	66900	
JKMD-3.25X4I	3.25		520	160	36	12.50			2307	29500	10.4×10×3.4	73100	
JKM-1.3X4I	1.30		105	30	16	5			173	2500	6.4×6.6×2.86	16300	JKM井塔式多绳摩擦式提升机基本参数
JKM-1.6X4I	1.60		150	40	20	6.15			284	4000	6.8×7.4×2.86	17800	
JKM-1.85X4I	1.85		150/165	45/50	22	7.12			411	5800	7.4×8×2.86	27800	
JKM-2X4I	2.00		180	55	22	7.69			488	6500	8×8.5×3.2	30200	
JKM-2.25X4I	2.25		215	65	24	8.65	10	735	649	7500	8.5×8.5×3.2	33300	
JKM-2.8X4I	2.80		335	100	30	10.78			1243	9000	8.9×8.5×3.4	45600	
JKM-3X4I	3.00		450	140	32	11.54			1863	11200	9.5×10×3.4	57500	
JKM-3.25X4I	3.25		520	160	36	12.50			2307	23500	10.2×10×3.4	67300	

表 3-2-3　JKMD 系列落地式多绳摩擦式提升机的技术参数（太原重型机械集团煤机有限公司　www. tzmjct. com）

产品型号	摩擦轮直径/m	钢丝绳							最大提升速度/m·s⁻¹	减速器速比	天轮直径/m	天轮变位质量/t	旋转部分变位质量（除电机、天轮）/t	外形尺寸（长×宽×高）/m×m×m	主机质量（除电机和电控）/t
		最大直径/mm	数量/根	最大静张力/kN		最大静张力差/kN		间距/mm							
				钢丝绳公称抗拉强度/MPa		摩擦系数									
				1670	1770	0. 2	0. 25								
JKMD-1. 85×4	1. 85	20	4	150	160	45	50	250	10	7. 35 10. 5 11. 2	1. 85	1. 14×2	5. 3	7. 5×7×1. 97	40
JKMD-2. 25×4	2. 25	24		210	230	65	80				2. 25	2. 3×2	6. 5	6. 8×9. 5×2. 1	41
JKMD-2. 6×4	2. 6	28		330	340	100	140	300	15		2. 6	3. 4×2	8. 3	8×8. 5×2. 3	58
JKMD-2. 8×4	2. 8	30		330	340	100	140				2. 8	4. 1×2	11	9. 5×9×2. 65	71
JKMD-3×4	3	32		450	450	140	180				3	5. 4×2	17. 5	8. 5×10×2. 65	76
JKMD-3. 5×4	3. 5	38		570	590	180	220				3. 5	6. 3×2	20. 6	8. 5×10×3	100
JKMD-4×4	4	44		770	800	220	270	350			4	6. 5×2	23	11×10×3. 4	132

表 3-2-4　JKM 系列落地式多绳摩擦式提升机的技术参数（太原重型机械集团煤机有限公司　www. tzmjct. com）

产品型号	摩擦轮直径/m	钢丝绳							最大提升速度/m·s⁻¹	减速器速比	导向轮直径/m	导向轮变位质量/t	旋转部分变位质量（除电机、导向轮）/t	主机质量（除电机和电控）/t	外形尺寸（长×宽×高）/m×m×m
		最大直径/mm	数量/根	最大静张力/kN		最大静张力差/kN		间距/mm							
				钢丝绳公称抗拉强度/MPa		摩擦系数									
				1670	1770	0. 2	0. 25								
JKM-2. 25×4	2. 25	24	4	210	230	65	80	200	10	7. 35 10. 5 11. 2	2	1. 39	6. 5	24	6. 6×6. 5×2. 23
JKM-2. 6×4	2. 6	28		330	340	100	140	250	15		2. 5	2. 0	7. 6	42	8×9×2. 5
JKM-2. 8×4	2. 8	30		330	340	100	140				2. 5	2. 48	9. 1	47. 8	10×9×2. 55
JKM-3×4	3	32		450	450	140	180	300			3	2. 6	11		8. 7×10×2. 8
JKM-3. 25×4	3. 25	36		520	520	140	180				3	2. 72	13. 4		8. 9×8. 9×3
JKM-3. 5×4	3. 5	38		570	590	180	220				3	3. 2	14. 6		8. 9×10×3. 2
JKM-4×4	4	44		770	800	220	270				3. 2	4. 1	18. 5		9×10×3. 63

生产厂商：中信重工机械股份有限公司，山西太重煤机煤矿装备有限公司，重庆泰丰矿山机器有限公司。

3. 2. 2　天轮

3. 2. 2. 1　概述

安装在井架顶部，支撑、引导矿井提升机的钢丝绳实现转向。井上固定天轮只做旋转运动，主要用于竖井提升及斜井箕斗提升，多用于缠绕式提升机和落地式多绳摩擦提升机。游动天轮做旋转运动，沿轴线移动，主要用于斜井串车提升，多用于多绳提升机。

3. 2. 2. 2　主要特点

卷筒绳槽带塑衬或胶块，减少钢丝绳与天轮槽间的磨损。

3. 2. 2. 3　结构示意图

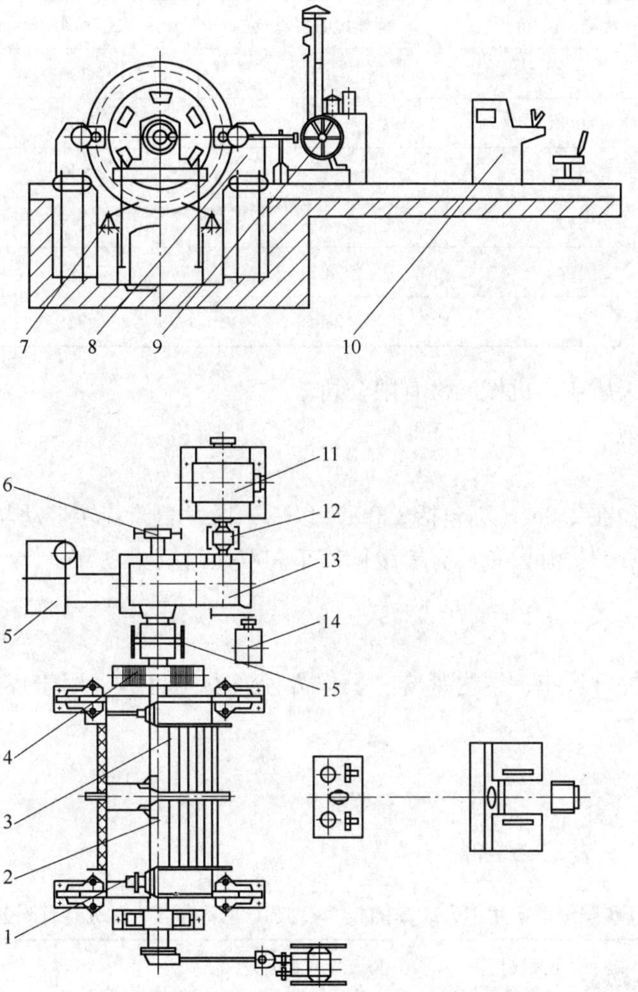

1—调绳装置；2—主轴；3—卷筒；4—主轴承；5—润滑油站；6—圆盘深度指示器传动装置；
7—锁紧器；8—盘形制动器；9—牌坊式深度指示器；10—斜面操纵台；11—电动机；
12—弹簧联轴器；13—减速器；14—测速发电机装置；15—齿轮联轴器

3.2.2.4 技术参数

技术参数见表3-2-5、表3-2-6。

表3-2-5 固定天轮的规格参数（山东泰山天盾矿山机械股份有限公司 www.tiandun13297.cn）

型　号	天轮直径/m	钢丝绳直径/mm	两轴承中心距/mm
TZG-800/16	0.8	16	500
TZG-1000/20	1.0	20	550
TZG-1200/20	1.2	20	550
TZG-1400/24.5	1.4	24.5	600
TZG-1600/24.5	1.6	24.5	600
TZG-2000/24.5	2.0	24.5	700
TZG-2500/28	2.5	28	800
TZG-3000/18-20	3.0	31~37	950

表 3-2-6 游动天轮的规格参数（山东泰山天盾矿山机械股份有限公司 www.tiandun13297.cn）

型号	天轮直径/m	钢丝绳直径/mm	最大游动距离/mm	两轴承中心距/mm
TZD-600/300	0.6	16	300	670
TZD-800/700	0.8	20	700	1100
TZD-1000/800	1.0	20	800	1250
TZD-1200/1000	1.2	20	1000	1500
TZD-1400/740	1.4	24.5	740	1300
TZD-1400/1350	1.4	24.5	1350	1900

生产厂商：山东泰山天盾矿山机械股份有限公司。

3.3 提升绞车

提升绞车是指卷筒直径在2.0m（不包括2.0m）以下，通过卷筒旋转带动与钢丝绳相连的容器，在矿井中提升或下放人员和物资的提升设备，有单滚筒绞车和双滚筒绞车之分。

3.3.1 概述

设有块式安全制动的提升绞车，结构紧凑、操作方便、安全可靠。用于煤矿、金属矿及非金属矿的矿井提升和下放物料。

3.3.2 技术参数

技术参数见表3-3-1、表3-3-2。

表 3-3-1 JTP 普通型/JTPB 隔爆型矿用提升绞车的技术参数（重庆泰丰矿山机器有限公司 www.taifeng-mm.com）

型号	卷筒			钢丝绳最大静张力/kN	两根钢丝绳最大静张力差/kN	钢丝绳最大直径/mm	最大提升高度或拖运长度/m			优先选用减速器速比	提升速度/m·s^{-1}	电动机		外形尺寸（长×宽×高）/m×m×m
	个数	直径/m	宽度/m				一层缠绕	二层缠绕	三层缠绕			转速/r·min^{-1}	计算功率/kW	
JTP(B)-1.2×1	1	1.2	1.0	30		20	126	290	480	24	1.89	723	65	4.86×4.58×1.94
											2.54	970	88	
JTP(B)-1.2×1										30	1.51	720	52	
											2.03	970	70	
JTP(B)-1.2×1.2			1.2				163	370	590	24	1.89	723	65	5.06×4.6×1.94
											2.45	970	88	
JTP(B)-1.2×1.2										30	1.54	720	52	
											2.03	970	70	
2JTP(B)-1.2×0.8	2	1.2	0.8	30	20	20	93	230	375	24	1.89	720	44	5.62×4.6×1.94
											2.54	970	59	
2JTP(B)-1.2×0.8										30	1.51	720	35	
											2.03	970	47	
2JTP(B)-1.2×1			1.0				126	290	480	24	1.89	720	44	6.02×4.6×1.94
											2.54	970	59	
2JTP(B)-1.2×1										30	1.51	720	59	
											2.03	970	47	

续表 3-3-1

型号	卷筒 个数	卷筒 直径/m	卷筒 宽度/m	钢丝绳最大静张力/kN	两根钢丝绳最大静张力差/kN	钢丝绳最大直径/mm	最大提升高度或拖运长度/m 一层缠绕	二层缠绕	三层缠绕	优先选用减速器速比	提升速度/m·s⁻¹	电动机 转速/r·min⁻¹	电动机 计算功率/kW	外形尺寸(长×宽×高)/m×m×m
JTP(B)-1.6×1.2	1	1.6	1.2	45		24.5	175	405	640	20	2.45	585	127	5.77×5.7×2.49
											3.06	730	159	
											4.10	980	213	
JTP(B)-1.6×1.2										24	2.04	585	106	
											2.55	730	132	
											3.42	980	178	
JTP(B)-1.6×1.5			1.5				237	525	825	20	2.45	585	127	6.07×5.7×2.49
											3.06	730	159	
											4.10	980	213	
JTP(B)-1.6×1.5										24	2.04	585	106	
											2.55	730	132	
											3.42	980	178	
2JTP(B)-1.6×0.9	2	1.6	0.9	45	30	24.5	120	288	465	20	2.45	585	127	6.62×6.36×2.49
											3.06	730	159	
											4.10	980	213	
2JTP(B)-1.6×0.9										24	2.04	585	106	
											2.55	730	132	
											3.42	980	178	
2JTP(B)-1.6×1.2			1.2				175	405	640	20	2.45	585	85	7.22×6.36×2.49
											3.06	730	106	
											4.10	980	142	
2JTP(B)-1.6×1.2										24	2.04	585	71	
											2.55	730	88	
											3.42	980	118	

表 3-3-2 JTP 系列提升绞车的技术参数（遵化市冀东盛方机械有限公司 www.jdsfjx.com）

产品型号	卷筒 个数	卷筒 直径/mm	卷筒 宽度/mm	钢丝绳 最大静张力/kN 载人	最大静张力/kN 载物	最大静张力差/kN 载人	最大静张力差/kN 载物	最小拉断力总和/kW	最大直径/mm	提升高度/m 一层缠绕	提升高度/m 二层缠绕	最大提升速度(不大于)/m·s⁻¹	减速器速比	电动机 功率/kW	电动机 转速(不大于)/r·min⁻¹	机器质量/kg	机器外形尺寸(长×宽×高)/mm×mm×mm
JTP-1.2×1.0	1	1200	1000	15	21	15	21	137	14	182	367	2	31.5	45~75	960	8350	5000×5000×2750
JTP-1.6×1.2		1600	1200	31	42	31	42	279	20	239	481	4		90~130		13048	6400×5400×2900
2JTP-1.2×0.8	2	1200	800	15	21	15	20	137	14	149	299	2.5		45~75		11700	6100×5000×2750
2JTP-1.6×0.9		1600	900	31	42	30	30	279	20	173	349	4		90~130		16760	7100×5400×2900

生产厂商：重庆泰丰矿山机器有限公司，遵化市冀东盛方机械有限公司。

3.4 辅助绞车

用于矿井提升和下放物料或用于井下专业作业。主要包括凿井绞车、耙矿绞车、调车绞车、气动绞车、运输绞车、游动绞车、回柱绞车、风门绞车、无极绳绞车、慢速绞车、双速多用绞车等。

3.4.1 凿井绞车

3.4.1.1 概述

凿井绞车主要用于煤矿、金属矿、非金属矿竖井的井筒掘进工程中悬吊吊盘、水泵、风筒，压缩空气筒、注浆管掘进设备等。也可作其他井下和地面起吊重物使用。该类绞车是根据井筒掘进时悬吊设备的工作特点而设计的，仅适用于短期工作制，而不适于长期吊重运转。

3.4.1.2 产品型号

2 J Z □-□/□ □

- 修改序号
- 卷筒容绳量，m
- 钢丝绳最大静张力，10kN
- A 表示用于吊安全梯；N 表示摩擦式；缠绕式省略
- 凿井绞车
- 卷扬机类
- 卷筒数量(单筒不注)

3.4.1.3 结构特点

凿井绞车的减速器采用直廓环面蜗轮副传动，具有快、慢两挡速度，双筒绞车的减速器设有“差动”、“直通”的功能，使该类绞车既可悬吊管状设备，又可悬吊盘状设备。安全制动器采用瓦块式制动器，由液压推动器推动进行制动。工作制动器采用液压推杆制动器，制动器的工作电动机与主电动机联锁。摩擦式凿井绞车还配有适用于各种钢丝绳直径的缠绳器，使钢丝绳自动地缠绕到卷筒上，为了使其能自动、均匀地排绳，还增设了排绳器和摩擦离合器。

3.4.1.4 工作条件

(1) 绞车不应用于有瓦斯、煤尘等易燃、易爆气体的场所。

(2) 绞车作业的环境温度为 -25 ~40℃。

(3) 当海拔高度超过1000m时，需要考虑到空气冷却作用和介电强度的下降，选用的电气设备应根据制造厂和用户的协议进行设计或使用。

3.4.1.5 技术参数

技术参数见表3-4-1~表3-4-3。

表3-4-1 JZ系列（单筒）凿井绞车的技术参数（济南重工股份有限公司 www.jizg.com）

绞车型号		JZ-5/400A	JZ-10/600A JZ-10/800A	JZ-16/800A JZ-16/1000	JZ-25/1300	JZ-40/1300A	JZ-40/2600A
钢丝绳最大静张力/kN		50	100	160	250	400	400
卷筒容绳量/m		400	600 800	800 1000	1300	1300	2600
第一层钢丝绳速度/$m\cdot s^{-1}$	快速	0.075	0.075	0.075	0.075	0.075	0.167
	慢速	0.038	0.038	0.038	0.038	0.038	0.1
卷筒	直径/mm	500	800	1000	1050	1250	1450
	宽度/mm	800	1000 1250	1250 1400	1500	1500	2250

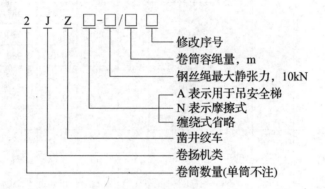

续表 3-4-1

绞车型号		JZ-5/400A	JZ-10/600A JZ-10/800A	JZ-16/800A JZ-16/1000	JZ-25/1300	JZ-40/1300A	JZ-40/2600A
钢丝绳直径/mm		23	31	40	52	60	50
缠绕层数		6	6 / 7	7	10	10	10
绞车速比	减速机（快速/慢速）	50/100	63.5/127	77/154	91.4/155	75.8/153	60/100
	开式齿轮	5.05	6.11	6.58	6.88	6.94	6.94
	总速比（快速/慢速）	252.5 / 505	388 / 776	506.6/1013	634/1076	522 / 1053	416.4/694
电动机	型号	Y180L-8	Y225M-8	YR225M2-8	YR250M-8	YR280M-8	YR315L-8
	功率/kW	11	22	30	45	75	90
	转速/$r \cdot min^{-1}$	730	730	713	720	720	750
	电压/V	380	380	380	380	380	380
	频率/Hz	50	50	50	50	50	50
外形尺寸（长×宽×高）/mm×mm×mm		2375×1970×1340	3037×2570×1770 3287×2570×1770	3358×3200×2240 3508×3200×2240	3827×3623×2500	4267×4400×2960	5398×4400×2970
绞车质量（不含电控）/kg		3139	6249 6512	11474 11672	14678	23382	34886

表 3-4-2 JZ 系列（双筒）凿井绞车的技术参数（济南重工股份有限公司 www.jizg.com）

绞车型号		2JZ-5/400A	2JZ-10/600A 2JZ-10/800A	2JZ-16/800A 2JZ-16/1000	2JZ-25/1300
钢丝绳最大静张力/kN		2×50	2×100	2×160	2×250
卷筒容绳量/m		2×400	2×600 2×800	2×800 2×1000	2×1300
第一层钢丝绳速度/$m \cdot s^{-1}$	快速	0.075	0.075	0.075	0.075
	慢速	0.038	0.038	0.038	0.038
卷筒	直径/mm	500	800	1000	1050
	宽度/mm	800	1000 1250	1250 1400	1500
钢丝绳直径/mm		23	31	40	52
缠绕层数		6	6 / 7	7	10
绞车速比	减速机（快速/慢速）	50/100	63.5/127	77/154	85.7/173.5
	开式齿轮	5.05	6.11	6.58	6.88
	总速比（快速/慢速）	252.5/505	388/776	506.6/1013.2	589.9/1194
电动机	型号	Y225M-8	YR250S-8	YR280S-8	YR280M-8
	功率/kW	22	37	55	75
	转速/$r \cdot min^{-1}$	730	715	723	725
	电压/V	380	380	380	380
	频率/Hz	50	50	50	50
外形尺寸（长×宽×高）/mm×mm×mm		3115×2579×1300	4336×2873×1770 4336×3123×1770	5473×3440×2240 5473×3590×2240	6303×3840×2500
绞车质量（不含电控）/kg		6000	11396 11896	20683 21072	27700

表3-4-3 JZ系列凿井绞车的技术参数（山东中煤工矿集团 www.zhongmeigk.com）

型 号	钢丝绳最大静张力/kN	卷筒容绳量/m	钢丝绳速度/m·min⁻¹		钢丝绳直径/mm	电动机		外形尺寸（长×宽×高）/mm×mm×mm	质量/kg
			快速	慢速		功率/kW	电压/V		
JZ-5/400	50	400	6	3	23	11	380	2375×1970×1340	3140
JZ-10/600	100	600	6	3	31	22	380	3037×2570×1770	6250
JZ-10/800	100	800	6	3	31	22	380	3342×2906×1825	6500
JZ-16/800	160	800	6	3	40	30	380	3358×3200×2240	11480
JZ-16/1000	160	1000	6	3	40	37	380	3508×3200×2240	11700
JZ-25/1300	250	1300	6	3	52	45	380	3827×2623×2500	14678
JZ-40/1300	400	1300	6	3	65	75	380	4596×4218×2975	25000

生产厂商：济南重工股份有限公司，山东中煤工矿集团。

3.4.2 耙矿绞车

3.4.2.1 概述

耙矿绞车利用缠绕在卷筒上的钢丝绳牵引耙斗做往复运动，耙运矿岩。主要用于水平耙运，也可用于倾角不大的倾坡耙运，不能作为提升设备。司机可以在绞车旁边操作，也可在距绞车数十米处用按钮远距离操作。用于金属矿、煤矿及其他矿场或露天矿对煤块、矸石、矿石等货物的扒装搬运作业。

3.4.2.2 产品构成

耙矿绞车有减速装置、主卷筒、副卷筒、操纵装置、钢绳导向装置和电动机。这些部件分别装在壳体内外，壳体是一个具有较好刚性的部件，既起保护、支撑作用，又承受全部载荷。双筒绞车有一个主卷筒（装在右侧，即靠近电动机的一侧），一个副卷筒（装在左侧）。三筒绞车有一个主卷筒（装在中间），两个副卷筒（装在左边和右边）。三筒绞车也可以装两个主卷筒（装在右侧和中间），一个副卷筒（装在左侧），每一个卷筒都相应有一个操纵装置和一个钢绳导向装置。

3.4.2.3 技术参数

技术参数见表3-4-4。

表3-4-4 耙矿绞车的技术参数（山东中煤工矿集团 www.zhongmeigk.com）

型 号	牵引力/kN	主绳速/m·s⁻¹	副绳速/m·s⁻¹	主绳直径/mm	副绳直径/mm	卷筒直径/mm	尺寸（长×宽×高）/mm×mm×mm	质量/kg
2JPB-7.5	8	1.1	1.5	9.3	9.3	80	1210×565×490	90
2JPB-15	15	1.1	1.5	12.5	11	125	1525×660×620	672

生产厂商：山东中煤工矿集团。

3.4.3 调度绞车

3.4.3.1 概述

调度绞车是用于调度车辆的一种绞车，常用于井下采区、煤仓及装车站调度、牵引矿车，也可用于其他辅助牵引作业。

调度绞车由下列主要部分组成：电动机、卷筒装置（包括卷筒体、电机齿轮、轴承套、内齿轮、轴齿轮、轴承等）、行星齿轮传动部件、轴承座、刹车装置、底座、防护罩等。

3.4.3.2 主要特点

（1）减速机构装在卷筒中。

（2）调度绞车相对回柱绞车容绳量大，有几百米，而回柱绞车只有几十米。

（3）调度绞车绳速快，大约每秒一点几米，而回柱绞车绳速大约每秒只有零点几米。

(4) 调度绞车有两个手控制闸，分别控制两个闸可以得到以下三种状态：滚筒静止，重物停留在某一位置，即停止状态；滚筒旋转，钢丝绳牵引或调度车辆，即工作状态；两闸都松开，滚筒反转，重物借助自重下滑。

3.4.3.3 型号表示方法

J D－□
- □ —— 外层钢丝绳静拉力，10kN(t)
- D —— 调度绞车
- J —— 卷扬机类

3.4.3.4 工作条件

(1) 环境温度为 －10 ~40℃。

(2) 环境相对湿度不超过 95% (25℃)。

(3) 海拔高度在 2000m 以下。

(4) 周围空气中的甲烷、煤尘、硫化氢和二氧化碳等不得超过《煤矿安全规程》中所规定的安全含量。

(5) 绞车的工作机构为卷筒缠绕式，传动形式为行星齿轮传动。

3.4.3.5 技术参数

技术参数见表 3 －4 －5、表 3 －4 －6。

表 3 －4 －5 调度绞车的主要技术参数（山东泰山天盾矿山机械股份有限公司 www. tiandun13297. cn）

型号	卷筒			钢丝绳						容绳量/m	减速比	电动机			外形尺寸（长×宽×高）/mm×mm×mm	质量/kg
	个数	直径/mm	宽度/mm	最大静张力/kN	最大静张力差/kN	最大直径/mm	钢丝绳破断拉力总和/kN	最大速度/m·s⁻¹	缠绕层数			型号	功率/kW	转速/r·min⁻¹		
JD－1	1	220	304	10	10	12	88.7	1.0	6	400	41	JBJ－11.4	11.4	1460	1110×765×730	550
JD－1.6	1	300	356	16	16	16	135.8	1.2	4	400	40.16	YBJ22－4	22	1470	1345×1140×1190	1450
												JOJD－22－4	25	1470		
JD－2	1	300	356	20	20	16	135.8	1.2	4	400	40.16	YBJ25－4	40	1470	1350×1140×1190	1460
												JOJD－25－4	11.4	1460		
JD－2.5	1	620	580	25	25	20	229.5	1.44	4	400	44.06	YBJ40－4	22	1470	1900×2480×1370	2352

表 3 －4 －6 JD 系列调度绞车的技术参数（山东中煤工矿集团 www. zhongmeigk. com）

型 号	牵引力/kN	绳速/m·s⁻¹	绳径/mm	容绳量/m	电动功率/kW	外形尺寸（长×宽×高）/mm×mm×mm	机重/kg
JD－0.5	5	0.6 ~1.2	9.3	150	3	955×540×450	220
JD－1	10	0.43 ~1.03	12.5	400	11.4	1100×765×730	550
JD－2	20	0.6 ~1.2	15.5	400	25	1350×1140×1190	220
JD－2.5	20	1.115 ~1.632	20	400 ~650	40	1900×2350×1370	2800

生产厂商：山东泰山天盾矿山机械有限公司，山东中煤工矿集团。

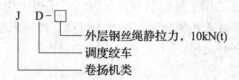

3.4.4　回柱绞车

3.4.4.1　概述

回柱绞车主要用于煤矿井下回采工作面中的矿柱撤下放顶（回柱），也可用来拖运重物和调度车辆。由于它的高度较低重量又轻，特别适用于薄煤层和急倾斜煤层采煤工作面，以及各种采煤工作面回收沉入底板或被矸石压埋的金属支柱。随着机械化采煤程度的提高，被越来越多地应用于机械化采煤工作面，作为安装、回收牵引各种设备和备件之用。

3.4.4.2　工作原理

回柱绞车在回采工作面的布置方式有以下几种：安置在风巷内，距回采工作面约20～30m；安设在回采工作面上端，紧靠回风巷上部和密集支柱之间；安设在工作面上，可有数台绞车同时回柱。当支柱被拉倒后，可推动离合手把，使滚筒自由旋转，进行快速放绳，加快回柱速度。

回柱绞车设有离合齿轮，与涡轮轴上的内齿轮啮合，起离合器的作用。推动离合手把至极限位置，使离合齿轮的摩擦锥面与固定在蜗轮箱端面的端盖锥面接触，产生制动作用。

3.4.4.3　主要结构

（1）传动系统中有蜗轮传动，并具备自锁功能。

（2）装有手动制动闸或锥形摩擦制动器，使回柱绞车准确停位，并自由放绳，能控制放绳速度，防止松绳和乱绳。

（3）电气控制简单，且有防爆性能。

3.4.4.4　技术参数

技术参数见表3－4－7。

表3－4－7　JH－8、JH－5回柱绞车的技术参数（山东中煤工矿集团　www.zhongmeigk.com）

型号	牵引力/kN	绳径/mm	容绳量/m	功率/kW	尺寸（长×宽×高）/mm×mm×mm	自重/kg
JH－8	80	15.5	80	7.5	1593×530×670	600
JH－5	50	16	80	7.5	1450×510×515	610

生产厂商：山东中煤工矿集团。

4 矿用运输设备

矿用运输设备中井下矿山用的窄轨运输车辆主要有：梭式矿车、固定式矿车、翻转式矿车、翻斗式矿车、曲轨侧卸式矿车、侧翻式矿车、侧卸式矿车等运输设备。露天矿主要有矿用自卸卡车，铁路翻斗车等。

4.1 地下矿窄轨车辆

地下矿窄轨车辆包括牵引机车和车厢，其行走机构为轨轮，轨轮在铺设的钢轨上行走，钢轨间距离分为457mm、600mm、762mm、900mm，小于我国标准的1435mm轨距。产品用于地下巷道，运输矿、岩、物资和人员。

4.1.1 固定车厢式运矿车

4.1.1.1 概述

固定车厢式运矿车是煤矿、金属矿、非金属矿地面或井下巷道运输矿石和矸石的一种运输设备。同时也用于隧道施工掘进中运输。

4.1.1.2 主要结构

固定车厢式矿车车厢与车架固定连接，须用翻车机将矿车翻转卸载，主要由车厢、车架、缓冲器、连接器和行走机构组成。车架为金属结构，能承受牵引力、制动力、矿车之间的碰撞力和钢轨冲击力，缓冲器装在车架两端，用以缓和两车之间的冲击力。连接器是连接机车和矿车的部件，常用的有插销链环和回转链，大型矿车采用兼具缓冲器作用的自动车钩。行走机构是由两组轮对组成。矿车和物料的总和超过20t时，应增加轮对数目。对多于两个轮对的矿车，为便于通过弯道将两个轮对组成一个有转盘的转向架。

4.1.1.3 主要特点

固定式系列矿车具有结构简单、坚固耐用、阻力系数小、承载能力大、维修方便等特点。

4.1.1.4 技术参数

技术参数见表4-1-1、表4-1-2。

表4-1-1 固定车厢式运矿车的技术参数（鹤壁中机矿山设备有限公司 www.hebizhongji.cn）

名称	型号	容积/m^3	装载量/t	轨距/mm	外形尺寸/mm			轴距 C/mm	轮径 D/mm	牵引高 F/mm	牵引力/kN	质量/kg
					长 L	宽 B	高 H					
固定车厢式运矿车	YGC6-7/9	6	15	762/900	5000	1600	1800	2500	450	500	60	6400/6600
	YGC0.7-6/7	0.7	1.75	600/762	1500	850	1050	500	300	320	60	500/520
	YGC1.2-6/7	1.2	3	600/762	1900	1050	1200	600	300	320	60	720/730
	YGC2-6/7/9	2	5	600/762	3000	1200	1200	1000	400	320	60	1330/1350
	YGC4-7/9	4	10	762/900	3700	1330	1550	1300	450	320	60	2620/2900
	YGC10-7/9	10	25	762/900	7200	1500	1550	4500	450	430	80	7000/7080

表4-1-2 固定车厢式运矿车的技术参数（福建省福煤机械制造有限公司 www.fjmjc.com.cn）

项目	参数	
型号	MGC 1.1-6	MGC 1.7-9
容积/m^3	1.1	1.7
装载质量/kg	1800	2700
轨距/mm	600	900
轴距/mm	550	750

续表 4－1－2

项　　目		参　　数	
型　　号		MGC 1.1－6	MGC 1.7－9
轮径/mm		300	350
牵引高/mm		320	320
额定牵引力/kN		60	60
外形尺寸/mm	长	2000	2400
	宽	880	1150
	高	1150	1150
连接器形式		单、三环插销式	
总重/kg		595	974

生产厂商：鹤壁中机矿山设备有限公司，福建省福煤机械制造有限公司。

4.1.2　翻斗式运矿车

4.1.2.1　概述

翻斗式运矿车主要用于矿山、工厂、建筑工地等处运输各种矿石、废石、煤炭和矸石等散状物料。由车厢、车架、缓冲碰头、轮轴等组成。结构简单、坚固耐用、使用方便，轮轴采用了滚柱轴承，有效地减少了运行阻力，因此用机车或人力均能牵引或推动。

4.1.2.2　主要特点

(1) 翻斗矿车不需用任何辅助设施，可左右自动翻转，灵活、轻便。

(2) 车架为一金属结构，能承受矿车之间的碰撞和钢轨冲击力。

(3) 矿车机架采用铆焊结构，减少了应力对矿车的影响，增加了矿车的使用寿命。

(4) 矿车在弯道或直道都能保证平稳运行。

4.1.2.3　外形结构

翻斗式运矿车结构如图 4－1－1 所示。

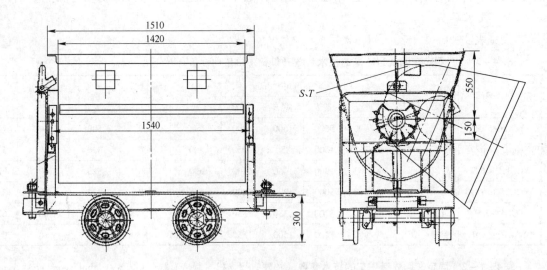

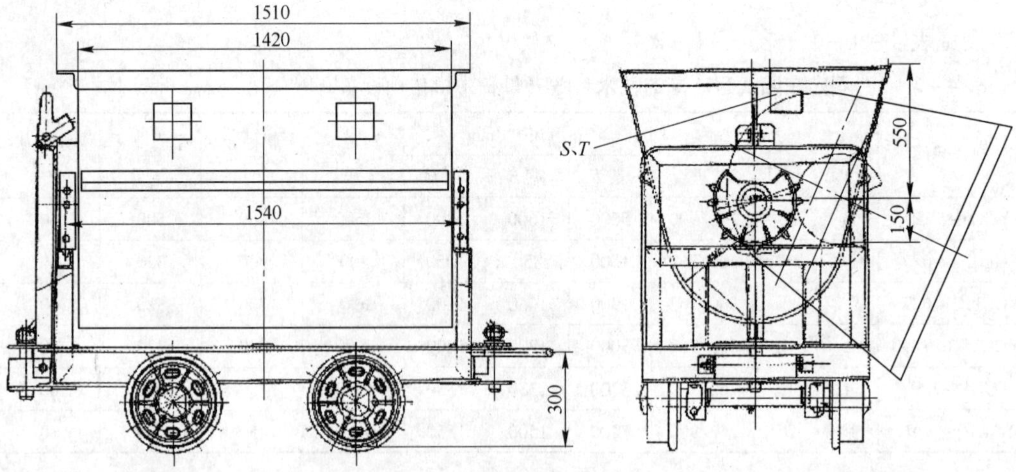

图 4－1－1　翻斗式运矿车结构

4.1.2.4　工作原理

矿车通过机车或绞车牵引，在煤矿地面和井下巷道窄轨铁路上行走，实现物料的运输。卸料时只要人力打开止动板就能很容易地卸下物料。

4.1.2.5　技术参数

技术参数见表 4－1－3、表 4－1－4。

表4-1-3 翻斗式运矿车的技术参数（福建省福煤机械制造有限公司 www.fjmjc.com.cn）

项目		参数	
型号		KFU0.7-6	KFU0.75-6
容积/m³		0.7	0.75
装载质量/kg		1750	1880
轨距/mm		600	600
轴距/mm		600	550
轮径/mm		300	300
牵引高/mm		300	300
额定牵引力/kN		60	60
卸载角/(°)		≥40	≥40
外形尺寸/mm	长	1650	1892
	宽	980	930
	高	1200	1203
连接器形式		单、三环插销式	
总重/kg		680	564

表4-1-4 翻斗式运矿车的技术参数（鹤壁中机矿山设备有限公司 www.hebizhongji.cn）

名称	型号	容积/m³	装载量/t	轨距/mm	外形尺寸/mm 长 L	宽 B	高 H	轴距 C/mm	轮径 D/mm	牵引高 F/mm	牵引力/kN	卸载角/(°)	质量/kg
翻斗式矿车	YGC10-7/9	10	25	762/900	7200	1500	1550	4500	450	430	80		7000/7080
	YFC0.5-6	0.5	1.25	600	1500	850	1050	500	300	320	60	40	590
	YFC0.7-6/7	0.7	1.75	600/762	1650	980	1200	600	300	320	60	40	710/720
	YFC0.75-6/7	0.75	1.88	600/762	1700	980	1250	650	300	320	60	40	740/750
	YFC1.0-6/7	1.0	2.5	600/762	2050	980	1200	700	300	320	60	40	840/850
	YFC1.1-6/7	1.1	2.75	600/762	2400	980	1250	800	300	320	60	40	900/930

生产厂商：福建省福煤机械制造有限公司，鹤壁中机矿山设备有限公司。

4.1.3 单侧曲轨侧卸式运矿车

4.1.3.1 概述

单侧曲轨侧卸式运矿车简称曲轨侧卸矿车，在矿车行进过程中，由卸载轮臂经过卸载曲轨来实现车厢自动倾翻卸料和自动复位。效率高、安全可靠。

4.1.3.2 型号

M C C X-X

- 轨距代号，6为600mm
- 表示该车的容积，m³
- 车辆(车)
- 表示单侧曲轨侧卸式
- 表示煤矿用车

4.1.3.3 主要结构

单侧曲轨侧卸式运矿车主要有车厢、车架、门机构、缓冲器、开式轮对、连接装置等组成。

4.1.3.4 工作原理

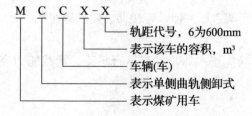

由轨道牵引机车或卷扬机慢速牵引矿车至卸载处的曲轨卸载平台上，向设定的一面卸载。在车厢的

一侧用绞轴与车架相连，另一侧箱门上装有卸载辊轮。卸载时，辊轮继续沿曲轨斜坡过渡装置在卸载曲轨上坡段的上行，致使车厢倾斜，活动侧门绕销轴转动被拉开而开始卸载。辊轮沿倾斜卸载曲轨下坡运行，车厢靠自重自动下降复位到关闭侧门。

4.1.3.5　主要特点

单侧曲轨侧卸式运矿车的优点是比翻斗式矿车和固定式矿车容积更大，自动平稳卸载，由于这种卸载方式自身的特点，曲轨卸载空间小，一般只要5.2m长，卸载倾角仍可达到55°，有效地节省了井巷的开拓空间并缩小了硐室尺寸。卸载距离短，煤仓和车场的掘进体积只有其他矿车的三分之一，由于卸载曲轨是对称的，可实现侧卸式矿车的双向卸载。

4.1.3.6　技术参数

技术参数见表4-1-5。

表4-1-5　单侧曲轨侧卸式运矿车的技术参数（福建省福煤机械制造有限公司　www.fjmjc.com.cn）

项　目		参　数		
型　号		KC1.2	KC1.6	KC2.0
容积/m^3		1.2	1.6	2.0
装载质量/kg		3000	4000	5000
轨距/mm		600	600	600
轴距/mm		600	800	1000
轮径/mm		300	350	400
牵引高/mm		320	390	390
额定牵引力/kN		60	60	60
卸载角/(°)		≥42	≥42	≥42
外形尺寸/mm	长	2380	2580	3080
	宽	1046	1196	1206
	高	1248	1300	1300
连接器形式		单、三环插销式		
总重/kg		1160	1480	1800

生产厂商：福建省福煤机械制造有限公司。

4.1.4　底卸式运矿车

4.1.4.1　概述

底卸式运矿车是矿山运输车辆，主要用于矿、岩运输作业。

4.1.4.2　主要结构

底卸式运矿车主要由车厢、车架、缓冲器、连接器、轮轴等组成。

4.1.4.3　特点

底卸式运矿车集运输与卸矿功能于一体，具有运行平稳、承载能力高、坚固耐用、使用维护方便等特点。

4.1.4.4　工作原理

卸载站设有卸载坑。当矿车移至卸载坑时，矿车底架借其自重及所载矿石重量自动向下张开，车厢底架后端的卸载轮沿卸载曲轨向下方滚动，车底门逐渐开大。由于所载矿石重量及矿车底架自重作用，使矿车受到一个水平推力，推动列车继续前进。矿车通过卸载点，矿石全部卸净。卸载轮滚过曲轨拐点逐渐向上，车架与车厢逐渐闭合。

4.1.4.5 技术参数

技术参数见表4-1-6、表4-1-7。

表4-1-6 底卸式运矿车的技术参数（鹤壁中机矿山设备有限公司 www.hebizhongji.cn）

名称	型号	容积/m^3	装载量/t	轨距/mm	外形尺寸/mm			轴距 C/mm	轮径 D/mm	牵引高 F/mm	牵引力/kN	卸载角/(°)	质量/kg
					长 L	宽 B	高 H						
底卸式运矿车	YDC4-7	4	10	762	3900	1600	1600	1300	450	600	60	50	4320
	YDC6-7/9	6	15	762/900	5400	1750	1650	2500(800)	400	730	60	50	6320/6380

表4-1-7 底卸式运矿车的技术参数（福建省福煤机械制造有限公司 www.fjmjc.com.cn）

项目		参数		
型号		YDCC12-9	YDCC6-9	YDCC4-7
矿车容积/m^3		12	6	4
最大载重量/t		24.5	15	10
外形尺寸/mm	长	5600	5400	3900
	宽	2050	1750	1600
	高	2040	1650	1600
轨距/mm		900	900	762
轴距/mm		—	—	1320
两转向架中心间距/mm		2200	1700	—
转向架轴距/mm		900	800	—
车轮直径/mm		450	400	450
牵引高/mm		780	730	600
允许牵引力/kN		60	60	60
卸载方式		底侧卸式	底侧卸式	底侧卸式
卸载角/(°)		50	50	50
矿车之间连接形式		自动挂钩	自动挂钩	自动挂钩
矿车自重/t		11.8	6.38	4.32

生产厂商：鹤壁中机矿山设备有限公司，福建省福煤机械制造有限公司。

4.1.5 自翻车

4.1.5.1 概述

自翻车具有可倾翻的车厢及下开的侧门，在车的两侧设有倾翻风缸，当车厢倾翻至45°时将货卸至线路一侧。该车具有倾翻平稳、卸货迅速、操作简便、运输效率高、使用安全可靠的特点。主要用于矿山、钢厂等运输矿石、煤炭、钢渣、废石等比重较大的各种散状物料。

4.1.5.2 技术参数

技术参数见表4-1-8。

表4-1-8 自翻车的技术参数（鹤壁中机矿山设备有限公司 www.hebizhongji.cn）

名称	型号	容积/m^3	装载量/t	轨距/mm	外形尺寸/mm			轴距 C/mm	轮径 D/mm	牵引高 F/mm	牵引力/kN	卸载角/(°)	质量/kg
					长 L	宽 B	高 H						
双侧气翻矿车	SQF11-7/9	11	20	762/900	9960	2430	2070	5700	650	600	6000	45	14500/15000
	SQF10-7/9	10	15	762/900	8774	2000	1910	6000	550	600	6000	45	9500/9700
	SQF8-7/9	8	15	762/900	8010	2000	1850	5310	550	600	6000	45	9200/9350
	SQF6-7/9	6	12	900	7030	2000	1750	4300	550	600	6000	45	8500/8700
	DQF6-7/9单	6	12	900	4863	2166	1670	1600	500	485	6000	45	6045/6200

生产厂商：鹤壁中机矿山设备有限公司。

4.1.6 工矿电机车

4.1.6.1 概述

以电力为动力，牵引矿车在轨道上行驶的动力车，称为机车或车头。按照机车的供电方式，分为架线电机车和蓄电池电机车。按照机车牵引驱动能力分为全挂机车和半挂机车。

4.1.6.2　工作原理

工矿电机车通过电源驱动电动机带动轨轮上的齿轮旋转，轨轮转动沿轨道行驶，牵引矿车运行。

4.1.6.3　外形结构

工矿电机车外形结构如图 4－1－2～图 4－1－15 所示。

图 4－1－2　蓄电池式 2.5t 电机车外形图

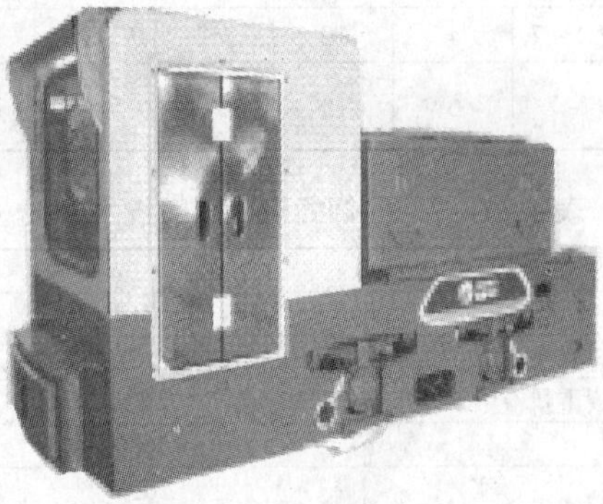

图 4－1－3　防爆特殊型 5t 电机车外形图

图 4－1－4　8t110V 电机车外形图

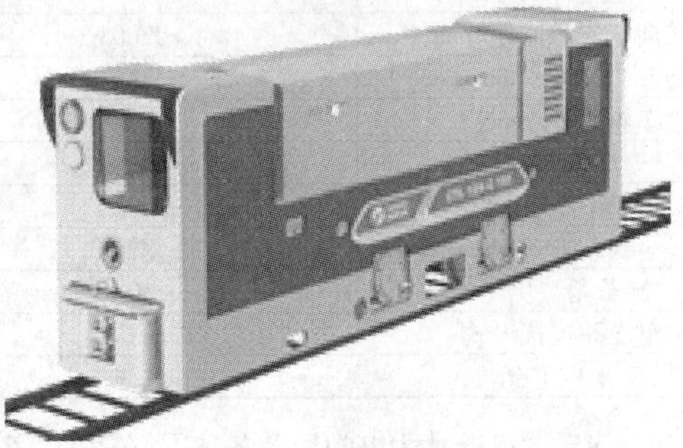

图 4－1－5　12t 电机车外形图

图 4－1－6　15t 电机车外形图

图 4－1－7　18t 电机车外形图

图 4－1－8　架线式 1.5t 250V 电机车外形图

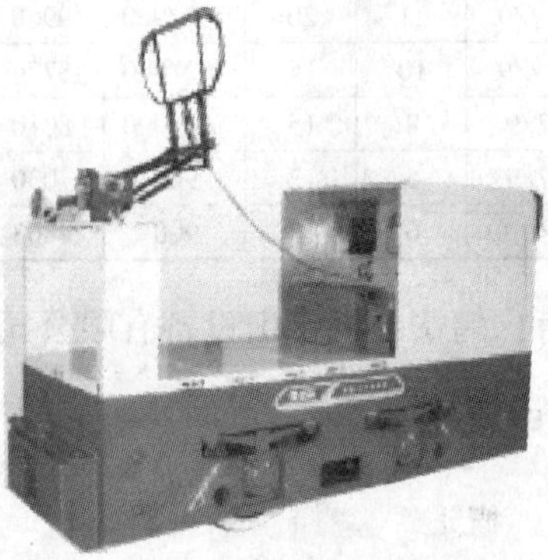

图 4－1－9　架线式 3t 电机车外形图

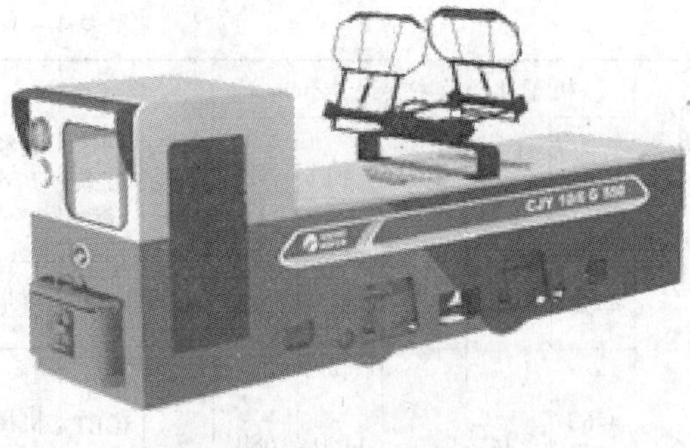

图4-1-10 架线式10t电机车外形图（二级传动）

图4-1-11 架线式10t电机车外形图（一级传动）

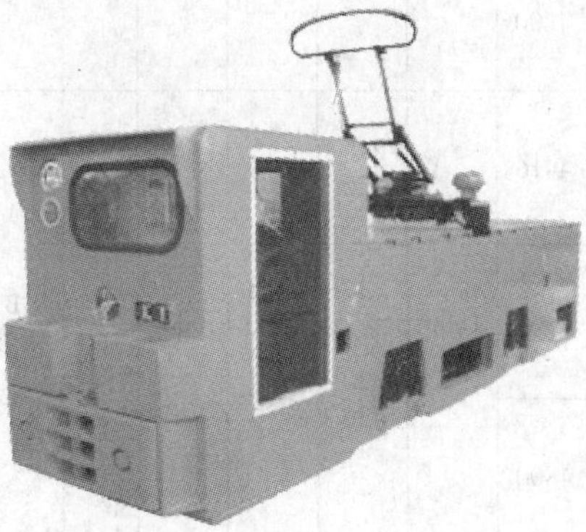

图4-1-12 架线式14t电机车外形图

图4-1-13 架线式20t电机车外形图

图4-1-14 18t交流变频调速电机车外形图

图4-1-15 45t交流变频调速电机车外形图

4.1.6.4 技术参数

技术参数见表4-1-9～表4-1-13。

表4-1-9 蓄电池式工矿电机车的技术参数（湘电集团重型装备股份有限公司 www.xemc.com.cn）

<table>
<tr><th rowspan="3">产品新型号</th><th rowspan="3">产品老型号</th><th rowspan="3">装备质量/t</th><th rowspan="3">轨距/mm</th><th colspan="3">参数</th><th colspan="2">蓄电池组</th><th rowspan="3">牵引电机功率×台数/kW</th><th colspan="5">机车外形及主要尺寸/mm</th><th rowspan="3">最小曲线半径/m</th><th rowspan="3">调速方式</th><th rowspan="3">制动方式</th><th rowspan="3">备注</th></tr>
<tr><th colspan="2">小时制</th><th rowspan="2">最大牵引力/kN</th><th rowspan="2">电压/V</th><th rowspan="2">电容量(5小时率)/A·h</th><th rowspan="2">总长</th><th rowspan="2">轨面距顶棚高</th><th rowspan="2">牵引高度</th><th rowspan="2">轴距</th><th rowspan="2">轮径</th></tr>
<tr><th>牵引力/kN</th><th>速度/km·h^{-1}</th></tr>
<tr><td>CTY 2.5/4.6.7.9 G 48</td><td>XK2.5-4.6.7.9/48-1KBT</td><td>2.5</td><td>457
600
762
900</td><td>2.55</td><td>4.54</td><td>6.13</td><td>48</td><td>330</td><td>3.5×1</td><td>2480</td><td>1550</td><td>320</td><td>650</td><td>460</td><td>5</td><td>电阻</td><td>机械</td><td>单电机外车架</td></tr>
<tr><td>CTY 5/4 G 88</td><td>XK5-4/88-KBT</td><td rowspan="2">5</td><td>457</td><td rowspan="2">7.06</td><td rowspan="2">7</td><td rowspan="2">12.26</td><td>88</td><td>385</td><td rowspan="2">7.5×2</td><td>3050</td><td>1535</td><td rowspan="2">210
320</td><td>900</td><td rowspan="2">520</td><td rowspan="2">6</td><td>可控硅斩波</td><td rowspan="2">机械</td><td>二级传动</td></tr>
<tr><td>CTY 5/6.7.9 G 90</td><td>XK5-6.7.9/90-KBT</td><td>600
762
900</td><td>90</td><td>330/385</td><td>2970/3200</td><td>1550</td><td>850</td><td>IGBT斩波</td><td>电机蓄电池串并联</td></tr>
</table>

续表 4-1-9

产品新型号	产品老型号	装备质量/t	轨距/mm	参数			蓄电池组		牵引电机功率×台数/kW	机车外形及主要尺寸/mm					最小曲线半径/m	调速方式	制动方式	备注
				小时制		最大牵引力/kN	电压/V	电容量(5小时率)/A·h		总长	轨面距顶棚高	牵引高度	轴距	轮径				
				牵引力/kN	速度/km·h⁻¹													
CTY8/6GB110	XK8-6/110-KBT									4416		210 320					机械	一级传动
CTL8/6GB110	XK8-6/110-1KBT	8	600	11.18	6.2	19.62	110	440	11×2	4460	1600	320 430	1100	680	7	IGBT斩波	机械	一级传动双司机室
	XK8-6/110-1KBT.1									4800							机械空气	一级传动双司机室
CTY8/7.9GB132	XK8-7.9/132-KBT							440		4416		210 320						一级传动
CTL8/7.9GB132	XK8-7.9/132-1KBT	8	762 900	11.18	7.5	19.62	132	440	11×2	4460	1600	320 430	1100	680	7	IGBT斩波	机械	一级传动双司机室
	XK8-7.9/132-1KBT.1							440		4800							机械空气	一级传动双司机室
CTY8/6.7.9GB140	XK8-6.7.9/140-KBT	8	600 762 900	12.83	7.8	19.62	140	440	15×2	4490	1600	320 430	1150	680	7	IGBT斩波	机械	两级传动
CTL8/6.7.9GB140	XK8-6.7.9/140-2KBT			11.23	8.6			440		4860						IGBT斩波		两级传动双司机室
CTL12/6.7.9GB192		12	600 762 900	16.48	8.7	29.43	192	560	22×2	5100	1600	320 430	1220	680	10	IGBT斩波	机械电气空气	两级传动双司机室
CTY12/6.7.9GBY192	XK12-6/192-1KBT.C			15.19	9.8					4530	1550	446	1100			IGBT斩波	机械电气空气	两级传动单司机室
CTL15/6.7.9GB336		15	600 762 900	22	12.8	36.75	336	350 (4V)	40×2	5400	1600	320 430	1800	680	15	IGBT斩波	机械电气空气	两级传动单司机室

表 4-1-10 非防爆特殊型蓄电池式工矿电机车的技术参数（湘电集团重型装备股份有限公司 www.xemc.com.cn）

产品新型号	产品老型号	装备质量/t	轨距/mm	参数			蓄电池组		牵引电机功率×台数/kW	机车外形及主要尺寸/mm					最小曲线半径/m	调速方式	制动方式	备注
				小时制		最大牵引力/kN	电压/V	电容量(5小时率)/A·h		总长	轨面距顶棚高	牵引高度	轴距	轮径				
				牵引力/kN	速度/km·h⁻¹													
CDY2.5/4.6.7.9G48 (A)	XK2.5-4.6.7.9/48-1	2.5	457 600 762 900	2.55	4.54	6.13	48	308	3.5×1	2330	1550	320	650	460	5	电阻	机械	非煤矿井下使用
CAY2.5/4.6.7.9G48 (B)	XK2.5-4.6.7.9/48-2A				4.54	6.13		308	3.5×1				650	460	5	电阻	机械	非煤矿井下使用
CDY5/6.7.9G90	XK5-6.7.9/90	5	600 762 900	7.06	7	12.26	90	385	7.5×2	3050 2960	1535 1550	210 320	900	520	6	电阻	机械	非煤矿井下使用

续表 4-1-10

产品新型号	产品老型号	装备质量/t	轨距/mm	参数			蓄电池组		牵引电机功率×台数/kW	机车外形及主要尺寸/mm					最小曲线半径/m	调速方式	制动方式	备注
				小时制		最大牵引力/kN	电压/V	电容量（5小时率）/A·h		总长	轨面距顶棚高	牵引高度	轴距	轮径				
				牵引力/kN	速度/km·h^-1													
CAY8/6G110（A）	XK8-6/110-1A	8	600	11.18	6.2	19.62	110	370	11×2	4430	1600	210 320	1100	680	7	电阻	机械	一级传动非煤矿井下使用
CAY8/7.9G132（A）	XK8-7.9/132-1A	8	762 900	11.18	7.5	19.62	132	370	11×2	4430	1600	210 320	1100	680	7	电阻	机械	一级传动非煤矿井下使用
CTY8/6.7.9 G144	XK8-6.7.9/144-KBT	8	600 762 900	12.83	7.8	19.62	144	矮440	15×2	4470	1600	320 430	1150	600	7	电阻	机械 电气	两级传动非煤矿井下使用
CAY8/6.7.9 G144	XK8-6.7.9/144-A							400		4470								
CTL12/7.9G192（B）	XK12-7.9/192-2KBT	12	762 900	16.48	8.7	29.43	192	560	22×2	5100	1600	320 430	1220	680	10	电阻	机械电气空气	两级传动双司机室
CTY12/7.9G192	XK12-7.9/192-1KBT.1			16.48	8.7					5100	1600		1220			电阻	机械电气空气	两级传动单司机室
CTY12/6G192（B）	XK12-6/192-1KBT.2		600	15.19	9.8					4560	1550		1000	520	7	电阻	机械电气空气	两级传动单司机室
CTY12/6GY192（A）	XK12-6/192-1KBT.C			15.19	9.8					4530	1550	446	1100			电阻	机械电气空气	两级传动单司机室
CTL12/6GY192（B）	XK12-6/192-2KBT.C			16.48	8.7					5382	1600		1220			电阻	机械电气空气	两级传动双司机室
CTY12/6GY192（C）	XK12-6/192-3KBT.C			16.48	8.7					4740	1600		1220	680	10	电阻	机械电气空气	两级传动单司机室
CTL12/6GY192（D）	XK12-6/192-4KBT.C			16.48	8.7					5320	1600	320 430	1220			电阻	机械电气空气	两级传动双司机室
CDY15/7.9G256（A）	XK15-7.9/256-1	15		18.93	9.6	36.78	256	620	30×2	5200	2120		1400	680	15	电阻	机械电气空气	非煤矿井下使用
CDY15/7.9G208	XK15-7.9/208		762 900	29.4	9.8	44.14	208	730	40×2	5580	2140		2200	600	20	IGBT斩波	机械电气空气	非煤矿井下使用
CDY18/7.9G208（A）	XK18-7.9/208-1	18		29.4	9.8	44.14	208	730	40×2	5500	2100	320 430	2200	600	20	IGBT斩波	机械电气空气	非煤矿井下使用

表 4-1-11　架线式工矿电机车的技术参数（湘电集团重型装备股份有限公司　www.xemc.com.cn）

产品新型号	产品老型号	装备质量/t	轨距/mm	参数			直流电压/V	牵引电机功率×台数/kW	机车外形及主要尺寸/mm						最小曲线半径/m	调速方式	制动方式	备注
				小时制		最大牵引力/kN			总长	车架宽	牵引高度	轴距	轮径	受电器工作高度				
				牵引力/kN	速度/km·h^{-1}													
CJY 1.5/6.7.9G 100	ZK1.5-6.7.9/100	1.5	600 762 900	2.55	4.54	3.68	100	3.5×1	2340	950 950 1100	320	650	460	1600~2000	5	电阻	机械	内车架单电机
CJY 1.5/6.7.9G 250	ZK1.5-6.7.9/250			3.24	6.6	3.68	250	6.5×1	2370	914 1076 1214	320	650	460	1800~2200	5	电阻	机械	单电机、外车架
CJY3/6.7.9G250	ZK3-6.7.9/250-2	3	600 762 900	5.74	7.5	7.35	250	6.5×2	2750	920 1082 1244	210 320	850	520	1800~2200	6	电阻	机械	双电机、二级传动
CJY6/6.7.9G250	ZK6-6.7.9/250	6	600 762 900	11.97	10	14.7	250	18×2	4430	1050 1212 1350	320 430	1150	680	2000~2400	7	电阻	机械电气	二级传动
CJY6/6.7.9G550	ZK6-6.7.9/550						550									电阻	机械电气	主副司机室二级传动
CJY7/6.7.9G250	ZK7-6.7.9/250	7	600 762 900	13.05	11	17.15	250	21×2	4470	1054 1354 1354	320 430	1100	680	1800~2200	7	电阻	机械电气	一级传动
CJY7/6.7.9GB250	ZK7-6.7.9/250-Z															IGBT斩波		
CJY7/6.7.9G550	ZK7-6.7.9/550		600 762 900	15.09			550	24×2	4456							电阻	机械电气	一级传动
CJY7/6.7.9GB550	ZK7-6.7.9/550-Z															IGBT斩波		
CJY10/6.7.9G250	ZK10-6.7.9/250	10	600 762 900	13.05	11	24.53	250	21×2	4470	1054 1354 1354	320 430	1100	680	1800~2200	7	电阻	机械电气	一级传动
CJY10/6.7.9GB250	ZK10-6.7.9/250-Z								4470			1100		1800~2200	7	IGBT斩波	机械电气	一级传动
CJY10/6.7.9G250(B)	ZK10-6.7.9/250-0(1)								4530	1052 1214 1352		1100		1800~2200	7	电阻/IGBT斩波	机械电气	一级传动、侧板加厚(50mm)
CJY10/6.7.9G550	ZK10-6.7.9/550			15.09	11		550	24×2	4470	1332		1100		1800~2200	7	电阻/IGBT斩波	机械电气	一级传动
CJY10/6.7.9GB550	ZK10-6.7.9/550-Z								4530	1054 1354 1354		1100		1800~2200	7	IGBT斩波	机械电气	一级传动
CJY10/6.7.9G550(D)	ZK10-6.7.9/550-9								4530	1052 1214 1352		1100		1800~2200	7	电阻/IGBT斩波	机械电气	一级传动（侧板加厚50mm）
CJY10/6.7.9G250(C)	ZK10-6.7.9/250-3			18.93	10.5		250	30×2	4660	1050 1212 1350		1220		2000~2400	10	电阻/IGBT斩波	机械电气	二级传动
CJY10/6.7.9G550(B)	ZK10-6.7.9/550-4						550		4660	1050 1212 1350		1220		1800~2200	10	电阻/IGBT斩波	机械电气	二级传动
CJL20/6.7.9GY550(D)	ZK10-6.7.9/550-6C.1	10×2		18.9×2		24.53×2		30×4	4800	1050 1212 1350		1220		1900~2400	10	电阻	机械电气空气	双机牵引

续表 4-1-11

产品新型号	产品老型号	装备质量/t	轨距/mm	参数：小时制：牵引力/kN	参数：小时制：速度/$km\cdot h^{-1}$	参数：最大牵引力/kN	直流电压/V	牵引电机功率×台数/kW	机车外形及主要尺寸/mm：总长	车架宽	牵引高度	轴距	轮径	受电器工作高度	最小曲线半径/m	调速方式	制动方式	备注
CJY14/6.7.9 GY550（B）	ZK14-6.7.9/550-5C	14	600 762 900	26.68	12.87	34.34	550	53×2	4880	1060 1350 1350	320 430	1700	760	2000 ~ 3200	15	电阻	机械 电气 空气	二级传动
CJY 14/6.7.9 GY 550（C）	ZK14-6.7.9/550-6C								5150	1200 1350 1350				2000 ~ 2400		IGBT斩波	机械 电气 空气	二级传动

注：1. C—工矿电机车；J—架线式；Y—单司机室；L—双司机室；G—钢轮；Z—斩波；GY 中的 Y—带翅板配底卸式或侧卸式矿用；14—吨位 14t；6—轨距 600mm；550—电压 DC550V；B—设计序号。

2. 窄轨架线式工矿电机车的使用环境为：
周围空气最高温度不超过 +40℃，最低温度不低于 -20℃；
最湿月月平均最大相对湿度不大于 95%（同月月平均最低温度不大于 +25℃）的环境。

表 4-1-12 交流变频调速电机车的技术参数（湘电集团重型装备股份有限公司 www.xemc.com.cn）

产品新型号	产品老型号	装备质量/t	轨距/mm	参数：小时制：牵引力/kN	参数：小时制：速度/$km\cdot h^{-1}$	参数：最大牵引力/kN	蓄电池组：电压/V	蓄电池组：电容量（5小时率）/A·h	牵引电机功率×台数/kW	机车外形及主要尺寸/mm：总长	轨面距顶棚高	牵引高度	轴距	轮径	最小曲线半径/m	调速方式	制动方式	备注（受电器工作高度/mm）
CJY7/6.7.9 GP		7	600 762 900	15.09	11	17.2	550（250）		22×2	4470	1600	320 430	1100	680	7	变频	机械 电气	一级传动单司机室（1800~2200）
CJY10/6.7.9 GP		10	600 762 900	17.5	12	25	550（250）		30×2	4800	1600	320 430	1220	680	10	变频	机械 电气 空气	两级传动单司机室（1800~2400）
CJY14/6.7.9 GP		14	600 762 900	28.28	14.5	34.34	550		60×2	5200	1700	320 430	1500	760	15	变频	机械 电气 空气	两级传动单司机室（1800~2500）
CJY20/6.7.9 GP		20	600 762 900	40	12	49	550		75×2	6600	2000	595	2400	840	25	变频	机械 电气 空气	两级传动单司机室（2200~3200）
CJY30/6.7.9GP		30	762 900	39.23	14.5	73.5	550		110×2	7900	1900	780	2500	840	25	变频	机械 电气 空气	两级传动单司机室（2200~3400）

续表 4-1-12

产品新型号	产品老型号	装备质量/t	轨距/mm	参数			蓄电池组		牵引电机功率×台数/kW	机车外形及主要尺寸/mm					最小曲线半径/m	调速方式	制动方式	备注（受电器工作高度/mm）
				小时制 牵引力/kN	小时制 速度/km·h^{-1}	最大牵引力/kN	电压/V	电容量（5小时率）/A·h		总长	轨面距顶棚高	牵引高度	轴距	轮径				
CTL8/6.7.9GP140		8	600 762 900	11.85	8.5	19.6	140	440	15×2	4860	1600	320 430	1150	680	7	变频	机械 电气 空气	两级传动双司机室
CTL12/6.7.9GB192		12	600 762 900	20	10	29.43	192	560 (620)	30×2	5200	1600	320 430	1220	680	10	变频	机械 电气 空气	两级传动双司机室
XJK18/7.9GP210		18	762 900	35	7.8	45	210	620 (730)	40×2	5300	2250	320 430	2100	680	20	变频	机械 电气 空气	两级传动单司机室
XJK25/7.9GP300		25	762 900	51.3	10	61.25	300	560 (620)	75×2	6250	2300	320 430	2300	680	30	变频	机械 电气 空气	两级传动单司机室
XJK45/9GP504		45	900	100	7.43	120	504	620	110×2	7580	2600	320 430	2600	840	30	变频	机械 电气 空气	两级传动单司机室

注：1. 备注栏中没有注明的机车均为单头司机室，机车外形尺寸总宽不包括机车翅膀的宽度；

2. 机车最大牵引力按车轮与钢轨黏着系数 $\mu=0.25$ 情况下确定，最大牵引只能在短期启动时使用，具体详见不同坡道启动牵引负荷图。

表 4-1-13　矿用防爆柴油机钢轮机车的技术参数（宝鸡中铁工程机械有限公司　www.ztdl.net）

机车型号	CCG8.0/600（900）E（S）
柴油机额定功率/kW	46
最大牵引力/kN	15
最高运行速度/km·h^{-1}	14
传动方式	液力传动
爬坡能力/‰	≤10
轨距/mm	600/900
通过最小曲尺半径/m	7
牵引高度/mm	270/320/430
结构特点	双端操纵
机车牵引吨位（平直道）/t	100
机车装备质量/t	10
外形尺寸（长×宽×高）/mm×mm×mm	4580×1150（1400）×1600

生产厂商：湘电集团重型装备股份有限公司，宝鸡中铁工程机械有限公司。

4.2 地下矿无轨车辆

无轨运输车辆是在地下巷道或采场内，以安装在车辆上的柴油机或电动机为动力，采用胶轮行走的运输设备，用于运输矿岩、材料、工具、人员等作业。卸载方式分别为翻斗倾卸、推卸或刮板输送机卸载等形式。按照使用环境分为非防爆型和防爆型。在掘进、回采多种运输作业中得到广泛应用。

4.2.1 井下防爆柴油机无轨车辆

4.2.1.1 概述

无须铺设轨道，车辆在巷道和矿场中自行行走。卸车不需用任何辅助设施，通过车上油压缸举升车斗或推板向后运动，或利用放置在车斗底部的刮板输送机将物料从车厢后部卸下。

4.2.1.2 外形尺寸

外形尺寸如图4－2－1～图4－2－8所示。

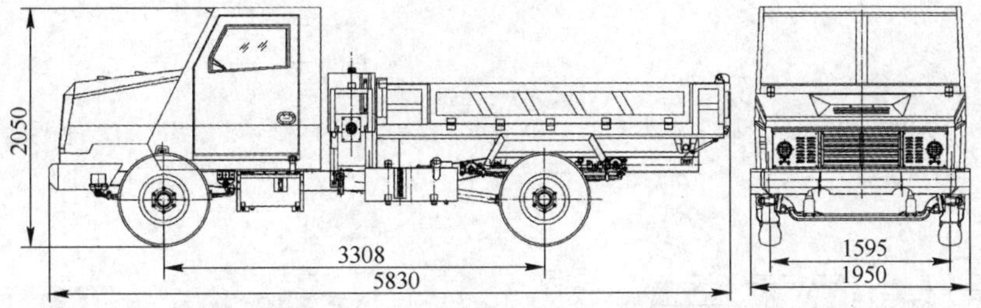

图4－2－1 4×2双后轮WC3J系列结构简图

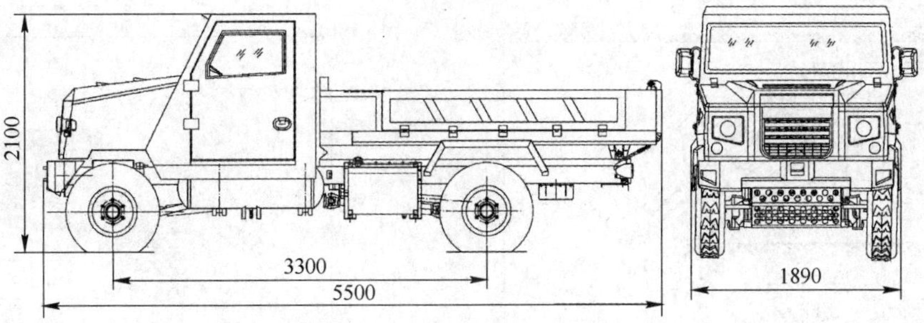

图4－2－2 4×4全轮WC3J系列结构简图

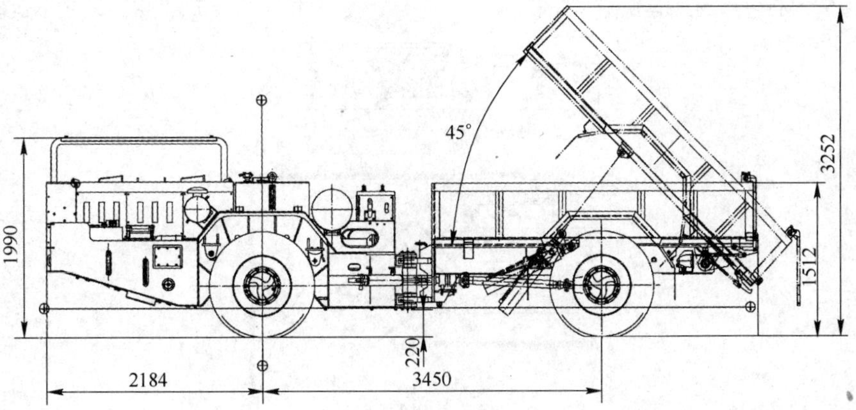

图4－2－3 WC5E系列防爆柴油机无轨胶轮车结构简图

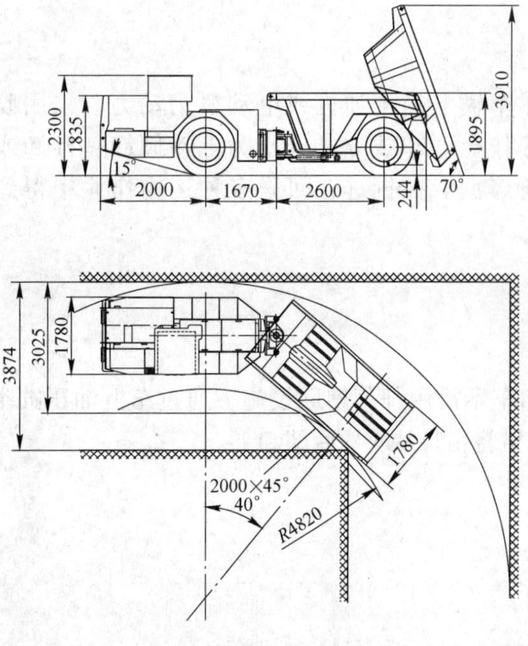

图4-2-4 AJK-10 地下运矿卡车外形

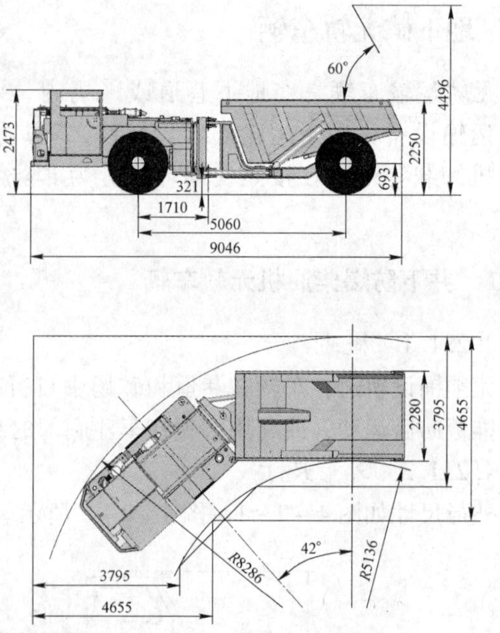

图4-2-5 AJK-12 地下运矿卡车外形

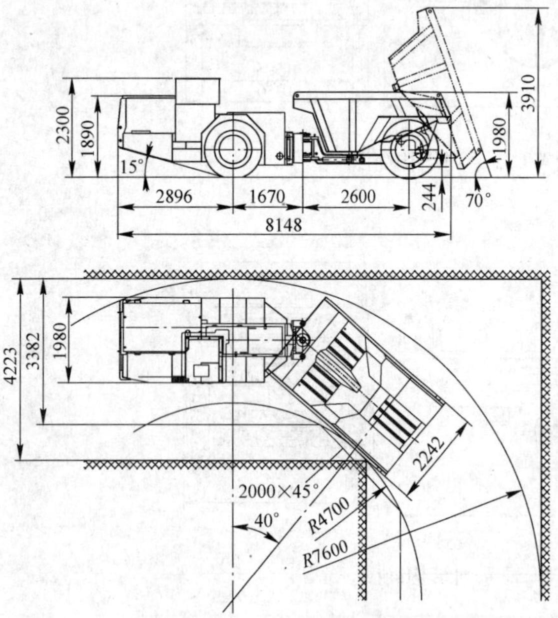

图4-2-6 AJK-15 地下运矿卡车外形

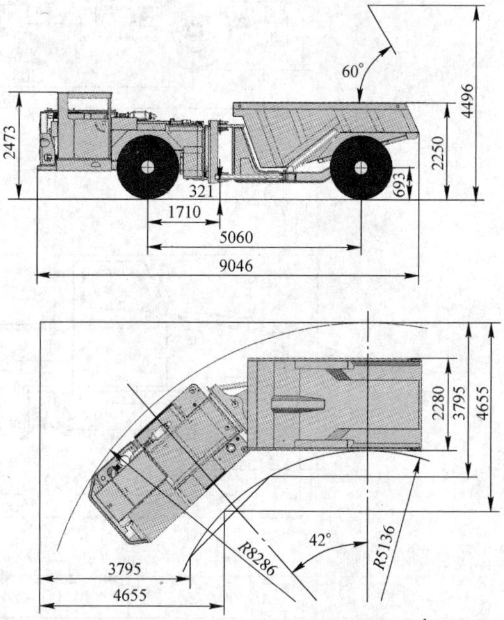

图4-2-7 AJK-20 地下运矿卡车外形

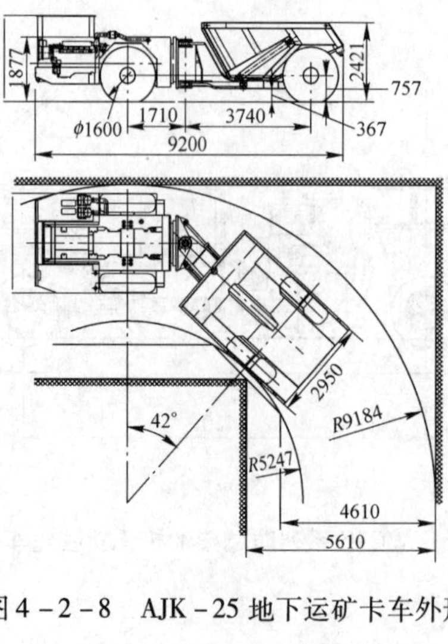

图4-2-8 AJK-25 地下运矿卡车外形

4.2.1.3 技术参数

技术参数见表4-2-1~表4-2-6。

表4-2-1 AJK系列地下运矿车的技术参数（北京安期生技术有限公司 www.anchises.com.cn）

型号		AJK-5	AJK-10B	AJK-12	AJK-15H	AJK-20	AJK-25
车厢容积/m^3		2.5	5	6	7.5	10	15
整机空载质量/kg		7500	10000	13000	13000	19000	23000
变速箱		一体式1201 FT20000	R32000	R32000	R32000	R36000	R36000
变矩器			C270	C270	C270	CL5000	CL5000
驱动桥		DANA112	QY150K	QY150L	KESSLERD81	KESSLERD81	KESSLERD91
发动机		DEUTZBF4L914	DEUTZBF4 M1013EC	DEUTZBF4 M1013EC	DEUTZBF6 M1013EC	CUMMINSQSL9	CUMMINSQSM11
额定功率/kW		69（2300r/min）	107（2300r/min）	107（2300r/min）	148（2300r/min）	224（2100r/min）	261（2100r/min）
最大牵引力/kN		60	160	160	160	221	231.7
车速/$km \cdot h^{-1}$	1挡	5	4.8	4.8	5.1	5	5.3
	2挡	11	9.6	9.6	10	11.6	11.4
	3挡	24.9	19.2	19.2	20	19.9	19.5
	4挡	—	—	—	—	33.8	31
最大转向角/(°)		±40	±40	±40	±40	±42	±42
转向半径/mm	内	3321	4810	4800	4700	5136	5300
	外	5239	7310	7600	7500	8287	9000
制动形式	工作制动	液压制动，弹簧释放	全液压双管路工作制动，多盘湿式制动器	全液压双管路工作制动，多盘湿式制动器	全液压系统、弹簧制动液压释放，三种制动于一体	全液压系统、弹簧制动液压释放，三种制动于一体	全液压系统、弹簧制动液压释放，三种制动于一体
	停车制动	二合为一，弹簧制动、液压释放	二合为一，弹簧制动、液压释放	二合为一，弹簧制动、液压释放			
	紧急制动						
制动能力		满载8km/h制动距离2m	满载8km/h制动距离2m	满载8km/h制动距离2m	满载8km/h制动距离2m	满载26km/h制动距离8.02m	满载26km/h制动距离9.12m
外形尺寸/mm	长	6080	7850	7880	8145	9046	9200
	宽	1600	1780	1980	2242	2280	2950
	高	2130	2300	2300	2300	2475	2550
轮胎规格		10.00-20TT	14.00-24	14.00-24	14.00-24	16.00-25	18.00-25

表4-2-2 UK系列地下运矿车的技术参数（安徽铜冠机械股份有限公司 www.ahttgs.com）

型号		UK-10	UK-12	UK-15	UK-20
外形尺寸（长×宽×高）/mm×mm×mm		7800×2150×1840	7800×2150×1840	7450×2045×2350	9000×2210×2440
额定斗容/m^3		5±0.5	6±0.5	7.5±0.5	9.7±0.5
最大卸载高度/mm		3800±150	4000±150	4065±100	4440±100
最大爬坡能力/(°)		14	14	14	14
转弯半径/mm		内转5590±300 外转7800±300	内转5590±300 外转7800±300	内R3500±150 外R6000±150	内R4900±150 外R7500±150
运动速度/$km \cdot h^{-1}$	1挡	5±0.5	5±0.5	4.3±0.5	5±0.5
	2挡	10±1	10±1	8.8±0.9	10±1
	3挡	17±1.5	17±1.5	14.7±1.5	17±1.5
	4挡	22.5±2.2	22.5±2.2	23±2	22.5±2.2

注：UK-10、UK-12系列卡车基本形式相同，大小不同，均采用四轮驱动，前后机架铰接双转向缸，横向摆动采用中央铰接回转支撑横向摆动机构，并且UK-12、UK-15、UK-20具有独立摆动机构，工作装置可选配矿山挡门，在同体积的料斗中使得料斗的装载量更大，制动系统采用弹簧制动液压释放的湿式制动器，工作制动、停车制动和行车制动三合一。

表 4-2-3 UK 型地下矿用卡车的技术参数（南昌凯马有限公司 www.nckama.cn）

型号		UK-12	UK-20
额定斗容量/m^3	堆装	6	10.5
	平装	5	8.8
额定载重量/kg		12000	20000
最大爬坡能力/%		30	30
行驶速度（前进和后退）/$km \cdot h^{-1}$	1 挡	6.5	5.2
	2 挡	13	11.3
	3 挡	20	19.5
	4 挡	—	28.0
动力	形式	柴油机	柴油机
	型号/制造商	BF4M1013C/DEUTZ	F10L413FW/DEUTZ
	功率/kW	112（2500r/min）	170（2300r/min）
	尾气净化方式	氧化催化+消声	氧化催化+消声
动力传动	形式	液压+机械	液力+机械
	变量泵型号/制造商	C270/DANA	C5000/DANA
	变量马达型号/制造商	R32000/DANA	R36000/DANA
	驱动桥型号/制造商	CY-2JD/E/国产	19D/DANA
行车制动形式		湿式多盘制动	湿式多盘制动
驻车制动行驶		蹄式制动	湿式多盘制动
转向方式		全液压动力转向	全液压动力转向
轮胎型号		14.00-24	18.00R25
整机操作质量/kg		12000	21000
转弯半径/mm	内侧	4030	7400
	外侧	6520	4100
外形尺寸/mm	长	7447	9100
	宽	1900	2210
	高	2200	2450

表 4-2-4 WC3J 系列防爆柴油机无轨胶轮车的技术参数（天地科技股份有限公司 www.tdtec.com）

所属系列	型号	柴油机参数				胶轮车结构参数							胶轮车性能参数			
		型号	功率/kW	转速/$r \cdot min^{-1}$	油耗/$g \cdot (kW \cdot h)^{-1}$	启动保护方式	传动形式	制动形式	轮距/轴距/mm	最小通过能力半径（内/外）/mm	自重/kg	外形尺寸（长×宽×高）/mm×mm×mm	最大牵引力/kN	最大速度/$m \cdot s^{-1}$	爬坡能力/(°)	最大载荷/t
WC3J系列	WC3J(A)	TY4100DFB	45	2200	230	电子式启动电子式保护	4×2 后双轮驱动机械传动	全液压制动	1595 前、1485 后/3308	5500/7500	4600	5850×1950×2050	17	50	12	3
	WC3J(B)	TY4100QFB				气压式启动气压式保护					4200					
							4×4 全轮分时驱动机械传动		1620 前、1590 后/3300		4350					
	WC3J(C)	TY4100QFB(A)				气压式启动电子式保护				5000/7000	4700	5500×1890×2100	23	45	16	3

表4-2-5 WC5E系列防爆柴油机无轨胶轮车的技术参数（天地科技股份有限公司 www.tdtec.com）

所属系列	型号	柴油机参数				胶轮车结构参数							胶轮车性能参数			
		型号	功率/kW	转速/r·min^{-1}	油耗/g·(kW·h)$^{-1}$	启动保护方式	传动形式	制动形式	轮距/轴距/mm	最小通过能力半径(内/外)/mm	自重/kg	外形尺寸(长×宽×高)/mm×mm×mm	最大牵引力/kN	最大速度/m·s^{-1}	爬坡能力/(°)	最大载荷/t
	WC5	1006-6FB				气压式启动气压式保护	4×2前双轮驱动液力机械传动		1640前、1750后/3760	4050/6750	8400	6985×2045×1685				
WC5E系列	WC5E(A)	TY6100DFB	65	2200	253	电子式启动电子式保护	4×2前双轮驱动液力机械传动	全液压制动	1640前、1750后/3760	4050/6750	8400	6985×2045×1685	30	30	12	5
	WC5E(B)	TY6100QFB(A)				气压式启动电子式保护	4×4全轮驱动液力机械传动		1652/3450	3800/6400	9000	7240×1980×1990			14	

表4-2-6 WC8E系列防爆柴油机无轨胶轮车的技术参数（天地科技股份有限公司 www.tdtec.com）

所属系列	型号	柴油机参数				胶轮车结构参数							胶轮车性能参数			
		型号	功率/kW	转速/r·min^{-1}	油耗/g·(kW·h)$^{-1}$	启动保护方式	传动形式	制动形式	轮距/轴距/mm	最小通过能力半径(内/外)/mm	自重/kg	外形尺寸(长×宽×高)/mm×mm×mm	最大牵引力/kN	最大速度/m·s^{-1}	爬坡能力/(°)	最大载荷/t
WC8E系列	WC8	6121FB	85	2200	246	气压式启动气压式保护	4×2前双轮驱动液力机械传动	全液压制动	1780/2090	3800/6300	12300	7810×2340×1860	50	30	12	5
	WC8E(B)					气压式启动电子式保护	4×4全轮驱动液力机械传动		1780/3550	3400/6600	12000	7670×2150×1630			14	

生产厂商：北京安期生技术有限公司，安徽铜冠机械股份有限公司，南昌凯马有限公司，天地科技股份有限公司。

4.2.2 运人车辆

4.2.2.1 概述

井下柴油机无轨运人车，主要用于运送人员，不同型号可同时运送物资。

4.2.2.2 外形尺寸

外形尺寸如图4-2-9~图4-2-13所示。

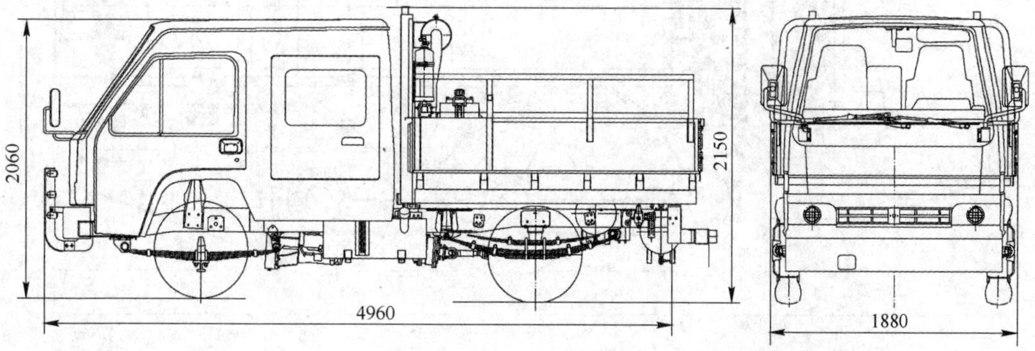

图4-2-9 WC2J系列防爆柴油机无轨胶轮车（客货车）

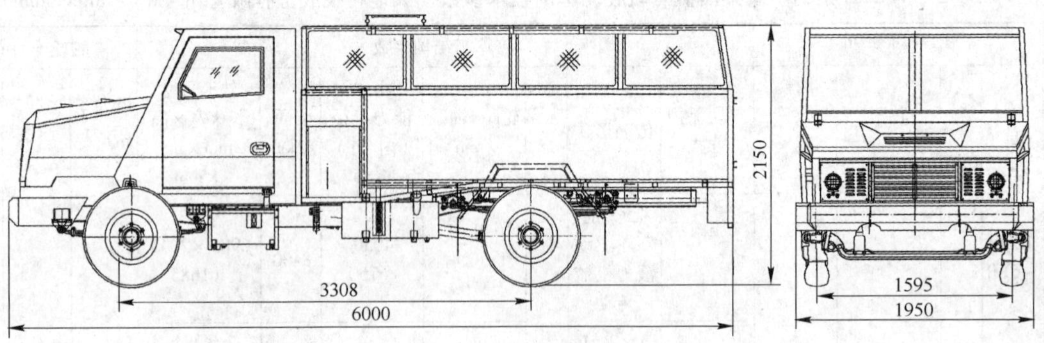

图4－2－10 WC20R系列防爆柴油机无轨胶轮车

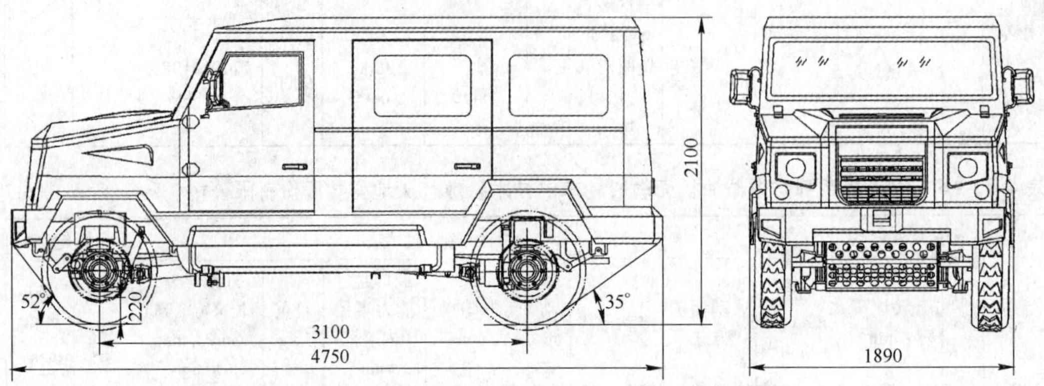

图4－2－11 WC6R系列防爆柴油机无轨胶轮车

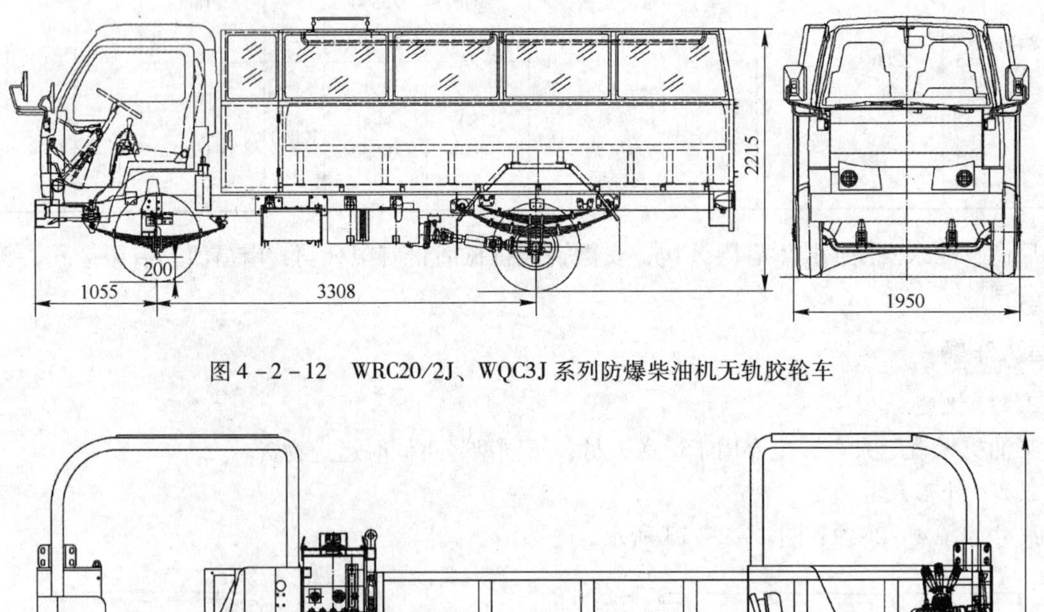

图4－2－12 WRC20/2J、WQC3J系列防爆柴油机无轨胶轮车

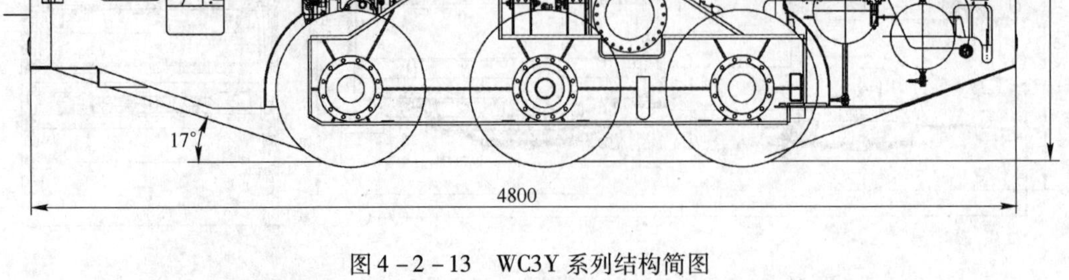

图4－2－13 WC3Y系列结构简图

4.2.2.3 技术参数

技术参数见表4-2-7～表4-2-12。

表4-2-7 WC2J系列防爆柴油机无轨胶轮车（客货车）的技术参数（天地科技股份有限公司 www.tdtec.com）

所属系列	型号	柴油机参数				胶轮车结构参数							胶轮车性能参数			
		型号	功率/kW	转速/$r\cdot min^{-1}$	油耗/$g\cdot (kW\cdot h)^{-1}$	启动保护方式	传动形式	制动形式	轮距/轴距/mm	最小通过能力半径（内/外）/mm	自重/kg	外形尺寸（长×宽×高）/mm×mm×mm	最大牵引力/kN	最大速度/$m\cdot s^{-1}$	爬坡能力/(°)	最大载荷/t
WC2J系列	WC2J	TY4100QFB	45	2200	230	气压式启动气压式保护	4×2后双轮驱动机械传动	全液压制动	1385前、1425后/2490	5000/7000	3600	4960×1880×2150	17	29	12	2
	WC2J(A)	TY4100DFB				电子式启动电子式保护					3800					

表4-2-8 WC20R系列防爆柴油机无轨胶轮车的技术参数（天地科技股份有限公司 www.tdtec.com）

所属系列	型号	柴油机参数				胶轮车结构参数							胶轮车性能参数			
		型号	功率/kW	转速/$r\cdot min^{-1}$	油耗/$g\cdot (kW\cdot h)^{-1}$	启动保护方式	传动形式	制动形式	轮距/轴距/mm	最小通过能力半径（内/外）/mm	自重/kg	外形尺寸（长×宽×高）/mm×mm×mm	最大牵引力/kN	最大速度/$m\cdot s^{-1}$	爬坡能力/(°)	最大载荷/人
WC20R系列	WC20R	TY4100QFB	45	2200	230	气压式启动气压式保护	4×2后双轮驱动机械传动	全液压制动	1595前、1485后/3308	5500/7500	4200	6000×1950×2150	17	29	12	20
	WC20R(A)	TY4100DFB				电子式启动电子式保护					4600					
	WC20R(B)	TY4100QFB(A)				气压式启动电子式保护					4450					

表4-2-9 WC6R系列防爆柴油机无轨胶轮车的技术参数（天地科技股份有限公司 www.tdtec.com）

所属系列	型号	柴油机参数				胶轮车结构参数							胶轮车性能参数			
		型号	功率/kW	转速/$r\cdot min^{-1}$	油耗/$g\cdot (kW\cdot h)^{-1}$	启动保护方式	传动形式	制动形式	轮距/轴距/mm	最小通过能力半径（内/外）/mm	自重/kg	外形尺寸（长×宽×高）/mm×mm×mm	最大牵引力/kN	最大速度/$m\cdot s^{-1}$	爬坡能力/(°)	最大载荷/人
WC6R系列	WC6R(B)	TY4100QFB(A)	45	2200	230	气压式启动电子式保护	4×4全轮分时驱动机械传动	全液压制动	1536后/3100	4500/6500	4300	4800×1890×2150	23	45	16	6

表4-2-10 WRC20/2J、WQC3J系列防爆柴油机无轨胶轮车的技术参数（天地科技股份有限公司 www.tdtec.com）

所属系列	型号	柴油机参数				胶轮车结构参数							胶轮车性能参数			
		型号	功率/kW	转速/$r\cdot min^{-1}$	油耗/$g\cdot (kW\cdot h)^{-1}$	启动保护方式	传动形式	制动形式	轮距/轴距/mm	最小通过能力半径（内/外）/mm	自重/kg	外形尺寸（长×宽×高）/mm×mm×mm	最大牵引力/kN	最大速度/$m\cdot s^{-1}$	爬坡能力/(°)	最大载荷/t
平头车系列	WRC20/2J	1006-6FB	65	2200	253	气压式启动气压式保护	4×2后双轮驱动机械传动	全液压制动	1675前、1485后/3300	5500/7500	4620	6065×1950×2200	17	30	12	20人
	WQC3J										4100	5680×1950×2200				3
									1675前、1485后/2600	5000/7000		4800×1950×2200				

表4-2-11　WC3Y系列防爆柴油机无轨胶轮车的技术参数（天地科技股份有限公司　www.tdtec.com）

所属系列	型号	柴油机参数				胶轮车结构参数							胶轮车性能参数			
		型号	功率/kW	转速/r·min^{-1}	油耗/g·(kW·h)$^{-1}$	启动保护方式	传动形式	制动形式	轮距/轴距/mm	最小通过能力半径(内/外)/mm	自重/kg	外形尺寸(长×宽×高)/mm×mm×mm	最大牵引力/kN	最大速度/m·s^{-1}	爬坡能力/(°)	最大载荷/t
WC3Y系列	WC3Y	TY4100QFB	45	2200	230	气压式启动气压式保护	6×6全轮驱动液压机械传动	背压制动	1345/952+952	3500	6200	4400×1600×1850	30	14	14	3
												4800×1600×1850				
												5200×1600×1850				
												4800×1400×1850				

表4-2-12　RU-16无轨运人车的技术参数（安徽铜冠机械股份有限公司　www.ahttgs.com）

型　号		RU-16
外形尺寸/mm	长	7400±100
	宽	1800±50
	高	2400±50
转弯半径/mm	内侧，R（内）	R（内）≤4000
	外侧，R（外）	R（外）≤6100
最高行驶速度/km·h^{-1}	1挡	4.5±0.45
	2挡	10±1
	3挡	22±2
整机质量/kg		7500±300
最大转弯角度/(°)		40
爬坡能力/%		25
最大牵引力/kN		≥80
最小离地间隙/mm		≥230
横向摆动角/(°)		左右各7~10
轮距/mm		1520±30
轴距/mm		3410±60
额定运人数/人		16
产品特性		座椅带减震，车厢与底盘连接处带减震；人性化设计，减震效果好；安全舒适

注：1. 整车高度可以根据用户实际要求，在一定范围内调节；
2. 本产品非标车型有20座运人车。

生产厂商：天地科技股份有限公司，安徽铜冠机械股份有限公司。

4.2.3　运料车

4.2.3.1　概述

井下柴油机胶轮运料车是辅助作业车辆，主要用于井下材料运输。根据需要可配置随车吊等设备。

4.2.3.2　技术参数

技术参数见表4-2-13。

表 4-2-13 FL-5L 运料车的技术参数（安徽铜冠机械股份有限公司 www.ahttgs.com）

型号		FL-5L
外形尺寸/mm	长	6800 ± 100
	宽	1800 ± 50
	高	2000 ± 50
转弯半径/mm	内侧，R（内）	R（内）≤4000
	外侧，R（外）	R（外）≤6000
最高行驶速度/km · h⁻¹	1 挡	4.5 ± 0.45
	2 挡	10 ± 1
	3 挡	22 ± 2
额定载重量/t		5
整机质量/kg		7200 ± 300
最大转弯角度/(°)		40
爬坡能力/%		25
最大牵引力/kN		≥80
最小离地间隙/mm		≥230
横向摆动角/(°)		左右各 7 ~ 10
轮距/mm		1520 ± 30
轴距/mm		3410 ± 60
运料箱容积/m^3		2.3 ± 0.1
运料箱尺寸/mm × mm × mm		2800 × 1800 × 500
产品特性		配专用运料车厢，用于井下材料运输
说明		考虑服务车产品特性及安标需求，已将现有的运料车、小吊车、维修车合成一种车型，共用一个安标证，区别就是在车厢中配不同的配件，满足不同的使用性能

生产厂商：安徽铜冠机械股份有限公司。

4.2.4 油料车

4.2.4.1 概述

井下柴油机胶轮油料车是井下作业辅助车辆。

4.2.4.2 技术参数

技术参数见表 4-2-14。

表 4-2-14 FLYG-3000 加油车的技术参数（安徽铜冠机械股份有限公司 www.ahttgs.com）

型号		FLYG-3000
外形尺寸/mm	长	7000 ± 100
	宽	1800 ± 50
	高	2250 ± 50
转弯半径/mm	内侧，R（内）	R（内）≤4000
	外侧，R（外）	R（外）≤6000
最高行驶速度/km · h⁻¹	1 挡	4.5 ± 0.45
	2 挡	10 ± 1
	3 挡	22 ± 2
整机质量/kg		7500 ± 300
最大转弯角度/(°)		40

续表 4－2－14

型　　号	FLYG－3000
爬坡能力/%	25
最大牵引力/kN	≥80
最小离地间隙/mm	≥230
横向摆动角/(°)	左右各 7～10
轮距/mm	1520±30
轴距/mm	3410±60
油箱容积/L	3000
加油流量/L·min^{-1}	30～55
允许吸程/m	3
产品特性	产品加油机构设计合理，紧凑；加油机构有自吸功能，以供用户选择；加油油罐由专业厂家制作，配件齐全，安全系数高
说　明	加油车还有其他非标机型： 1. FLYG－1×2 双仓加油车，前仓 1000L，后仓 2000L； 2. FLYG－5 单仓加油车，油仓容积 5000L； 3. FLYG－0.5×0.5×1×3 四仓加油车，容积分别为：500L、500L、1000L、2000L

生产厂商：安徽铜冠机械股份有限公司。

4.3　露天矿运输车辆

4.3.1　矿用自卸卡车

4.3.1.1　概述

露天矿矿用自卸车与矿用挖掘机配套使用，将露天采场采出的有用矿物运到卸载点，剥离物运到排土场。按照动力传动方式，分为机械传动和电传动。

4.3.1.2　技术参数

技术参数见表 4－3－1、表 4－3－2。

表 4－3－1　SET230 矿用自卸车的相关参数（三一矿机有限公司　www.23a1328111.atobo.com.cn）

质量分布	轴荷	前桥	后桥
	空载/%	49	51
	满载/%	33	67
质量参数/kg	带有举升缸设备的底盘	129000	
	标准型车厢	34000	
	车辆自重	163000	
	额定载重量	230000	
	车辆最大总重①	393000	
发动机		MTU	
电驱动系统		西门子	
车厢废气加热		发动机废气加热结构	
增容车厢		适用于小比重的物料	
重载岩石斗		适用于大比重的物料	
车厢耐磨衬板		适用于磨损严重物料	

① 车辆最大总重包括备选装置、所有附件、注满燃油箱和负载等。

表 4-3-2 SGE190AC 交流电传动矿用汽车的主要参数（北京首钢重型汽车制造股份有限公司 www.sghdt.com.cn）

整车外形尺寸/mm×mm×mm			12543×7250×6318
最大装载质量/kg			170000
整车装备质量/kg			110000
最大总质量/kg			280000
载荷分布/kg	空载	前轴	48000
		后轴	62000
	满载	前轴	92400
		后轴	187600
驱动形式			4×2
最大制动距离/m			24
最小转弯直径/m			28
最高车速/$km \cdot h^{-1}$			40
最大爬坡度/%			20（不低于16）
轮胎规格			37.00-R57
货箱标准容积/m^3	平装容积1:1		65
	堆装容积2:1		91
煤用货箱容积/m^3	平装容积1:1		114
	堆装容积2:1		140
发动机型号			K2000E
结构形式			四冲程60度V型16缸
进气形式			废气涡轮增压中冷
额定功率/kW			1323（1800hp）（1900r/min）
最大扭矩（转速）/N·m			7864（1500r/min）
额定转速/$r \cdot min^{-1}$			1900
最低燃油消耗/$g \cdot (kW \cdot h)^{-1}$			196
怠速转速/$r \cdot min^{-1}$			725
总排量/L			50
交流发电机型号			YFJ04
交流电动机型号			YDB970
电控系统型号			SGEC-DC190

生产厂商：北京首钢重型汽车制造股份有限公司，三一重工股份有限公司。

4.3.2 露天矿用牵引电机车

4.3.2.1 概述

露天矿用牵引电机车用于露天矿铁道运输工艺中牵引铁路运输车辆。

4.3.2.2 外形结构

外形结构如图4-3-1~图4-3-5所示。

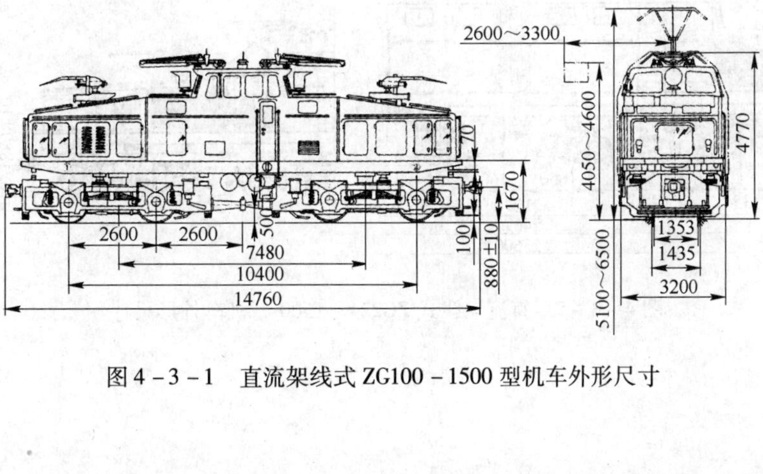

图4-3-1 直流架线式ZG100-1500型机车外形尺寸

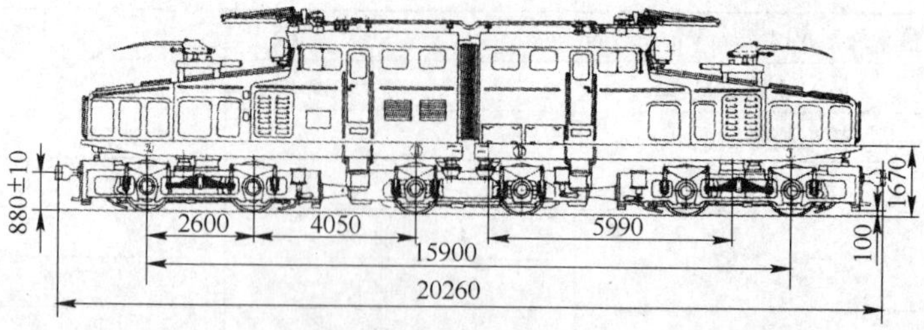

图4-3-2 直流架线式ZG150-1500型机车外形尺寸

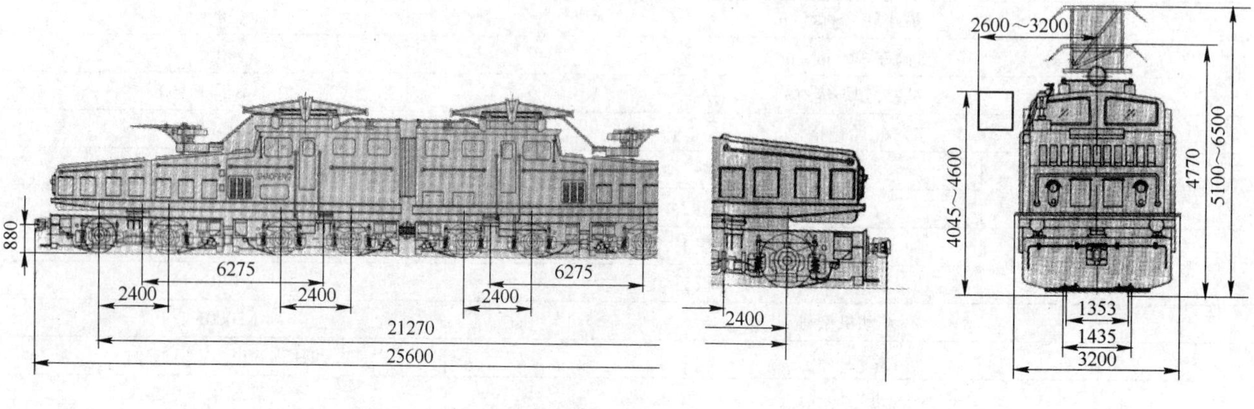

图4-3-3 直流架线式ZG200-1500型机车外形尺寸

图4-3-4 ZG200-1500型机车外形

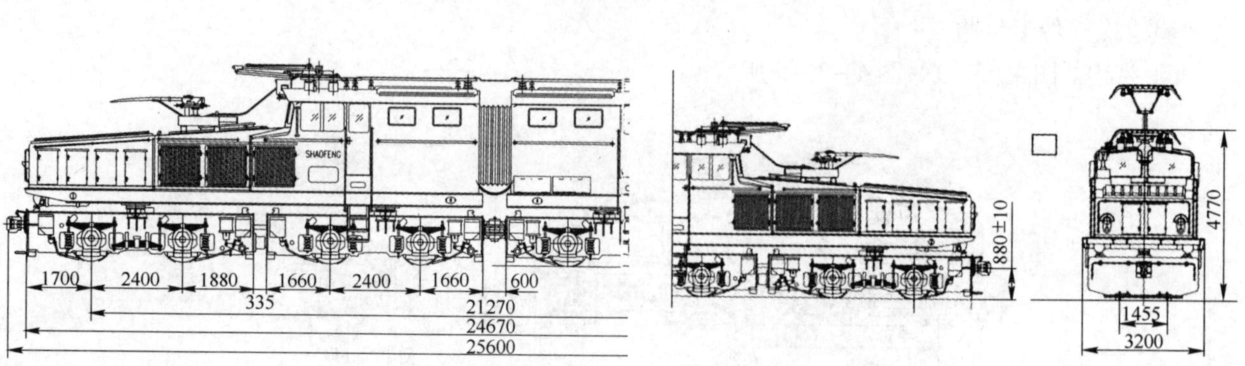

图4-3-5 直流架线式ZG224-1500型机车外形尺寸

4.3.2.3 技术参数

技术参数见表4-3-3。

表4-3-3 大机车技术参数（湘电集团重型装备股份有限公司 www.xemc.com.cn）

机车型号	电压/V	轴排列形式	黏着重量/t	轴重/t	功率/kW		速度/km·h^{-1}			轮缘牵引力/kN		轨距/mm	最小弯道半径/m
					长时制	小时制	长时制	小时制	允许最大值	长时制	小时制		
ZG100-1500	1500	B0-B0	100	25	1240	1400	31	29.3	65	146	172	1435	60
ZG150-1500	1500	B0-B0-B0	150	25	1860	2100	31	29.3	65	214	256	1435	80
ZG200-1500	1500	B0+B0+B0+B0	200	25	2480	2800	31	29.3	65	286	344	1435	80
ZG224-1500	1500	B0+B0+B0+B0	224	25	2834	3200	30.4	28.7	65	327	393	1435	80

生产厂商：湘电集团重型装备股份有限公司。

5 破碎粉磨设备

破磨设备是用于将大尺寸物料破碎成小尺寸物料的机械设备。破碎设备主要有颚式破碎机，旋回式破碎机，圆锥破碎机，辊式破碎机，锤式破碎机，反击式破碎机，冲击式破碎机等。粉磨设备包括：球磨机、棒磨机、自磨机、雷蒙磨高细度粉碎机、高压微磨机、高强磨粉机、高压悬辊磨粉机、立式磨。破磨设备广泛应用于矿山、化工、钢铁、火电、煤炭建筑等行业。

5.1 颚式破碎机

颚式破碎机借助于动颚周期性地靠近或离开固定颚，使进入破碎腔中的物料受到挤压、劈裂和弯曲作用而破碎的机械，是粗碎和中碎作业中使用最广泛的一种破碎机械。因其构造简单、工作可靠、维护和检修容易以及生产和建设费用较低，至今仍然广泛地应用在冶金、矿山、建材、化工、煤炭等行业部门。颚式破碎机在选矿工业中多用来对坚硬和中硬度矿石进行粗碎和中碎，在其他工业中有时也用于细碎。

颚式破碎机基本机型有两种，即复摆颚式破碎机和简摆颚式破碎机。

5.1.1 复摆型

5.1.1.1 概述

破碎机主要用于抗压强度不超过350MPa的各种硬度的矿石、岩石等物料的粗碎、中碎作业，具有破碎比大、产品粒度均匀、使用寿命长、结构简单、工作可靠、维修简便、低耗能等特点，是破碎作业的首选设备。广泛运用于矿山、交通、能源、水利、化工、建筑等行业。

5.1.1.2 工作原理

颚式破碎机由动颚和静颚两块颚板组成，主轴为偏心轴，以电机为动力源，通过电动机带动破碎机主轴上的皮带轮，使动颚按预定轨迹运动，进入由固定颚板、活动颚板和边护板组成的破碎腔内的物料受到挤压而被破碎，破碎后的物料通过下部的排料口排出。

5.1.1.3 规格型号

破碎机的规格用进料口的宽度 B 和长度 L 表示。例如进料口宽度为0.25m，长度为0.4m的破碎机表示为250×400颚式破碎机。

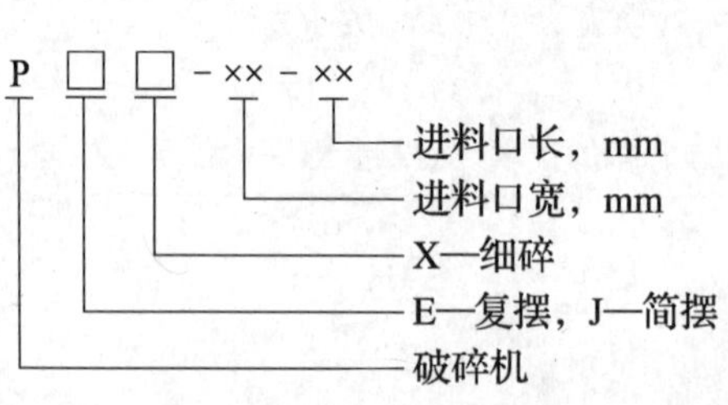

5.1.1.4 结构组成

复摆型颚式破碎机主要由机架部、动颚部、排矿口调整装置、保险机构及自动控制系统等构成，如图5-1-1所示。

5.1.1.5 性能特点

由于动颚上部的水平摆幅大于下部，保证了颚腔上部的强烈粉碎作用，大块物料在上部容易破碎，整个颚板破碎作用均匀，有利于生产能力的提高。同时，动颚向定颚靠拢，在挤压物料的过程中，顶部各点还顺着动颚向下运动，又使物料很好的夹持在颚腔内，并促使破碎的物料尽快排出。因此，在相同情况下，这类破碎机的生产能力较简摆颚式破碎机提高20%~30%。

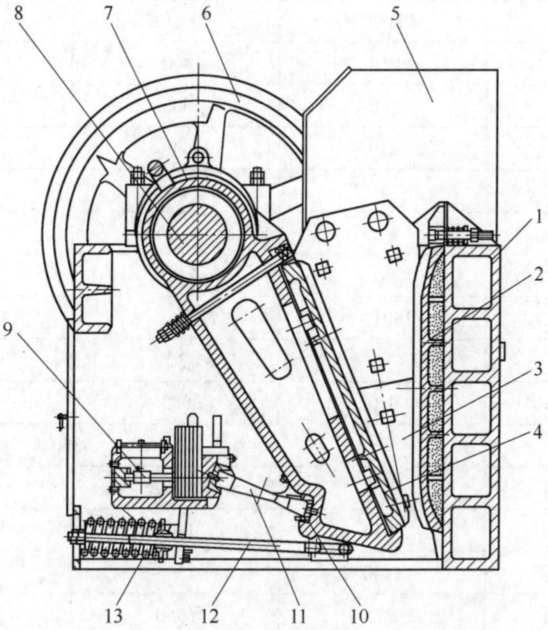

图5-1-1 600×900复摆颚式破碎机

1—机架；2—固定齿板；3—衬板；4—动颚齿板；5—防护罩；6—带轮/飞轮；7—动颚；8—偏心轴；9—调整装置；10—肘板座；11—肘板；12—拉杆；13—弹簧

从近年颚式破碎机的使用情况看，在各行业中使用最多的还是传统的复摆颚式破碎机。简摆颚式破碎机将逐渐被复摆颚式破碎机所代替。

5.1.1.6 选用

颚式破碎机适用于破碎抗压强度不超过350MPa的各种矿岩等物料的粗、中、细碎，适用的物料有硫铁矿石、磷矿石、重晶石、天青石、电石、焦炭、石灰石等，不宜用于片状矿石的破碎。在使用颚式破碎机的生产流程中，宜设置控制给料速度装置及预先筛分或检查筛分装置，可以使产品粒度均匀，过粉碎减少，提高破碎产品质量。

选择破碎机类型时，首先考虑的是破碎机的最大给料粒度和产量。粗碎作业中，与旋回破碎机比较，若能满足产量要求，一般以选择颚式破碎机为宜；在中、细碎作业方面，对于产量较小的情况多数选的是颚式破碎机，反之选圆锥破碎机。

5.1.1.7 技术参数

技术参数见表5-1-1~表5-1-8。

表5-1-1 PE系列复摆型颚式破碎机的技术性能及参数（中信重工机械股份有限公司 www.chmc.citic.com）

型号	进料口尺寸 /mm	最大进料粒度 /mm	排矿口 CSS /mm	生产能力 $/t\cdot h^{-1}$	偏心轴转速 $/r\cdot min^{-1}$	电机功率 /kW	设备总重 /t
PE500	500×750	425	50~150	70~200	330	75	12
PE600	600×900	500	60~150	100~300	300	90	15
PE750	750×1060	630	75~175	150~400	260	110	24
PE900	900×1200	750	100~200	230~500	220	160	39
PE1000	1000×1400	850	125~250	400~700	220	200	51
PE1200	1200×1500	1020	150~300	380~900	220	250	73

表 5－1－2 PE 系列复摆型颚式破碎机的技术性能及参数（北方重工集团有限公司 www.nhi.com.cn）

型号规格		PE0204	PE0406	PE0507	PE0609
给料口尺寸/mm	宽	250	400	500	600
	长	400	600	750	900
推荐最大给料尺寸/mm		210	340	400	500
开边排料口宽度/mm	公称尺寸	40	60	75	100
	调整范围	±20	±30	±25	±25
排料口为公称值时的产量/$m^3 \cdot h^{-1}$		10	18	40.5	60
主电机	型号	Y180L－6	Y225M－6	YR280M－6	YR315－8
	功率/kW	15	30	50	75
	转速/$r \cdot min^{-1}$	970	980	985	730
	电压/V	380			
机器外形尺寸/mm	长	1033	1560	3495	2575
	宽	1016	1742	1940	3723
	高	1140	1593	2205	2373
机器总重（不包括电动机）/kg		2325	6550	10570	16950

表 5－1－3 PE 系列复摆型颚式破碎机的技术性能及参数（北方重工集团有限公司 www.nhi.com.cn）

型号规格		PE0710	PE0912	PE1215	PEF－X0207	PE－X0210
给料口尺寸/mm	宽	750	900	1200	250	250
	长	1060	1200	1500	750	1050
推荐最大给料尺寸/mm		630	750	1200	210	210
开边排料口宽度/mm	公称尺寸	110	130	225	40	40
	调整范围	±30	±35	±75	±20	±20
排料口为公称值时的产量/$m^3 \cdot h^{-1}$		110	130	300	20	32
主电机	型号	YR280M－6	YR315M2－8	YR400－8	Y225M－6	Y280S－6
	功率/kW	90	110	250	30	45
	转速/$r \cdot min^{-1}$	972	730	730	980	980
	电压/V	380				
机器外形尺寸/mm	长	2730	5000	5930	1482	1482
	宽	2760	4471	3178	1914	2342
	高	2820	3280	3860	1516	1535
机器总重（不包括电动机）/kg		27940	44130	82530	6345	7715

注：1. 表中产量以待碎物料堆比重为 $1.6t/m^3$，抗压强度为 150MPa 的矿物（自然状态），新颚板，连续进料且物料粒度级分符合有关国家标准为依据；

2. 生产率的测定和粒度组成以下列条件为依据：破碎物料松散密度为 $1.6t/m^3$，抗压强度为 150MPa 的矿石（自然状态），颚板为新颚板，排矿口宽度为公称尺寸，工作情况为连续进料，上表所列规格系列可根据市场和用户进行调整和发展，其生产率等基本参数按设计文件的规定，设备总重不含电机重量。

表 5－1－4 JC 系列复摆型颚式破碎机的技术参数（洛阳大华重型机械有限公司 www.lydh.com）

型号	给料口尺寸/mm	最大给料粒度/mm	排料口尺寸/mm 与对应处理能力/$t \cdot h^{-1}$												转速/$r \cdot min^{-1}$	功率/kW
			70	80	90	100	125	150	175	200	225	250	275	300		
JC110	1100×850	720	180 240	200 265	220 295	245 320	300 385	350 455	400 520	460 590					230	110
JC125	1250×950	810				270 360	325 430	385 505	445 580	500 650	560 725	620 800			220	160

续表 5-1-4

型号	给料口尺寸/mm	最大给料粒度/mm	排料口尺寸/mm 与对应处理能力/t·h⁻¹												转速/r·min⁻¹	功率/kW
			70	80	90	100	125	150	175	200	225	250	275	300		
JC140	1400×1070	910					360 470	425 555	490 640	555 725	625 815	690 900	725 985		220	200
JC160	1600×1200	1020						490 640	560 730	635 825	710 920	780 1010	855 1105	930 1200	220	250
JC210	2100×1600	1360							800 880	900 1005	1000 1125	1100 1125	1200 1375	1300 1500	200	400

表 5-1-5 PE 系列复摆型颚式破碎机的技术参数（山东九昌重工科技有限公司 www.sdjiuchang.net）

规格型号	进料尺寸(宽×长)/mm×mm	进料粒度/mm	产量/t·h⁻¹	电机功率/kW	出料粒度/mm	外形尺寸(长×宽×高)/mm×mm×mm	质量/t
PE-400×250	400×250	210	5~20	15	20~60	1450×1315×1296	2.8
PE-400×600	400×600	340	16~65	30	40~80	1565×1732×1586	5.5
PE-500×750	500×750	425	45~100	55	50~100	1890×1916×1870	10.2
PE-600×900	600×900	500	50~120	75	65~120	2305×1840×2298	16.5
PE-750×1060	750×1060	630	115~210	90	80~140	2730×2472×2800	29
PE-900×1200	900×1200	750	140~260	110	95~165	3350×3182×3025	50

表 5-1-6 PE 系列复摆型颚式破碎机的技术参数（山东山矿机械有限公司 www.sdkj.com.cn）

型号及规格		进料口尺寸(宽×长)/mm×mm	最大进料粒度/mm	排料口调整范围/mm	生产能力		偏心轴转速/r·min⁻¹	电机		质量/t	外形尺寸(长×宽×高)/mm×mm×mm
								型号	功率/kW		
粗碎颚式破碎机	PE-150×250	150×250	125	10~40	1~3		300	Y132S-4	5.5	1.1	896×745×935
	PE-250×400	250×400	210	20~80	4~14		300	Y180L-6	15	2.8	1430×1310×1340
	PE-250×400A	250×400	210	10~50	4~20		300	Y160L-4	15	2	1108×1087×1392
	PE-250×400B	250×400	210	20~600	10		300	Y180L-6	15	2.3	1033×1010×1140
	PE-400×600A	400×600	350	40~100	8~25		285	Y225M-6	30	6	1450×1720×1642
	PE-400×600	400×600	350	40~100	8~20		250	Y250M-8	30	6.5	1700×1732×1635
	PE-500×750	500×750	425	50~100	15~65	m^3/h	280	YR280M-6	55	11	2035×1921×2000
	PE-600×900(铸钢)	600×900	480	75~200	25~65		250	Y315M1-8	75	16.9	2575×3723×2373
	PE-600×900(焊接)	600×900	500	75~200	25~65		250	YR250S-4	75	16	2576×3244×2392
	PE-750×1060	750×1060	630	80~140	70~130		250	Y315L-8	110	25.7	2360×2600×3100
	PE-900×1200	900×1200	750	95~235	80~160		225	Y315L-8	110	50	3800×3166×3045
	PE-1200×1500	1200×1500	1000	150~300	250~500		180	Y355M-8	160	10.1	4200×3732×8845
细碎颚式破碎机	PE-150×250	150×250	80	7~20	3~15		320	Y160M-4	11	1	750×1170×595
	PE-150×750	150×750	120	10~40	8~35		320	Y160L-4	15	3.4	1280×1610×1081
	PE-250×750	250×750	210	15~60	11~35		330	Y225M-6	30	5.7	1530×1750×1380
	PE-250×1000	250×1000	210	15~50	15~50	t/h	330	Y250M-6	37	6.3	1530×1922×1380
	PE-250×1200	250×1200	210	15~50	18~60		330	Y280S-6	45	8.2	1600×2220×1440
	PE-300×1300	300×1300	250	20~90	20~90		300	Y315S-6	75	10.8	1750×2320×1724

注：处理能力的测定以下列条件为依据：

1. 破碎物料为松散密度为 1.6t/m^3，抗压强度为 150MPa 的矿石（自然状态）；
2. 颚板为新颚板，排料口宽度为公称尺寸；
3. 工作情况为连续进料。

表 5-1-7　复摆型颚式破碎机在各企业中的应用案例（中信重工机械股份有限公司　www.chmc.citic.com）

型号规格	用户
PE600×900	山西万家寨水电站 云南昆明钢厂 湖北孝感碎石厂 四川都江堰碎石厂
PE600×1200	泰国古邦水泥厂 小浪底人工砂石系统
PE900×1200	山东淄博水泥有限公司 湖北大冶铜矿 菲律宾古峰成套项目中国铝业公司
PJ1200×1500	福建紫金矿业有限公司 唐山钢铁有限公司 湖北大冶铜矿 四川攀枝花钢铁有限公司

表 5-1-8　复摆型颚式破碎机在各企业中的应用案例（北方重工集团有限公司　www.nhi.com.cn）

规格名称	台数（累计）/台	使用单位（部分）
600×900 复摆颚式破碎机	87	甘肃物资局机电公司 湖南水口山矿务局 河南洛阳水泥厂 武汉钢铁公司 太钢
900×1200 复摆颚式破碎机	79	安阳水泥厂 云南昆明建委 铜陵有色金属公司 河北赞皇金隅水泥有限公司
400×600 复摆颚式破碎机	25	青山硫铁矿 山东第四砂轮厂 鞍钢设备处
250×400 复摆颚式破碎机	15	巴西石灰石破碎线
250×1050 复摆颚式破碎机	15	巴西石灰石破碎线
750×1050 复摆颚式破碎机	20	辽宁招金白云矿业公司

生产厂商：中信重工机械股份有限公司，北方重工集团有限公司，山东山矿机械有限公司，洛阳大华重型机械有限公司，山东九昌重工科技有限公司，上海山美重型矿山机械有限公司。

5.1.2　简摆型

5.1.2.1　概述

简摆型颚式破碎机是具有两个肘板，动颚上各点的运动轨迹为圆弧的破碎机。

5.1.2.2　工作原理

简摆型破碎机通过动颚的周期性运动来破碎物料，在动颚悬挂心轴向固定颚板摆动的过程中，位于两颚板之间的物料便受到压碎、劈裂和弯曲等综合作用，使物料的体积缩小，物料之间相互靠近、挤紧，当压力超过物料所能承受的强度时，即发生破碎。反之，当动颚离开固定颚板反方向摆动时，物料便靠自重向下运动。动颚每运动一周期物料便受到一次压碎作用，并向下运动一段距离。经过若干个周期后，被破碎的物料便被排出机外。

5.1.2.3　主要构造

简摆型颚式破碎机主要由机架、工作机构、调节装置、保险装置和润滑系统等组成，如图 5-1-2、图 5-1-3 所示。

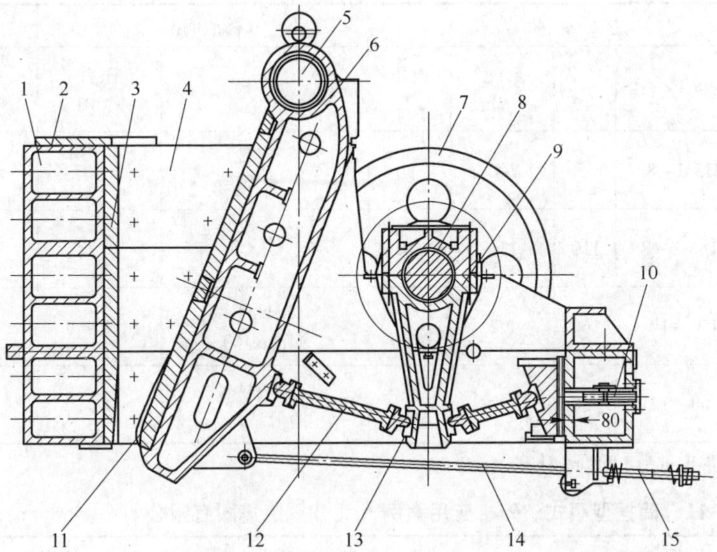

图 5-1-2 1200×1500 简摆颚式破碎机

1—机架；2—压板；3—固定齿板；4—衬板；5—心轴；6—动颚；7—皮带轮/飞轮；8—偏心轴；9—连杆；10—调整装置；11—动颚齿板；12—肘板；13—肘板座；14—拉杆；15—弹簧

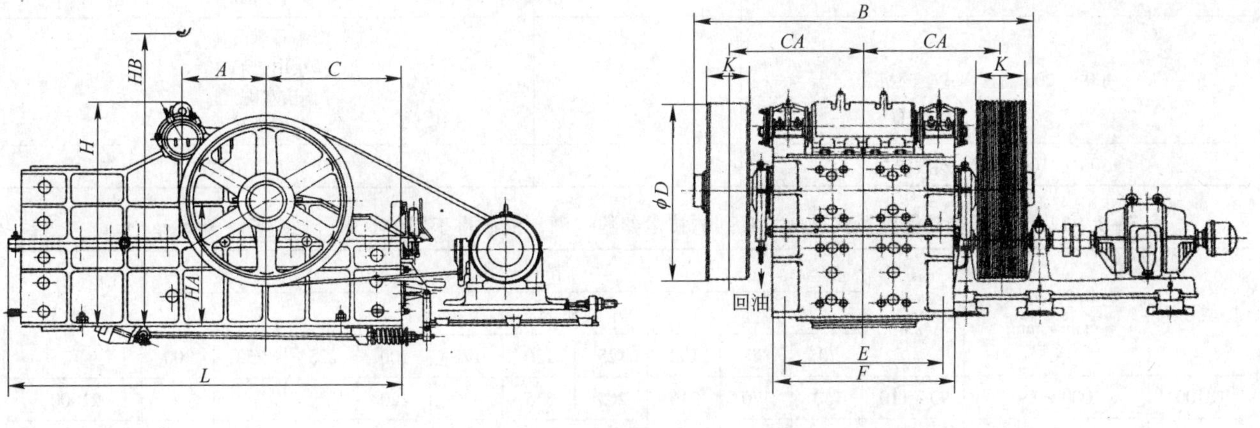

图 5-1-3 简摆型颚式破碎机外形图

5.1.2.4 产品参数

产品参数见表 5-1-9～表 5-1-12。

表 5-1-9 PJ 系列简摆型颚式破碎机的性能参数（北方重工集团有限公司 www.nhi.com.cn）

主要性能参数 / 型号规格	给料口尺寸/mm		最大给料尺寸/mm	开边排矿口尺寸/mm		生产能力（排矿口为公称值时）/$m^3 \cdot h^{-1}$
	宽度	长度		公称尺寸	调整范围	
PJ0609	600	900	500	100	±25	60
PJ0912	900	1200	750	130	±35	180
PJ1215	1200	1500	1000	155	±40	310
PJ1521	1500	2100	1300	180	±45	550

表 5-1-10 PEJ 系列简摆型颚式破碎机的性能参数（北方重工集团有限公司 www.nhi.com.cn）

主要性能参数 / 型号规格	电动机				稀油润滑		干油润滑	
	型号	功率/kW	转速/r·min⁻¹	电压/V	型号	压力/MPa	型号	压力/MPa
PEJ0609	YR315M-8	75	740	380			JB2305-78 DDB-10 干油泵	10
PEJ0912	YR315M1-8	110	730	380			JB2305-78 DDB-10 干油泵	10
PEJ1215	YR450-12	160	492	3000/ 6000	KH934 润滑站 63	0.4	JB2305-78 DDB-18 干油泵	10
PEJ1521	YR500-12	250	490	3000/ 6000	KH934 润滑站 63	0.4	JB2305-78 DDB-18 干油泵	10

注：表中产量以待碎物料堆比重为 $1.6t/m^3$ 计算。

表 5-1-11 简摆型颚式破碎机应用案例（北方重工集团有限公司 www.nhi.com.cn）

规格名称	台数（累计）/台	使用单位（部分）
1200×1500 液压简摆颚式破碎机	24	河南平午指挥部 大石桥镁矿 唐山钢厂 福建永安水泥厂
1200×1500 简摆颚式破碎机	6	江西成门山铜矿 俄罗斯破碎项目 攀枝花钢厂
900×1200 简摆颚式破碎机	16	新疆雅满苏矿 南京白云石矿 重庆水泥厂 龙烟铁矿
1500×2100 简摆颚式破碎机	2	曲江县大宝山铁矿

表 5-1-12 CJ 新型简摆型颚式破碎机系列的技术参数（浙江浙矿重工股份有限公司 www.cnzkzg.com）

型号	进料口尺寸/mm×mm	功率/kW	排料间隙/mm 破碎产量/t·h⁻¹										质量/kg
			70	80	100	125	150	175	200	225	250	300	
CJ100	1000×750	90~110	150	170	215	265	315	370	420				21000
CJ110	1100×850	132~160	190	210	255	310	370	425	480	402			25200
CJ125	1250×950	160~200			290	350	410	470	530	590	650		37100
CJ140	1400×1070	200~220				385	455	520	590	655	725		48300
CJ160	1600×1200	200~250					520	596	675	750	825		72500
CJ200	2000×1500	400						760	855	945	1040	1225	120000

生产厂商：北方重工集团有限公司，浙江浙矿重工股份有限公司。

5.1.3 双腔型

5.1.3.1 概述

双腔型颚式破碎机在动颚上对称安装两块颚板，动颚上各点的运动轨迹为椭圆，两个动颚板与两个定颚板组成两个破碎腔的颚式破碎机。与传统的复摆型颚式破碎机相比，其结构更坚固，可靠性更高，产量提高 30% 以上，单位运行成本降低 20% 以上。双腔型颚式破碎机广泛应用于各类最坚硬和高磨蚀性岩石，是矿山破碎处理和石料加工生产的理想产品。

5.1.3.2 产品特点

（1）高产量、大破碎比、低磨耗及进料块度大。颚式破碎机深腔形对称破碎腔设计使得破碎机进料粒度、产量和破碎比实现了最大化。运动机构的设计和破碎机的运行速度相结合，使破碎机获得最大产量和颚板低磨耗。理想的破碎啮角确保物料破碎和顺利通过，使破碎比达到最大。

（2）动颚采用高质量的铸钢制造，通过大型铸铁皮带轮和飞轮带动。锻造的重型偏心轴和采用优质大型调心滚子轴承，使破碎机具有很高的可靠性。

（3）机体框架由前端铸钢定颚、两侧轧钢板和后部铸钢调整座组成，全部采用对接焊缝，改善了钢板的受力情况。机架组焊后进行整体退火，使机架强度高，坚固耐用，结构简洁。

（4）夹角18°~22°对称破碎腔设计，定颚与动颚衬板相同，可实现互换。

（5）机械或液压楔块排矿口调整系统，比垫片调整系统更简单、更安全。

（6）良好的平衡性能使破碎机无需地脚螺栓安装，通过安装在破碎机支座底部和侧面的橡胶减振块便可实现破碎机正常工作，减缓振动冲击，避免损坏基础。

（7）电机机座与破碎机机架一体安装，减少了破碎机安装空间和三角带的长度，使之基础简单，三角带的使用寿命更长。

5.1.3.3 *技术参数*

技术参数见表5-1-13~表5-1-15。

表5-1-13 JC系列双腔型颚式破碎机的技术性能参数（南昌矿山机械有限公司 www.nmsystems.cn）

型号	JC0850	JC1000	JC1150	JC1350	JC1100	JC1180	JC1200	JC1300	JC1400	JC1500
进料口尺寸/mm×mm	850×510	1000×560	1150×700	1350×780	1100×850	1180×950	1200×1100	1300×1200	1400×1100	1500×1300
最大进料粒径/mm	450	500	630	700	750	850	1000	1100	1000	1200
排料开口范围/mm	30~150	40~175	50~200	70~200	75~200	100~250	100~250	125~300	125~300	150~300
主轴转速/$r \cdot min^{-1}$	340	330	270	260	240	220	220	220	220	200
电动机功率/kW	75	90	110	160	132	160	160	160	200	200
设备质量/kg	8870	11740	15900	25900	24360	30500	38950	49500	54200	69850

表5-1-14 JC系列双腔型颚式破碎机的生产能力（南昌矿山机械有限公司 www.nmsystems.cn）（t/h）

产品尺寸/mm	破碎机生产能力									
	JC0850	JC1000	JC1150	JC1350	JC1100	JC1180	JC1200	JC1300	JC1400	JC1500
0~45	45~60									
0~60	55~75	70~95								
0~75	65~95	85~115	115~150							
0~90	80~110	105~135	125~160							
0~105	95~135	125~155	135~175	210~270	160~220					
0~120	110~150	140~180	155~195	240~300	175~245					
0~135	125~170	160~220	175~225	260~330	190~275					
0~150	140~190	175~225	195~245	285~365	215~295	220~310	245~335			
0~190	175~245	220~280	245~315	345~435	260~360	275~380	295~405	330~430	355~475	
0~225	210~290	265~335	295~375	405~515	310~430	325~450	345~475	385~505	405~560	430~610
0~265		310~390	345~435	465~595	350~490	370~520	395~545	440~575	465~635	495~695
0~300			390~500	530~670	405~555	425~580	445~615	495~650	525~715	560~790
0~340						475~650	495~685	550~730	585~795	625~880
0~380						520~720	545~755	606~810	640~870	685~965
0~415								660~885	705~950	745~1055
0~450								715~960	775~1095	815~1145

注：表中的处理能力是基于物料的松散密度为1.6t/m^3时的数值，剔除给料中小于排料口的细料时取小值。

表 5-1-15　JC 系列双腔型颚式破碎机产品粒度分布（南昌矿山机械有限公司　www. nmsystems. cn）（%）

方孔筛 /mm	产品粒度分布															
	30	40	50	60	70	80	90	100	125	150	175	200	225	250	275	300
500	100	100	100	100	100	100	100	100	100	100	100	100	100	100	100	100
400	100	100	100	100	100	100	100	100	100	100	100	100	100	100	94	90
300	100	100	100	100	100	100	100	100	100	100	100	100	89	82	73	68
200	100	100	100	100	100	100	100	100	100	87	75	68	68	56	49	46
100	100	100	100	100	96	85	73	68	54	47	40	36	33	29	27	25
90	100	100	100	100	87	77	67	63	48	44	37	34	30	26	24	24
80	100	100	100	86	79	70	58	56	44	37	33	30	26	24	22	21
70	100	100	94	77	70	63	53	49	39	34	29	27	24	22	20	18
60	100	96	80	68	61	55	46	43	34	28	26	24	17	18	17	16
50	100	86	70	56	50	47	39	37	28	25	23	20	15	16	14	14
40	93	70	55	45	41	37	32	29	24	20	17	16	12	14	12	12
30	68	52	43	36	32	28	25	23	18	16	14	13	12	11	9	8
20	43	36	29	29	23	20	17	16	14	11	10	8	8	7	6	6
10	20	18	16	16	13	11	9	8	7	6	5	4	4	4	4	4
9	18	17	15	13	12	10	8	7	6	5	4	4	4	4	3	3
8	17	16	13	12	11	9	8	7	6	4	4	4	3	3	3	3
7	16	15	12	10	10	8	7	6	5	4	3	3	3	3	3	3
6	14	13	11	8	7	7	7	5	4	4	3	3	3	3	2	2
5	12	10	9	7	7	6	5	4	4	3	3	3	2	2	2	2
4	9	8	7	6	5	5	5	4	3	3	2	2	2	2	2	2
3	8	6	6	5	4	4	4	3	3	2	2	2	1	1	1	1
2	4	4	4	4	3	3	3	2	2	2	2	2	1	1	1	1

生产厂商：南昌矿山机械有限公司。

5.2　旋回破碎机

5.2.1　概述

旋回破碎机由上部给料、下部排料。借助于旋摆运动的动锥，周期性靠近或离开固定锥，使进入到破碎腔中的矿（岩）石不断受到挤压、碾磨作用，将大块物料破碎成小块物料。该机普通型的动锥主轴悬挂在机体上端的横梁上，液压型是利用放置在动锥主轴下面的液压缸支撑，液压上下往复，可以调整排矿口和过铁保护。主要作为大型露天矿山和选矿厂用于物料块度大、处理量大的粗碎流程。

5.2.2　主要结构

液压型旋回破碎机主要由固定圆锥部，动锥部，传动部，上机架部，中机架部，下机架部，偏心套部，液压部，油缸部，干、稀油润滑部，基础等部分组成。

5.2.3　工作原理

电机由两个齿轮联轴器和一个中间轴直接与传动轴连接，经安装在偏心套下端的大圆锥齿轮，带动偏心套转动时，可使破碎圆锥绕破碎机中心轴做旋摆运动，从而使破碎圆锥表面时而靠近时而离开固定圆锥表面，使进入破碎腔的物料不断受到挤压和弯曲作用而被破碎。被破碎的物料靠自重从破碎腔底部排出。

液压旋回破碎机为液压支撑结构，其动锥由液压缸内的液压油支撑，增减油缸中的油量可以达到调整排矿口的目的。负荷运转时，溢流阀起过载保护作用，当非破碎物进入破碎腔时，造成破碎力增大、系统油压升高、溢流阀溢流、主轴下降，排出不可破碎异物。这种结构的破碎机可方便地调整排矿口尺寸，使用户获得满意的产品粒度和产量。

5.2.4 主要特点

旋回破碎机是一种破碎能力较大的设备，其优点是：破碎单位质量矿石时电耗少；破碎腔连续工作，生产能力大；破碎腔内衬磨损分布均匀；产品粒度均匀，过大块少；破碎腔内不易堵塞矿石，不要求均匀给矿，可以“挤满给矿”；可全自动调节排矿口。主要缺点是：设备构造复杂、机身重、要求坚固的基础、机体高、增加厂房高度，因此适用于大型矿山。

5.2.5 型号表示方法

P X Z－□/□

- 动锥底部直径÷10，mm
- 给料口宽度÷10，mm
- 破碎机型式，Z为重型
- 旋回
- 破碎机

5.2.6 外形结构

旋回破碎机外形结构如图 5－2－1 所示。

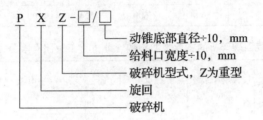

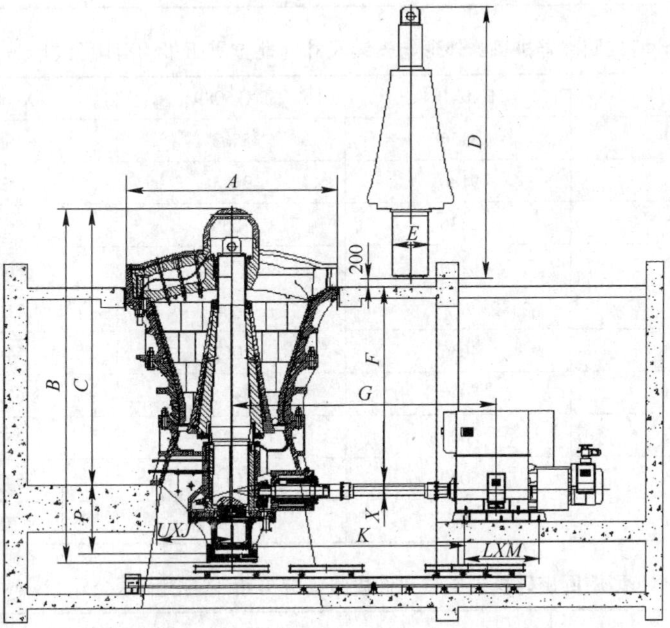

图 5－2－1 PXF 旋回破碎机外形与安装尺寸

5.2.7 设备选型

破碎设备的选择与处理矿石的物理性质、要求破碎的生产能力、破碎产品粒度以及设备配置有关。所选破碎设备，除保证满足产品粒度和生产能力外，还须考虑给入的最大块度。对于粗碎设备，给矿中的最大矿块为 0.8～0.85B（B 为给矿口宽度）。

5.2.8　技术参数

技术参数见表 5－2－1～表 5－2－11。

表 5－2－1　旋回破碎机的规格及技术参数（中信重工机械股份有限公司　www. chmc. citic. com）

型　号	英制型号	主电机功率（最大）/kW	主电机转速 /r · min⁻¹	质量/t	开口尺寸 /mm	最大给料 /mm	动锥底部直径 /mm	动锥底部开口/mm	产量 /t · h⁻¹
PXZ900	36－65	210	735	146	900	750	1650	91～160	380～770
PXZ1200	42－65	400	600	128	1100	900	1650	140～175	1800～2750
PXZ1400	50－65	400	600	175	1270	1050	1650	150～175	2200～2850
PXZ－137/191	54－75	450	600	256	1375	1180	1910	150～200	2250～3100
PXZ－160/191	63－75	450	600	320	1600	1400	1910	150～200	2400～3600
PXZ－152/226	60－89	630	600	400	1524	1300	2260	160～230	4200～5100
PXZ－152/287	60－113	1200	600	600	1524	1300	2870	160～260	5100～8000

表 5－2－2　PXF 型旋回破碎机的主要性能参数（北方重工集团有限公司　www. nhi. com. cn）

型号规格	给矿口尺寸 /mm	排矿口尺寸 /mm	最大给矿尺寸 /mm	产量 /t · h⁻¹	破碎圆锥底部直径 /mm	主电机功率/kW	主电机转速 /r · min⁻¹	润滑站规格 /L · min⁻¹	冷却水耗量 $/m^3 \cdot h^{-1}$
PXF5474	1372（54″）	152	1150	2100～2800	1880（74″）	500	490	250	22.5
PXF5484		203		2800～3200	2134（84″）	560			
PXF6089	1524（60″）	178	1300	3500～4200	2260（89″）	630	490	400	23.5
PXF60110				4500～5000	2794（110″）	800			
PXF7293	1829（72″）	178	1550	2620	2362（93″）	630	490	400	23.5

表 5－2－3　PXF 型旋回破碎机机器外形与安装尺寸（北方重工集团有限公司　www. nhi. com. cn）（mm）

型　号	PXF5474	PXF5484	PXF6089	PXF60110	PXF7293
A	5270	5156	5563	5994	6300
B	8446	9186	9683	11202	11026
C	6325	6336	7065	7646	8057
D	6160	6270	6752	8658	7945
E	762	787	914	1143	914
F	4483	4636	5067	5455	5955
G	5283	5040	5911	6226	6273
P	1800	2000	1900	2500	2500
K	4383	5040	5011	5476	5398
X	273	260	178	706	292

表 5－2－4　PXF 型旋回破碎机主要零部件质量（北方重工集团有限公司　www. nhi. com. cn）

型号规格	机器总质量/t	主要零部件质量/kg				
		传动部	下机架部	下机架护板部	偏心套部	破碎圆锥部
PXF5474	274	2980	36890	6720	7400	46590
PXF5484	300	3490	45760	12000	9965	54690
PXF6089	369	4720	53430	9790	12020	72550
PXF60110	593	9200	122370	15250	23010	123365
PXF7293	485	6590	74800	11938	7795	94900

表5-2-5 PXF型旋回破碎机主要零部件质量（北方重工集团有限公司 www.nhi.com.cn） （kg）

型号规格	主要零部件质量				最大零件质量
	中机架部	上机架部	中机架衬板部	横梁部	
PXF5474	25341	45260	24260	25830	40000
PXF5484	4200	60250	22215	30960	52000
PXF6089	49770	72350	30090	40040	64000
PXF60110	65640	102000	43930	49000	77200
PXF7293	32465	123670	50000	46010	114500

表5-2-6 PXZ系列重型旋回破碎机的技术参数（北方重工集团有限公司 www.nhi.com.cn）

型号规格	给矿口尺寸/mm	排矿口尺寸/mm	最大给矿尺寸/mm	排矿口调整范围/mm	产值/t·h^{-1}
PXZ0506	500	60	420	60～75	420～580
PXZ0710	700	100	580	100～130	950～1050
PXZ0909	900	90	750	90～120	900～1150
PXZ0913		130		130～160	1200～1350
PXZ0917		170		170～190	1400～1600
PXZ1015	1000	150	850	150～180	1500～1800
PXZ1018		180		180～210	1800～2100
PXZ1216	1200	160	1000	160～190	1700～2200
PXZ1221		210		210～230	2300～2600
PXZ1417	1400	170	1200	170～200	2400～2900
PXZ1419		190		190～210	2800～3200
PXZ1422		220		210～230	3200～3500
PXZ1618	1600	180	1350	180～210	3400～3800
PXZ1623		230		210～240	3800～4500

表5-2-7 PXZ系列重型旋回破碎机的性能参数（北方重工集团有限公司 www.nhi.com.cn）

型号规格	破碎圆锥底部直径/mm	主电机		润滑站规格/L·min^{-1}	冷却水耗量/m^3·h^{-1}
		功率/kW	转速/r·min^{-1}		
PXZ0506	1200	200	500	60	4
PXZ0710	1400	200 250	500	60	4
PXZ0909	1650	315	500	100	5
PXZ0913					
PXZ0917					
PXZ1015	1800	355	500	150	8
PXZ1018					
PXZ1216	2000	400 450	500	200	8
PXZ1221					
PXZ1417	2200	450 500	500	250	8
PXZ1422					
PXZ1618	2500	560 630	500	300	8
PXZ1623					

表 5-2-8 **PXQ 系列重型旋回破碎机的技术参数**（北方重工集团有限公司 www.nhi.com.cn）

型号规格	给矿口尺寸/mm	排矿口尺寸/mm	最大给矿尺寸/mm	排矿口调整范围/mm	产量/t·h⁻¹	破碎圆锥底部直径/mm	主电机		润滑站规格/L·min⁻¹	冷却水耗量/m³·h⁻¹
							功率/kW	转速/r·min⁻¹		
PXQ0710	700	100	580	100~120	300~540	1200	200	500	60	4
PXQ0913	900	130	750	130~150	550~700	1400	315	500	80	6
PXQ1215	1200	150	1000	150~170	920~1150	1650	400	500	100	8

注：产量以矿石假比重 1.6t/m³ 计。

表 5-2-9 **液压旋回破碎机应用案例**（中信重工机械股份有限公司 www.chmc.citic.com）

产品规格	使用单位
PXZ900/130	湖北三峡工程 万家寨水利工程
PXZ900/150	山西万家寨水电站
PXQ1200/150	山东济南钢厂
PXZ1200/160	河南洛阳栾川钼矿 1 号破碎站 河南洛阳栾川钼矿 4 号破碎站 河南龙宇钼业公司 济南钢铁公司
PXZ1400/170	首钢河北双滦建龙选矿厂
PXZ-1375Ⅱ	巴西淡水河谷 保利隆欣矿业 汝阳金堆城钼矿
PXZ-1500Ⅱ	巴西淡水河谷 北方国际万宝矿业
PXZ-1750Ⅱ	巴西 MMX 公司
PXZ-1450Ⅱ	瑞典 LKAB

表 5-2-10 **PXZ 旋回破碎机应用案例**（北方重工集团有限公司 www.nhi.com.cn）

产品规格	数量/台	用户	出厂日期/年
PXZ0917	3	山西大西沟矿业公司	2005
PXZ0917	1	海南华盛水泥有限公司	2005
PXZ0909	1	昆明因民有限公司	2008
PXZ0917	1	金川集团有限公司	2010
PXZ0917	1	海南华盛水泥有限公司	2010
PXZ1216	1	唐钢滦县司家营铁矿	2004
PXZ1216	1	攀钢集团矿业公司	2004
PXZ1216	1	鞍山矿业有限公司	2005
PXZ1215	1	莱芜铁矿集团有限公司	2005
PXZ1212	1	河南汝阳金堆城有限公司	2010
PXZ1221	1	海南华盛水泥有限公司	2008
PXZ1221	1	四川龙蟒有限公司	2008
PXZ1216	1	莱芜铁矿集团有限公司	2010
PXZ1216	1	内蒙古中西矿业有限公司	2010
PXZ1216	1	山西金德诚信矿业有限公司	2011
PXZ1417	1	包钢备件供应公司	2004

续表 5-2-10

产品规格	数量/台	用户	出厂日期/年
PXZ1422	2	唐钢滦县司家营铁矿	2004
PXZ1417	1	中国黄金内蒙古金予矿业	2008
PXZ1417	1	承德承钢天宝有限公司	2010
PXZ1417	1	大黑山钼业有限公司	2010
PXZ1417	2	延边天池工贸有限公司	2010
PXZ1417	1	黑龙江多宝山铜业有限公司	2010
PXZ1417	1	攀西红格矿业有限公司	2010
PXZ1417	1	北京华夏建龙矿业公司	2010
PXZ1417	1	北票富贵鸟矿冶有限公司	2011
PXZ1417	1	攀枝花龙蟒矿产品有限公司	2011
PXZ1417	2	浙江富阳宏升集团有限公司	2012
PXZ1417	1	攀枝花龙蟒矿产品有限公司	2013

表 5-2-11 PXF 旋回破碎机应用案例（北方重工集团有限公司 www.nhi.com.cn）

产品规格	数量/台	用户	出厂日期/年
PXF5474	1	江西铜业公司设备处	2004
PXF5474	2	北方铜业（井下）	2004
PXF6089	1	首钢矿业公司（国内首台）	1998
PXF6089	1	本钢南芬铁矿	2003
PXF6089	1	云南迪庆（井下）	2006
PXF6089	1	鞍钢集团矿业公司	2008
PXF6089	1	福建紫金矿业	2009
PXF6089	1	鞍钢集团矿业公司	2009
PXF6089	1	本钢南芬铁矿	2012
PXF6089	1	伊朗 Gohar Zamin 铁矿	2013

生产厂商：北方重工集团有限公司，中信重工机械股份有限公司。

5.3 圆锥破碎机

圆锥破碎机与旋回破碎机不同，该种破碎机动锥和固定锥均如倒扣的碗，在两锥体间的下部有一平行区，以保证物料均匀破碎。

根据破碎腔型的不同和对产品颗粒要求大小不同，又分为标准型、中型、短头型。根据定、动锥之间距离调整过铁保护装置形式不同，分为弹簧式和液压式。圆锥破碎机破碎比大、效率高、能耗低、产品粒度均匀，适合中碎和细碎各种矿石、岩石。破碎机广泛运用于矿山、冶金、建材、交通、水利、化学等众多行业。

5.3.1 弹簧式

5.3.1.1 概述

弹簧式圆锥破碎机的过铁保护装置为弹簧组，用于冶金、化工、建材、水电、筑路等工业部门对不同硬度的各种矿石或岩石进行中碎和细碎的主要设备，具有结构可靠、运转平稳、生产效率高、调整方便、产品粒度均匀等特点。

弹簧式圆锥破碎机，主要由传动部、支撑套部、调整套部、偏心套部、碗形轴承架部、动锥部、定锥部、给料支架部、液压和润滑系统、弹簧组等组成。

5.3.1.2 工作原理

破碎机的定锥和动锥间形成破碎腔。工作时，电动机通过联轴器或皮带轮，带动传动轴和圆锥齿轮旋转并传动偏心套，破碎动锥部在偏心套带动下绕固定点做旋摆运动，使破碎动锥的破碎壁时而靠近、时而离开定锥部表面，物料在破碎腔内不断受到冲击，挤压和弯曲作用而被破碎，被破碎后的矿石靠自重从排矿口排出破碎腔。

在不可破异物通过破碎腔或因某种原因机器超载时，弹簧或液压保险系统可对机器实现保护，排矿口增大。异物从破碎腔排出后，在弹簧组作用下，排矿口自动复位，机器恢复正常工作。

5.3.1.3 型号规格

P Y □-□ □ ×× ××

- ××——给矿口尺寸÷10，mm
- ××——动锥底部直径÷100，mm
- □——T—单缸，D—多缸，C—超重型
- □——B—标准型，Z—中型，D—短头型
- □——T—弹簧式，Y—液压式，S—西蒙斯，G—高能型
- Y——圆锥式
- P——破碎

例如：破碎动锥底部直径为1200mm，给矿口尺寸为170mm的标准型弹簧圆锥破碎机，标记为：PYT-B 1217 型圆锥破碎机；破碎动锥底部直径为2134mm，给矿口尺寸为334mm的标准型超重型Symons圆锥破碎机，标记为：PYS-BC 2133 型西蒙斯圆锥破碎机。

5.3.1.4 主要结构

弹簧式圆锥破碎机的结构如图5-3-1所示。

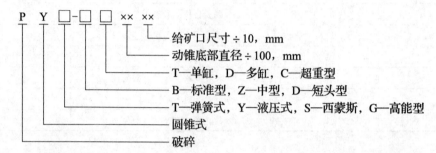

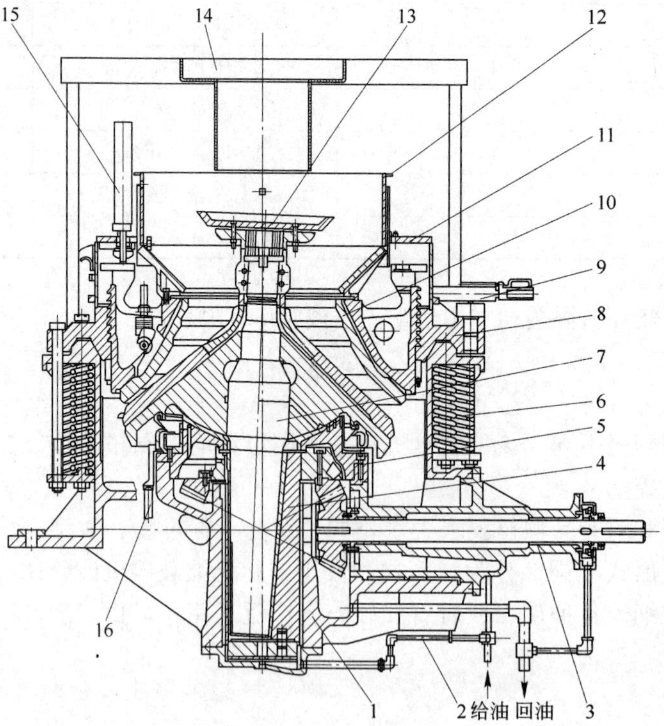

图5-3-1 PYT 弹簧式圆锥破碎机

1—机架部；2—润滑系统部；3—传动轴架部；4—偏心套部；5—碗形轴承部；6—弹簧部；7—主轴部；8—支撑套部；9—推动缸部；10—定锥衬板部；11—调整套部；12—给料斗部；13—分料盘部；14—给料支架部；15—液压锁紧缸部；16—给水与排水系统

圆锥破碎机的动、定锥形成破碎腔，因破碎腔形状不同，这类破碎机可分为标准型、短头型和介乎两者之间的中间型三种，其破碎腔类型如图5-3-2所示。标准型宜作中碎用，短头型宜作细碎用，中间

型则中、细碎均可使用。这三种圆锥破碎机的主要区别，在于破碎腔的剖面形状和平行带的长度不同（可由尺寸 B、e、l 等看出，标准型的平行带最短，短头型最长，中间型介于两者之间）。除此之外，其余部件的构造完全相同。

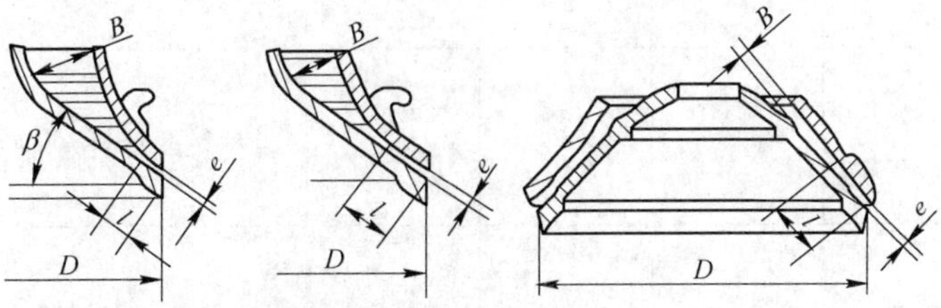

(a) (b) (c)

图 5-3-2 各类型圆锥破碎机的破碎腔形状

（a）标准型；（b）中型；（c）短头型

5.3.1.5 技术参数

技术参数见表 5-3-1 ~ 表 5-3-4。

表 5-3-1 PYT 系列弹簧式圆锥破碎机的性能参数（北方重工集团有限公司 www.nhi.com.cn）

型号规格	破碎圆锥底部直径 /mm	给矿口尺寸 /mm	最大给矿尺寸 /mm	偏心套转速 /r·min^{-1}	排矿口调整范围 /mm	产量/t·h^{-1}
PYT-B 0607	600	75	65	355	12~25	40
PYT-D 0604		40	36		3~13	12~23
PYT-B 0913	900	135	115	333	15~50	50~90
PYT-Z 0907		70	60		5~20	20~65
PYT-D 0905		50	40		3~13	15~50
PYT-B 1217	1200	170	145	300	20~50	110~168
PYT-Z 1211		115	100		8~25	42~135
PYT-D 1206		60	50		3~15	18~105
PYT-B 1725	1750	250	215	245	25~60	280~430
PYT-Z 1721		215	185		10~30	115~320
PYT-D 1710		100	85		5~15	75~230
PYT-B 2235	220	350	300	220	30~60	590~1000
PYT-Z 2227		275	230		10~30	200~580
PYT-D 2213		130	100		5~15	120~340
600 超细旋盘破碎机 PP 0620	600	20~30	<20~30	355	3~13	10~20

表 5-3-2 PYT 系列弹簧式圆锥破碎机的性能参数（北方重工集团有限公司 www.nhi.com.cn）

型号规格	主电机				弹簧组数	弹簧总压力/单组压力/kN	润滑站规格 /L·min^{-1}	冷却水耗量 /m^3·h^{-1}
	型号	功率 /kW	转速 /r·min^{-1}	电压 /V				
PYT-B 0607	Y250M-8	30	730	380	8	400/50	16	1.2
PYT-D 0604								
PYT-B 0913	Y315S-8/4135T-1 柴油机	55/80 马力	720/1500	380	10	700/70	16	1.2
PYT-Z 0907								
PYT-D 0905								

续表 5－3－2

型号规格	主电机				弹簧组数	弹簧总压力/单组压力/kN	润滑站规格 /L·min^{-1}	冷却水耗量 /$m^3 \cdot h^{-1}$
	型　号	功率 /kW	转速 /r·min^{-1}	电压 /V				
PYT－B　1217	JS126－8	110	735	220/380	10	1500/150	63	3
PYT－Z　1211								
PYT－D　1206								
PYT－B　1725	JS128－8	155	735	220/380	12	3000/250	125	6
PYT－Z　1721								
PYT－D　1710								
PYT－B　2235	JSQ1510－12/ JSQ158－12	280/ 260	490/ 485	6000/ 3000	16	4000/250	125	6
PYT－Z　2227								
PYT－D　2213								
600 超细旋盘破碎机 PP0620	Z2－102	40	600～1200	220	8	400	16	1.2

表 5－3－3　圆锥破碎机的技术参数（山东山矿机械有限公司　www.sdkj.com.cn）

型号	破碎圆锥底部直径 /mm	给料口尺寸 /mm	最大给料尺寸 /mm	排料口调整范围 /mm	偏心套转速 /r·min^{-1}	生产能力 /t·h^{-1}	设备质量 /t	主电机				弹簧组数	弹簧总压力/单组压力 /t	主机外形尺寸（长×宽×高）/m×m×m	最大件尺寸（长×宽×高） /m×m×m
								型　号	功率 /kW	转速 /r·min^{-1}	电压 /V				
PYB500	600	75	65	12～25	355	12～25	5.5	Y250M－8	30	730	380	8	40/50	2.375×1.21×1.7	1.14×1.23×1.7
PYB900	900	135	115	15～50	333	38～125	10.8	Y315S－8	55	740	380	10	70/7	3.24×1.7×2.35	1.99×1.7×2.35
PYB1200	1200	170	145	20～50	300	80～200	24.6	JS126－8	110	730	380/220	10	150/7	4.2×2.3×2.98	2.81×1.7×2.35
PYB1750	1750	250	215	25～60	245	200～480	50.3	JS128－8	155	735	220/380	12	300/25	5.08×2.95×4.2	3.6×2.95×1.2
PYB2200	2200	350	300	30～60	220	420～840	80.13	Y500－50－12	280	494	6000	16	400/25	7.7×3.43×5.06	4.8×3.43×5.06
PYZ900	900	70	60	5～20	333	12～50	9.6	Y315S－8	55	740	380	10	70/7	3.24×1.7×2.35	1.99×1.7×2.35
PYZ1200	1200	115	100	8～25	300	32～100	25	JS126－8	110	730	380/220	10	150/15	4.2×2.3×29.8	2.81×2.3×2.98
PYZ1750	1750	215	185	10～30	245	80～240	50.3	JS128－8	155	735	220/380	12	300/25	5.08×295×4.2	3.6×2.95×4.2

续表 5-3-3

型号	破碎圆锥底部直径/mm	给料口尺寸/mm	最大给料尺寸/mm	排料口调整范围/mm	偏心套转速/r·min^{-1}	生产能力/t·h^{-1}	设备质量/t	主电机				弹簧组数	弹簧总压力/单组压力/t	主机外形尺寸（长×宽×高）/m×m×m	最大件尺寸（长×宽×高）/m×m×m
								型号	功率/kW	转速/r·min^{-1}	电压/V				
PYZ2200	2200	275	235	10~30	220	140~520	80.13	Y500-50-12	280	494	6000	16	400/25	7.7×3.43×5.06	4.8×3.43×5.06
PYD600	600	40	35	3~13	355	5~23	5.5	Y250M-8	30	730	380	8	40/5	2.735×1.21×1.7	1.14×1.23×1.7
PYD900	900	50	40	3~13	333	12~52	9.7	Y315S-8	55	740	380	10	70/7	3.24×1.7×2.35	1.99×1.7×2.98
PYD1200	1200	60	50	5~15	300	19~97	25.3	JS126-8	110	730	380/220	10	150/15	4.2×2.3×2.98	2.81×2.3×2.98
PYD1750	1750	100	85	5~15	245	70~210	50.3	JS128-8	155	735	220/380	12	300/25	5.08×2.95×4.2	3.6×2.95×4.2
PYD2200	2200	130	100	5~15	220	120~360	80.13	Y500-50-12	280	494	6000	16	400/25	7.7×3.43×5.06	4.8×3.43×4.85

注：表中所列生产能力计算条件为：开路流程；破碎中硬的、干的矿石，矿石松散密度为 1.6t/m^3；上段破碎排矿口宽度 e 与该破碎机给矿口宽度 B 比值，当用 PYB 型或 PYZ 型时 $e/B=0.55$，当用 PYD 型时 $e/B=0.25$。

表 5-3-4 PYB、PYD、PYDZ 系列圆锥破碎机的技术参数（山东山矿机械有限公司 www.sdkj.com.cn）

型号	规格		最大给矿粒度/mm	排矿口调整范围/mm	处理能力/t·h^{-1}	主电动机功率/kW	机器参考质量/t
	破碎最大端直径/mm	给矿口宽度/mm					
PYB-0607	600	70	60	6~38	15~50	≤22	4.5
PYB-0609		95	80	10~38	18~65		
PYB-0611		110	90	13~38	22~70		
PYB-0910	900	100	85	10~22	45~90	≤75	10.0
PYB-0917		175	145	13~38	55~160		
PYB-0918		180	150	25~38	110~160		
PYB-1213	1200	130	110	10~30	60~165	≤110	17.0
PYB-1215		155	130	13~38	100~195		
PYB-1219		190	160	19~50	140~300		
PYB-1225		250	210	25~50	190~310		
PYB-1313	1300	135	115	13~30	105~180	≤150	22.5
PYB-1321		210	175	16~38	130~250		
PYB-1324		240	205	19~50	170~345		
PYB-1326		260	220	25~50	230~335		

续表 5-3-4

型号	规格		最大给矿粒度/mm	排矿口调整范围/mm	处理能力/$t \cdot h^{-1}$	主电动机功率/kW	机器参考质量/t
	破碎最大端直径/mm	给矿口宽度/mm					
PYB-1721	1750	210	175	16~38	180~320	≤220	43.5
PYB-1724		240	205	22~50	255~410		
PYB-1727		270	230	25~64	290~630		
PYB-1737		370	310	38~64	430~680		
PYB-2228	2200	280	235	19~38	380~725	≤280	67.5
PYB-2233		330	280	25~50	600~990		
PYB-2237		370	310	32~64	780~1270		
PYB-2246		460	390	38~64	870~1360		
PYB-2228	2200	280	235	19~38	540~1020	≤375	87.5
PYB-2233		330	280	25~50	855~1410		
PYB-2237		370	310	32~64	1110~1800		
PYB-2246		460	390	38~64	1240~1920		
PYD-0603	600	35	30	3~13	9~35	≤22	4.6
PYD-0605		50	40	5~15	22~70		
PYD-0904	900	40	35	3~13	25~90	≤75	11.5
PYD-0906		60	50	3~16	25~100		
PYD-0908		80	65	6~19	55~120		
PYD-1206	1200	60	50	5~16	50~130	≤110	18.0
PYD-1207		70	60	8~16	85~140		
PYD-1209		90	75	13~19	140~180		
PYD-1212		120	100	16~25	160~210		
PYD-1306	1300	60	50	3~16	35~160	≤150	23.5
PYD-1309		90	75	6~16	80~160		
PYD-1310		105	90	8~25	95~220		
PYD-1313		130	110	16~25	190~230		
PYD-1707	1750	70	60	5~13	90~200	≤220	44.5
PYD-1709		90	75	6~19	135~280		
PYD-1713		130	110	10~25	190~330		
PYD-2210	2200	105	90	5~16	190~400	≤280	71.0
PYD-2213		130	110	10~19	350~500		
PYD-2218		180	150	13~25	450~590		
PYD-2220		220	170	16~25	500~650		
PYDZ-2210	2200	105	90	5~16	270~575	≤375	91.0
PYDZ-2213		130	110	10~19	490~700		
PYDZ-2218		180	150	13~25	630~840		
PYDZ-2220		220	170	16~25	720~900		

注：1. 表中的机器参考质量不包括电动机、电控设备、润滑站、液压站的质量；

2. 表中的破碎机处理能力是满足下列条件时的设计通过量：物料含水量不超过4%，不含黏土，给料粒度小于排矿口的细颗粒物料占给料总量的10%以下，且给料在破碎腔360°圆周均匀分布，给料松散密度为1.6t/m^3，抗压强度为150MPa。

生产厂商：北方重工集团有限公司，山东山矿机械有限公司。

5.3.2 单缸液压式

5.3.2.1 概述

液压圆锥破碎机的排矿口由安置在动锥柱部的液压缸上下移动进行调整。单缸液压圆锥破碎机结构较简单，可靠性好，节能高效，多用于中细碎破碎、顽石破碎、中碎作业等破碎工艺。

5.3.2.2 工作原理

圆锥破碎机是中碎与细碎坚硬物料的一种典型破碎设备，其工作部件由两个截锥体组成，并为正置状态，如图5-3-2（b），图5-3-3所示。工作时动锥沿着内表面做旋摆运动，靠近定锥的地方，物料受动锥的挤压和弯曲而破碎，偏离动锥的地方，已破碎的物料由于重力作用从锥底下落，整个破碎和卸料过程沿着内表面连续依次进行。

偏心机构的旋摆方式主要有两种：一种是由偏心机构的偏心内孔带动主轴与动锥做旋摆运动；另一种是偏心机构通过偏心套在固定的主轴上转动，使偏心机构的偏心外圆带动动锥做旋摆运动。

5.3.2.3 主要特点

液压圆锥破碎机因其运行平稳、工作可靠、处理能力大、产品粒度均匀等特点，在矿山、冶金、化工、建材、建筑、电力、交通等行业中，作为处理各种物料的中、细破碎设备。圆锥破碎机相对于其他类型破碎机，能够进行连续作业，设备运行稳定可靠，适应恶劣工况下的破碎要求，尤其对抗压强度较高的高硬度物料破碎效果较好。

5.3.2.4 主要结构

圆锥破碎机包括动锥部、机架部、偏心套部、定锥部、传动部、主轴部、调整环部、排料口调整部、锁紧保护油缸部、料仓部、基础部等。

5.3.2.5 技术参数

技术参数见表5-3-5~表5-3-11。

表5-3-5 单缸圆锥破碎机的技术参数（四川矿山机器（集团）有限责任公司 www.chuankuang.com）

型号		破碎锥直径/mm	最大给料尺寸/mm	排料口宽度/mm	处理能力/$t\cdot h^{-1}$	电动机功率/kW	主轴摆动次数	外形尺寸（长×宽×高）/mm×mm×mm
PYB	600	600	65	12~25	40	30	356	2234×1370×1675
PYD			35	3~13	12~23			2234×1370×1675
PYB	900	900	115	15~50	50~90	55	333	2692×1640×2350
PYZ			60	5~20	20~65			2692×1640×2350
PYD			50	3~13	15~50			2692×1640×2350
PYB	1200	1200	145	20~50	110~168	110	300	2790×1878×2844
PYZ			100	8~25	42~135			2790×1878×2844
PYD			50	3~15	18~105			2790×1878×2844
PYB	1750	1750	215	25~60	280~480	155	245	3910×2894×3809
PYZ			185	10~30	115~320			3910×2894×3809
PYD			85	5~13	75~230			3910×2894×3809
PYB	2200	2200	300	30~60	590~1000	280	220	4622×3302×4470
PYZ			230	10~30	200~580			4622×3302×4470
PYD			100	5~15	120~340			4622×3302×4470

表 5-3-6 CC 单缸圆锥破碎机的技术性能（南昌矿山机械有限公司 www.nmsystems.cn）

圆锥破碎机	CC100S	CC200S	CC300S	CC100	CC200	CC300	CC400
动锥转速/r·min^{-1}	360	340	285	395	360	320	290
偏心距/mm	16~25	16~30	20~36	13~28	16~36	16~36	18~50
电机功率（max）/kW	90	160	250	90	160	250	315
设备质量/kg	7100	13200	19500	5400	9400	16500	24200

表 5-3-7 CC 单缸圆锥破碎机的生产能力（南昌矿山机械有限公司 www.nmsystems.cn）

破碎机	腔型	最大给矿粒度/mm	生产能力/t·h^{-1} 紧边排矿口尺寸（CSS）/mm												
			16	19	22	25	29	32	35	38	41	44	48	51	54
CC100S	EC	240		80	90	120	160	175	150	130					
	C	200	68	75	102	133	117	102							
CC200S	EC	360			122	131	180	243	258	325	343	360	320	269	225
	C	300		104	142	152	209	267	284	299	316	277	189		
			25	29	32	35	38	41	44	48	51	54	57	60	64
CC300S	EC	450		248	264	350	371	468	493	630	550	479			
	C	400	215	295	314	400	423	536	470	418	350				
			4	5	6	8	10	13	16	19	22	25	29	32	35
CC100	EC	135					48	89	97	104	110	118	127	134	103
	C	90					56	93	101	108	116	124	110	74	
	M	65				46	78	84	80	62					
	MF	50			38	70	74	71	56						
	F	38	35	51	52	56	60	50	40						
可提供 EF 腔型			6	8	10	13	16	19	22	25	29	32	35	38	41
CC200	EC	190				113	157	169	179	191	207	218	230	218	174
	C	145				138	149	160	170	182	196	207	197	156	120
	MC	115			60	147	158	170	182	193	168	152	123		
	M	90			88	138	149	160	170	161	137	109			
	MF	75		64	111	121	130	132	120	97					
	F	50	82	87	92	101	108	110	100	81					
可提供 EF 腔型			10	13	16	19	22	25	29	32	35	38	41	44	48
CC300	EC	215			210	290	309	329	355	374	395	415	434	403	320
	C	175		106	229	307	327	348	377	397	378	352	276	240	
	MC	140		128	275	296	316	336	363	344	322	254	221		
	M	110		196	292	313	334	356	314	295	233	204			
	MF	85	120	238	257	276	295	314	277	260	206				
	F	70	185	201	216	232	248	263	233	218	172				
可提供 EF 腔型			13	16	19	22	25	29	32	35	38	41	44	48	51

续表 5-3-7

破碎机	腔型	最大给矿粒度/mm	生产能力/t·h^{-1} 紧边排矿口尺寸（CSS）/mm												
			16	19	22	25	29	32	35	38	41	44	48	51	54
CC400	EC	275		186	355	458	487	526	574	605	635	665	695	663	536
	C	215		200	385	504	535	579	611	643	675	643	538	426	371
	MC	175		266	447	478	508	549	580	610	524	488	382	303	
	M	135		310	462	494	525	567	527	504	423	389			
	MF	115	202	387	416	444	472	510	473	408	381				
	F	85	319	344	370	395	420	454	421	363	339				
	EF	65	295	318	313	304									

注：表中的处理能力是基于花岗岩，物料的松散密度为 1.6t/m^3 的数值。

表 5-3-8 GPY 中碎系列生产能力（洛阳大华重型机械有限公司 www.lydh.com）

型号	偏心量/mm	电机最大安装功率/kW	紧边排料口下的通过量/t·h^{-1} 紧边排料口尺寸/mm										
			25	30	35	40	45	50	55	60	65	70	75
GPY100S	20	90	115~125	140~150	155~175	165~190	180~210						
	25			180~190	195~215	205~225							
GPY200S	25	160		165~215	185~235	205~255	225~275						
	32				225~275	265~315	275~345						
GPY300S	25	250		210~260	245~305	280~335	310~340	320~340					
	32				350~390	370~410	390~430						
GPY500S	44	315		295~320	325~360	390~440	500~560	700~770	800~870	880~950	960~1010	1030~1100	1120~1200

注：所列破碎机的生产能力以松散密度为 1.6t/m^3 的石灰石的生产能力为例，由于所选的偏心量、破碎比、物料硬度、给料粒度组成、给料的含水含泥量等都会影响破碎机的生产能力，所以，对具体的应用情况需视具体数据而定。

表 5-3-9 GPY 细碎系列生产能力（洛阳大华重型机械有限公司 www.lydh.com）

型号	偏心量/mm	电机最大安装功率/kW	紧边排料口下的通过量/t·h^{-1} 紧边排料口尺寸/mm									
			8	10	15	20	25	30	35	40	45	50
GPY100	20	90	45~50	45~55	65~75	90~100						
	25			50~60	70~85	100~115						
GPY200	25	160		85~105	105~125	125~150	155~175	180~205				
	32				135~155	165~185	185~215					
GPY300	32	250	100~120	110~140	155~185	185~215	220~250	255~285	290~320			
	40		140~160	195~225	235~265	280~310	315~345					
GPY500	40	315		160~200	280~300	310~330	370~400	420~450	470~500	520~560	600~630	650~680
	44				320~360	390~420	440~470	510~540	560~600	630~670	700~750	

注：所列破碎机的生产能力以松散密度为 1.6t/m^3 的石灰石开路作业下的生产能力为例，在闭路作业条件下，设备能力比开路作业高 15%~30%。由于所选的偏心量、破碎比、物料硬度、给料粒度组成、给料的含水含泥量等都会影响破碎机的生产能力，所以，对具体的应用情况需视具体数据而定。

表 5-3-10 GPY 中碎系列、细碎系列的给料口尺寸（洛阳大华重型机械有限公司 www.lydh.com）(mm)

腔型	GPY100	GPY200	GPY300	GPY500	GPY100S	GPY200S	GPY300S	GPY500S
EF	40			55				
F	80	70	60	75				
MF	100		100	100				
M		130	130	130				
MC				170				
C			180	210	250			
EC	150	210	260	300		330	380	560

注：EF 为特细；F 为细；MF 为中细；M 为中；MC 为中粗；C 为粗；EC 为特粗。

表 5-3-11 RC 系列单缸液压滚动轴承圆锥破碎机的技术参数（浙江浙矿重工股份有限公司 www.cnzkzg.com）

型号	给料口尺寸/mm	功率/kW	开路产量/t·h^{-1}												质量/kg
			闭边排料口尺寸/mm												
			10	12	14	16	18	20	22	25	30	35	40	50	
RC40	60	160	75~95	85~102	90~105	95~110	100~115	105~120							11000
	90	160		95~120	100~125	110~130	120~145	125~150							
	115	160		95~120	100~125	110~130	120~145	120~150	135~165						
	140	160		100~130	110~140	120~150	130~160	140~170	150~180	160~190					
	180	160						150~180	160~190	170~200	185~215				
RC50	110	250		175~205	195~235	210~250	225~265	240~280	255~295	270~310					23500
	150	250				265~305	290~330	305~350	320~360	335~375					
	220	315							285~355	295~365	305~375	320~400			
	250	315								320~400	330~430	355~455	380~480		
	340	315									370~470	395~495	420~520	460~560	
RC65	150	335				300~370	350~410	370~430	390~450	410~470					46000
	225	335								420~520	470~570	520~620			
	450	335									540~620	560~670	600~700	650~750	

生产厂商：四川矿山机器（集团）有限责任公司，浙江浙矿重工股份有限公司，南昌矿山机械有限公司，洛阳大华重型机械有限公司。

5.3.3 多缸液压式

5.3.3.1 概述

多缸液压圆锥破碎机的过铁保护装置为多组液压缸，并与锁紧保护装置集成一体，安装在上、下机器结合部。结构较为复杂，对于高硬度矿石破碎效果好，多用于矿、岩的中、细碎破碎作业。应用于矿山、冶金、化工、建材、建筑、电力、交通等工业部门。

5.3.3.2 工作原理

多缸圆锥破碎机是中碎与细碎坚硬物料的一种典型破碎设备，其工作部件由两个截锥体组成，并为正置状态，如图5－3－2（b）、图5－3－3所示。工作时动锥沿着内表面做旋摆运动，靠近定锥的地方，物料受动锥的挤压和弯曲而破碎，偏离动锥的地方，已破碎的物料由于重力作用从锥底下落，整个破碎和卸料过程沿着内表面连续依次进行。锁紧保护油缸部由若干个锁紧保护油缸、过铁保护蓄能器、缓冲蓄能器组及管路组成。锁紧保护油缸主要起过铁保护和清理破碎腔的作用，每两个液压缸配一只缓冲蓄能器，在正常破碎时，用以吸收缓冲时因少数硬料造成的调整环跳动冲击现象。

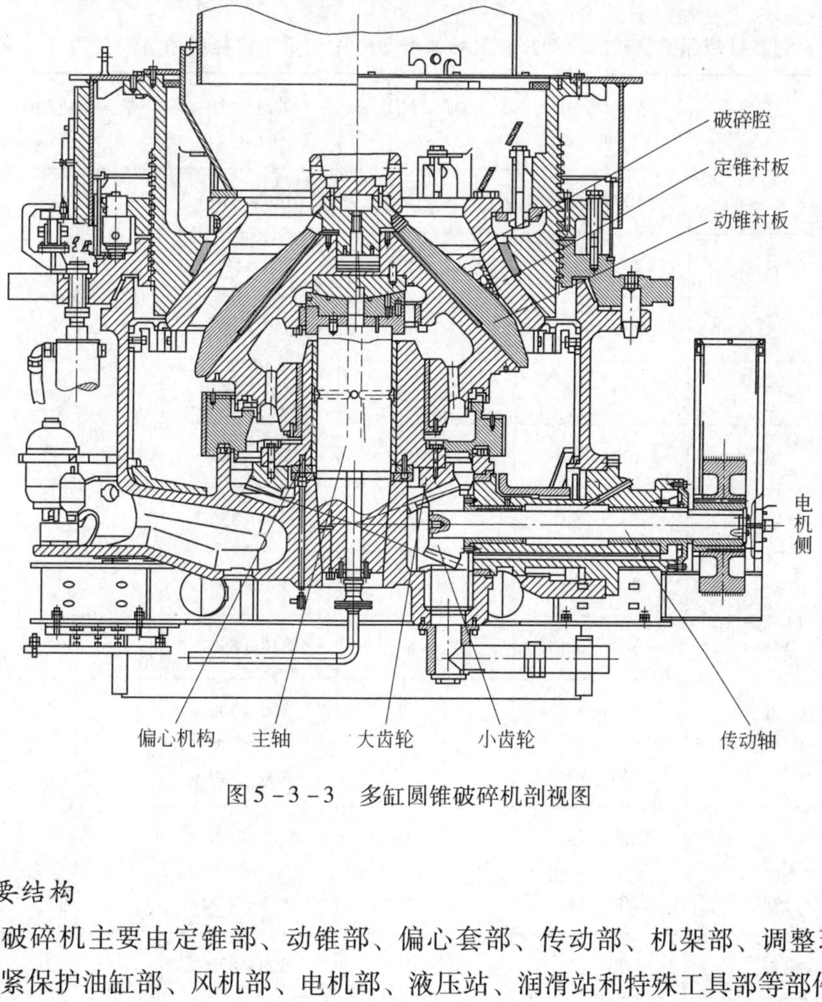

图5－3－3 多缸圆锥破碎机剖视图

5.3.3.3 主要结构

多缸液压圆锥破碎机主要由定锥部、动锥部、偏心套部、传动部、机架部、调整环部、进料仓部、排料口调整部、锁紧保护油缸部、风机部、电机部、液压站、润滑站和特殊工具部等部件组成。

5.3.3.4 性能特点

多缸液压圆锥破碎机的性能特点包括：

（1）产品破碎粒度一次成形率较高，尤其在细碎作业上效果更加明显。

（2）破碎腔较深，可保证物料在挤压破碎的同时，能够通过层压破碎来破碎物料，以达到较好的粒型效果。

（3）通过更换不同的定锥和与之相配套的衬板结构，可以实现从中碎到细碎的转换。

（4）采用多个液压缸实现预紧，破碎机能够提供更大的破碎力。配置完备的辅助工具，操作维护方便安全。

（5）可根据现场的工艺条件灵活调整偏心结构和转速，以满足最佳生产需求。

（6）自动化程度高，可降低安装维护成本。在关键位置设置了先进的系统监测和控制系统，可保证设备的作业率。

5.3.3.5　设备选型

设备选型方法为：

（1）圆锥破碎机广泛用于0～300mm粒度的坚硬物料的中碎与细碎。

（2）破碎设备的选择与处理矿石的物理性质、要求破碎的生产能力、破碎产品粒度以及设备配置有关。矿石物理性质包括：矿石硬度、密度、水分、黏土含量和物料最大粒度。根据矿石极限抗压强度，矿石分为难碎性矿石、中等可碎性矿石和易碎性矿石三种类型。

（3）圆锥破碎机给料最大粒度应小于给料口宽度的85%。

5.3.3.6　技术参数

技术参数见表5－3－12～表5－3－18。

表5－3－12　CC系列多缸液压圆锥破碎机的规格及技术参数（中信重工机械股份有限公司　www.chmc.citic.com）

型　号	破碎腔型	进料口大小/mm	排矿口尺寸/mm	处理能力/$t \cdot h^{-1}$	最大装机功率/kW	设备质量/t
CC400	细	100～150	8～15	150～400	450	38
	中	200～250	15～20	200～500		
	粗	260～300	20～30	330～550		
	超粗	300～340	30～50	400～750		
CC500	细	100～150	8～15	160～300	500	65
	中	200～250	15～20	240～350		
	粗	260～300	20～30	340～500		
	超粗	300～340	30～50	510～650		
CC600	细	70～90	10～15	300～500	630	125
	中	150～300	15～25	400～800		
	粗	200～350	25～35	550～1000		
	超粗	300～390	35～50	900～1600		
CC800	细	100～200	10～15	500～830	800	155
	中	220～300	15～25	600～1200		
	粗	280～350	25～35	880～1400		
	超粗	300～420	35～50	1000～1800		

注：1. 型号说明（以CC800为例）：CC—圆锥破碎机，800—装机功率，kW；

2. CC500圆锥破碎机壳体整体结构强度加强，更有利于破碎硬岩等高硬度物料。

表 5-3-13 PYS 系列多缸圆锥液压破碎机的性能参数（北方重工集团有限公司 www.nhi.com.cn）

规格	腔型	推荐的最小排矿口（A）/mm	对应于推荐的最小排矿口(A)的给料口(B)/mm		对应排口的生产能力/$t \cdot h^{-1}$											破碎锥大端直径/mm	主电机				西蒙斯专用稀油润滑站公称流量/$L \cdot min^{-1}$	备注
			闭口边	开口边	6	9	13	16	19	22	25	31	38	51	64		型号	功率/kW	转速/$r \cdot min^{-1}$	电压/V		
PYS-B 0607	细型	6	57	72	16	18	23	27	32	36	41	45	54			600	Y200L2-6（B3 型）	22	985	380	40	皮带传动
PYS-B 0609	粗型	9	83	109		18	23	27	32	41	45	54	68									
PYS-B 0610	特粗型	13	100	109			23	27	36	45	50	63	72									
PYS-B 0910	细型	9	83	102		45	59	72	81	91						900	Y315S-6	75	985	380	63	皮带传动
PYS-B 0917	粗型	13	159	175			59	72	91	109	118	136	163									
PYS-B 0918	特粗型	25	163	178							118	136	163									
PYS-B 1213	细型	9	127	131		63	91	109	127	141	154	168				1200	Y315M2-6	110	985	380	100	皮带传动
PYS-B 1215	中型	13	156	156			100	118	136	145	163	181	200									
PYS-B 1219	粗型	19	178	191					141	154	181	200	245	308								
PYS-B 1225	特粗型	25	231	250							190	209	253	317								
PYS-B 1313	细型	13	109	137			109	127	145	154	163	181				1295	JS126-6	155	980	380	125	皮带传动
PYS-B 1321	中型	16	188	210				132	159	172	200	227	253									
PYS-B 1324	粗型	19	216	241					172	195	218	249	295	349								
PYS-B 1325	特粗型	25	238	259							236	276	304	358								
PYS-B 1620	细型	15	188	209				181	204	227	258	295	327			1676	Y450-12	220	490	6000	200	直连
PYS-B 1624	中型	22	213	241						258	290	336	381	417								
PYS-B 1626	粗型	25	241	269							299	354	417	454	635							
PYS-B 1636	特粗型	38	331	368									431	476	630							
PYS-B 2127	细型	19	253	278					381	408	499	617	726			2134	Y500-12	315	490	6000	250	直连
PYS-B 2133	中型	25	303	334							608	726	807	998								
PYS-B 2136	粗型	31	334	369								789	844	1088	1270							
PYS-B 2146	特粗型	38	425	460									880	1179	1361							
PYS-BC 2127	细型	19	253	278					544	580	712	880	1034			2134	Y500-12	400	490	6000	250	直连
PYS-BC 2133	中型	25	303	334							862	1034	1152	1424								
PYS-BC 2136	粗型	31	334	369								1125	1206	1542	1814							
PYS-BC 2146	特粗型	38	425	460									1252	1678	1941							
PYS-B 2429	细型	19	265	290					680	730	860	1020	1250			2420	Y560-12	560	490	6000	400	直连
PYS-B 2434	中型	25	310	340							1000	1235	1420	2000								
PYS-B 2440	粗型	31	365	400								1250	1405	1815	2550							
PYS-B 2447	特粗型	38	435	470									1450	1754	2500							

注：1. 产量以假比重 $1.6t/m^3$ 计；

2. 传动方式有直连和皮带传动两种方式，备注栏标注的传动方式对应于给出的主电动机型号。

表5-3-14 PYG系列多缸液压圆锥破碎机的技术参数（山东山矿机械有限公司 www.sdkj.com.cn）

型号	规格/mm		最大给料尺寸/mm	排料口调整范围/mm	传动轴转速/r·min^{-1}	处理能力/t·h^{-1}	主电机推荐功率/kW	本体参考质量/kg
	破碎锥大端直径	给料口尺寸						
PYGB-0913	900	130	110	14~38	1000~1200	117~225	160	10100
PYGB-0916		155	132	18~38		130~225		
PYGB-0921		210	178	22~38		140~225		
PYGD-0907		70	60	8~25		72~198		
PYGD-0909		90	76	10~25		81~198		
PYGD-0912		118	100	12~25		108~198		
PYGB-1114	1100	135	115	16~45	1000~1200	162~400	220	18500
PYGB-1121		211	180	20~45		180~400		
PYGB-1124		235	200	26~45		207~400		
PYGD-1107		70	60	8~25		108~198		
PYGD-1110		96	82	12~25		126~198		
PYGD-1112		124	105	14~25		144~198		
PYGB-1415	1400	152	130	16~50	850~950	202~558	315	29700
PYGB-1420		200	170	22~50		243~558		
PYGB-1433		330	280	26~50		270~558		
PYGD-1408		80	68	8~25		104~333		
PYGD-1411		106	90	10~25		126~333		
PYGD-1414		135	115	12~25		162~333		
PYGB-1518	1500	180	152	19~50	850~950	288~653	400	38800
PYGB-1522		229	190	25~50		328~653		
PYGB-1534		335	285	32~50		365~653		
PYGD-1509		88	75	8~25		122~410		
PYGD-1512		124	105	10~25		158~410		
PYGD-1515		152	130	13~25		202~410		
PYGB-1821	1800	210	180	19~50	800~900	333~765	500	61900
PYGB-1826		265	225	25~50		468~765		
PYGB-1836		365	310	32~50		558~765		
PYGD-1804		40	34	5~25		135~450		
PYGD-1809		90	76	10~25		225~450		
PYGD-1815		155	130	13~25		270~450		
PYGB-2028	2000	280	238	16~50	800~900	378~846	630	125000
PYGB-2035		350	298	25~50		522~846		
PYGB-2039		385	326	32~50		616~846		
PYGD-2009		90	77	5~25		166~522		
PYGD-2012		120	102	10~25		270~522		
PYGD-2016		160	136	13~25		328~522		

续表 5-3-14

型 号	规格/mm		最大给料尺寸/mm	排料口调整范围/mm	传动轴转速/r·min⁻¹	处理能力/t·h⁻¹	主电机推荐功率/kW	本体参考质量/kg
	破碎锥大端直径	给料口尺寸						
PYGB-2330	2300	300	255	25~50	700~800	648~1053	800	155000
PYGB-2339		390	332	32~50		774~1053		
PYGB-2342		415	352	38~50		837~1053		
PYGD-2313		130	110	8~25		292~648		
PYGD-2317		170	145	10~25		342~648		
PYGD-2321		205	175	12~25		387~648		

注：1. 给料口尺寸指的是在最小排料口时的开口边给料口尺寸；

2. 表中机器本体参考质量不包括电机、电控设备、润滑站、液压站、基础站、工具部质量；

3. 表中破碎机处理能力是满足下列条件时的设计通过量；物料含水量不能超过4%，不含黏土，在开路流程条件下，给料均匀，小于排料口物料不应大于给料总量的10%，给料堆比重1.6t/m³，抗压强度为140~150MPa；

4. 最小排料口指不引起支撑套跳动所能实现的最小排料口；

5. 随着用户需要，可以增加型号，其命名原则应按本标准的规定，基本参数按设计技术文件的规定。

表 5-3-15 腔型选择技术参数（洛阳大华重型机械有限公司 www.lydh.com） (mm)

型 号	电机最大安装功率/kW	腔型	标准型			短头型		
			紧边给料口	最大给料粒度	最小排料口	紧边给料口	最大给料粒度	最小排料口
HPY200	160	F	130	104	14	70	70	8
		M	155	124	18	90	90	10
		C	210	168	22	118	118	12
HPY300	220	F	135	108	16	70	70	8
		M	211	169	20	96	96	12
		C	235	200	26	124	124	14
HPY400	315	F	152	122	16	80	80	8
		M	200	160	22	106	106	10
		C	330	264	26	135	135	12
HPY500	400	F	180	144	19	88	88	8
		M	229	184	25	124	124	10
		C	300	255	25	152	152	13
HPY800	630	F	280	224	16	90	90	5
		M	350	280	25	120	120	10
		C	385	304	32	160	160	13

注：F为细碎；M为中碎；C为粗碎。

表 5-3-16 破碎机的生产能力（洛阳大华重型机械有限公司 www.lydh.com）

型号	电机最大安装功率/kW	紧边排料口下的通过量/t·h⁻¹											
		紧边排料口尺寸/mm											
		6	8	10	13	16	19	22	25	32	38	45	51
HPY200	160	55~70	60~85	80~120	105~150	130~180	145~185	150~200	165~215	185~230	210~245		
HPY300	220	75~95	100~130	110~140	145~180	170~215	190~230	220~260	225~275	245~320	300~375	345~430	
HPY400	315		105~140	135~170	180~225	215~275	250~320	275~345	285~365	315~425	350~480	400~540	455~615
HPY500	400		135~170	170~220	225~290	270~345	310~400	340~425	360~450	400~530	425~585	500~670	560~770
HPY800	630			240~335	315~420	375~500	420~540	465~590	490~725	545~790	585~920	670~990	765~1100

注：所列破碎机的生产能力，是以松散密度为1.6t/m³的石灰石开路作业下的生产能力为准，在闭路作业条件下，设备能力比开路作业高15%~30%。

表 5-3-17　MRC 系列多缸圆锥液压破碎机的性能参数（浙江浙矿重工股份有限公司　www. cnzkzg. com）

型号	最大给料尺寸/mm	功率/kW	开路产量/t·h⁻¹ 紧边排料口尺寸/mm										质量/kg
			10	13	16	19	22	25	32	38	44	51	
MRC40	275	200	120~150	150~190	190~250	230~300	210~275	230~300	260~335	305~390	355~445	440~490	16600
MRC45	325	280	135~170	180~225	220~260	240~290	260~310	275~335	295~380	350~445	405~510	500~560	21000
MRC54	375	315	150~200	200~260	245~315	275~360	300~385	320~415	355~450	390~500	445~575	505~645	24900
MRC66	400	400	200~250	260~330	315~395	360~450	385~485	405~510	450~565	495~620	565~715	645~810	31000

表 5-3-18　多缸圆锥液压破碎机应用案例（中信重工机械股份有限公司　www. chmc. citic. com）

产 品 规 格	使 用 单 位
PYY2200 液压圆锥破碎机	济南钢铁公司
CC500 多缸液压圆锥破碎机	江西铜业
CC400 多缸液压圆锥破碎机	安徽金日盛矿业公司

生产厂商：北方重工集团有限公司，山东山矿机械有限公司，洛阳大华重型机械有限公司，中信重工机械股份有限公司，浙江浙矿重工股份有限公司。

5.3.4　强力型

5.3.4.1　概述

高能圆锥破碎机是一种更新换代的新型圆锥破碎机，也是目前世界上性能最先进的破碎机。它创立了破碎物料新理念，是实现多碎少磨的理想设备。产品的粒形更加合理（立方形物料含量高），能够适应筑路、建筑、水电对粒形的严格要求。

5.3.4.2　工作原理

强力型圆锥破碎机采用大直径主轴，为提高偏心套的转数，增大破碎锥冲程，为提高破碎动能创造了条件，从而实现高能高效。

5.3.4.3　主要特点

（1）具有生产能力高、产品粒度细、产品形状好、设备质量轻、维修方便、易于操作、易实现远距离自动控制的特点。

（2）偏心套绕固定主轴旋转，转速比原同规格破碎机提高近 50%。转速高，使矿石从进入到排出受破碎的次数增加，产生更高的破碎动能，产品中细粒度含量显著提高。

（3）特殊的破碎壁和轧臼壁安装结构，使更换破碎壁和轧臼壁方便、快捷、易于维修。通过简单更换衬板和适配环，可以实现不同腔型之间的转换。

（4）保险和清腔系统工作稳定可靠，排除破碎异物时，方便灵活、易于操作。

（5）采用液压马达调整排矿口，连续运转、快捷省力，缩短调整时间，提高了工作效率。内置式的液压锁紧缸使破碎机结构紧凑，便于安装和检修。

（6）所有液压系统（包括液压保险和清腔、液压锁紧、液压调整排矿口）互相联锁，如液压调整排矿口必须是液压锁紧的压力释放才能进行。

（7）主机配备大流量润滑油站（125、250、400L/min），使所有的摩擦副得到充分润滑，以适应高强度破碎的要求。油站装有油温、油压控制仪表，实现油温油压监控和报警。

PYG 高能圆锥破碎机结构如图 5-3-4 所示。

5.3.4.4　选型

下列因素有利于提高破碎机产量：

（1）根据给料粒度和排料粒度选择合适的破碎腔。

（2）给料粒度配比适当，可以自动控制给料。

（3）沿破碎腔 360°给料分布均匀。

（4）破碎后排料顺畅。

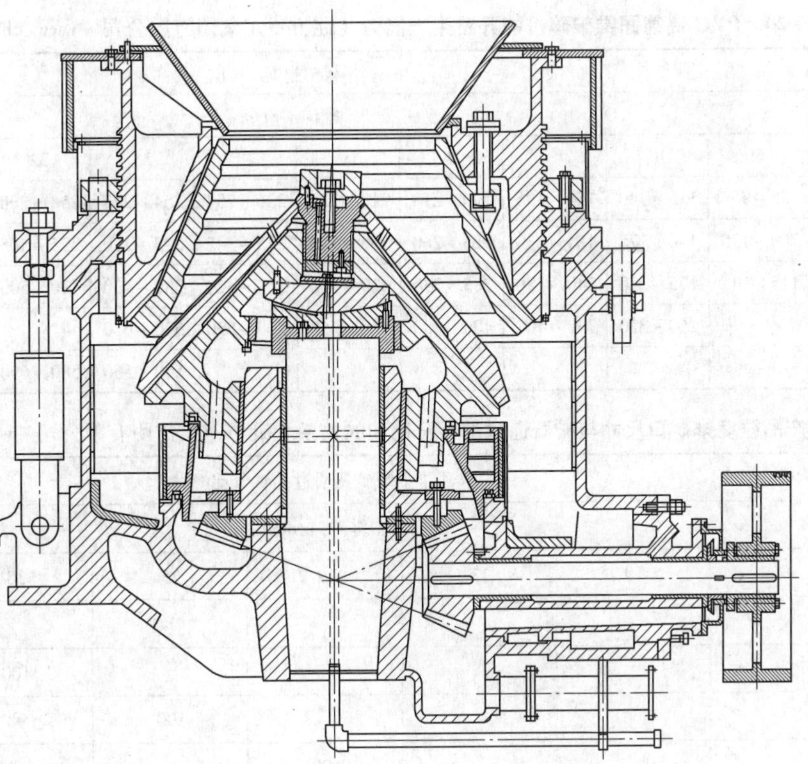

图 5－3－4 PYG 高能圆锥破碎机结构

（5）预筛分和分级筛的筛孔配置适当。

下列因素会降低破碎机产量：

（1）给料中含有黏性物料。

（2）给料中小于排矿口的细物料超过 10%。

（3）给料湿度过大或级配不合理。

（4）筛孔配置不合理，筛分效率未达到要求。

（5）物料过硬或过韧，或沿破碎腔 360°分布不均。

（6）推荐的功率或传动轴的转速未达到要求。

5.3.4.5 基本参数

基本参数见表 5－3－19～表 5－3－21。

表 5－3－19 PYG 高能圆锥破碎机排矿口和给矿口（北方重工集团有限公司 www.nhi.com.cn）（mm）

规格	腔型	标准型		短头型	
		最小排矿口	最大给矿口	最小排矿口	最大给矿口
PYG－B（D）1000	细型	13	110	8	50
	中型	16	150	10	70
	粗型	22	215	12	95
PYG－B（D）1100	细型	16	130	6	25
	中型	22	200	10	55
	粗型	25	280	10	90
PYG－B（D）1300	细型	16	130	6	35
	中型	22	170	10	60
	粗型	25	300	13	90
PYG－D1600	细型			10	60
	粗型			13	155
PYG－B1700	粗型	25	300		
	中型	38	350		

表 5-3-20 PYG 高能圆锥破碎机的开路生产能力（北方重工集团有限公司 www. nhi. com. cn）

规 格	开路生产能力/t·h⁻¹									
	排矿口/mm									
	6	10	13	16	19	22	25	32	38	51
PYG-B（D）1000	86~95	115~140	154~185	190~213	218~236	236~254	254~272	258~300	277~340	
PYG-B（D）1100	100~135	140~175	185~230	225~280	255~320	275~345	295~370	325~405	360~450	465~550
PYG-B（D）1300	115~145	175~220	240~280	285~330	320~390	350~420	380~430	410~500	450~520	530~600
PYG-B（D）1600		260~330	330~408	400~480	450~550	500~590	520~620			
PYG-B1700							500~550	580~690	600~750	800~950

表 5-3-21 产品粒度排矿口尺寸与矿石通过的百分比间的关系（北方重工集团有限公司 www. nhi. com. cn）

产品尺寸/mm	开路中硬矿石通过的百分比/%						
	排矿口/mm						
	6	10	13	19	25	38	51
102							100
76						100	98
51					100	98	82
38				100	98	62	65
25			100	98	82	59	46
19		100	98	82	65	46	36
13	100	98	82	59	46	32	25
10	98	82	65	46	36	25	20
6	82	59	46	32	25	18	15
5	64	45	35	25	20	14	11
3.5	48	33	26	19	15	11	9
2.5	35	25	20	14	12	8	7
1.8	26	19	15	11	9	6	5

生产厂商：北方重工集团有限公司。

5.4 辊式破碎机

辊式破碎机（也称为对辊式破碎机、对辊破碎机、双辊破碎机），由两支水平辊相对旋转，物料在两辊间隙通过，大块物料被挤压破碎。适用于在水泥、化工、电力、冶金、耐火材料等工业破碎中等硬度的物料，如石灰石、炉渣、焦炭、煤等物料的中碎、细碎作业。

5.4.1 光辊式

5.4.1.1 概述

光棍破碎机是辊式破碎机的一种。其结构简单、工作可靠、成本低廉，根据破碎辊的数量，有双光辊破碎机和四光辊破碎机等机型。辊间的间隙采用弹簧或液压调整。广泛应用于中小型厂矿、对煤、焦炭等脆性和韧性的中硬、软矿物料石进行中、细破碎。

5.4.1.2 工作原理

双光辊破碎机是利用一对相向转动的圆辊破碎物料。物料经设备上部加料口落入两辊子之间，依靠摩擦力的作用被带入两辊子之间的间隙而逐渐被压碎，成品物料自下部漏出。遇有过硬而不能破碎的物料时，辊子自动退让，使辊子间间隙增大，过硬物料落下，凭借液压缸或弹簧的作用，辊子恢复到原间隙，从而保护机器，调整两个辊子间的间隙，即可控制产品最大粒度。

四辊破碎机则是利用两对相向转动的圆辊进行破碎工作。

5.4.1.3　型号规格

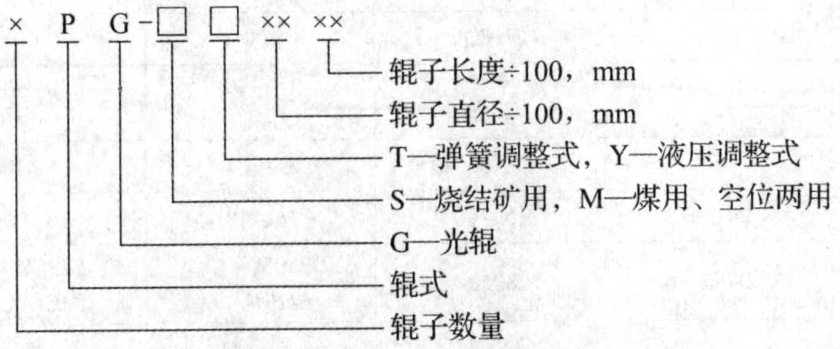

例如：辊子直径1200，辊子长度1000，液压调整煤用双光辊破碎机，标记为：2PGG－MY1210辊式破碎机。

5.4.1.4　产品结构

产品结构如图5－4－1、图5－4－2所示。

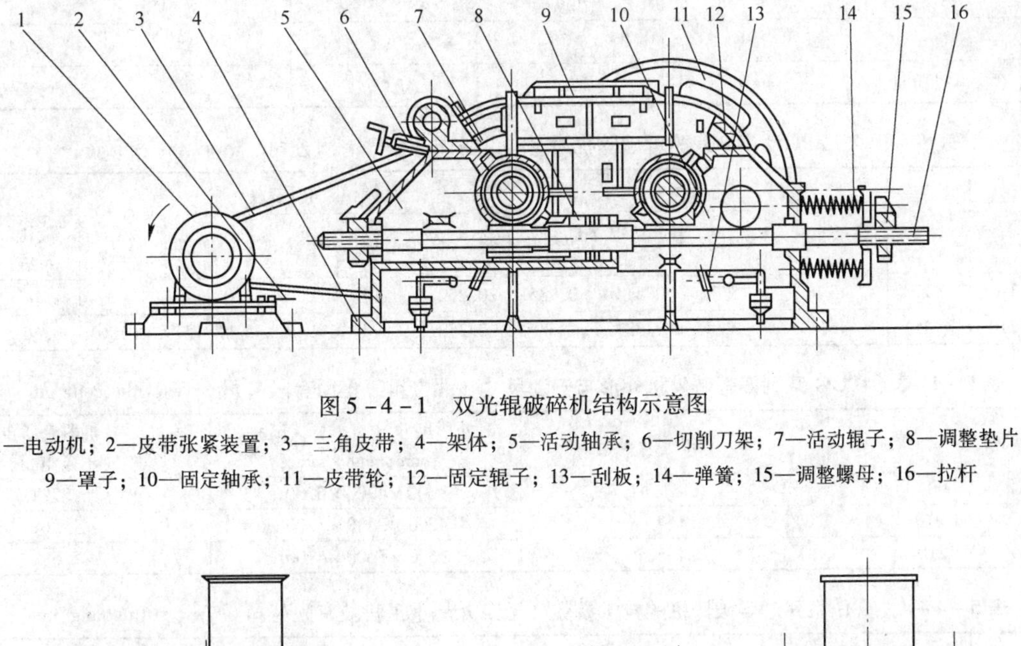

图5－4－1　双光辊破碎机结构示意图

1—电动机；2—皮带张紧装置；3—三角皮带；4—架体；5—活动轴承；6—切削刀架；7—活动辊子；8—调整垫片；9—罩子；10—固定轴承；11—皮带轮；12—固定辊子；13—刮板；14—弹簧；15—调整螺母；16—拉杆

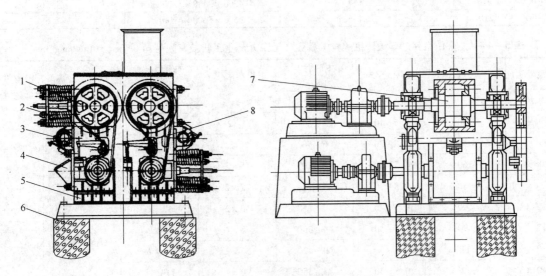

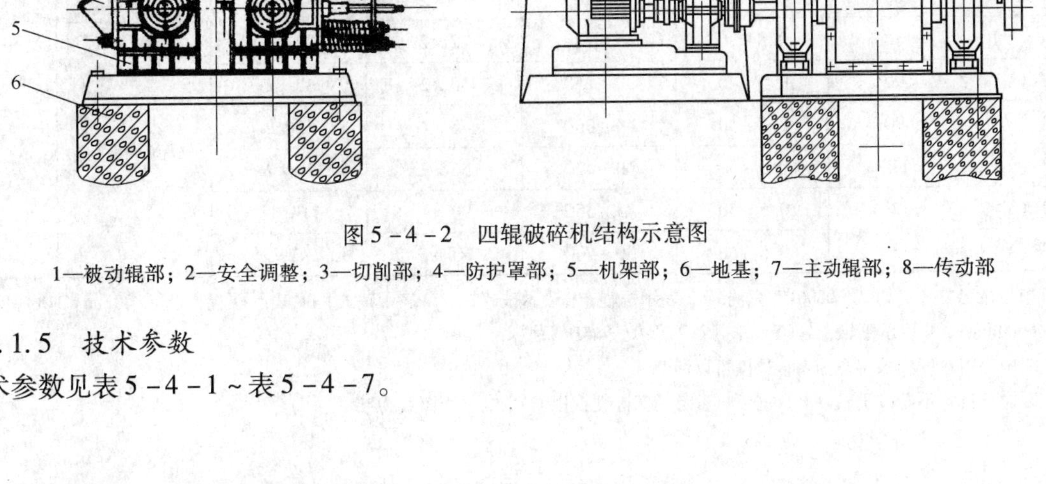

图5－4－2　四辊破碎机结构示意图

1—被动辊部；2—安全调整；3—切削部；4—防护罩部；5—机架部；6—地基；7—主动辊部；8—传动部

5.4.1.5　技术参数

技术参数见表5－4－1～表5－4－7。

表 5－4－1　PGG 系列光辊式破碎机的性能参数（北方重工集团有限公司　www. nhi. com. cn）

规格型号		2PGG－Y 1210	2PGG－T 1210	4PGG－Y 0907	4PGG－T 0907	4PGG－Y 1210
辊子直径/mm		1200	1200	900	900	1200
辊子长度/mm		1000	1000	700	700	1000
辊子间隙/mm		2～12	2～12	10～40 2～10	10～40 2～10	4～10 3～8
给料尺寸/mm		40	40	40～100	40～100	20～30
产量/$t \cdot h^{-1}$		15～90	15～90	16～18	16～18	35～55
主电机	型　号	Y280M－8	Y280M－8	YD250M－12/6 Y225M－6	Y225M－6 JDO3－12/6	YD280S－8/4 Y315S－6
	功率/kW	2×45	2×45	15/24 30	30 14/22	40/55 75
	转数/$r \cdot min^{-1}$	740	740	490/985 980	980 480/980	740/1480 980
	电压/V	380				
机器外形尺寸/m	长	7.5	7.5	9.0	4.2	9.61
	宽	5.1	4.8	4.2	3.2	5.6
	高	2.0	2.0	3.2	3.2	4.24
机器质量（不含电机质量）/t		46.4	45.4	27.7	26	67

表 5－4－2　2PGG 系列双光辊破碎机质量（北方重工集团有限公司　www. nhi. com. cn）　（t）

型号规格	图号	机器总重（不含电机）	主要部件质量									
			架体部	活动轴承部	罩子部	辊子部	地基部	传动部	切削部	液压缸部	液压系统	最重部件
2PGG－T 1210	231	45.4	15.22	2.514	0.985	20.252	3.17	2.268	0.815			20.252
2PGG－Y 1210	K1511	46.4	12.8	2.331	1.00	20.252	2.94	2.268	0.815	2.106	0.661	20.252

表 5－4－3　4PGG 系列四辊破碎机外形与安装尺寸（北方重工集团有限公司　www. nhi. com. cn）

规格型号	图　号	外形尺寸（长×宽×高）/mm×mm×mm	机器总质量（不含电机）/t
4PGG－Y 0907	k1512	9000×4200×3200	27.7
4PGG－T 0907	k153	4200×3200×3200	26
4PGG－Y 1210	k155	9610×5600×4200	67

表 5－4－4　2PG 系列对辊破碎机的技术参数（山东九昌重工科技有限公司　www. sdjiuchang. net）

规格型号	进料粒度/mm	出料粒度/mm	生产能力/$t \cdot h^{-1}$	电机功率/kW	加重型电机功率/kW	保护方式	传动方式
2PG0202PT	<10	0.5～5	0.5～10	2.2×2	3×2	弹簧	三角带或联轴器
2PG0404PT	<30	0.5～10	3～30	4×2	5.5×2		
2PG0605PT	<40	0.5～20	6～50	11×2	15×2		
2PG0806PT	<60	0.5～20	10～100	15×2	18.5×2		
2PG1008PT（Y）	<80	0.5～30	15～130	22×2	30×2	弹簧或液压	
2PG1208PT（Y）	<90	0.5～40	30～250	30×2	37×2		
2PG1212PT（Y）	<90	0.5～40	40～350	45×2	55×2		
2PG1612PT（Y）	<110	0.5～50	60～420	55×2	75×2		
2PG1616PT（Y）	<110	0.5～50	75～550	90×2	110×2		
2PG1816PT（Y）	<130	0.5～60	90～700	110×2	132×2		

注：1. 型号命名方式（以 2PG0806PT 为例）：2 表示两辊，P 表示破碎机，G 表示辊式，08 表示碾辊直径（800mm），06 表示碾辊宽度（600mm），P 表示平辊，T（Y）表示弹簧保护（液压保护）；

2. 表中出料粒度的数字范围表示粒度可以调节；

3. 因设备技术不断改进，以上数据仅供参考，实际数据以 CAD 电子版图纸为准。

表 5-4-5 2PG 系列双辊式破碎机的技术参数（山东九昌重工科技有限公司 www.sdjiuchang.net）

规格型号	进料粒度/mm	出料粒度/mm	生产能力/t·h^{-1}	电机功率/kW	加重型电机功率/kW	保护方式	传动方式
2PG0202CT	<120	10~50	2~20	3×2	4×2	弹簧	三角带或联轴器
2PG0404CT	<120	10~50	6~40	4×2	5.5×2		
2PG0605CT	<200	10~60	10~80	11×2	15×2		
2PG0806CT	<300	10~80	20~150	15×2	18.5×2		
2PG1008CT（Y）	<400	10~90	200~230	22×2	30×2	弹簧或液压	
2PG0812CT（Y）	<300	10~100	40~480	30×2	37×2		
2PG1012CT（Y）	<400	10~120	50~500	37×2	45×2		
2PG1212CT（Y）	<600	10~150	65~600	45×2	55×2		
2PG1612CT（Y）	<800	10~180	80~900	55×2	75×2		
2PG1816CT（Y）	<900	10~200	90~1200	90×2	110×2		
2PG2012CT（Y）	<1100	20~300	150~1500	132×2	160×2		
2PG2018CT（Y）	<1100	20~400	200~2000	160×2	185×2		

注：1. 型号命名方式（以2PG0806CT为例）：2表示两辊，P表示破碎机，G表示辊式，08表示碾辊直径（800mm），06表示碾辊宽度（600mm），C表示齿辊，T（Y）表示弹簧保护（液压保护）；

2. 表中出料粒度的数字范围表示粒度可以调节；

3. 因设备技术不断改进，以上数据仅供参考，实际数据以CAD电子版图纸为准。

表 5-4-6 3PG 系列三辊破碎机的技术参数（山东九昌重工科技有限公司 www.sdjiuchang.net）

规格型号	进料粒度/mm	出料粒度/mm	生产能力/t·h^{-1}	电机功率/kW	加重型电机功率/kW	保护方式	传动方式
3PG0404PT	<40	0.1~10	2~30	4（5.5）	7.5（11）	弹簧	三角带或联轴器
3PG0605PT	<60	0.1~20	5~70	7.5（11）	15（18.5）		
3PG0806PT	<80	0.1~30	8~90	15（18.5）	30（37）		
3PG0809PT	<80	0.1~30	12~120	18.5（22）	37（45）	弹簧或液压	
3PG0812PT	<80	0.1~30	20~180	22（30）	45（55）		
3PG1012PT	<100	0.1~40	30~220	37（45）	75（90）		
3PG1212PT	<120	0.1~50	45~320	45（55）	90（110）		
3PG1216PT	<120	0.1~50	55~400	55（75）	110（132）		

注：1. 型号命名方式（以3PG0806PT为例）：3表示三辊，P表示破碎机，G表示辊式，08表示碾辊直径（800mm），06表示碾辊宽度（600mm），P表示平辊面（堆焊辊面），T（Y）表示弹簧保护（液压保护）；

2. 表中出料粒度的数字范围表示粒度可以调节；

3. 因设备技术不断改进，以上数据仅供参考，实际数据以CAD电子版图纸为准。

表 5-4-7 4PG 系列四辊破碎机的技术参数（山东九昌重工科技有限公司 www.sdjiuchang.net）

规格型号	进料粒度/mm	出料粒度/mm	生产能力/t·h^{-1}	电机功率（加重型）/kW		保护方式	传动方式
4PG0404PT	<20	0.1~10	2~30	7.5（11）	11（15）	弹簧	三角带或联轴器
4PG0605PT	<40	0.1~15	5~60	22（30）	30（37）		
4PG0806PT	<40	0.1~20	8~90	30（37）	37（45）		
4PG0809PT（Y）	<60	0.1~20	12~120	37（45）	45（55）	弹簧或液压	
4PG0812PT（Y）	<60	0.1~20	20~180	45（55）	55（75）		
4PG1012PT（Y）	<80	0.1~30	30~220	55（75）	75（90）		
4PG1212PT（Y）	<90	0.1~40	45~320	75（90）	90（110）		
4PG1216PT（Y）	<90	0.1~50	55~400	90（110）	110（132）		
4PG1218PT（Y）	<90	0.1~50	70~500	110（132）	132（160）		

生产厂商：北方重工集团有限公司，山东九昌重工科技有限公司。

5.4.2　齿辊式

5.4.2.1　概述

双齿辊破碎机破碎辊上利用两个装有破碎齿的辊子相对旋转来破碎物料。物料进入两齿辊间隙（V型破碎腔）以后，受到两齿辊相对旋转的挤压力和剪切力作用，在挤轧、剪切和啮磨下，将物料破碎成需要的粒度然后再由输送设备送出。适用于水泥、化工、电力、冶金、耐火材料等工业部门破碎中等硬度的物料。

5.4.2.2　性能特点

与其他破碎设备相比，齿辊式破碎机工艺布置流程简单，设备性能可靠，维修保养方便，也是黏性及类似物料破碎的首选机型。

5.4.2.3　外形结构

齿辊式破碎机主要由上机体机架固定齿轮辊、移动齿辊、液压装置、传动装置等部件组成，其结构简单，操作方便，主体结构如图5－4－3所示。

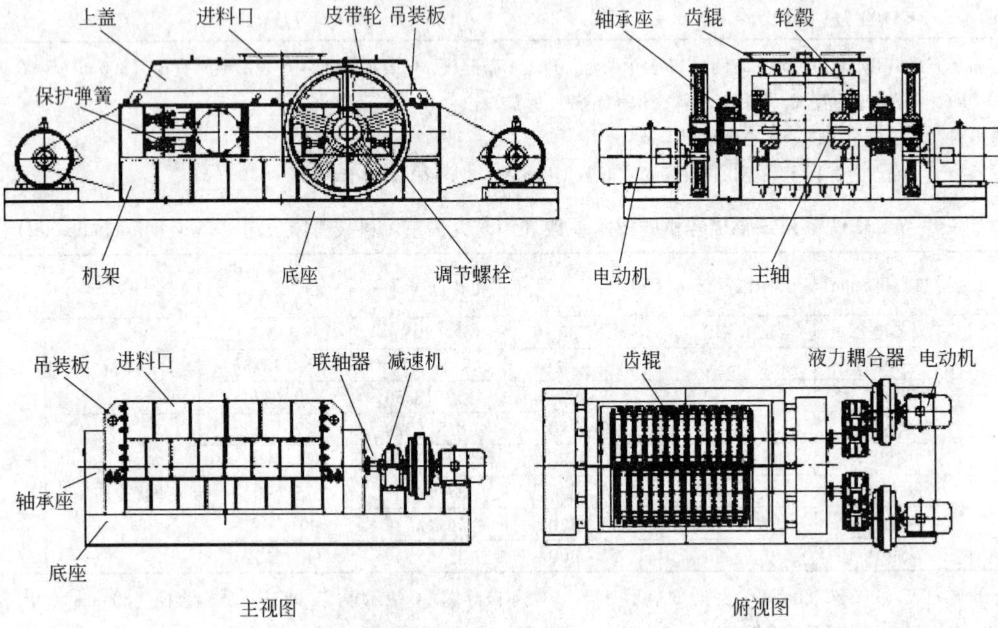

图5－4－3　双齿辊式破碎机结构图

5.4.2.4　技术参数

技术参数见表5－4－8～表5－4－12。

表5－4－8　TKPG/LPG系列双齿辊式破碎机的技术参数（中国中材装备集团有限公司　www. sinoma－tec. com）

型　号	TKPG/LPG					
	16. 16	14. 16	14. 14	12. 12	12. 10	12. 08
生产能力/$t \cdot h^{-1}$	550～600	400～500	300～350	150～200	100～120	60～90
最大给料粒度/mm	600×400×400	600×400×400	600×400×400	350	300	300
出料粒度(筛余<20%)/mm	50～80	50～80	50～80	50～80	50～80	50～80
转子电机功率/kW	200×2	160×2	132×2	75×2	55×2	45×2
破碎物料	黏土、冻土、粉质砂岩及页岩					
物料塑性指数	15～22					
物料水分/%	≤25					

表5-4-9 河源金杰项目4500t/d熟料水泥生产线的应用设备参数（中国中材装备集团有限公司 www.sinoma-tec.com）

型　号	LPG14.14双齿辊式破碎机
辊子尺寸/mm	$\phi1400\times1400$
破碎原料	黏土
物料水分/%	≤25
物料塑性指数	15～22
进料粒度/mm	≤500
出料粒度/mm	≤75（90%）
生产能力/$t\cdot h^{-1}$	250
电机功率/kW	2×132

表5-4-10 亚泰双阳6线项目5000t/d熟料水泥生产线设备参数（中国中材装备集团有限公司 www.sinoma-tec.com）

型　号	LPG12.10双齿辊式破碎机
辊子尺寸/mm	$\phi1250\times975$
破碎原料	黏土
物料水分/%	≤25
物料塑性指数	15～22
进料粒度/mm	≤300
出料粒度/mm	≤80（80%）
生产能力/$t\cdot h^{-1}$	90，最大120
电机功率/kW	2×55

表5-4-11 越南Song Thao水泥项目的应用设备参数（中国中材装备集团有限公司 www.sinoma-tec.com）

型　号	LPG12.12双齿辊式破碎机
辊子尺寸/mm	$\phi1250\times1200$
破碎原料	黏土
物料水分/%	≤20
物料塑性指数	15～22
进料粒度/mm	≤350
出料粒度/mm	≤50（95%）
生产能力/$t\cdot h^{-1}$	120
电机功率/kW	2×75

表5-4-12 应用案例（中国中材装备集团有限公司 www.sinoma-tec.com）

规格型号	最终用户	产量/$t\cdot h^{-1}$
TKPG® 12.08	青海海西化工建材有限公司	60
TKPG® 12.08	宜兴天盛水泥有限公司	60
TKPG® 12.08	惠州光大水泥有限公司	60
TKPG® 12.08	合肥院印尼LHOKNGA水泥厂	70
TKPG® 12.10	四川金顶集团峨眉山水泥厂	90
TKPG® 12.10	吉林亚泰明城水泥股份有限公司	90
LPG12.10	吉林亚泰水泥股份有限公司	90
TKPG® 12.10	驻马店市豫龙水泥有限公司	120
LPG12.10	合肥水泥研究设计院（越南缘何）	120
LPG12.10	中材建设接法基厄瓜多尔	120

续表 5－4－12

规格型号	最终用户	产量/t·h^{-1}
TKPG12. 12	陕西秦岭水泥股份有限公司	150
TKPG® 12. 12	内蒙古西卓子山草原水泥股份有限公司	200
TKPG® 12. 12	甘肃祁连山水泥股份有限公司	150
TKPG® 12. 12	山东金塔王股份有限公司	150
TKPG® 12. 12	江苏恒来建材股份有限公司	150
LPG12. 10	建平唯科东明矿业	80
LPG12. 10	越南缘何水泥厂	120
LPG12. 10	合肥院印尼 LHOKNGA 水泥厂	60
LPG12. 10	亚泰哈尔滨水泥有限公司（两台）	90
LPG12. 10	中铁二十三局川东技改项目	90
LPG12. 10	北京安中德国际贸易有限公司（阿曼项目）	100～120
LPG12. 10	关潮水泥生产线	80
LPG12. 10	吉林亚泰水泥有限公司	90～120
LPG12. 10	驻马店市豫龙同力水泥有限公司	80
LPG12. 10	浩良河水泥有限公司	90～120
LPG12. 12	攀枝花大地环业水泥有限公司	150
LPG12. 12	越南 Song Thao	150
TKPG200	越南西宁水泥有限公司	200
TKPG200	哈萨克斯坦水泥厂	200
TKPG® 150	柬埔寨 KAMPOT CEMENT CO.，LTD.	150
TKPG120	吉林亚泰水泥有限公司	120
TKPG60	关潮水泥生产线	60
TKPG® 14. 14	安徽海螺池州水泥股份有限公司	300
TKPG350. FS	越南福山水泥有限公司	350
TKPG400	巴基斯坦 Best Way 水泥有限公司	400
TKPG300. HL2	广西扶绥海螺水泥有限公司	400
TKPG300. HL2	广西兴业海螺水泥有限公司	400
LPG14. 14	英德台泥水泥有限公司	400
LPG14. 14	江西亚东水泥有限公司	400
LPG14. 14	贵港台泥水泥有限公司	350
LPG14. 14	英德台泥水泥有限公司	350
LPG14. 14	四川金顶集团峨眉山水泥厂	300
LPG14. 14	华润水泥（平南）有限公司	150～200
LPG14. 14	湖北亚东水泥有限公司	300
LPG14. 14	黄冈亚东水泥有限公司	300
LPG14. 14	广东油坑建材有限公司	350
LPG14. 14	广安昌兴水泥有限公司	300
LPG14. 14	华润水泥（罗定）有限公司	350
LPG14. 14	河源金杰水泥有限公司	300
TKPG300. HL2	宣城海螺水泥有限公司	400
TKPG300. HL2	宣城海螺水泥有限公司	350
TKPG300. HL2	安徽池州海螺水泥股份有限公司	300

续表 5-4-12

规格型号	最终用户	产量/t·h^{-1}
TKPG300. HL2	芜湖海螺水泥有限公司	300
TKPG300. HL2	清新海螺水泥有限公司	300
TKPG300. HL2	重庆海螺水泥有限公司	300
TKPG300. HL2	铜陵海螺水泥有限公司	300
TKPG300. HL2	全椒海螺水泥有限公司	300
TKPG300. HL2	临湘海螺水泥有限公司	300
TKPG300. HL2	千阳海螺水泥有限公司	300
TKPG300. HL2	礼泉海螺水泥有限责任公司	300
TKPG300. HL2	平凉海螺水泥有限责任公司	300
TKPG300. HL2	乾县海螺水泥有限责任公司	300~350
TKPG400	巴基斯坦水泥有限公司	400
TKPG400	马来西亚 HUME Cement 有限公司	400
LPG14. 16	俄罗斯奔萨水泥厂（两台）	300~450
TKPS600	青海互助金圆水泥有限公司	黏土>300，页岩>150，混合>230

生产厂商：中国中材装备集团有限公司。

5.5 锤式破碎机

锤式破碎机是直接将最大粒度为600~1800mm的物料破碎至25或25mm以下的一段破碎机。锤式破碎机适用于水泥、化工、电力、冶金等工业部门破碎中等硬度的物料，如石灰石、炉渣、焦炭、煤等物料的中碎和细碎作业。

5.5.1 单转子式

5.5.1.1 概述

单转子锤式破碎机用于破碎中等强度的脆性矿石，如石灰石、泥灰岩、页岩、石膏和煤等。单转子锤式破碎机中，较大机型带给料辊，较小机型不带给料辊，带给料辊的单转子锤式破碎机又分为单给料辊和双给料辊两种。带给料辊的单转子锤式破碎机对大块物料的适应性更好一些，物料先落到给料辊上再被送到转子，这样可减轻矿石对转子的冲击。

由于单转子锤式破碎机具有入料粒度大、破碎比大的特点，可将从采场运来的大块毛矿一次破碎成符合入磨的粒度，使以往需要多段破碎的生产程序简化为一段破碎。从而建设费用节省，矿石的加工费也降低了40%以上，操作更为简单，是当今现代化水泥厂最常用的原料破碎方式。因此，只要矿石的物理性质适合，选用单转子锤式破碎机将是最经济可靠的方案。

5.5.1.2 性能特点

单转子锤式破碎机的给料辊、破碎板和排料篦子均是可调的，这样，当锤头磨损变短之后，及时调节他们和转子间的距离仍可保持锤头的有效工作，保持稳定的出料粒度下，锤头的金属利用率比不可调破碎机为高。

排料篦子是一种可调的新型排料篦子，提供了类似于改变排料篦子曲率半径的方式，以清除它的积料带，消除锤头的不正常磨损，提高锤头金属的有效利用率（由10%提高到20%）。

单转子锤式破碎机不仅结构坚实，而且有保险装置，对误入机内的铁器，在一般情况下不致使设备发生过分的损坏，机器的安全性更好。

单转子锤式破碎机配有液力开启上壳体，液力抽取锤轴装置和装取篦子小车，大大减轻了操作维修人员的劳动强度，缩短了维修的停机时间。

5.5.1.3 工作原理

矿石由给料机正面全宽度喂入破碎机进料口，落入机内的矿石被高速回转的转子上的锤头打击或抛起，被抛起的那部分物料在机体上部与反击板碰撞或自相碰撞而破碎，未抛起的物料则由转子锤盘支撑并继续受到下一排锤头的打击，在上腔完成粗碎之后，物料被锤头带入破碎腔和篦子工作区，进一步细碎，直到能通过篦缝被排出。

5.5.1.4 主要结构

单转子锤式破碎机主要由转子、破碎板、排料篦子、给料辊、壳体、驱动部分等部件组成，三种破碎机的主体结构剖视图如图 5-5-1 ~ 图 5-5-3 所示。

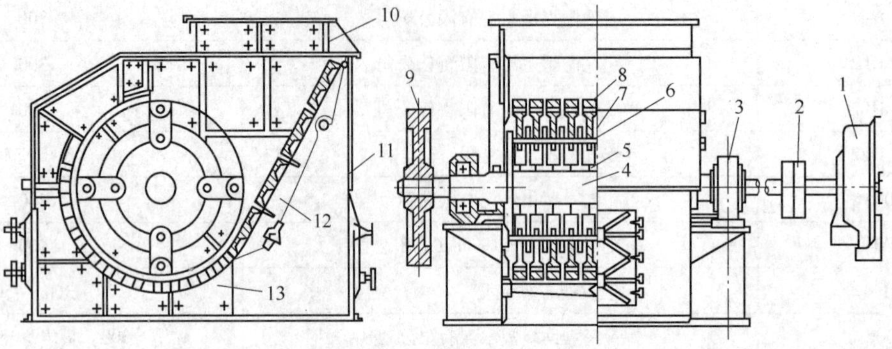

图 5-5-1 单转子不可逆锤式破碎机

1—电动机；2—联轴器；3—轴承部；4—主轴；5—圆盘；6—销轴；7—轴套；
8—锤头；9—飞轮；10—给料口；11—机壳；12—衬板；13—筛板

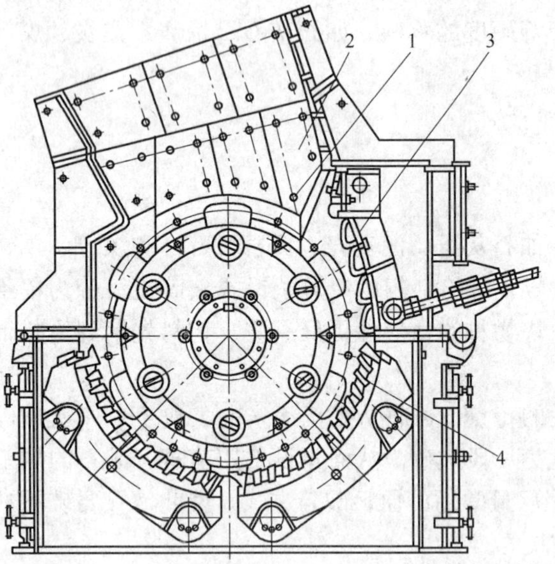

图 5-5-2 不带给料辊型单转子锤式破碎机

1—圆盘；2—给料口；3—破碎板；4—筛板

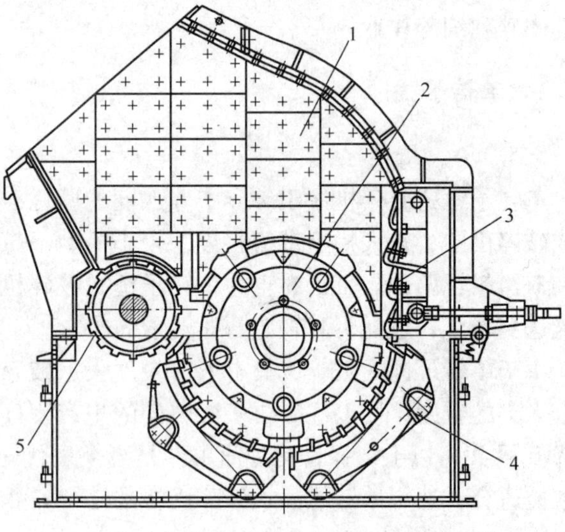

图 5-5-3 带给料辊型单转子锤式破碎机

1—给料口；2—圆盘；3—破碎板；4—筛板；5—给料辊

5.5.1.5 选用原则

单转子锤式破碎机的选用一般可从如下几个方面来考虑：

(1) 抗压强度在 200MPa 以下的脆性物料；最大破碎比可达 60；物料的磨蚀性应在中等以下，小于 0.04g 较为适宜，磨蚀性太高的物料不适合选用；入料粒度为矿山爆破开采状态下的自然级配，如果来料全部是中、大块物料，破碎机的生产能力要重新考虑。

(2) 在抗压强度和磨蚀性较适合的情况下，选型主要考虑最大入料粒度、出料粒度和生产能力，根据这三个主要参数选用合适的破碎机型号；带给料辊的单转子锤式破碎机对大块物料的适应性更好一些，入料粒度较大时宜选带给料辊的机型，反之可选不带给料辊的机型。单给料辊单转子锤式破碎机与双给料辊机型相比，功能相近，但单给料辊机型体积小、重量轻、易调节、易维护、更经济、更安全，近年来逐渐取代了双给料辊机型。

（3）不适合用于石灰石、黏土的混合破碎。

此外，单转子锤式破碎机需要用给料机均匀地喂料，起到防止过载的作用。

5.5.1.6 技术参数

技术参数见表5-5-1~表5-5-5。

表5-5-1 PC型锤式破碎机的技术参数（山东山矿机械有限公司 www.sdkj.com.cn）

型号	转子		给料粒度/mm	出料粒度/mm	生产能力/t·h^{-1}	电机		外形尺寸（长×宽×高）/mm×mm×mm	机器质量/t
	直径×长度/mm×mm	速度/r·min^{-1}				型号	功率/kW		
PC0403	375×300	1200	100	3、5、10、15	0.4~22.5	Y132S-4	5.5	805×670×760	0.5
PC0604	600×400	1000	100	5、15、35	7~15	Y180M-4	18.5	1060×1020×1120	1.2
PC0806	800×600	960	100	10	20~25	Y280M-6	55	1500×2565×1030	2.45
PC1008	1000×800	975	200	15	60~80	JB-117-6	110	2230×3515×1515	6.5
PC1212	1250×1250	750	200	20	90~110	Y355L-8	180		19
PCK0808	800×800	1250	80	3	50~70	YKK450-8	90		
PCK1010	1000×1000	980	40	3	100~150	Y400-6	280	4040×2500×1800	9.5
PCK1413	1430×1300	745	80	3	200~250	YKK450-8	450	4787×3180×2270	22.1
PCK1416	1410×1600	960	80	3	400	YKK500-6	560	3695×3200×2278	23

注：1. 生产能力的确定以下列条件为依据：破碎石的抗压强度不大于120MPa，表面水分不大于2%，矿石密度为1.6t/m^3，连续均匀给料；破碎煤类物料的抗压强度不大于12MPa，表面水分不大于9%，物料密度为0.9t/m^3，连续均匀给料。

2. 转子直径指转子在工作状态时锤头顶端的最大运动轨迹，机器质量不包括电机质量。

表5-5-2 单转子锤式破碎机的技术参数（中国中材装备集团有限公司 www.sinoma-tec.com.cn）

型号	TKLPC	LPC	LPC	TKPC	TKPC	TKPC	TKPC	LPC
规格	20.22	1020R22	1020R20	20.22	20.18	16.16	14.12	12.11
类型	双给料辊	单给料辊		无给料辊			石膏破碎机	
生产能力/t·h^{-1}	550~800	550~800	500~700	500~700	350~550	150~220	80~140	60~90
最大给料粒度/mm	1100×1100×1500	1100×1100×1500	1100×1100×1500	1000×1000×1250	1250×1000×800	800×800×1000	900×600×600	500
出料粒度（筛余<10%）/mm	25~75	25~75	25~75	25~75	25~75	25~75	25~30	25~30
转子电机功率/kW	800	800/900	800/900	800	500/560/630/710	250/280/315/355	132/160/185	90

表5-5-3 湖南古丈南方2500t/d熟料水泥生产线的应用——不带给料辊设备参数

（中国中材装备集团有限公司 www.sinoma-tec.com.cn）

型号	TKPC20.18单转子锤式破碎机
转子尺寸/mm×mm	ϕ2020×1766
破碎原料	石灰石
进料粒度/mm×mm×mm	1000×1000×800
出料粒度/mm	≤75（90%）
生产能力/t·h^{-1}	500
电机功率/kW	630

表 5-5-4　和田尧柏 4500t/d 熟料水泥生产线的应用——单给料辊设备参数

（中国中材装备集团有限公司　www. sinoma - tec. com. cn）

型　号	LPC1020R20 单转子锤式破碎机
转子尺寸/mm × mm	ϕ2030 × 2140
破碎原料	石灰石
进料粒度/mm × mm × mm	1500 × 1100 × 1000
出料粒度/mm	≤75（90%）
生产能力/t · h^{-1}	750 ~ 800
电机功率/kW	900 + 45

表 5-5-5　西卓子山 2000t/d 熟料水泥生产线的应用——双给料辊设备参数

（中国中材装备集团有限公司　www. sinoma - tec. com. cn）

型　号	TKLPC20. 22 单转子锤式破碎机
转子尺寸/mm × mm	ϕ2030 × 2208
破碎原料	石灰石
进料粒度/mm × mm × mm	1500 × 1000 × 1000
出料粒度/mm	≤25（90%）
生产能力/t · h^{-1}	550 ~ 600，最大 800
电机功率/kW	800 + 45

生产厂商：中国中材装备集团有限公司，山东山矿机械有限公司。

5.5.2　双转子式

5.5.2.1　概述

双转子锤式破碎机机体内有两支破碎辊，用于破碎一般的脆性物料，如石灰石、泥灰岩、泥质粉砂岩、页岩、石膏和煤等。也适合破碎石灰石（泥灰岩）和黏土质混合料。

5.5.2.2　性能特点

双转子锤式破碎机具有入料粒度大，破碎比大的特点，可将大块原矿石一次破碎到符合入磨的粒度，使过去需要的多段破碎系统简化为一段破碎，与传统的多段破碎系统相比，可节省一次性投资，并大大降低生产成本。同时，还具有操作简单、维修方便、劳动强度低等优点。

与单转子锤式破碎机不同的是，双转子锤式破碎机有两个相向转动的转子和一个位于两个转子之间的承击钻。由于破碎主要发生在两个转子之间，使黏湿物料黏附在固定腔壁的机会大大减少，因而对黏湿物料的适应性较强。由于两个转子可以悬挂更多的锤头，所以，可供使用的磨损金属量更大，锤头寿命更长。

5.5.2.3　工作原理

原矿通过重型给矿设备（如可调速的板式给料机）喂入破碎机的进料口后，落入由窄 V 带驱动的两个高速相向旋转的转子之间的破碎腔内，受到锤头的打击而被初步破碎。初碎后的物料在向下运动过程中在转子和承击钻之间受到进一步破碎，然后被承击钻分流，分别进入两个相互对称的排料区，在由箅子和转子形成的下破碎腔进行最终破碎，直至颗粒尺寸小于箅缝尺寸从机腔下部排出。

5.5.2.4　产品结构

双转子锤式破碎机主要由转子、机体、承击钻、排料箅子及其调节装置以及驱动部分等组成，如图 5-5-4 所示。

5.5.2.5　选用原则

双转子锤式破碎机的选用一般可从如下几个方面来考虑：

（1）最大入料粒度、出料粒度和生产能力，根据这三个主要参数选用合适的破碎机型号；抗压强度在 200MPa 以下的脆性物料；最大破碎比可达 60；物料的磨蚀性应在中等以下，小于 0.04g 较为适宜，磨蚀性太高的物料不适合选用；入料粒度为矿山爆破开采状态下的自然级配，如果来料全部是中、大块物料，破碎机的生产能力要重新考虑。

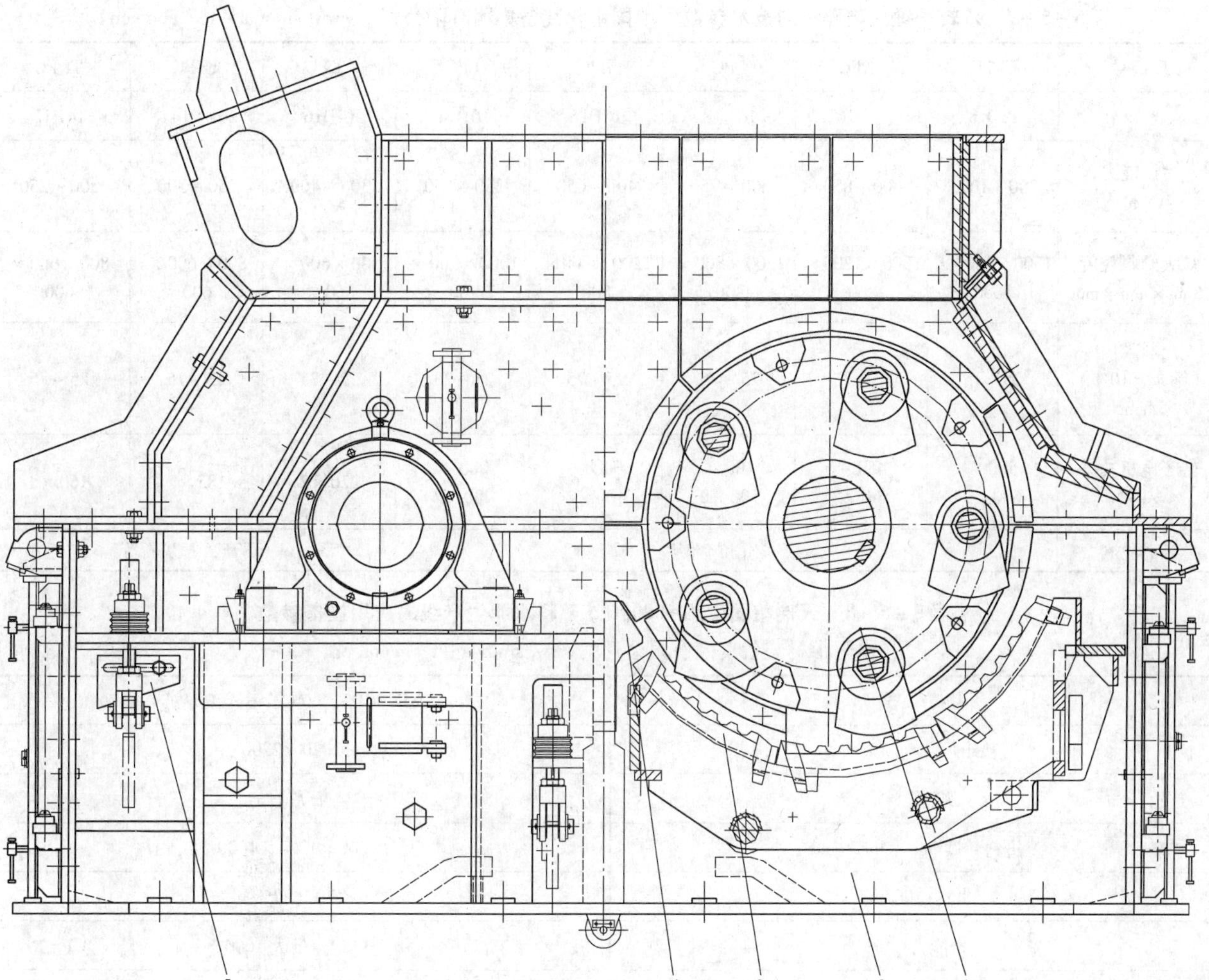

图 5-5-4 双转子锤式破碎机外形结构

1—转子；2—壳体；3—箅子；4—承击钻；5—箅子调节装置

(2) 双转子锤式破碎机适合破碎物料水分及含土量较大的物料，如果同时超过6%，破碎机的生产能力及易损件的寿命会受到一定影响。

(3) 用于石灰石、黏土的混合破碎时，黏土所占比例最大不超过30%，根据物料的实际情况，黏土占比10%~20%的较为多见，混合破碎生产能力应按80%考虑较为适宜。

此外，双转子锤式破碎机需要用给料机均匀地喂料，防止过载。

5.5.2.6 技术参数

技术参数见表5-5-6~表5-5-12。

表5-5-6 双转子锤式破碎机的技术参数（中国中材装备集团有限公司 www.sinoma-tec.com.cn）

型 号	TKPC	TKPC	TKPC	TKPC	TKPC	TKPC	TKPC	TKPC
规 格	22D28	22D25	22D22	22D20	20D22	20D20	20D18	18D20
生产能力/t·h^{-1}	1600~1900	1400~1800	1300~1600	1200~1500	1100~1400	1000~1300	900~1200	800~1100
最大给料粒度/mm×mm×mm	1800×1200×1200	1800×1200×1200	1600×1200×1200	1600×1200×1200	1500×1200×1200	1500×1200×1100	1500×1200×1100	1500×1200×1000
出料粒度（筛余<10%）/mm	25~75	25~75	25~75	25~75	25~75	25~75	25~75	25~75
转子电机功率/kW	1000~1120×2	900~1000×2	800~900×2	800~900×2	800×2	710×2	630~710×2	560~710×2
破碎物料	石灰石和类似物料							

表 5 - 5 - 7　双转子锤式破碎机的技术参数（中国中材装备集团有限公司　www.sinoma-tec.com.cn）

型　号	TKPC	TKPC	LPC	LPC	LPC	TKPC	TKPC	TKPC
规　格	18D18	18D16	16D18	16D16	16D14	14D16	14D14	14D12
生产能力 /t · h^{-1}	700 ~ 1000	600 ~ 850	500 ~ 750	400 ~ 650	350 ~ 550	300 ~ 400	250 ~ 300	200 ~ 250
最大给料粒度 /mm × mm × mm	1500 × 1200 × 1000	1500 × 1200 × 800	1200 × 800 × 800	1200 × 800 × 800	1000 × 700 × 700	800 × 600 × 600	800 × 600 × 600	800 × 600 × 600
出料粒度（筛余 < 10%）/mm	25 ~ 75	25 ~ 75	25 ~ 75	25 ~ 75	25 ~ 75	25 ~ 75	25 ~ 75	25 ~ 75
转子电机功率 /kW	500 ~ 630 × 2	450 ~ 560 × 2	400 ~ 500 × 2	315 ~ 400 × 2	280 ~ 400 × 2	220 × 2	185 × 2	160 × 2
破碎物料	石灰石和类似物					石膏，石灰石等		

表 5 - 5 - 8　天瑞集团荥阳 10000t/d 熟料水泥生产线的应用设备参数
（中国中材装备集团有限公司　www.sinoma-tec.com.cn）

型　　号	TKPC20D22 双转子锤式破碎机
转子尺寸/mm × mm	ϕ2020 × 2200
破碎原料	石灰石
进料粒度/mm × mm × mm	1500 × 1200 × 1000
出料粒度/mm	≤70（90%）
生产能力/t · h^{-1}	1400，最大 1600
电机功率/kW	2 × 800

表 5 - 5 - 9　亚泰明城 5000t/d 熟料水泥生产线的应用设备参数（中国中材装备集团有限公司　www.sinoma-tec.com.cn）

型　　号	TKPC18D18 双转子锤式破碎机
转子尺寸/mm × mm	ϕ1800 × 1800
破碎原料	石灰石
进料粒度/mm × mm × mm	1500 × 1200 × 1000
出料粒度/mm	≤25（90%）
生产能力/t · h^{-1}	700
电机功率/kW	2 × 630

表 5 - 5 - 10　广东新丰越堡 2 × 4500t/d 熟料水泥生产线的应用设备参数
（中国中材装备集团有限公司　www.sinoma-tec.com.cn）

型　　号	TKPC22D25 双转子锤式破碎机
转子尺寸/mm × mm	ϕ2200 × 2500
破碎原料	石灰石
进料粒度/mm × mm × mm	1500 × 1100 × 1000
出料粒度/mm	≤50（90%）
生产能力/t · h^{-1}	1400，最大 1600
电机功率/kW	2 × 1000

表 5-5-11 青松建化 2×7500t/d 熟料水泥生产线的应用设备参数

（中国中材装备集团有限公司 www.sinoma-tec.com.cn）

型 号	TKPC22D28 双转子锤式破碎机
转子尺寸/mm×mm	ϕ2200×2800
破碎原料	石灰石
进料粒度/mm×mm×mm	1500×1200×1000
出料粒度/mm	≤50（90%）
生产能力/$t \cdot h^{-1}$	2200（系统能力）
电机功率/kW	2×1120
配套筛分机型号	WRS2940

表 5-5-12 海德堡俄罗斯 TULA 5000t/d 项目混合破碎的应用设备参数

（中国中材装备集团有限公司 www.sinoma-tec.com.cn）

型 号	LPC1020D22 双转子锤式破碎机
转子尺寸/mm×mm	ϕ2200×2200
破碎原料	用于石灰石和黏土混合破碎
进料粒度/mm×mm×mm	石灰石：1500×1000×1000 黏土：600×600×600
黏土最大混入量/%	28.2
出料粒度/mm	≤80（90%）
生产能力/$t \cdot h^{-1}$	1200，最大 1400
电机功率/kW	2×900
配套混配器型号	MD1020

生产厂商：中国中材装备集团有限公司。

5.6 环锤式破碎机

5.6.1 概述

环锤式破碎机经高速转动的锤体与物料碰撞破碎物料，锤体呈现环状，套在销轴上，可以自由转动。它具有结构简单、破碎比大、生产效率高等特点，可作干、湿两种形式破碎，如煤、煤矸石、焦炭、炉渣、红砂岩、页岩、疏松石灰石、石灰石及鹅卵石等。物料的抗压强度不超过 40MPa，表面水分不应大于 8%~11%，对于非黏结性物料，其表面水分可控制在 15% 以内。环锤式破碎机适用于矿山、水泥、煤炭、冶金、建材、公路、燃化等部门对中等硬度及脆性物料进行细碎。环锤式破碎机可根据用户要求调整算条间隙，改变出料粒度，以满足不同用户的不同需求。

5.6.2 产品特点

环锤式破碎机对出料粒度可以调节，对物料破碎后产品有粒度要求，不允许产品粒度中有过大粒度时应优先选用环锤式破碎机。

5.6.3 结构特点

环锤式破碎机由转子、机体、调节机构等主要部分组成。电动机通过弹性柱销联轴器直接驱动转子。如图 5-6-1 所示，为环锤式破碎机结构示意图。

5.6.4 工作原理

环锤式破碎机是一种带有环锤的冲击转子式破碎机。环锤不仅能随转子旋转，还能绕锤销轴自转。物料进入破碎机后，在破碎腔内受到随转子高速旋转的环锤的冲击而破碎，被破碎的物料同时从环锤处

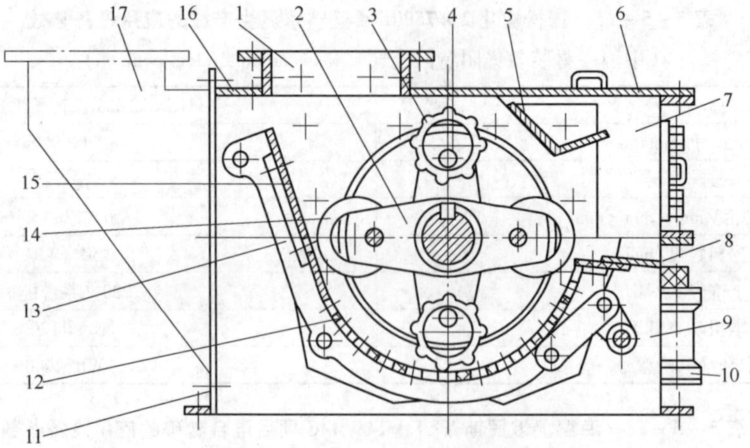

图 5-6-1 环锤式破碎机结构

1—进料口；2—转子部分；3—环锤；4—锤销；5—反击板；6—活动盖板；7—金属收集器；8—活动板；9—机体部分；10—调节机构部分；11—下机体；12—筛板；13—托板；14—环锤；15—破碎板；16—上机体；17—旁路槽

获得动能，高速度地冲向破碎板，受到二次破碎，然后落到筛板上，受环锤的剪切、挤压、研磨以及物料与物料之间的相互碰撞作用，物料得到进一步的破碎，并通过筛孔排出机外。不能破碎的杂物则由环锤推入金属收集器，由操作人员定期清除。

转子与筛板之间的间隙，可根据需要通过调节机构进行调节。通过更换不同规格的筛板来实现出料粒度的调节。

5.6.5 技术参数

技术参数见表 5-6-1、表 5-6-2。

表 5-6-1 PCH 环锤式破碎机的技术参数（山东山矿机械有限公司 www.sdkj.com.cn）

型号	转子		给料粒度 /mm	出料粒度 /mm	生产能力 /t·h^{-1}	电机		外形尺寸（长×宽×高）/mm×mm×mm	扰力值 /kN	最大分离件（转子）质量 /kg	机器质量 /kg
	直径×长度 /mm×mm	速度 /r·min^{-1}				型号	功率 /kW				
PCH0402	400×200	960	200	30	8~12	Y132M2-6	5.5	810×890×560	1.65	190	800
PCH0404	400×400	970	200	30	16~25	Y160L-6	11	980×890×570	2.52	300	1050
PCH0604	600×400	970	200	30	22~33	Y180L-6	18.5	1050×1270×800	3.09	540	1430
PCH0606	600×600	980	200	30	30~60	Y225M-6	30	1350×1270×820	6.1	730	1770
PCH0808	800×800	740	200	30	75~105	Y280M-8	45	2850×1650×1200	5	1400	3600
PCH0808A	800×800	740	200	10 20 30 40	40~150	Y280M-8	45	2850×1650×1200	5	1400	4100
PCH1010	1000×1000	740	300	30	130~200	Y315L1-8	90	3550×2000×1500	7.8	2700	6100
				10	65~100	Y315L2-8	110				
PCH1016	1000×1600	740	300	30	90~350	JS128-8	155	5036×2000×2160	12.7	3200	8560
						Y400-8	220				
PCH1216	1200×1600	740	400	30	600	YKK450-8	355	5750×2500×2200	23.1	5100	15000
PHZ1212	1200×1200	740	400	30	400	YKK400-8	220	4995×2550×1950	15.6	4725	13250
PHZ1216	1200×1600	740	400	30	600	YKK450-8	355	5750×2500×2200	24	5465	15000
PHZ1221	1200×2100	740	400	30	800	YKK500-8	450	6000×2500×2210	29	6695	24000

注：1. 出料粒度可在 3~60mm 内任意选择。当出料粒度不大于 15mm 时，生产能力应为表列数值的 60%，当出料粒度为 3mm，物料表面水分不大于 10% 时，生产能力应为表列数值的 30%；

2. 订货时，必须注明被碎物料的名称及出料粒度、所需设备型号和安装形式（左装或右装）、电机功率及电压、是否需要进料斗或旁路槽。

表5-6-2 HCSC超重型环锤碎煤机的技术参数（山东山矿机械有限公司 www.sdkj.com.cn）

型 号	HCSC12	HCSC10	HCSC08	HCSC06
额定出力/$t \cdot h^{-1}$	1200	1000	800	600
安装形式	电动机—液力偶合器—主机，直联/左右装用户任选			
工作制度	连续			
处理物	烟煤、无烟煤、褐煤			
电动机型号	YKK560-8	YKK500-8	YKK500-8	YKK450-8
液力耦合器型号	YOX1150	YOX1000	YOX1000	YOX1000
入料粒度/mm	≤300			
出料粒度/mm	≤30			
转子直径/mm	1200			
转子有效长度/mm	2910	2630	2070	1800
转子线速度/$m \cdot s^{-1}$	46.7			
转子转动惯量/$kg \cdot m^2$	900	820	700	630
转子偏心距/mm	≤0.2			
扰力值/kN	38.79	36.2	35.2	29.2
转子质量/kg	10650	9866	8500	7520
锤环排数/排	4			
齿环锤单重/kg	58(20个)	58(18个)	58(14个)	58(10个)
圆环锤单重/kg	66(18个)	66(16个)	66(12个)	66(12个)
抽轴最小尺寸/mm	1007	867	700	500
液压站型号	HCSC-YYZ			
工作压力/MPa	12			
液压缸数量	4			
液压缸直径/mm	125			
最大检修单件质量/kg	10650	9866	8500	7520
运输单件最大质量/kg	32345	30656	28000	24580
碎煤机质量/kg	32345	30656	28000	24580
设备总质量/kg	42000	38250	34200	31960
外形尺寸（长×宽×高）/mm×mm×mm	4485×3436×1950	4205×3436×1950	3625×3436×1950	3330×3436×1950

生产厂商：山东山矿机械有限公司。

5.7 反击式破碎机

反击式破碎机广泛应用于建材、化工、煤，焦炭等工业部门，是可以破碎抗压强度不大于200MPa的脆性石料，如石灰石、白云石、页岩、砂岩、煤、石棉、石墨和岩盐等的主要设备之一。具有破碎比大、产量高、产品粒度均匀、简化破碎流程、结构简单、使用和维修方便等特点。

反击式破碎机分单转子反击式破碎机和双转子反击式破碎机。

5.7.1 单转子式

5.7.1.1 概述

单转子反击式破碎机是一种利用冲击原理破碎脆性矿石的破碎机械，分为粗碎型和中碎型两种，主要用在水泥生产线和建筑骨料的加工中。在水泥生产线上破碎石灰石时，一般选用粗碎型，设计为单段破碎；而中碎型在建筑骨料的加工中应用较多，其产物多呈立方体，符合建筑骨料的粒形要求。

5.7.1.2 工作原理

矿石从破碎机进料口被送入破碎机腔内，进入转子打击圆。转子在快速转动下具有相当高的动能，并借其上滑槽套嵌的板锤打击料块，料块遭受打击的部位碎裂与母体分离，分离的料块被抛向上腔的反击板而继续得到破碎。喂入破碎机的矿石在上腔以打击、撞击和碰撞的形式反复进行，达到初步的破碎。这些碎料被转子带到下腔，受到与均整部的齿板间的重复多次打击，达到需要的粒度后即被卸出。

5.7.1.3 性能特点

单转子反击式破碎机具有坚实的结构，与挤压原理的破碎机型（颚式、旋回式、圆锥式、辊式）相比，它的破碎比大，因而可以简化生产系统，节约建设投资。特殊的板锤锁紧装置使拆装更加方便安全。机内具有均整板，它起着整形作用，保证了较好的排料粒形，这是骨料生产所必需的一大特点。上壳体配有液压开启装置，采用液压开盖，易于设备维护。有可供选配的液压盘车装置，更换板锤时无需人力盘车，既方便又安全。

5.7.1.4 产品结构

单转子反击式破碎机主要由转子、壳体、第一反击部、第二反击部、均整部和驱动部分组成，主体结构剖视图如图5-7-1所示。

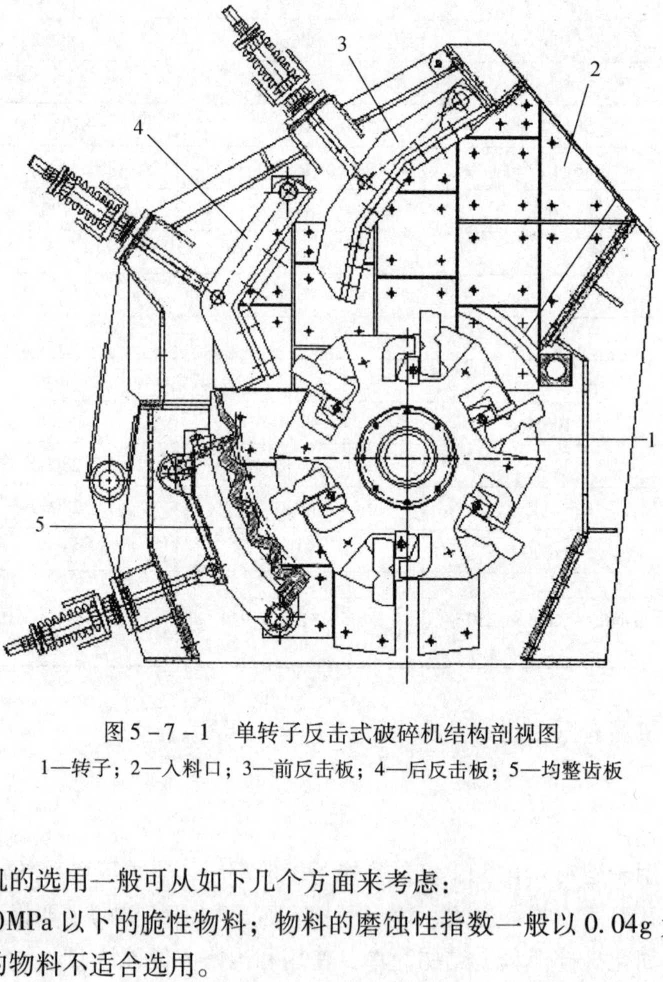

图5-7-1 单转子反击式破碎机结构剖视图

1—转子；2—入料口；3—前反击板；4—后反击板；5—均整齿板

5.7.1.5 选用原则

单转子反击式破碎机的选用一般可从如下几个方面来考虑：

(1) 抗压强度在200MPa以下的脆性物料；物料的磨蚀性指数一般以0.04g为选型上线，小于0.04g较为适宜，磨蚀性太高的物料不适合选用。

(2) 入料粒度为矿山爆破开采状态下的自然级配，如果来料全部是中、大块物料，破碎机的生产能力要重新考虑。

(3) 当原料中含黏湿料量较大时，适合与波动辊式筛分机配套使用，预先筛除黏湿物料可有效防止破碎机堵塞，更有利于发挥破碎机的工作效率。

5.7.1.6 技术参数

技术参数见表5-7-1～表5-7-5。

表 5-7-1 LPF 系列单转子反击式破碎机的技术参数（中国中材装备集团有限公司 www.sinoma-tec.com）

型号	粗碎型 LPF							
	1016.16	1016.20	1018.18	1018.22	1020.22	1020.25	1022.25	1025.25
生产能力/$t \cdot h^{-1}$	400	500	600	750	1000	1200	1500	1800
最大给料粒度/mm	1000	1000	1200	1200	1500	1500	1500	1500
出料粒度（筛余<20%）/mm	0~70	0~70	0~80	0~80	0~80	0~80	0~80	0~80
转子电机功率/kW	500	630	710	900	1250	1500	2×1000	2×1250
破碎物料	中等强度的石灰石和类似物							

型号	中碎型 LPF						
	1113.13	1113.15	1114.16	1114.24	1114.30	1116.24	1116.30
生产能力/$t \cdot h^{-1}$	200	250	400	600	750	750	940
最大给料粒度/mm	300	300	350	350	350	350	350
出料粒度（筛余<20%）/mm	0~40	0~40	0~40	0~40	0~40	0~40	0~40
转子电机功率/kW							
破碎物料	中等强度的石灰石和类似物						

表 5-7-2 BLPC 型单段锤式破碎机系列的技术参数（北京首钢机电有限公司 www.sgme.com.cn）

单转子		带给料辊单转子		双转子	
型号	处理能力/$t \cdot h^{-1}$	型号	处理能力/$t \cdot h^{-1}$	型号	处理能力/$t \cdot h^{-1}$
BLPC1014/12	90~130				
BLPC1014/14	130~160				
BLPC1016/16	200~250				
BLPC1016/18	250~280			BLPC1016D18	500~550
				BLPC1018D18	550~700
BLPC1020/18	380~420			BLPC1020D18	800~900
BLPC1020/20	460~500	BLPC1020R20	450~550	BLPC1020D20	1000~1100
BLPC1020/22	500~560	BLPC1020R22	500~650	BLPC1020D22	1200~1400
		BLPC1020R26	850~1000	BLPC1020D26	1700~2000

表 5-7-3 重庆水波洞骨料生产线的应用设备参数（中国中材装备集团有限公司 www.sinoma-tec.com）

型号	LPF1114.24 反击式破碎机
转子尺寸/mm×mm	ϕ1450×2400
破碎原料	石灰石
进料粒度/mm	≤350
出料粒度/mm	≤50 占 100%（≤40 占 90%）
生产能力/$t \cdot h^{-1}$	600
电机功率/kW	710

表 5-7-4 山西长治县长井头建材有限公司骨料生产线的应用设备参数
（中国中材装备集团有限公司 www.sinoma-tec.com）

型号	LPF1114.30 反击式破碎机
转子尺寸/mm×mm	ϕ1400×3000
破碎原料	石灰石
进料粒度/mm	≤300
出料粒度/mm	≤50（90%）
生产能力/$t \cdot h^{-1}$	200
电机功率/kW	355

表 5－7－5　LV 技术工程（天津）有限公司选用在水泥生产线上的应用设备参数

（中国中材装备集团有限公司　www. sinoma－tec. com）

型　　号	LPF1018. 22 反击式破碎机
转子尺寸/mm × mm	ϕ1600 × 1610
破碎原料	石灰石
进料粒度/mm	≤600
出料粒度/mm	≤50（80%）
生产能力/$t \cdot h^{-1}$	350
电机功率/kW	400

生产厂商：中国中材装备集团有限公司，北京首钢机电有限公司。

5.7.2　单转子煤用

5.7.2.1　概述

单转子煤用反击式破碎机是反击式破碎机的一个系列。

5.7.2.2　工作原理

由电动机通过三角皮带轮带动转子部分调整转动，当物料进入前破碎腔时受到固定在转子部的板锤的冲击而粉碎，被粉碎了的物料以很大的动能冲向反击板，经冲撞而破碎，当其反弹到板锤回转半径处时便再次受到冲击破碎。同时被粉碎了的物料又以高速冲向后反击腔，重复前破碎腔一样的破碎过程。当被粉碎了的物料小于后反击板下部衬板与板锤回转半径之间的间隙时即为合格粒度产品而被排出。

5.7.2.3　主要结构

单转子煤用反击式破碎机由机架部、转子部、后反击板、前反击板等部分组成。

5.7.2.4　型号规格

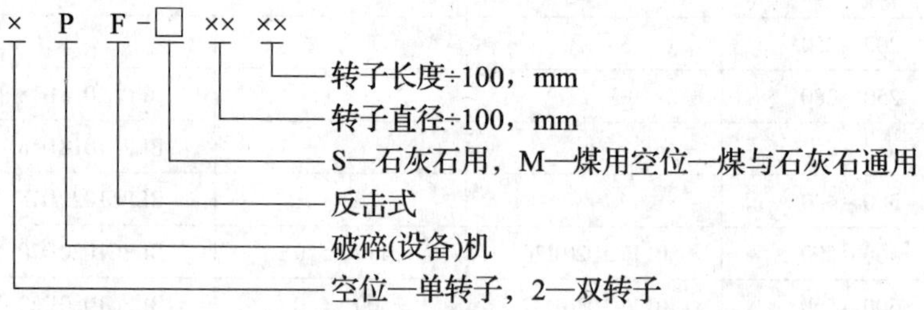

例如：ϕ700 × 500 煤用单转子反击式破碎机，标记为：PF－M0705 反击式破碎机。

5.7.2.5　外形结构

单转子反击式破碎机结构如图 5－7－2 所示。

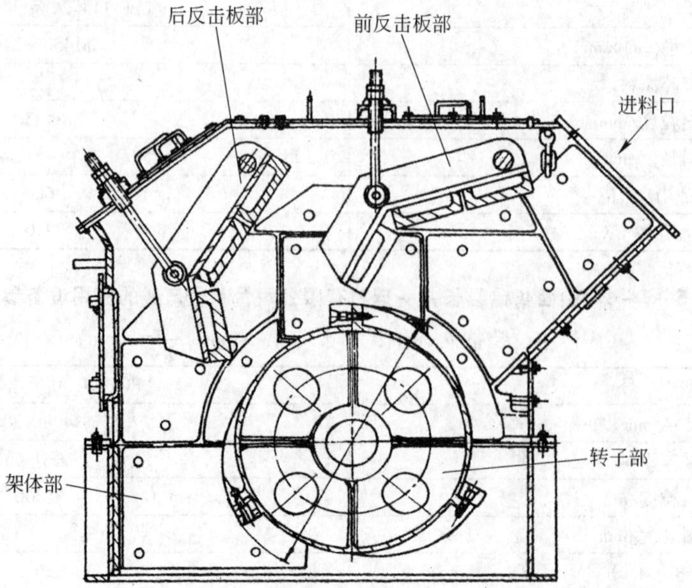

图 5－7－2　单转子反击式破碎机结构图

5.7.2.6 技术参数

技术参数见表5－7－6。

表5－7－6 单转子反击式破碎机的性能参数（北方重工集团有限公司 www.nhi.com.cn）

型号规格		PF－M 0705	PF－M 0807	PF 1007	2PF－S 1212	PF－M 1415
转子直径/mm		750	850	1000	1250	1400
转子长度/mm		500	750	700	1250	1500
进料粒度/mm		<80	<100	200	<700	<300
出料粒度/mm		<3（占80%）	0～40	0～30	0～20	<25
生产能力/$t \cdot h^{-1}$		20	25	15～30	80～150	300
转子转速/$r \cdot min^{-1}$		1740	650	670	$r_1=34$，$r_2=48$	740
主电机	型号	y200c－4	y200L2－6	y250M－6	JS137－8 JS136－8	JSQ158－8
	功率/kW	30	22	37	180/210	380
	转速/$r \cdot min^{-1}$	1470	970	970	740	740
	电压/V	380				
备注		矿石、焦炭、炉渣等				

生产厂商：北方重工集团有限公司。

5.7.3 双转子式

5.7.3.1 概述

双转子反击式破碎机的机体腔内装有两支上下分布的破碎辊。该设备具有结构简单、破碎比大、能耗低、磨损小、土建投资省、产量高等优点，是水泥、化工等行业理想的粗、中破碎设备。主要应用于物料粒度为600～1800mm，抗压强度不超过140MPa的矿石、岩石。石灰石，石膏等脆性物料破碎后的粒度在20mm以下。

5.7.3.2 性能特点

（1）转子的背板能承受转子极高的转动惯量和锤头的冲击破碎力。

（2）经优化设计成低转速、多破碎腔冲击型破碎机，其线速度较一般反击破碎机降低20%～25%，以低能耗获得高的生产能力。

（3）具有三级破碎以及整形的功能，产品形状呈立方体，可选择性破碎等优点。

（4）合理的板锤结构，具有装卸快、多换位等优点，可大大缩短换板锤的时间；高耐磨性、高韧性的铬、钼、钒合金材质，大大提高了板锤的使用寿命。

（5）配有多功能液压站，具有液压调整排料间隙，反击板稳定减振以及机体开启等多项功能。

5.7.3.3 工作原理

反击式破碎机是一种利用冲击能来破碎物料的破碎机械。机器工作时，在电动机的带动下，转子高速旋转，物料进入板锤作用区时，与转子上的板锤撞击破碎，后又被抛向反击装置上再次破碎，然后又从反击衬板上弹回到板锤作用区重新破碎，此过程重复进行，物料由大到小进入一、二、三反击腔重复进行破碎，直到物料被破碎至所需粒度，由出料口排出。

5.7.3.4 外形结构

2PF1000×1000型双转子反击式破碎机外形结构如图5－7－3所示。

5.7.3.5 技术参数

技术参数见表5－7－7。

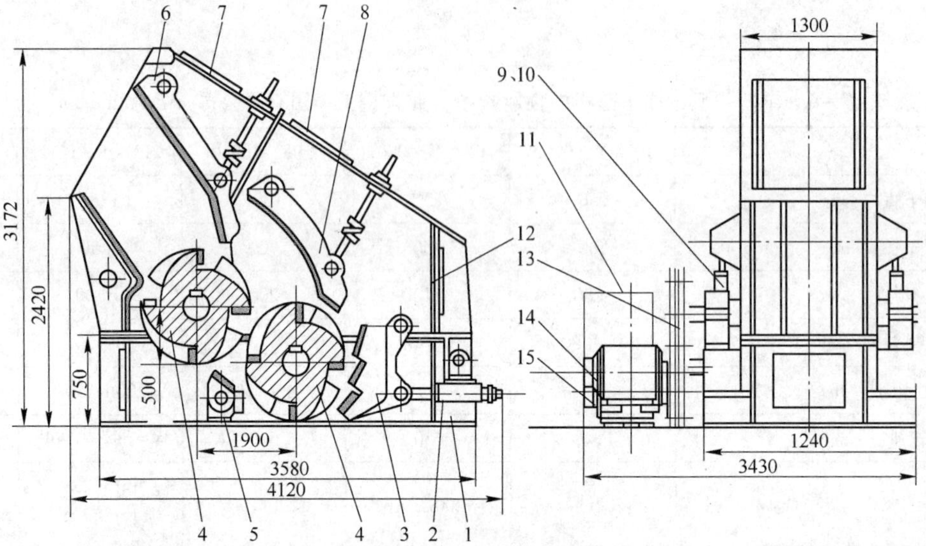

图 5-7-3 2PF1000×1000 型双转子反击式破碎机外形结构

1—机体；2—弹簧调整部分；3—均整板；4—转子；5—打击板；6—第一反击板；7—上盖门；8—第二反击板；9—液压缸；10—液压钻；11—电控箱；12—后门；13—皮带；14—第一传动电动机；15—第二传动电动机

表 5-7-7 2PF 双转子反击式破碎机的性能参数（山东山矿机械有限公司 www.sdkj.com.cn）

型号	转子		给料粒度 /mm	出料粒度 /mm	生产能力 /t·h^{-1}	电机		外形尺寸（长×宽×高）/mm×mm×mm	机器质量 /t
	直径×长度 /mm×mm	速度 /r·min^{-1}				型号	功率/kW		
2PF1010	1000×1000	574	450	20	50~70	YR250M-6	55	4364×3432×3200	22.3
		880				YR280S-6	75		
2PF1212	1250×1250	521	700	20	80~150	J-127-8	130	5280×5150×4820	51.5
		687				JK126-6	155		

注：生产能力的确定以下列条件为依据：破碎石的抗压强度不大于 140MPa；表面水分不大于 10%；矿石密度为 1.6t/m^3；连续均匀给料。

生产厂商：山东山矿机械有限公司。

5.8 立式冲击破碎机

5.8.1 概述

冲击式破碎机借助于高速旋转的立式叶轮，使进入叶轮的物料被高速水平抛出，在涡动破碎腔中物料相互冲击而被破碎。其不同于传统冲击式破碎设备，也不同于常规球磨机和自磨、半自磨机等粉磨设备，是一种新型冲击式破碎机。

立式冲击破碎机广泛用于金属和非金属矿石、水泥、耐火材料、铝矾土、金刚砂、玻璃原料、建筑材料、人工造砂以及各种冶金钢渣的细碎，特别对中硬、特硬物料，比其他类型的破碎机更具有优越性。其进料粒度为 35~50mm，生产能力为 20~400t/h。

5.8.2 特点

（1）利用石打石原理，破碎率高，具有细碎、粗磨功能，成品成立方体。

（2）受物料水分含量影响小，含水分可达 8% 左右。

（3）叶轮自衬磨损小、维修方便。

5.8.3 工作原理

物料由机器上部受料口垂直落入高速旋转的叶轮内，在高速离心力的作用下，分流到叶轮四周，在物料间产生高速撞击与粉碎，物料在互相撞击后，又会在叶轮和机壳之间形成涡流，多次互相撞击，摩擦而粉碎，从下部直通排出，形成闭路多次循环，由筛分设备控制达到所要求的成品粒度。VS 立轴冲击式破碎机工作结构原理如图 5－8－1 所示。

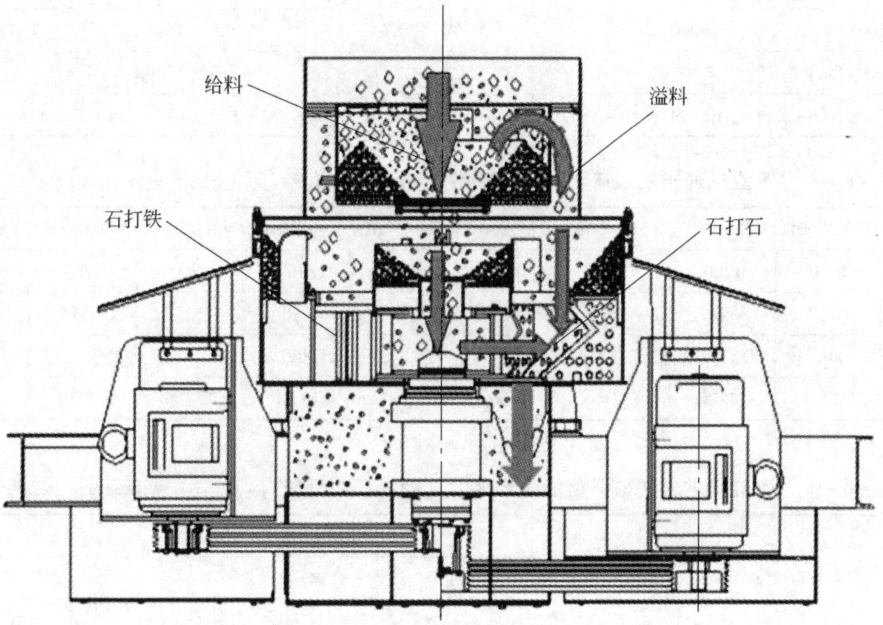

图 5－8－1 VS 立轴冲击式破碎机工作结构原理

5.8.4 产品结构

立式冲击式破碎机主要由进料斗、分料器、涡动破碎腔、叶轮体、主轴总成、底座、传动装置及电机等部分组成。JIDD 立轴冲击式破碎机结构尺寸如图 5－8－2 所示。

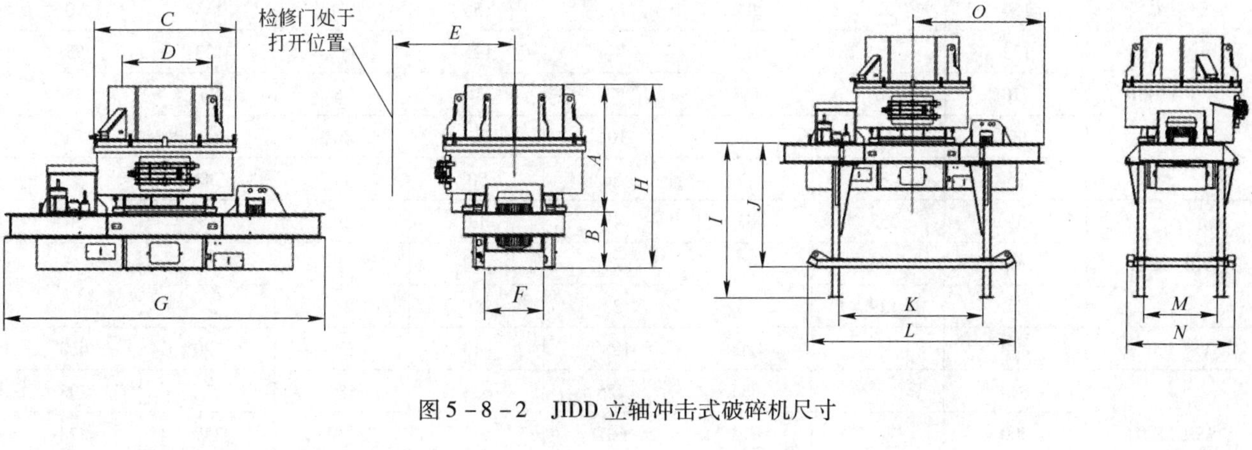

图 5－8－2 JIDD 立轴冲击式破碎机尺寸

5.8.5 技术参数

技术参数见表 5－8－1～表 5－8－6。

表 5-8-1 JIDD 立轴冲击式破碎机的技术参数（唐山冀东装备工程股份有限公司 www.jdzbgc.com）

型 号	VSI1140A	VSI1140R
机重/kg（lbs）	14826（32686）	14826（32686）
最大入料粒度/mm（in）	55（23/16″）	55（23/16″）
处理能力/$t \cdot h^{-1}$（short tons）	250~400（276~489）	445~600（490~661）

表 5-8-2 JIDD 立轴冲击式破碎机的相关参数（唐山冀东装备工程股份有限公司 www.jdzbgc.com）

型 号	VSI7611	VSI8518	VSI9526	VSI1140
机重/kg（lbs）	6000（13228）	9500（20944）	9500（20944）	11776（25963）
最大入料粒度/mm（in）	40（15/8”）	50（2”）	50（2”）	55（23/16”）
处理能力/$t \cdot h^{-1}$（short tons）	10~50（11~55）	51~121（5~133）	122~192（134~211）	193~250（212~275）

表 5-8-3 VS 立轴冲击式破碎机的技术参数（南昌矿山机械有限公司 www.nmsystems.cn）

型 号	VSI 2000R	VSI 1500R	VSI 1400R	VSI 1300R	VSI 1200R	VSI 2000A	VSI 1500A	VSI 1400A	VSI 1300A	VSI 1200A
最高转速/$r \cdot min^{-1}$	1400	1700	1700	1800	2000	1400	1700	1700	1800	2000
最大给料粒径/mm	<80	60	55	50	35	150	125	76	50	35
电机功率/kW	800	400~630	200~315	75~160	37~55	800	400~630	200~315	75~160	37~55
设备质量/kg	23250	14200	11710	8850	6500	25500	15800	12910	9650	7520

表 5-8-4 VS 立轴冲击式破碎机的生产能力（南昌矿山机械有限公司 www.nmsystems.cn）

型 号	功率/kW	生产能力/$t \cdot h^{-1}$						
		速度/$m \cdot s^{-1}$						
		45	50	55	60	65	70	75
VSI 2000R	800		1270	1130	1000	880	770	680
VSI 1500R	630		906	788	688	600	513	430
	500		775	654	563	475	390	310
	400	650	575	500	438	375	313	253
VSI 1400R	315	506	435	381	338	288	241	200
	250	388	344	306	263	231	200	165
	200	300	263	238	204	181	156	130
VSI 1300R	160	225	200	175	150	131	113	90
	132	183	163	144	125	113	103	95
	110	161	145	125	110	96	85	75
	90	125	114	104	93	80	69	55
	75	88	69	56	50	44	38	32
VSI 1200R	55	58	53	48	43	39	35	30
	45	46	43	39	34	30	28	25
	37	39	35	33	29	25	21	17
VSI 2000A	800		1200	1080	940	830	720	630
VSI 1500A	630		834	725	633	552	472	392
	500		713	601	518	437	359	278
	400	598	529	460	403	345	288	230
VSI 1400A	315	466	400	351	311	265	222	181
	250	357	316	282	242	213	184	155
	200	276	242	219	187	167	144	120

续表 5-8-4

型 号	功率/kW	生产能力/t·h⁻¹ 速度/m·s⁻¹						
		45	50	55	60	65	70	75
VSI 1300A	160	207	184	161	138	121	104	87
	132	168	150	132	115	104	94	85
	110	148	133	115	101	89	78	66
	90	115	105	95	85	74	63	52
	75	81	63	52	46	40	35	30
VSI 1200A	55	53	48	44	39	36	32	27
	45	43	39	36	31	28	25	22
	37	36	32	30	26	23	20	17

表 5-8-5 PLS 系列立式冲击破碎机的技术参数（洛阳大华重型机械有限公司 www.lydh.com）

规格型号	最大入料/mm	叶轮转速/$r \cdot min^{-1}$	功率/kW	处理量/$t \cdot h^{-1}$	质量/kg
PLS-550	30	2258~2600	30~45	24~60	4780
PLS-700	35	1775~2050	55~110	55~120	7500
PLS-850Ⅱ	50	1460~1720	150~264	113~240	11680
PLS-1000Ⅱ	60	1240~1460	320~500	200~345	16500
PLS-1200Ⅱ	60	1040~1300	500~630	300~715	18900

表 5-8-6 CH-PL 立轴冲击式破碎机系列技术参数（浙江浙矿重工股份有限公司 www.cnzkzg.com）

型 号	转子直径/mm	功率/kW	转子转速/$r \cdot min^{-1}$	最大给料粒度/mm	通过量/t	破碎机质量/kg
CH-PL7300	730	200	1200~1900	42	180~240	8000
CH-PL8600	870	500	1000~1800	60	260~560	17000

生产厂商：南昌矿山机械有限公司，唐山冀东装备工程股份有限公司，洛阳大华重型机械有限公司，浙江浙矿重工股份有限公司。

5.9 齿式筛分破碎机

5.9.1 概述

齿式筛分破碎机具有两个平等的破碎轴，利用拉应力和剪应力来破碎物料，能较好地控制产品粒度，降低粉末含量。在破碎黏性物料方面效果显著，如夏天的黏土、冬天的冻土，亦可破碎中等强度以及更高强度物料，如石灰石、金属矿等，可广泛应用于水泥、碎石骨料、电厂熔剂、煤矿以及金属矿山、非金属矿山、城市废料、垃圾、废旧玻璃等行业。

5.9.2 性能特点

（1）外形尺寸紧凑，可安装在拖车或卡车上，形成移动破碎站。

（2）过粉碎产品少，破碎比大，生产能力高。

（3）齿式筛分破碎机的齿牙安装位置和间距的设计使破碎机兼有筛分的功能，提高了整机的生产能力。

（4）破碎辊上的齿圈结构都是标准的。齿数、两轴间距以及组联结构可以改变，以适应不同粒度的需求。

（5）齿式筛分破碎机的转速低，两辊上的大型辊齿在旋转时可以互相梳理，因而可以处理黏湿性物料。

5.9.3　工作原理

齿式筛分破碎机为低速重载破碎机，其破碎原理采用体积压缩原理，使用剪切和张力的共同作用来破碎物料，而不是传统的挤压破碎。同时兼有筛分的作用，合格的物料通过齿间的间隙落出。电动机通过液压耦合器带动减速机，减速机出轴端与齿辊轴连转动，一般线速度在 1 ~ 2m/s。

工作时，破碎机可以接受从任何方向来的物料，物料被两旋转破碎轴上的轮齿剪切破碎，并强制从机器下面排出。在给料中，合格粒度级的产品进入机器后很快地被排出，不再进一步破碎；大于合格粒度级的物料，进入机器后被两轮齿夹住，在剪力和拉力作用下，使物料的薄弱易碎部位产生应力集中，从而使物料破碎。物料从两轮齿间和齿侧间排出，所以产品粒度大小能够被精确地控制。

5.9.4　结构

齿式筛分破碎机主要由传动装置、破碎辊、壳体、底座等部件组成，如图 5 - 9 - 1 所示，SSC/2PLF 系列分级破碎机设备结构如图 5 - 9 - 2 所示。

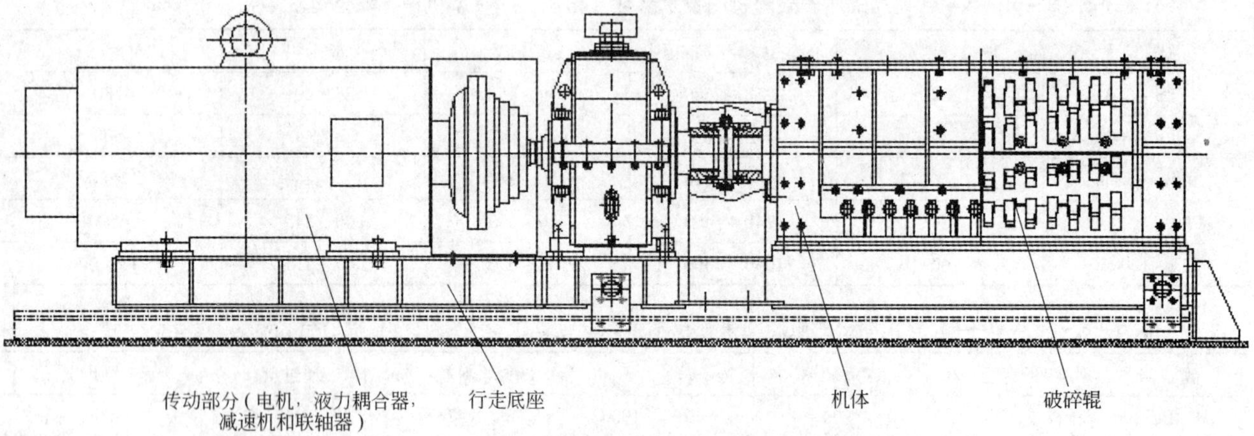

图 5 - 9 - 1　齿式筛分破碎机外形结构

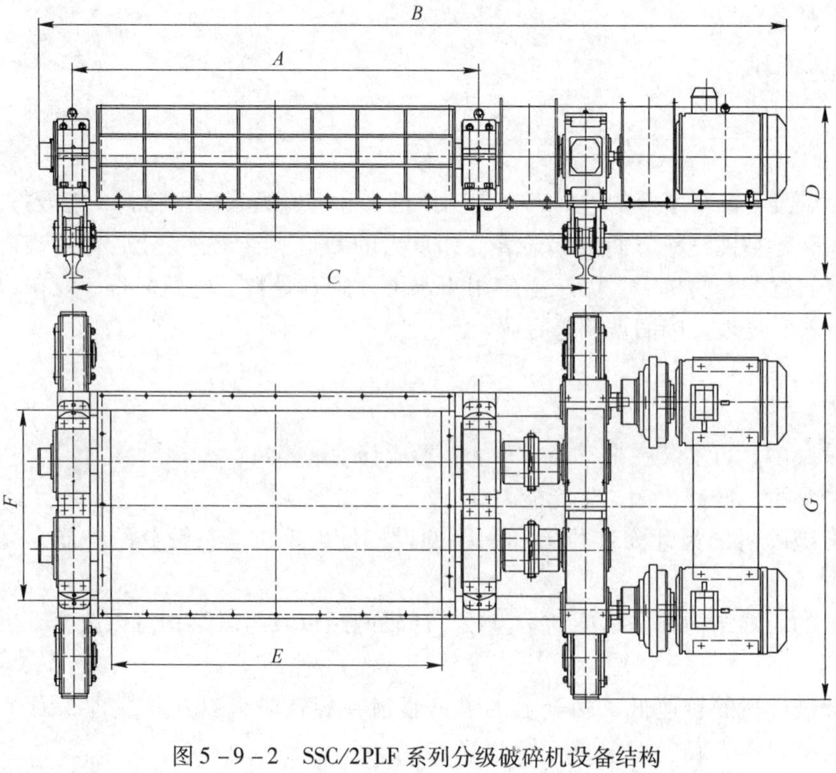

图 5 - 9 - 2　SSC/2PLF 系列分级破碎机设备结构

5.9.5 选用原则

设备选型需根据物料性质及所配系统的具体要求来进行。塑性指数在22以下、水分含量小于25%的一般黏土、冻土等物料，可根据入料粒度、出料粒度和生产能力等主要参数正常选用此机型，如果塑性指数和水分同时较大时需要做针对性设计。

如果入料粒度太大，可考虑在给料机上配置切碎辊来解决。

高黏湿钙质软物料（泥质石灰岩、白垩等），抗压强度小于100MPa时，也可选用此机型，但需做针对性设计。

配管磨系统时，黏湿物料出料粒度以不大于50mm（占80%）为宜。

与双齿辊式破碎机相比，齿式筛分破碎机更适合破碎物料水分及塑性指数较大的物料，相对来说不易黏堵。

5.9.6 技术参数

技术参数见表5-9-1~表5-9-6。

表5-9-1 齿式筛分破碎机的性能参数（中国中材装备集团有限公司 www.sinoma-tec.com）

型号	TKPS-1000粗碎系列	TKPS-600中碎系列			TKPS-600细碎系列		
		短型	标准型	加长型	短型	标准型	加长型
破碎物料	中硬石灰石，页岩，黏土，冻土等						
转子数量	2	2			2		
转子尺寸/mm×mm	φ1250×1800（可调）	φ700×700	φ700×1405	φ700×2110	φ660×600	φ660×1200	φ660×1800
进料口尺寸/mm×mm	1800×2340	1340×715	1340×1420	1340×2125	1350×610	1350×1210	1350×1810
进料粒度/mm	≤1000×800×600	黏土≤600×400×400，页岩≤300			≤150		
出料粒度/mm	≤300（占90%）	≤70（80%）			≤40		
生产能力/$t \cdot h^{-1}$	700	60~200	200~400	500	120	250	400
电机功率/kW	355	55~160	180~315	355	90	160	250

表5-9-2 溧阳天山水泥厂的应用参数表（中国中材装备集团有限公司 www.sinoma-tec.com）

型号	TKPS600齿式筛分破碎机（中碎）
转子尺寸/mm×mm	φ700×600
破碎原料	中小强度物料
进料粒度/mm×mm×mm	250×200×200
出料粒度/mm	≤100（80%），最大120
生产能力/$t \cdot h^{-1}$	120
电机功率/kW	160

表5-9-3 马来西亚HUME项目与印尼BOSOWA项目的应用参数表

（中国中材装备集团有限公司 www.sinoma-tec.com）

型号	TKPS600齿式筛分破碎机
转子尺寸/mm×mm	φ700×1405
进料口尺寸/mm×mm	1340×1420
破碎物料	黏土
最大入料粒度/mm×mm×mm	400×200×200（80%≤300）
出料粒度/mm	≤70（占90%）
生产能力/$t \cdot h^{-1}$	400
装机功率/kW	315

表 5-9-4 青海互助金园项目应用参数表（中国中材装备集团有限公司 www.sinoma-tec.com）

型　号	TKPS600 齿式筛分破碎机
转子尺寸/mm×mm	ϕ660×1800
进料口尺寸/mm×mm	1340×1815
破碎物料	黏土，页岩
最大入料粒度/mm×mm×mm	黏土 800×600×600，页岩 600×400×400
出料粒度/mm	≤50（占 80%）
生产能力/$t \cdot h^{-1}$	黏土>300，页岩 150，混合物料（黏土和页岩 2:1 或 3:1）>230
装机功率/kW	355

表 5-9-5 SSC/2PLF 系列分级破碎机技术参数表（天地科技股份有限公司 www.tdtec.com）

产 品 名 称	产品系列	入料粒度/mm	出料粒度/mm	处理能力/$t \cdot h^{-1}$	破碎强度/MPa
SSC 系列分级破碎机	SSC 系列加长型	50~1500	15~300	500~10000	≤300
	SSC 系列标准型	50~1000	15~300	200~800	≤250
	SSC 系列短箱型	50~1000	15~300	150~500	≤200
SSCX/2PLFX 系列细碎分级破碎机	根据现场需要选型	50~100	6~25	10~400	≤160
2PLF 系列新齿型分级破碎机	根据现场需要选型	0~1500	0~13	10~500	≤120
矿井井下分级破碎机	根据现场需要选型	1500~2000	200~300	500~10000	≤300
半移动破碎站	根据现场需要选型	1500~2000	30~50	500~10000	≤300

表 5-9-6 分级机洗涤设备应用案例（天地科技股份有限公司 www.tdtec.com）

神华集团	阳煤集团	西山矿务局	兖州矿务局	开滦矿务局
伊泰集团	伊东集团	宝钢集团	包钢集团	淮南矿务局
淮北矿务局	龙煤集团	阜新矿务局	潞安矿务局	北京矿务局

生产厂商：中国中材装备集团有限公司，天地科技股份有限公司。

5.10 破碎筛分联合设备

将破碎单元、筛分单元、输送单元、辅助单元和电气装置集中或分别安装在单个或多个（轮胎或履带、滑撬式）底盘上组成联合作业机组，完成作业后，可以移动到另一个工作面。根据破碎物料情况和工艺流程的设计，各单元间可以灵活组合，满足产生物料的粒度要求。按照移动的方式，在机组地盘上装有轮胎、履带或滑撬等移动装置，移动时安装移动装置，工作时将移动装置卸掉为半移动式设备。多用于矿山以及水利、交通、建筑的砂石场、城市建筑垃圾处理。

5.10.1 半移动式

5.10.1.1 概述

半移动式破碎站是露天矿作业的半连续工艺关键设备，担负露天矿矿石和剥离物（岩石）的破碎任务。其工艺流程主要是，矿岩由大型自卸卡车自采场运至破碎站，经破碎机破碎后，由排料胶带机运至地表固定胶带运输机。破碎完成该作业面的处理工作之后，将该破碎站移至另一层面进行作业。根据采矿工艺要求，破碎站每作业一定年限会搬迁一次，为适应经常搬迁要求，破碎站采用模块化设计，具有安装、维修、移动方便快捷，可节省固定资产投资等优点。按照矿岩情况，可选用不同类型的破碎机。

半移动式旋回破碎站由液压旋回破碎机、主体钢结构、排料胶带机、液压碎石机、检修吊以及电力电气系统组成。具有事故预警及安全装置，以保证可靠性运行和系统的维护保养。

5.10.1.2 特点

半移动式破碎站可根据采矿工艺要求，变更安置地点，以缩短卡车运输距离，降低卡车油耗。

工作时半移动式破碎站坐落在平坦的地面上。移动时再装上滑撬（也可是轮胎组），由牵引车拖拽，或者采用搬运车将破碎站整体顶起，搬运至新的工作面，也可以分成部件（单元），分别运到安装地点组装。

5.10.1.3 技术参数

技术参数见表5-10-1。

表5-10-1 半移动式旋回破碎站的技术参数（中信重工机械股份有限公司 www.chmc.citic.com）

名 称	参 数
设备名称	3500～4500t/h 半移动破碎站
处理能力/$t \cdot h^{-1}$	3500～4500
最大入料粒度/mm	1200
料仓容积/m^3	275
破碎机	60-89（PXZ1500II）
给矿口宽度/mm	1525
推荐最大给矿尺寸/mm	1200
排矿口宽度/mm	160～260
破碎机主电机功率/kW	630
胶带输送机输送能力/$t \cdot h^{-1}$	4500
液压破碎锤/次·min^{-1}	300～500
设备总重/t	2100
单件最大质量/t	100

生产厂商：中信重工机械股份有限公司。

5.10.2 移动式

5.10.2.1 概括

移动式破碎筛分联合设备，将破碎单元，筛分单元，输送单元和电控设备，安装在单个或多个轮胎或履带的移动底盘上，可以自行或被拖拉易地作业的联合设备。主要用于露天矿山、交通、水电、建设等经常需要变更作业地点的物料破碎加工，在用于高速公路、铁路、水电工程等流动性作业时，用户可根据加工原料的种类、规模和成品物料要求的不同采用多种配置形式。移动式破碎筛分成套设备包括初级破碎站和二级破碎筛分站、胶带输送机等，各级破碎站均是一个独立的工作单元，能各自完成其承担的不同职责，胶带输送机负责各破碎站间的物料传送及堆放。移动式破碎筛分站品种齐全、规格系列化、选择余地大，能满足广大用户的需要。

5.10.2.2 特点

移动式破碎站可选择不同破碎设备匹配具有操作方便、高效节能、机动性好的特点。随原料地或施工场地一起延伸，并可进行多种组合，满足不同用料需要。

（1）一体化整套机组。将破碎机带分机，运输设备集中安装，布局紧凑。

（2）移动式破碎机动性灵活。移动破碎站安装在履带式或轮胎底盘上，车体宽度小于运输半挂车，便于普通公路行驶，也便于在破碎场区崎岖恶劣的道路环境中行驶。

（3）降低物料运输费用。移动破碎站能够在第一线对物料进行现场破碎，极大降低了物料的运输费用。另外可直接将破碎的物料送入转运车上。

（4）适应性强配置灵活。移动破碎站可以独立使用，也可以针对客户对流程中的物料类型、产品要求，提供更加灵活的工艺配置，满足用户移动破碎、移动筛分等各种要求，使物流转运更加合理有效，成本达到最大化的降低。

（5）供电多样化。一体化机组配置中的柴油发电机除给本机组供电外，还可以为系统配置机组联合供电。

5.10.2.3　外形尺寸

外形结构如图 5-10-1～图 5-10-22 所示。

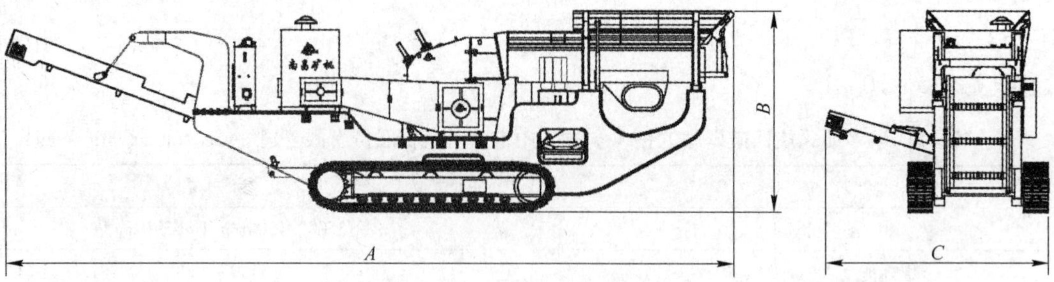

图 5-10-1　MT 履带移动破碎站 JC 系列

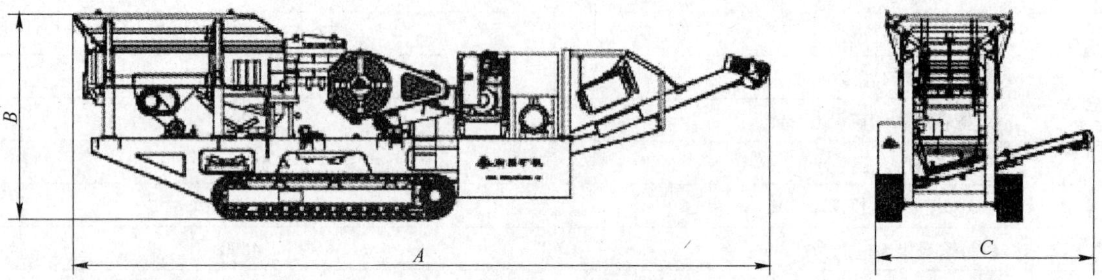

图 5-10-2　MT 履带移动破碎站 HS 系列

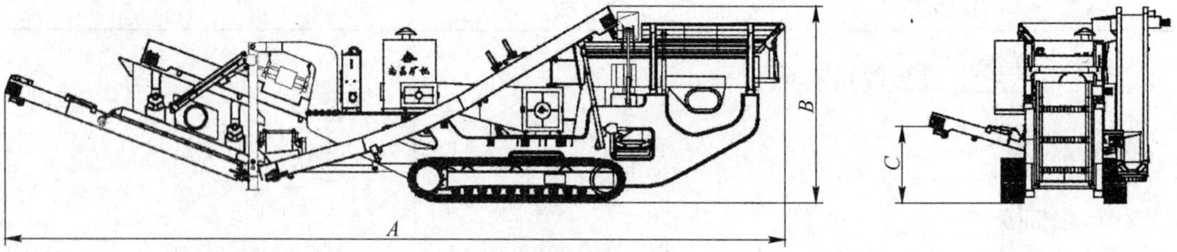

图 5-10-3　MT 履带移动破碎站 HS-C 系列

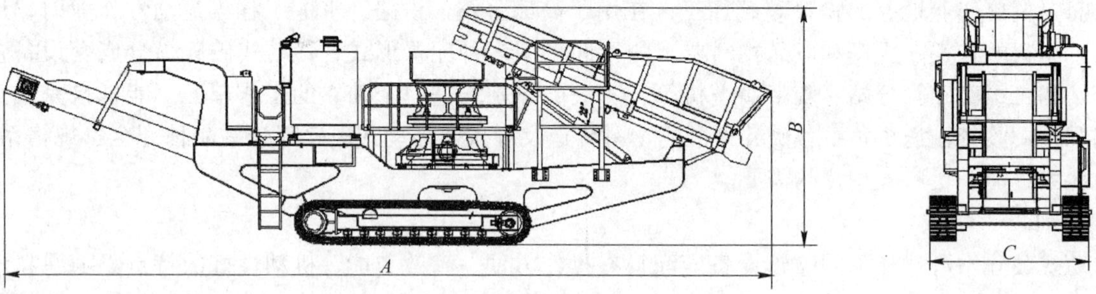

图 5-10-4　MT 履带移动破碎站 CC 系列

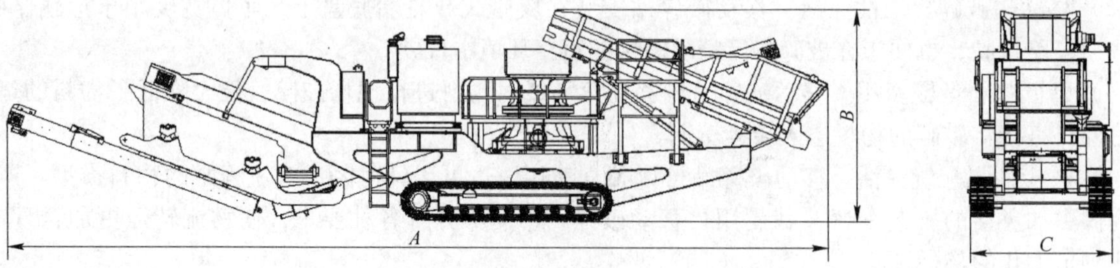

图 5-10-5　MT 履带移动破碎站 CC-C 系列

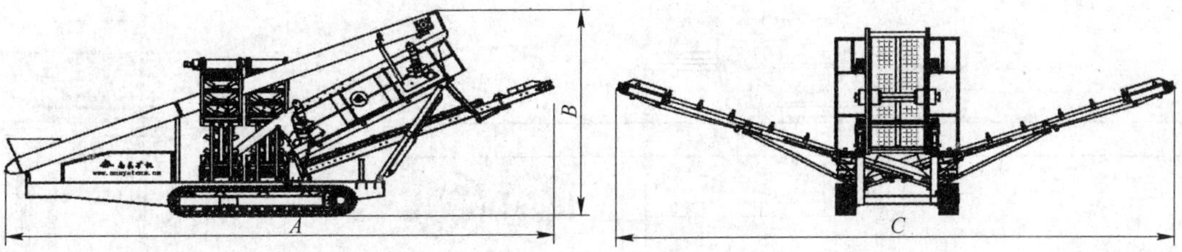

图 5-10-6 MT 履带移动筛分站 SR 系列

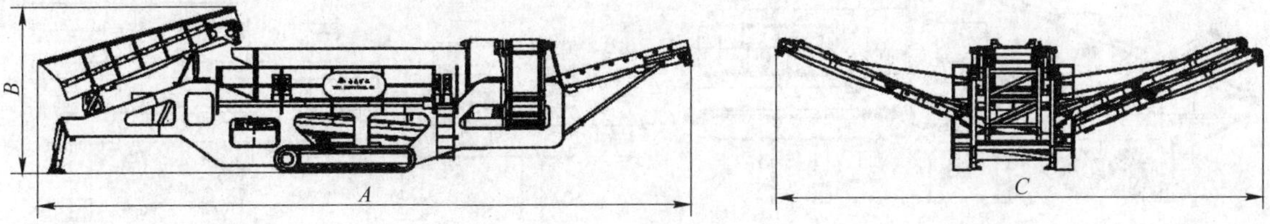

图 5-10-7 MT 履带移动筛分站 SA 系列

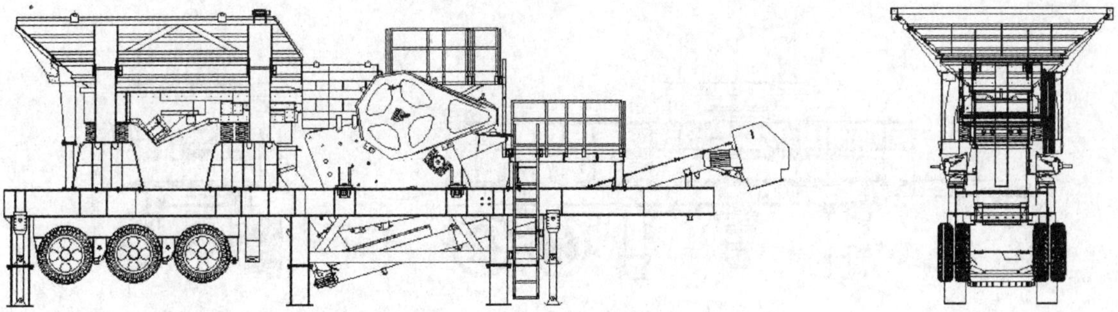

图 5-10-8 MP 轮胎移动破碎站 JC 系列

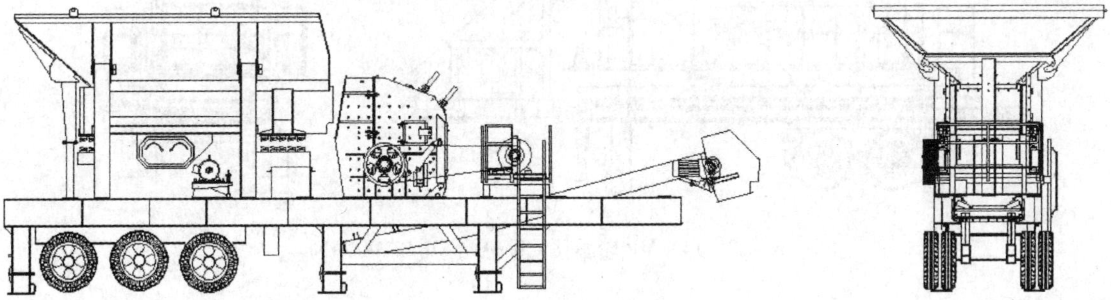

图 5-10-9 MP 轮胎移动破碎站 HS 系列

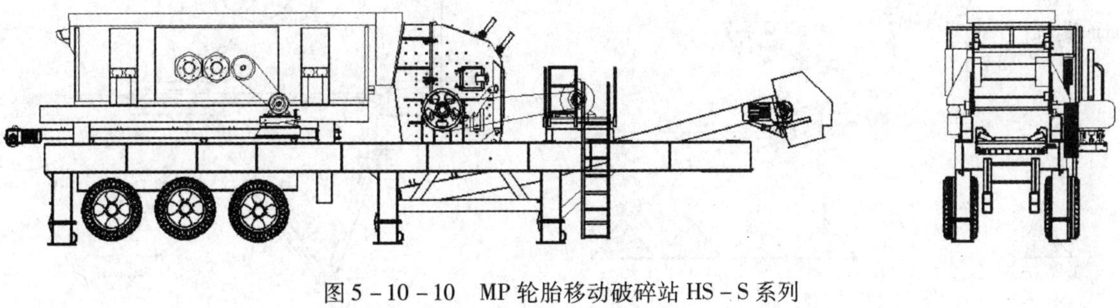

图 5-10-10 MP 轮胎移动破碎站 HS-S 系列

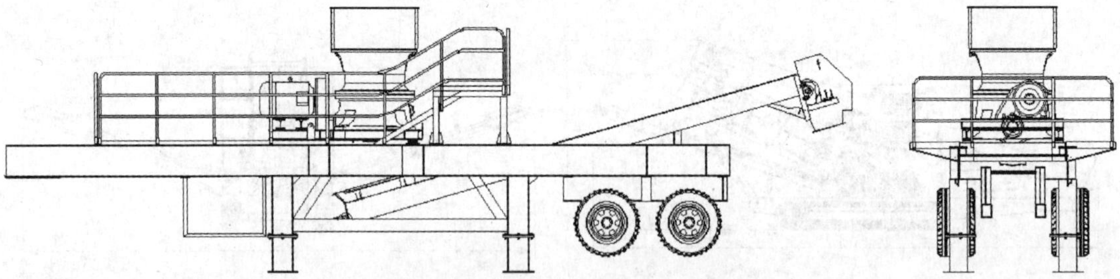

图 5－10－11　MP 轮胎移动破碎站 CC 系列

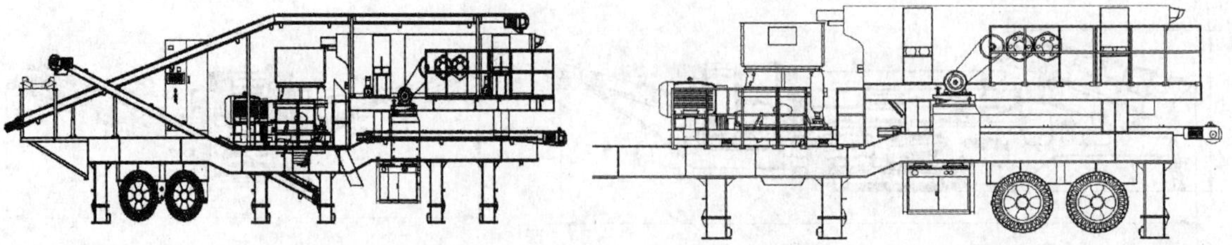

Ⅰ型　　　　Ⅱ型

图 5－10－12　MP 轮胎移动破碎站 CC－S 系列

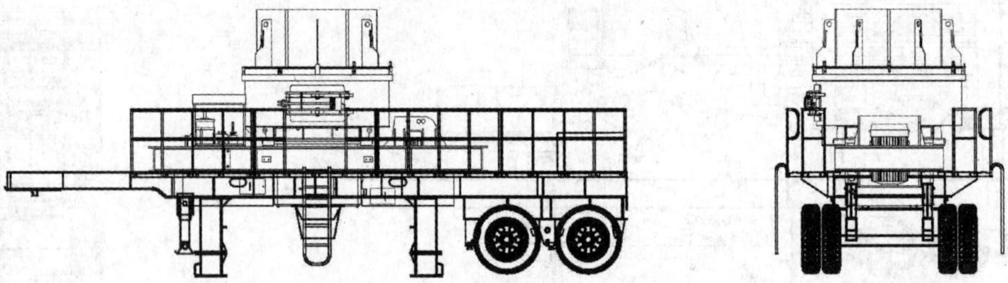

图 5－10－13　MP 轮胎移动破碎站 VS 系列

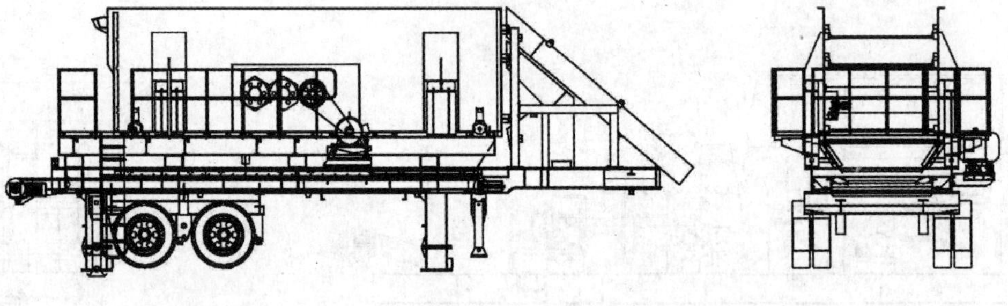

图 5－10－14　MP 轮胎移动筛分站 SR 和 SA 系列

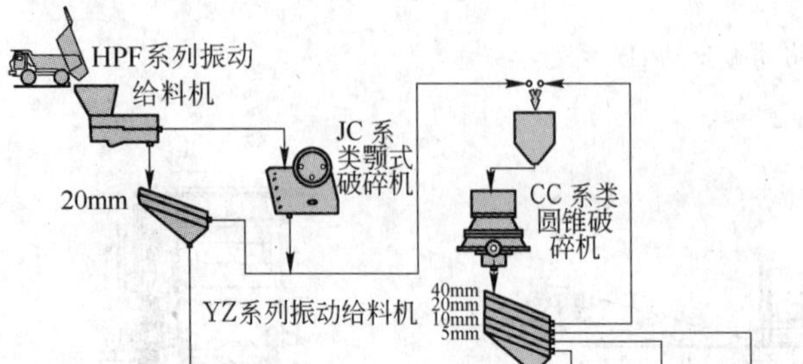

图 5－10－15　MK 模块破碎筛分系统 H 系列流程图

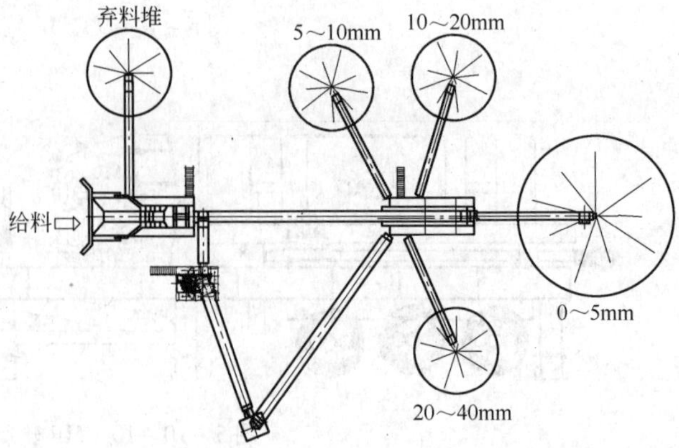

图 5－10－16　MK 模块破碎筛分系统 H 系列平面布置图

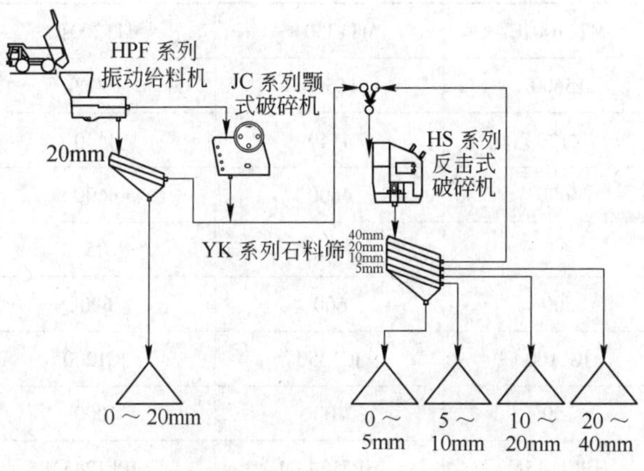

图 5-10-17 MK 模块破碎筛分系统 S 系列流程图

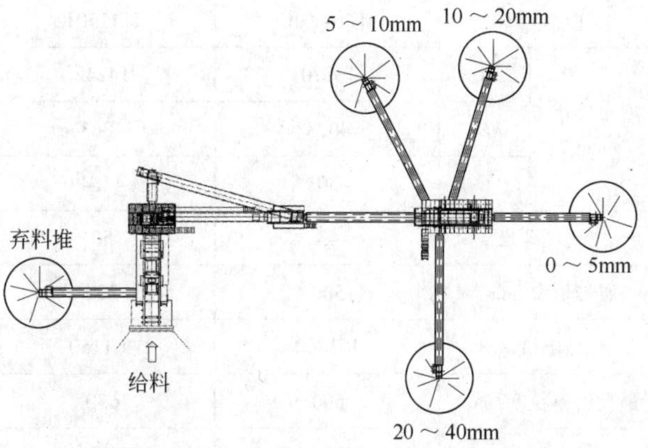

图 5-10-18 MK 模块破碎筛分系统 S 系列平面布置图

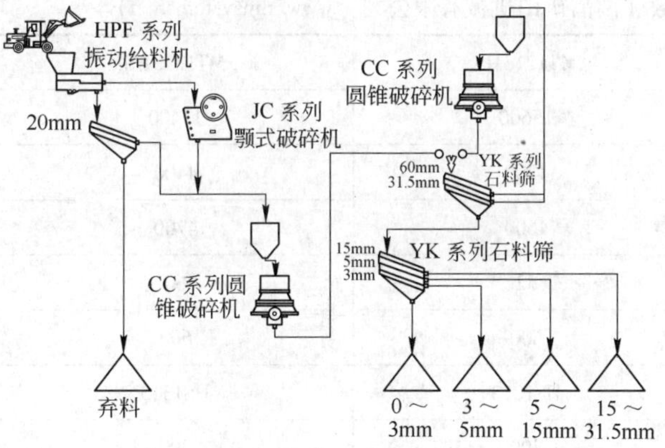

图 5-10-19 MK 模块破碎筛分系统 MⅠ系列流程图

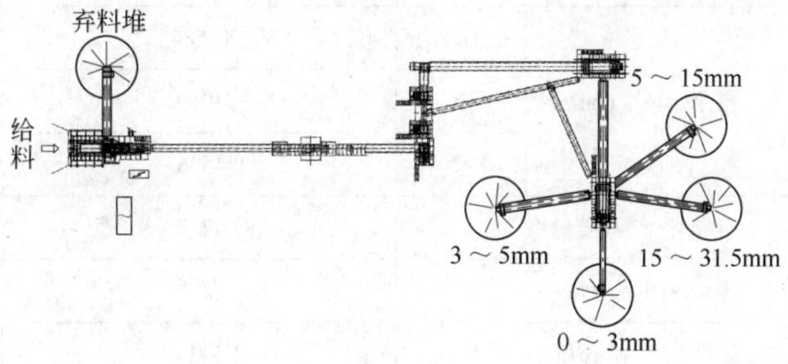

图 5-10-20 MK 模块破碎筛分系统 MⅠ系列平面布置图

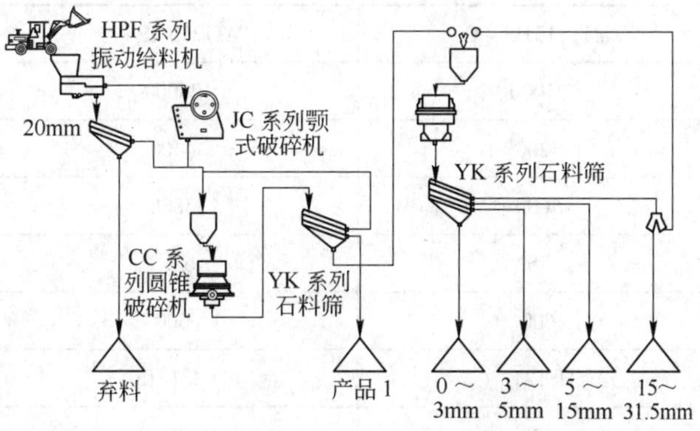

图 5-10-21 MK 模块破碎筛分系统 MⅡ系列流程图

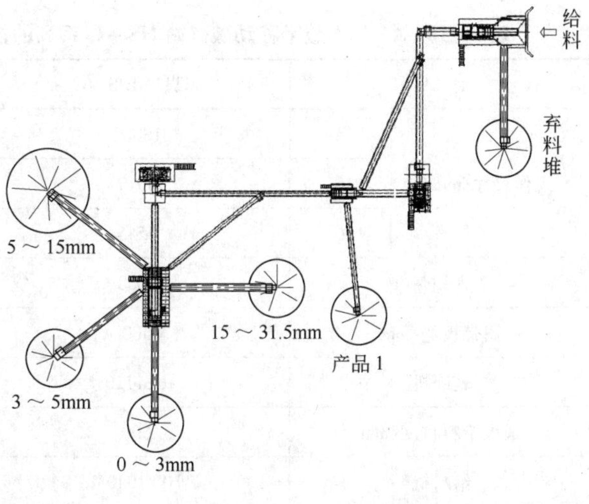

图 5-10-22 MK 模块破碎筛分系统 MⅡ系列平面布置图

5.10.2.4 技术参数

技术参数见表 5-10-2 ~ 表 5-10-19。

表 5-10-2 MT 履带移动破碎站 JC 系列的技术参数（南昌矿山机械有限公司 www.nmsystems.cn）

型 号		MT1000JC	MT1150JC	MT1100JC	MT1350JC	MT1200JC
工作尺寸/mm	*A*	13270	14242	15600	16500	16000
	B	4028	4063	4120	4140	4140
	C	4303	4464	4600	4600	4600
参考质量/t		43	50	64	66	85
履带板宽/mm		500	500	500	600	600
破碎机		JC1000	JC1150	JC1100	JC1350	JC1200
最大给料粒度/mm		500	630	750	700	1000
给料机		HPF1040M	HPF1040M	HPF1245M	HPF1345M	HPF1245M
处理能力/$t \cdot h^{-1}$		150	200	300	400	500
发电机功率/kW		200	260	320	400	400

表 5-10-3 MT 履带移动破碎站 HS 系列的技术参数（南昌矿山机械有限公司 www.nmsystems.cn）

型 号		MT1110HS	MT1213HS	MT1315HS
工作尺寸/mm	*A*	15684	15600	17400
	B	4019	4200	4400
	C	4536	4600	4700
参考质量/t		47.8	52	60
履带板宽/mm		500	600	600
破碎机		HS1110	HS1213	HS1315
最大给料粒度/mm		600	700	700
给料机		HPF1040M	HPF1245M	HPF1345M
处理能力/$t \cdot h^{-1}$		150	250	350
柴油机功率/kW		242	287	328

表 5-10-4 MT 履带移动破碎站 HS-C 系列的技术参数（南昌矿山机械有限公司 www.nmsystems.cn）

型 号		MT1110HS-C	MT1213HS-C	MT1315HS-C
工作尺寸/mm	*A*	18000	21000	23000
	B	4019	4200	4400
	C	5545	5600	5800
参考质量/t		50.8	55	63.5
履带板宽/mm		500	600	600
破碎机		HS1110	HS1213	HS1315
最大给料粒度/mm		600	700	700
给料机		HPF1040M	HPF1245M	HPF1345M
闭路筛分机		2YK1130	2YK1330	2YK1330
处理能力/$t \cdot h^{-1}$		150	200	350
柴油机功率/kW		242	287	328

表 5-10-5 **MT 履带移动破碎站 CC 系列的技术参数**（南昌矿山机械有限公司 www.nmsystems.cn）

型 号		MT200CC	MT300CC	MT400CC
工作尺寸/mm	*A*	14620	15600	16500
	B	3060	3260	3860
	C	4454	4600	4700
参考质量/t		36.8	43.6	57.2
履带板宽/mm		500	500	600
破碎机		CC200	CC300	CC400
最大给料粒度/mm		190	215	275
给料胶带机		B1000	B1200	B1200
处理能力/$t \cdot h^{-1}$		200	300	400
柴油机功率/kW		328	403	500

表 5-10-6 **MT 履带移动破碎站 CC-C 系列的技术参数**（南昌矿山机械有限公司 www.nmsystems.cn）

型 号		MT200CC-C	MT300CC-C	MT400CC-C
工作尺寸/mm	*A*	14620	15600	16500
	B	3060	3260	3860
	C	4454	4600	4700
参考质量/t		39.8	46.6	61.2
履带板宽/mm		500	500	600
破碎机		CC200	CC300	CC400
最大给料粒度/mm		190	215	275
给料胶带机		B1000	B1200	B1200
闭路筛分机		2YK1130	2YK1330	2YK1330
处理能力/$t \cdot h^{-1}$		200	300	400
柴油机功率/kW		328	403	500

表 5-10-7 **MT 履带移动筛分站 SR 系列的技术参数**（南昌矿山机械有限公司 www.nmsystems.cn）

型 号		MT1537SR	MT1548SR
工作尺寸/mm	*A*	1320	14685
	B	4700	6290
	C	13600	15100
参考质量/t		29	32
履带板宽/mm		500	500
筛分机		2YK1537	2（3）YK1548
最大给料粒度/mm		200	300
处理能力/$t \cdot h^{-1}$		50~200	50~300
柴油机功率/kW		74.5	74.5

表 5-10-8　MP 履带移动筛分站 JC 系列的技术参数（南昌矿山机械有限公司　www. nmsystems. cn）

型　号	MP0850JC	MP1000JC	MP1150JC	MP1100JC	MP1200JC
参考质量/t	28	34	42	50	68
轮胎底盘规格	一轴	二轴	二轴	三轴	三轴
破碎机	JC0850	JC1000	JC1150	JC1100	JC1200
最大给料粒度/mm	450	500	630	750	1000
给料机	GPF0832	HPF1040M	HPF1040M	HPF1245M	HPF1245M
出料胶带机	B800	B800	B1000	B1000	B1200
处理能力/$t \cdot h^{-1}$	100	150	200	300	500
装机功率/kW	90	116	143	165	197

表 5-10-9　MT 轮胎移动破碎站 SA 系列的技术参数（南昌矿山机械有限公司　www. nmsystems. cn）

型　号		MT1648SA	MT1860SA
工作尺寸/mm	*A*	17800	19882
	B	4700	4800
	C	15700	17650
参考质量/t		35	45
履带板宽/mm		500	500
筛分机		2（3）TSK1648	2（3）TSK1860
最大给料粒度/mm		200	300
处理能力/$t \cdot h^{-1}$		50～300	50～400
柴油机功率/kW		132	132

表 5-10-10　MP 轮胎移动破碎站 HS 系列的技术参数（南昌矿山机械有限公司　www. nmsystems. cn）

型　号	MP1110HS	MP1213HS	MP1315HS
参考质量/t	38	43	47
轮胎底盘规格	二轴	三轴	三轴
破碎机	HS1110	HS1213	HS1315
最大给料粒度/mm	600	700	700
给料机	HPF1040M	HPF1245M	HPF1345M
出料胶带机	B800	B1000	B1000
处理能力/$t \cdot h^{-1}$	150	250	350
装机功率/kW	190	240. 5	294

表 5-10-11　MP 轮胎移动破碎站 HS-S 系列的技术参数（南昌矿山机械有限公司　www. nmsystems. cn）

型　号	MP1110HS-S	MP1213HS-S	MP1315HS-S
参考质量/t	46	53	61
轮胎底盘规格	二轴	三轴	三轴
破碎机	HS1110	HS1213	HS1315
最大给料粒度/mm	600	700	700
给料机	HPF1040M	HPF1245M	HPF1345M
筛分机	2TSK1648	2TSK1860	2TSK1860
主出料胶带机	B800	B1000	B1000
筛下出料胶带机	B1000	B1200	B1200
处理能力/$t \cdot h^{-1}$	150	250	350
装机功率/kW	215	265	315

表 5-10-12 MP 轮胎移动破碎站 CC 系列的技术参数（南昌矿山机械有限公司 www.nmsystems.cn）

型号	MP100CC	MP200CC	MP300CC
参考质量/t	28	32	36
轮胎底盘规格	一轴	二轴	三轴
破碎机	CC100	CC200	CC300
最大给料粒度/mm	135	190	215
出料胶带机	B800	B1000	B1000
处理能力/t·h^{-1}	100	200	300
装机功率/kW	105.5	180.5	270.5

表 5-10-13 MP 轮胎移动破碎站 CC-S 系列的技术参数（南昌矿山机械有限公司 www.nmsystems.cn）

型号	MP100CC-S		MP200CC-S		MP300CC-S	
	Ⅰ型	Ⅱ型	Ⅰ型	Ⅱ型	Ⅰ型	Ⅱ型
参考质量/t	45	38	48	42	54	46
轮胎底盘规格	二轴		二轴		三轴	
破碎机	CC100		CC200		CC300	
筛分机	2（3）TSK1648		2（3）TSK1860		2（3）TSK1860	
最大给料粒度/mm	135		190		215	
处理能力/t·h^{-1}	100		200		300	
装机功率/kW	155	135	239	212	335	311

表 5-10-14 MP 轮胎移动破碎站 VS 系列的技术参数（南昌矿山机械有限公司 www.nmsystems.cn）

型号	MP1300VS	MP1400VS	MP1500VS
参考质量/t	19.8	23.4	26
轮胎底盘规格	一轴	二轴	二轴
破碎机	VS1300	VS1400	VS1500
最大给料粒度/mm	50	55	60
处理能力/t·h^{-1}	150	300	400
装机功率/kW	75~160	200~315	400~630

表 5-10-15 MP 轮胎移动筛分站 SR 和 SA 系列的技术参数（南昌矿山机械有限公司 www.nmsystems.cn）

型号	MP1548SR	MP1860SR	MP1648SA	MP1860SA
参考质量/t	20.2	23	21.2	23
轮胎底盘规格	二轴	二轴	二轴	二轴
筛分机	2（3）YK1548	2（3）YK1860	2（3）YSK1648	2（3）TSK1860
最大给料粒度/mm	300	400	300	400
处理能力/t·h^{-1}	50~200	50~300	50~300	50~400
装机功率/kW	22.5	41	35.5	44.5

表 5-10-16 MK 模块破碎筛分系统 H（硬岩）系列的技术参数（南昌矿山机械有限公司 www.nmsystems.cn）

型号	MK100H	MK200H	MK300H	MK350H
产量/t·h^{-1}	100~150	150~220	200~300	250~420
产品粒度/mm	0~5，5~10，10~20，20~40			
给料粒度/mm	<450	<500	<630	<750
给料机	HPF1040（15kW）		HPF1245（22kW）	HPF1260（22kW）
初级破碎机	JC0850（75kW）	JC1000（90kW）	JC1150（110kW）	JC1100（132kW）

续表 5－10－16

型号		MK100H	MK200H	MK300H	MK350H
二段破碎机		CC100EC（90kW）	CC200EC（160kW）	CC300EC（250kW）	CC400EC（315kW）
产品筛分机		4YK1860（30kW）		4YK2160（37kW）	4YK2460（37kW）
胶带机	J1	$L=15$m，$B=500$mm（3kW）			
	J2	$L=28$m，$B=650$mm（11kW）	$L=32$m，$B=800$mm（15kW）	$L=19$m，$B=1000$mm（18.5kW）	$L=19$m，$B=1000$mm（18.5kW）
	J3	$L=16$m，$B=650$mm（4kW）	$L=23$m，$B=650$mm（7.5kW）	$L=28$m，$B=800$mm（18.5kW）	$L=32$m，$B=800$mm（22kW）
	J4	$L=13$m，$B=650$mm（3kW）	$L=16$m，$B=800$mm（7.5kW）	$L=25$m，$B=800$mm（11kW）	$L=25$m，$B=800$mm（15kW）
	J5	$L=8$m，$B=500$mm（3kW）	$L=10$m，$B=650$mm（5.5kW）	$L=18$m，$B=800$mm（11kW）	$L=18$m，$B=800$mm（15kW）
	J6	$L=15$m，$B=500$mm（3kW）(4条)	$L=20$m，$B=500$mm（4kW）(4条)	$L=12$m，$B=800$mm（7.5kW）(4条)	$L=12$m，$B=800$mm（7.5kW）(4条)
	J7			$L=20$m，$B=500$mm（4kW）	$L=20$m，$B=500$mm（4kW）
总装机功率（kW）		250～280	360～400	500～550	600～650

表 5－10－17　MK 模块破碎筛分系统 S（软岩）系列的技术参数（南昌矿山机械有限公司　www.nmsystems.cn）

型号		MK100S	MK200S	MK300S
产量/t·h^{-1}		90～150	180～260	250～350
产品粒度/mm		0～5，5～10，10～20，20～40		
给料粒度/mm		<450	<630	<750
给料机		HPF1040（15kW）		HPF1245（22kW）
初级破碎机		JC0850（75kW）	JC1150（110kW）	JC1100（132kW）
二段破碎机		HS1208S（132kW）	HS1311S（200kW）	HS1315S（200kW）
产品筛分机		4YK1860（30kW）		4YK2160（37kW）
胶带机	J1	$L=15$m，$B=500$mm（3kW）		
	J2	$L=14$m，$B=650$mm（5.5kW）	$L=14$m，$B=800$mm（11kW）	$L=14$m，$B=1000$mm（15kW）
	J3	$L=16$m，$B=650$mm（4kW）	$L=23$m，$B=800$mm（15kW）	$L=22$m，$B=1000$mm（22kW）
	J4	$L=30$m，$B=650$mm（11kW）	$L=17$m，$B=800$mm（7.5kW）	$L=17$m，$B=800$mm（11kW）
	J5	$L=21$m，$B=650$mm（4kW）	$L=29$m，$B=650$mm（11kW）	$L=33$m，$B=800$mm（12kW）
	J6	$L=15$m，$B=500$mm（3kW）(4条)	$L=20$m，$B=500$mm（4kW）(4条)	$L=20$m，$B=500$mm（5.5kW）(4条)
总装机功率/kW		280～320	430～480	580～630

表 5－10－18　MK 模块破碎筛分系统 MⅠ（混合料）系列的技术参数（南昌矿山机械有限公司　www.nmsystems.cn）

型号	MK450MⅠ	MK550MⅠ	MK650MⅠ
产量/t·h^{-1}	400～520	450～550	600～650
产品粒度/mm	0～3，3～5，5～15，15～31.5		
给料粒度/mm	<1000	<1000	<1200
给料机	HPF1360（30kW）		HPF1560（30kW）
初级破碎机	JC1200（160kW）		JC1500（200kW）
二段破碎机	CC300C（250kW）	CC300EC（250kW）	CC400C（315kW）
三段破碎机	CC300M（250kW）(两台)	CC400MF（315kW）	CC300MF（250kW）(两台)

续表 5-10-18

型号		MK450MⅠ	MK550MⅠ	MK650MⅠ
产品筛分机		2YK2460 (37kW)(两台)	2YK2160 (37kW)(两台), 2YK2460 (37kW)(两台)	2YKR3060 (45kW)(两台), 2YKR3660 (45kW)(两台)
胶带机	J1	L=20m, B=650mm (4kW)		
	J2	L=40m, B=1000mm (30kW)	L=40m, B=1000mm (30kW)	L=40m, B=1000mm (37kW)
	J3	L=29m, B=1000mm (22kW)	L=29m, B=1000mm (22kW)	L=32m, B=1000mm (30kW)
	J4	L=18m, B=1200mm (15kW)	L=18m, B=1200mm (15kW)	L=22m, B=1200mm (22kW)
	J5	L=21m, B=650mm (4kW)	L=21m, B=650mm (4kW)	L=48m, B=1200mm (2×30kW)
	J6	L=43m, B=1200mm (37kW)	L=43m, B=1200mm (37kW)	L=13m, B=1000mm (11kW)
	J7	L=36m, B=650mm (15kW)	L=36m, B=650mm (15kW)	L=39m, B=1000mm (30kW)
	J8	L=34m, B=1000mm (30kW)	L=34m, B=1000mm (30kW)	L=20m, B=800mm (11kW)(两条)
	J9	L=22m, B=650mm (5.5kW)	L=22m, B=650mm (5.5kW)	L=13m, B=800mm (7.5kW)
	J10	L=20m, B=650mm (7.5kW)(4条)	L=20m, B=650mm (7.5kW)(4条)	L=25m, B=800mm (11kW)
	J11			L=13m, B=800mm (7.5kW)
	J12			L=25m, B=800mm (11kW)
	J13			L=13m, B=800mm (3kW)
	J14			L=25m, B=800mm (7.5kW)
	J15			L=25m, B=800mm (5.5kW)(两条)
总装机功率/kW		850~900	850~920	1230~1300

表 5-10-19 MK 模块破碎筛分系统 MⅡ(混合料)系列的技术参数(南昌矿山机械有限公司 www.nmsystems.cn)

型号		MK100MⅡ	MK200MⅡ	MK300MⅡ	MK400MⅡ
产量/$t \cdot h^{-1}$		100~130	150~220	200~300	250~400
产品粒度/mm		0~3, 3~5, 5~15, 15~31.5			
给料粒度/mm		<450	<500	<630	<750
给料机		HPF1040 (15kW)		HPF1245 (22kW)	HPF1260 (22kW)
初级破碎机		JC0850 (75kW)	JC1000 (90kW)	JC1150 (110kW)	JC1100 (132kW)
二段破碎机		CC100EC (90kW)	CC200EC (160kW)	CC300EC (250kW)	CC300S (250kW)
三段破碎机		VS1300R (160kW)	VS1400R (315kW)		VS1500R (2×250kW)
产品筛分机		3YK1860 (30kW)	3YK2160 (30kW)	3YK2460 (30kW)	3YKR3060 (45kW)
胶带机	J1	L=15m, B=500mm (3kW)			
	J2	L=11m, B=650mm (5.5kW)	L=11m, B=800mm (7.5kW)	L=11m, B=800mm (7.5kW)	L=11m, B=1000mm (15kW)
	J3	L=23m, B=650mm (7.5kW)	L=25m, B=800mm (11kW)	L=25m, B=800mm (11kW)	L=34m, B=1000mm (22kW)
	J4	L=15m, B=650mm (5.5kW)	L=16m, B=800mm (11kW)	L=16m, B=800mm (11kW)	L=16m, B=1000mm (15kW)
	J5	L=25m, B=500mm (4kW)	L=25m, B=500mm (4kW)	L=25m, B=500mm (4kW)	L=25m, B=500mm (5.5kW)
	J6	L=20m, B=500mm (3kW)	L=20m, B=500mm (4kW)	L=20m, B=500mm (4kW)	L=20m, B=500mm (4kW)
	J7	L=32m, B=650mm (7.5kW)	L=32m, B=650mm (15kW)	L=32m, B=650mm (15kW)	L=38m, B=1000mm (30kW)
	J8	L=24m, B=650mm (7.5kW)	L=24m, B=650mm (11kW)	L=24m, B=650mm (11kW)	L=32m, B=1000mm (22kW)
	J9	L=25m, B=500mm (3kW)	L=24m, B=500mm (4kW)	L=24m, B=500mm (4kW)	L=27m, B=500mm (7.5kW)
	J10	L=20m, B=500mm (3kW) (3条)	L=20m, B=500mm (4kW) (3条)	L=20m, B=500mm (4kW) (3条)	L=20m, B=500mm (5.5kW) (3条)
总装机功率/kW		450~480	670~700	700~750	1000~1100

生产厂商：南昌矿山机械有限公司。

5.11　辊压（磨）机

5.11.1　概述

辊压机，又名挤压磨、辊压磨，是20世纪80年代中期发展起来的新型水泥节能粉磨设备，具有替代能耗高、效率低球磨机预粉磨系统，并且降低钢材消耗及噪声的功能，适用于新厂建设，也可用于老厂技术改造，使球磨机系统产量提高30%～50%。

5.11.2　工作原理

两个相向转动的压辊，在液压油缸的挤压力的作用下，将通过其间的物料挤压成较密的扁平状料片。通过两辊间的物料在压力区受到100MPa左右的挤压力，使得颗粒状物料被粉碎并产生了大量裂纹，从而改善了物料的易磨性，如图5－11－1、图5－11－2所示。

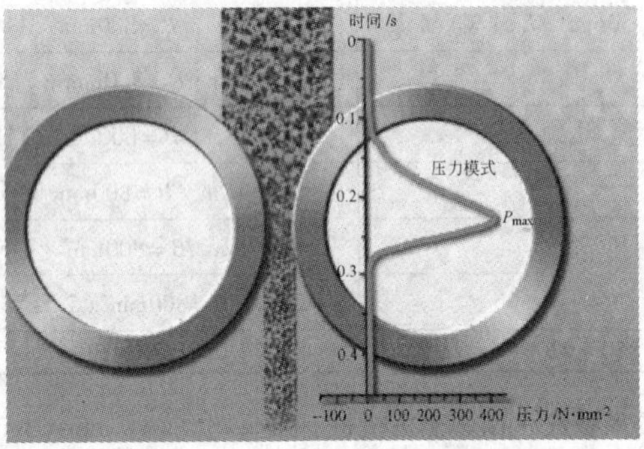

图5－11－1　辊压机工作原理

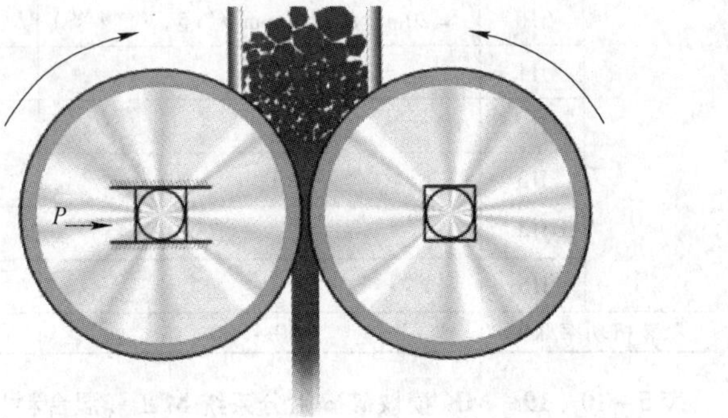

图5－11－2　压辊磨机工作原理示意图

5.11.3　主要特点

（1）提高产量，降低电耗。在现有球磨粉磨系统中安装辊压机以后，可以使粉磨设备的潜在能力得以充分发挥，增加产量达50%～100%，提高了整个系统的效率，电耗显著下降，比传统粉磨方式节能20%～40%。

（2）运转平稳，环保。物料在辊罩内被连续稳定的挤压粉碎，有害粉尘不易扩散，同时，由于物料受到辊压过程中没有冲击，故辊压机运转平稳，噪音小。

（3）易于向大型化发展。传统球磨机受到加工、运输、装配等条件的限制，其向大型化的发展受到很大的制约。配置辊压机的粉磨系统很好地解决了此类问题，使粉磨系统向大型化发展变成了现实。

5.11.4　选型方法及步骤

粉磨系统确定后，根据系统配置对辊压机通过量、线速度的要求，确定辊压机的直径和宽度，并配置功率，同时需考虑物料易磨性指数，对功率的修正影响。

辊压机的选型，主要通过单位辊压机产品（单位时间从辊压机系统出去的产品）的主机电耗（辊压机电耗）W，和辊压机产品的产量Q，来求得辊压机的理论需用功率P_0（见公式5－11－1），然后根据辊压机的理论功率计算公式（见公式5－11－2），可以求得合适的辊压机压辊直径D、压辊宽度B以及压辊线速度v，辊压机的装机功率P，由辊压机的理论需用功率和辊压机的备用系数K求得（见公式5－11－3）。

$$P_0 = W \times Q \tag{5-11-1}$$

$$P_0 = 2\sin\beta \times D \times B \times P_T \times v \tag{5-11-2}$$

$$P = P_0 \times K \tag{5-11-3}$$

式中　P_0——辊压机的传动功率，kW；

W——单位辊压机产品的主机电耗，kW·h/t；

Q——辊压机产品的产量，t/h；

$\sin\beta$——辊压机挤压力作用角，经验值，与物料和挤压力有关；

D——压辊的直径，m；

B——压辊的宽度，m；

P_T——挤压力，kN/m^2；

v——压辊线速度，m/s；

K——辊压机备用系数。

5.11.5 设备结构

高压辊磨机结构如图 5-11-3 所示。

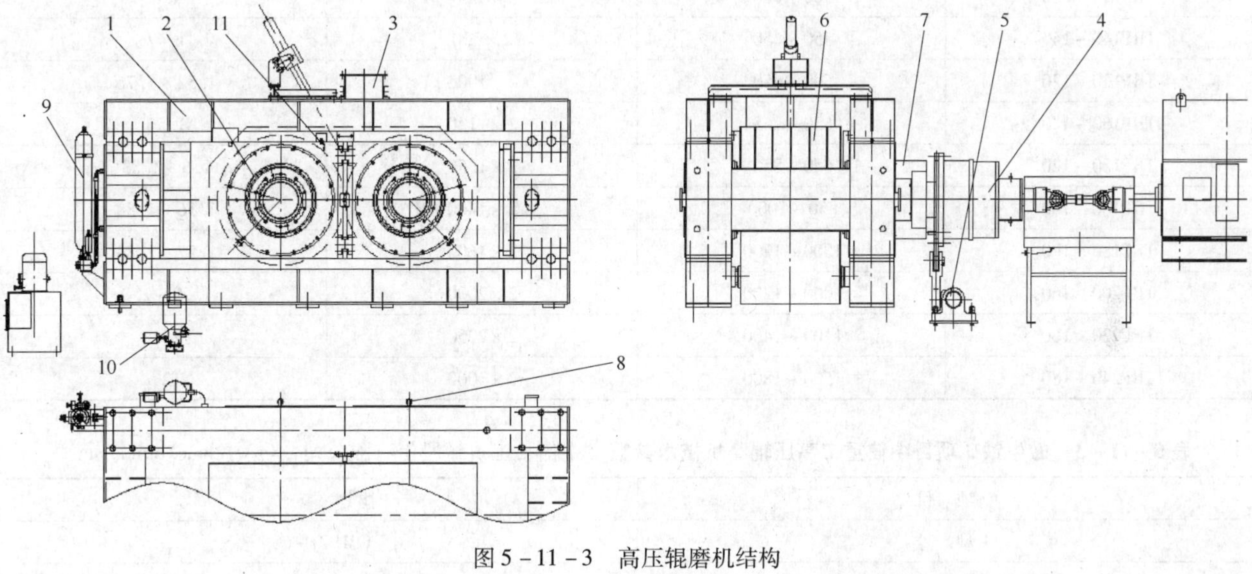

图 5-11-3 高压辊磨机结构

1—机架；2—挤压辊；3—进料装置；4—传动系统；5—扭力支撑；6—防尘辊罩；7—保护罩；8—辊子冷却系统；9—液压系统；10—润滑系统；11—检测系统

5.11.6 技术参数

技术参数见表 5-11-1～表 5-11-6。

表 5-11-1 GM 系列高压辊磨机的主要参数（中信重工机械股份有限公司 www.chmc.citic.com）

规 格	挤压辊直径/mm	挤压辊宽度/mm	装机功率/kW	通过量/$t \cdot h^{-1}$
GM120-50	1200	500	2×350	180～210
GM120-80	1200	800	2×500	180～230
GM140-80	1400	800	2×560	330～380
GM140-100	1400	1000	2×800	460～510
GM140-140	1400	1400	2×1000	600～750
GM160-120	1600	1200	2×900	550～650
GM160-140	1600	1400	2×1250	680～850
GM180-160	1800	1600	2×1800	880～1100
GM200-200	2000	2000	2×2700	2400～2800
GM210-180	2100	1800	2×2200	1400～1800
GM240-170	2400	1700	2×2800	2500～2900
GM240-180	2400	1800	2×2800	2500～3000

表 5-11-2 TRP 系列辊压机型谱表（中国中材装备集团有限公司 www.sinoma-tec.com）

型 号	通过量/t·h^{-1}	电机功率/kW	线速度/m·s^{-1}
TRP100-60	140~200	2×315	1.38
TRP120-45	100~140	2×250	1.27
TRP120-60	150~200	2×400	1.44
TRP120-80	240~300	2×560	1.31
TRP140-65	200~300	2×560	1.43
TRP140-80	340~400	2×560	1.47
TRP140-100	400~500	2×630	1.48
TRP140-110	500~550	2×710	1.6
TRP140-120	500~600	2×800	1.6
TRP140-140	550~650	2×900	1.47
TRP160-120	500~650	2×1000	1.52~1.76
TRP160-140	650~765	2×1120	1.56
TRP180-120	650~850	2×1250	1.6~1.83
TRP180-140	850~1000	2×1400	1.56~1.88
TRP180-170	1000~1200	2×1600	1.57~1.83
TRP200-160	1000~1200	2×2000	1.59~2.0
TRP220-160	1100~1400	2×2250	2.1
TRP240-180	1500~1800	2×3000	2

表 5-11-3 傲牛铁矿项目中信重工高压辊磨机技术参数（中信重工机械股份有限公司 www.chmc.citic.com）

项 目	技 术 参 数
型 号	GM140-60
数量/台	1
用 途	铁矿石细碎
辊子直径/mm	1400
辊子宽度/mm	600
通过量/t·h^{-1}	300~380
入料粒度/mm	<30
产品粒度/mm	<3（70%）
是否返料	是
电动机功率/kW	2×500
辊面结构	柱钉式

表 5-11-4 青松建化水泥有限公司 TRP（R）180-170 辊压机主要技术指标
（中国中材装备集团有限公司 www.sinoma-tec.com）

项 目	参 数
用 途	粉碎水泥熟料、硬质物料、矿石
数量/台	2
型 号	TRP180-170
压辊直径/mm	1800
压辊宽度/mm	1700
通过量/t·h^{-1}	>1050
辊 速/m·s^{-1}	约 1.92

续表 5-11-4

项　目	参　数
物料名称	水泥生料
料片厚度/mm	最大 45
物料水分/%	<2
喂料温度/℃	<100
喂料粒度/mm	≤55（占 90%）
装机功率/kW	2×1800
布置方式	左侧或右侧传动（面向浮动辊）
设备质量/t	约 306（不含电机）

表 5-11-5　包头固阳矿德源矿业 TRP140-65 辊压机主要技术指标

（中国中材装备集团有限公司　www.sinoma-tec.com）

项　目	参　数
用　途	铁矿石
数量/台	1
型　号	TRP140-65
压辊直径/mm	1400
压辊宽度/mm	650
通过量/$t \cdot h^{-1}$	300~350
辊速/$m \cdot s^{-1}$	约 1.47
物料名称	铁矿石
料片厚度/mm	最大 40
物料水分/%	<6
喂料温度/℃	<100
喂料粒度/mm	≤35（占 90%）
装机功率/kW	2×500
布置方式	左侧或右侧传动（面向浮动辊）
设备质量/t	约 119（不含电机）

表 5-11-6　固阳矿德源铁矿辊压后粒度筛分结果主要技术指标（中国中材装备集团有限公司　www.sinoma-tec.com）

粒级/mm	产率/%	正累积/%	负累积/%
+20~25	0	0	100
+15~20	4.87	4.87	100
+9~15	12.47	17.34	95.13
+5~9	11.72	29.06	82.66
+3~5	3.31	32.37	70.94
+1~3	35.26	67.63	67.63
+0.08~1	17.71	85.34	32.37
<0.08	14.66	100.00	

生产厂商：中信重工机械股份有限公司，中国中材装备集团有限公司。

5.12　球磨机

球磨机是物料被破碎之后，再进行磨粉的关键设备。磨机筒体内装有不同直径的钢球，对物料进行冲砸和研磨。适用于粉磨各种矿石及其他物料，被广泛用于选矿、建材及化工等行业。球磨机分为：湿式球磨机、干式球磨机、搅拌球磨机。湿式球磨机分格子型和溢流型。

5.12.1 湿式格子型球磨机

5.12.1.1 概述

格子型球磨机为卧式筒形旋转装置，外沿齿轮传动，两仓。小于25mm的物料由进料装置经入料中空轴螺旋均匀地进入磨机第一仓，与水混合形成一定浓度的矿浆，该仓内有阶梯衬板或波纹衬板，内装不同规格钢球，筒体转动产生离心力将钢球带到一定高度后落下，对物料产生冲击和研磨作用。物料在第一仓达到粗磨后，经单层隔仓板进入第二仓，该仓内镶有平衬板，内有钢球，将物料进一步研磨。粉状物通过卸料箅板排出，完成粉磨作业。湿式格子型球磨机如图5－12－1所示。

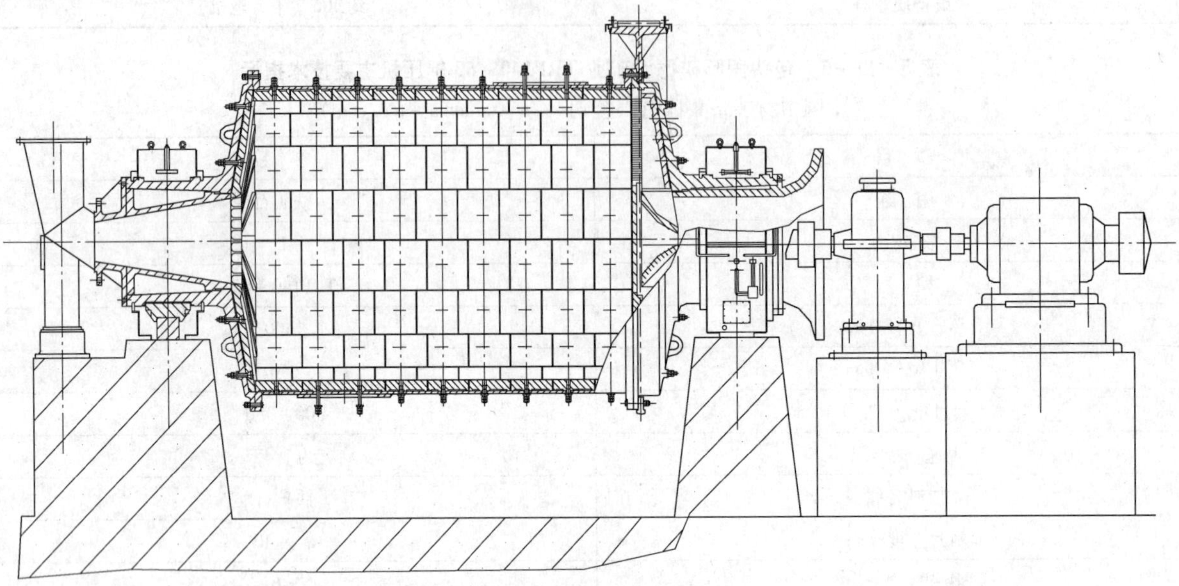

图5－12－1 湿式格子型球磨机

5.12.1.2 工作原理

磨机的筒体水平放置在两个主轴承座上的低速回转体，它靠电动机经减速装置使其转动。筒体内装载水和各种规格的研磨体（钢球），当磨机回转时，物料与研磨体混合，研磨体在离心力和与筒体内壁间摩擦力的作用下被提升板带到一定的高度，在重力的作用下自由下落，落下的研磨体冲击底部的物料把物料击碎。同时，研磨体还有滚动和滑动运动，这样物料与研磨体之间产生摩擦，将物料磨碎形成矿浆。进料端不断加入新物料，物料借其本身的料面高差而缓慢地流向出料端，从而完成粉磨过程。

5.12.1.3 技术参数

技术参数见表5－12－1～表5－12－4。

表5－12－1 湿式球磨机的技术参数（河南方大实业股份有限公司 www.zzksjx.com）

规格型号	筒体转速 /r·min⁻¹	装球量/t	进料粒度/mm	出料粒度/mm	产量/t·h⁻¹	电机功率/kW	总质量/t
ϕ900×1800	36～38	1.5	≤20	0.075～0.89	0.65～2	18.5	5.5
ϕ900×3000	36	2.7	≤20	0.075～0.89	1.1～3.5	22	6.7
ϕ1200×2400	36	3	≤25	0.075～0.6	1.5～4.8	30	12
ϕ1200×3000	36	3.5	≤25	0.074～0.4	1.6～5	37	12.8
ϕ1200×4500	32.4	5	≤25	0.074～0.4	1.6～5.8	55	13.8
ϕ1500×3000	29.7	7.5	≤25	0.074～0.4	2～5	75	16.8
ϕ1500×4500	27	11	≤25	0.074～0.4	3～6	110	21
ϕ1500×5700	28	12	≤25	0.074～0.4	3.5～6	130	25.8

续表5-12-1

规格型号	筒体转速 /r·min^{-1}	装球量/t	进料粒度/mm	出料粒度/mm	产量/t·h^{-1}	电机功率/kW	总质量/t
φ1830×3000	25.4	11	≤25	0.074~0.4	4~10	130	29
φ1830×4500	25.4	15	≤25	0.074~0.4	4.5~12	155	35.5
φ1830×6400	24.1	21	≤25	0.074~0.4	6.5~15	210	43
φ1830×7000	24.1	23	≤25	0.074~0.4	7.5~17	245	43.8
φ2100×3000	23.7	15	≤25	0.074~0.4	6.5~36	155	34.8
φ2100×4500	23.7	24	≤25	0.074~0.4	8~43	245	38
φ2100×7000	23.7	26	≤25	0.074~0.4	8~48	280	56.6
φ2200×4500	21.5	27	≤25	0.074~0.4	9~45	280	51.8
φ2200×6500	21.7	35	≤25	0.074~0.4	14~26	380	60
φ2200×7000	21.7	35	≤25	0.074~0.4	15~28	380	62
φ2200×7500	21.7	35	≤25	0.074~0.4	15~30	380	64.8
φ2400×3000	21	23	≤25	0.074~0.4	7~50	245	54
φ2400×4500	21	30	≤25	0.074~0.4	8.5~60	320	65
φ2700×4000	20.7	40	≤25	0.074~0.4	12~80	380	94
φ2700×4500	20.7	48	≤25	0.074~0.4	12~90	480	102
φ3200×4500	18	65	≤25	0.074~0.4	按工艺条件定	800	137
φ3600×4500	17	90	≤25	0.074~0.4	按工艺条件定	850	158
φ3600×6000	17	110	≤25	0.074~0.4	按工艺条件定	1250	175

表5-12-2 湿式格子型球磨机的基本参数（中信重工机械股份有限公司 www.chmc.citic.com）

筒体内径（不计衬板）D_0/mm	筒体长度（法兰/法兰）L_0 (F/F)/mm	筒体有效容积 V/m^3	最大装球量 M_b/t	磨机转速 n/r·min^{-1}	电机功率 P_0/kW
900	900~1800	0.45~0.9	0.96~1.9	35.5	17~22
1200	1200~2400	1.1~2.2	2.4~4.7	30.4	30~55
1500	1500~3000	2.2~4.5	4.7~9.7	27	60~95
2100	2200~4000	6.7~12.2	14.7~26.8	22.6	155~310
2400	2400~4500	9.8~18.3	20.7~38.7	21.1	210~355
2700	2100~5400	10.7~27.5	23.0~59.0	19.9	260~630
3200	3000~6400	21.8~46.5	46.0~98.0	18.2	500~1120
3600	4200~7200	35.3~63.5	74.0~133.0	17.1	1000~1800
4000	4800~7500	54.0~85.3	108.0~170.5	16.2	1400~2200
4300	5000~7800	64.6~102.0	129.0~204.0	15.6	1600~2500
4500	5300~8000	74.5~114.2	149.0~228.0	15.3	2000~3100
4800	5600~8200	89.7~133.2	179.0~266.0	14.8	2200~3300
5000	5800~8400	100.4~147.5	200.5~295.0	14.5	2600~3800
5200	6000~8600	112.0~162.8	224.0~325.5	14.2	3000~4300
5500	6400~8800	134.3~187	268.5~374.0	13.8	3700~5200

注：1. 筒体直径指筒体内径，筒体长度是指筒体有效长度；
2. 给矿粒度不大于25mm。

表 5-12-3　MLT 中心传动湿式脱硫球磨机的技术参数（山东山矿机械有限公司　www.sdkj.com.cn）

型　号	筒体有效直径/mm	筒体有效长度/mm	最大装球量/t	磨机基本出力/t·h⁻¹	主电机功率/kW	磨机筒体转速/r·min⁻¹	设备质量/t
MLT200375	2000	3920	12	3~5	180	23.4	32.74
MLT200400	2000	4170	16	5~7	185	23.4	33.24
MLT220350	2200	3587	18	5~7.5	200	23.4	34
MLT220400	2200	4087	20	5.5~8	250	23.4	34.6
MLT220475	2200	4837	22	6~9	280	23.4	39
MLT240450	2400	4650	30	7.5~9	315	20.8	46
MLT240500	2400	5150	32	9~12	355	20.8	47
MLT260500	2600	5054	36	11~15	400	20.8	55.6
MLT260550	2600	5554	38	12~16	450	20.8	56.4
MLT280525	2800	5054	40	15~18	560	19.3	63.7
MLT280575	2800	5554	43	17~22	560	19.3	64.4
MLT300625	3000	6456	58	21~28	800	19.3	82
MLT300675	3000	6956	63	27~33	900	19.3	83.3
MLT320625	3200	6900	67	32~36	800	19.3	93.8
MLT320675	3200	7400	73	35~40	900	19.3	95.6

注：表中的基本出力所对应的石灰石特性为：石灰石的哈氏可磨度系数 HGI 为 83；石灰石浆液粉细度为 250~325，目筛子的通过率为 90%。

表 5-12-4　湿式脱硫球磨机应用案例（山东山矿机械有限公司　www.sdkj.com.cn）

项 目 名 称	机组容量/MW	磨机规格	数量/台	交货时间
广东沙角 B 电厂	2×350	SBC200400	2	2006.3
河南首阳山电厂	2×600	SBC240500	2	2006.3
广西防城港电厂	2×600	SBC280525	2	2006.4
四川广安电厂	2×600	SBC300675	2	2006.10
贵州安顺电厂	2×300	SBC320675	1	2007.3
武汉凯迪山西漳山电厂	2×600	MLT280525	2	2007.4
武汉凯迪陕西清水川电厂	2×300	MLT260500	2	2007.5
浙江蓝天鄂尔多斯电厂	2×300	MLT280575	2（套）	2007.7
山东鲁环公司十里泉电厂	2×300	MLT240500	2	2007.9
武汉凯迪兰铝自备电厂	3×300	MLT220475	2	2007.10
浙江菲达宁夏大坝电厂	2×600	MLT260500	2	2008.2
武汉凯迪公司丰镇电厂	2×200	MLT240500	2	2008.5
武汉凯迪公司瑞金电厂	2×350	MLT260500	2	2008.5
武汉凯迪公司合肥电厂	2×600	MLT240500	2	2008.6
哈动股份内蒙古磴口电厂	2×330	MLT240500	2	2008.10
武汉凯迪安庆皖江电厂	2×300	MLT220475	2	2008.9

续表5-12-4

项 目 名 称	机组容量/MW	磨机规格	数量/台	交货时间
湖南永清太钢自备电厂	2×330	MLT260500	2	2008.12
北京国电龙源锡林电厂	2×300	MLT260550	2	2010.10
北京国电龙源安顺电厂	2×300	MLT300675	3	2008.12
武汉龙净乌鲁木齐电厂	2×330	MLT200400	2	2009.3
北京国电龙源榆次电厂	2×330	MLT260550	2	2009.6
北京国电清新抚顺电厂	2×200	MLT200400	2	2009.1
北京博奇井冈山电厂一期	2×300	MLT280625	3	2008.12
湖南永清衡阳华菱轧管厂		MLT200400	1	2009.1
内蒙古元宝山发电有限公司		MB1870	1	2006.7
内蒙古元宝山发电有限公司		MB2680	1	2008.6
武汉凯迪合肥第二电厂	2×300	MLT220475	2	2009.3
北京博奇越南汪秘电厂	1×330	MLT200400	1	2009.9
北京国电龙源荥阳煤电	2×600	MLT260550	2	2009.7
国电朗新明内蒙古伊敏电厂		MLT220400	2	2009.3
国电龙源长源青山电厂	1×300	MLT280575	2	2009.7
山东三融山西瑞光热电	2×300	MLT260525	2	2009.8
山东巨能热电发展有限公司	2×155	MLT200425	2（套）	2010.3
北京国电清新临汾河西电厂	2×300	MLT300675	2	2010.6
国电龙源长源青山电厂	2×300	MLT280575	1	2010.3
湖南永清湘钢新二烧		MLT240500	1	2010.7
北京国电龙源布连电厂	2×600	MLT240500	2	2011.3
南海发电一厂	2×300	MLT280625	2	2010.10
北京国电龙源鸭溪电厂	4×300	MLTG240900	2	2010.12
蓝天环保马鞍山电厂	2×660	MLT280625	2	2011.12
江苏一同澄特钢球团		MLT200475	1	2011.5
山东石横特钢集团		MLTB120240	1	2010.9
山东国舜团石横特钢		MLTB90180	1	2011.3
国电龙源鸭溪电厂	4×300	MLTG240900	2	2011.5
北京国电龙源哈平南电厂	2×300	MLT240500	2	2012.3
北京国电龙源库车电厂	2×300	MLT220475	2	2011.9
北京国电龙源九江电厂	2×660	MLT280625	2	2012.7
北京国电龙源九江电厂	2×660	MLT280625	1	2012.1
湖南永清国电库车电厂	2×330	MLT240500	2	2012.9
湖南永清威远钢铁		MLT220400	2	2012.7
哈动设备股份老挝 HONGSA	3×626	MLT300675	3	执行中
武汉凯迪越南蒙阳	2×626	MLT280625	2	执行中

续表 5-12-4

项 目 名 称	机组容量/MW	磨机规格	数量/台	交货时间
北京大唐科技淮北电厂	2×600	MLT260550	2	2013.9
国电龙源吉林龙华电厂	2×300	MLT240450	2	2013.1
西安西热环保锅炉有限公司		MLT280575	2	执行中
湖南永清湘钢三烧		MLT200400	1	2014.2
武汉凯迪越南太平	2×300	MLT240500	3	执行中
国电哈密大南湖煤电一体化	2×660	MLT260550	2	执行中

生产厂商：中信重工机械股份有限公司，山东山矿机械有限公司，河南方大实业股份有限公司。

5.12.2 湿式溢流型球磨机

5.12.2.1 概述

按照排矿方式不同，球磨机可分为格子型球磨机和溢流型球磨机，是目前选矿厂采用最普通的磨矿机。溢流型球磨机主要由筒体、端盖、主轴承、中空轴颈、传动齿轮和给矿器等部分组成。

5.12.2.2 性能特点

溢流型球磨机由给料部、出料部、回转部、传动部（减速机，小传动齿轮，电机，电控）等主要部分组成，筒体内镶有耐磨衬板，具有良好的耐磨性。

5.12.2.3 工作原理

在低速连续回转的筒体内，装有许多作为研磨介质的钢球（棒磨机内装钢棒），连续从筒体一端进入的物料，与水混合成矿浆不断地受到被筒壁带到一定高度而抛射下落的钢球击打，下落的介质和物料在随筒体回转过程中，产生不规则的滑动和滚动，因而在介质、筒体衬板和物料间产生研磨作用而将物料磨细，磨机的进料端连续强制进料与出料端产生动态的料位差，推动越来越细的物料缓慢地流出筒体，而完成筒体内的磨矿过程。溢流型球磨机工作原理如图5-12-2所示。

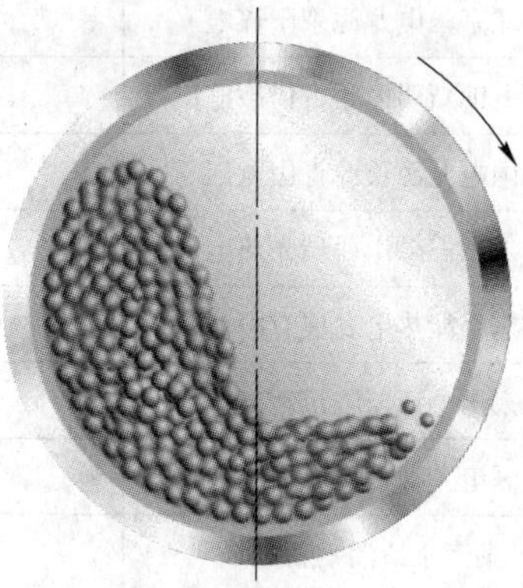

图 5-12-2 溢流型球磨机工作原理示意图

5.12.2.4 外形结构

外形结构如图5-12-3、图5-12-4所示。

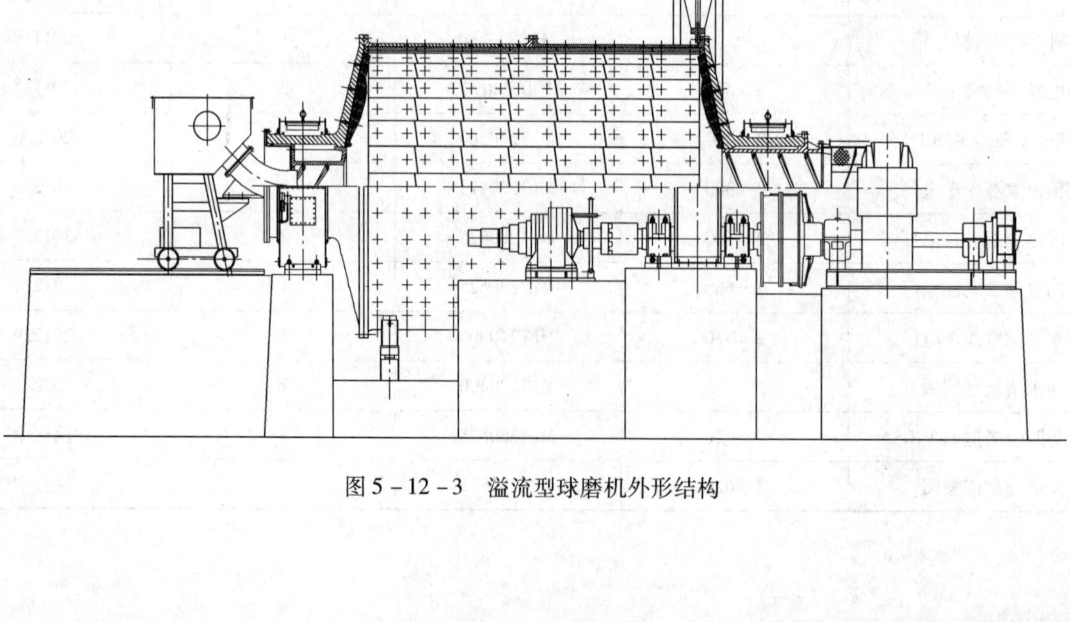

图 5-12-3 溢流型球磨机外形结构

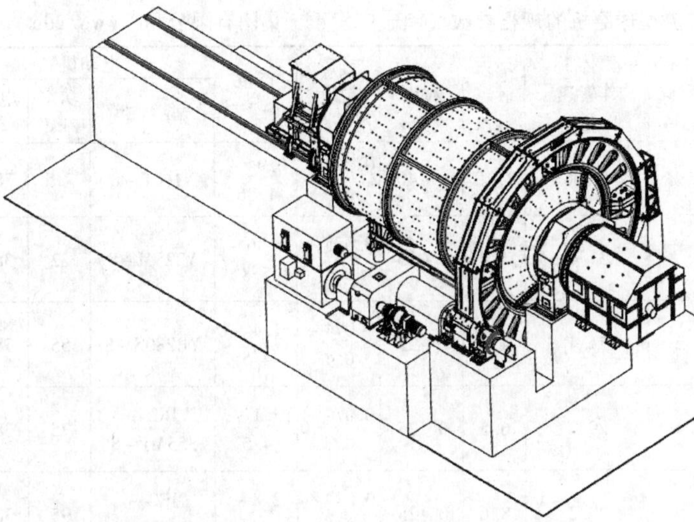

图 5-12-4 ϕ6.4×10.0m 溢流型球磨机外形结构

5.12.2.5 技术参数

技术参数见表 5-12-5～表 5-12-12。

表 5-12-5 溢流型球磨机的基本参数（中信重工机械股份有限公司 www.chmc.citic.com）

筒体内径（不计衬板）D_0/mm	筒体长度（法兰/法兰）L_0(F/F)/mm	筒体有效容积 V/m^3	最大装球量 M_b/t	磨机转速 $n/r \cdot min^{-1}$	电机功率 P_0/kW
900	1200～2200	0.6～1.2	1～2	35.3	7～14
1200	1600～2900	1.6～2.8	3～5	30.2	20～40
1500	2000～3600	3.2～5.7	6～11	26.9	45～90
2100	2700～5000	9～16	17～30	22.6	140～280
2400	3100～5800	13～24	24～45	21.1	220～460
2700	3500～6500	19～35	35～65	19.8	340～690
3200	4200～7700	33～58	61～108	18.2	620～1300
3600	4700～8600	47～83	87～154	17.1	940～1900
4000	5200～8800	64～105	113～186	16.2	1300～2400
4300	5600～9500	80～132	141～233	15.6	1600～3100
4500	5900～9900	92～151	163～267	15.3	1900～3600
4800	6200～10600	111～184	196～325	14.8	2400～4500
5000	6500～11000	126～207	223～366	14.5	2800～5200
5200	6800～11400	143～233	253～412	14.2	3200～6000
5500	7200～11600	169～265	275～431	13.8	3600～6300
5800	7500～12200	196～311	319～506	13.4	4300～7600
6000	7800～12600	219～344	356～560	13.2	4900～8600
6200	8100～12700	243～371	373～569	13	5300～9100
6400	8300～13100	265～408	407～626	12.8	5900～10100
6700	8700～13700	305～468	468～718	12.5	6900～11900
7000	9100～13700	348～512	502～738	12.2	7800～12800
7300	9500～14200	396～578	571～833	12	9000～14700
7600	9900～14800	447～653	644～941	11.7	10400～17000
7900	10300～15000	503～717	678～967	11.5	11400～18200
8200	10700～15600	564～804	761～1084	11.3	13000～20800
8500	11100～16200	628～897	847～1210	11.1	14800～23600

表 5-12-6 溢流型球磨机的规格参数（南宁广发重工集团有限公司 www.gfhi.com.cn）

型式名称	规格	筒体内径/mm	筒体长度/mm	筒体有效容积/m^3	筒体工作转速/$r\cdot min^{-1}$	最大装球量/t	给矿粒度/mm	排矿粒度/mm	产量/$t\cdot h^{-1}$	电动机			减速机		质量/t
										型号	功率/kW	电压/V	型号	速比	
溢流型球磨机	φ750×1500	750	1500	0.594	38.86	1.19	0~40	0.075~0.6	0.94~1.36	Y160L-8	7.5	380	ZD15	2.5	3.22
	φ900×1800	900	1800		31.4	4.8	0~25	0.075~0.6	0.36~5.8	Y225M-8	22	380	ZD30	3.55	6.4
	φ1200×2400	1200	2400	2.2	31.4	4.3	0~25	0.074~0.4	1.4~4.5	YR280S-8	55	380	ZD30	3.485	12.5
	φ1500×2200	1500	2200	3.4	29.2	6.5	0~25	0.074~0.3	2.1~4.5	JR2-355M1-8	75	380	ZD35	3.55	14
	φ1500×3000	1500	3000	4.5	29.2	8.6	0~25	0.074~0.3	2.8~6	JR2-355M2-8	95	380	ZD35	3.55	16.84
	φ2100×2200	2100	2200	6.8	23.8	12	0~25	0.074~0.4	2.8~9	JR2-400S3-8	160	380	ZD35	3.55	45.4
	φ2100×3000	2100	3000	9.2	23.8	17.6	0~25	0.074~0.3	5.8~12.6	JR137-8	210	380	A600	3.943	46.98
	φ2100×3600	2100	3600	11	23.8	21	0~25	0.074~0.3	6~12.8	JR137-8	210	380	A600	3.943	47.63 ※◎
	φ2400×2400	2400	2400	9.8	21.8	18.8	0~25	0.074~0.3	6.2~13.2	YR4500-8	240	380	KH275	5.2	45.8 ※◎
	φ2400×3000	2400	3000	12.2	21.8	23	0~25	0.074~0.3	7.81~16.6	YR4500-8	240	380	KH275	5.2	48 ※◎
	φ2700×3600	2700	3600	18.4	18.11	32	0~25	0.074~0.3	11.7~25	TM400-32	400	6000/10000			76.23 ※◎
	φ2700×4000	2700	4000	20.4	18.11	38	0~25	0.074~0.3	13~27.7	TM400-32	400	6000/10000			79.7 ※◎
	φ3100×4900	3000	4900	34.2	18.94	63	0~25	0.074~0.6	20~130	TM800-36	800	6000/10000			125.5 ※◎
	φ3200×4500	3200	4500	32.8	18.46	61	0~25	0.074~0.3	21.6~44	TM630-36	630	6000/10000			113 ※◎
	φ3200×5400	3200	5400	39.4	18.46	73	0~25	由工艺条件定	由工艺条件定	TM1000-36	1000	6000/10000			121.8 ※◎
	φ3600×4500	3600	4500	40.8	18.16	76	0~25			TM1000-40	1000	6000/10000			140 ※◎
	φ3600×5000	3600	5000	45.3	18.16	86	0~25			TM1250-40	1250	6000/10000			150 ※◎
	φ3600×6000	3600	6000	55	18.16	102	0~25			TM1250-40	1250	6000/10000			164.4 ※◎
	φ4500×6400	4500	6400	85	145	174	0~25			TM2000-40	2000	6000/10000			278 ※◎
	φ5500×8500	5500	8500	185	13.7	300	0~25			TM4500-30	4500	6000/10000			458 ◎

注：1. 带※号仅为参考值；

2. 带◎号表示未含电机和减速机或空气离合器的质量。

表5-12-7 矿用磨机技术参数（南宁广发重工集团有限公司 www.gfhi.com.cn）

规格	筒体内径/mm	筒体长度/mm	筒体有效容积/m^3	筒体工作转速/$r \cdot min^{-1}$	最大装球量/t	给矿粒度/mm	排矿粒度/mm	产量/$t \cdot h^{-1}$	电动机			减速机		质量/t	备注
									型号	功率/kW	电压/V	型号	速比		
φ1800×3600	1800	3600	8.15	21.3	16.5	0~25	0.074~0.6	4.39~61	YR355M2-8	160	380	ZD50	5	31.48	
φ2100×3000	2100	3000	9.2	23.8	20	0~25	0.074~2.4	6.5~36	JR2-400M3-8	220	380	A600	3.943	50.63	
φ2400×3600	2400	3600	14.64	21.8	26.2	0~25	0.074~0.6	2.81~51.2	YR4500-8	315	6000	KH275	5.2	52.2	
φ2700×3600	2700	3600	18.4	18.11	39	0~25	0.074~0.5	12~145	YR5004-8	400	10000	KH275	4.81	79.23	
φ2700×4500	2700	4500	23.5	19.6	47.5	0~25	0.074~0.5	15.3~185	TM500-36	500	6000			86.4	
φ2700×9000	2700	9000	47.05	21.875	75.5	0~25	0.15	26~40	YR900-8/1180	900	6000/10000	JD710	5.6	99.7	未含橡胶衬板
φ3000×1100	3000	1100	69.5	18.33	112.6	0~25	0.15	35~60	YRKK710-8	1400	10000	JDX90	6.3	137.5	未含橡胶衬板
φ3200×7500	3200	7500	55.6	18.58	103.6	0~25	0.15	70~70	YRKK710-8	1400	6000/10000	JDX90	6.3	121	未含橡胶衬板
φ3600×3900	3600	3900	35.3	18.16	75	0~25	由工艺条件定	由工艺条件定	TM1000-40	1000	6000/10000			145◎	
φ3600×4500	3600	4500	40.8	18.16	88	0~25			TM1250-40	1250	6000/10000			156◎	
φ3600×5000	3600	5000	45.3	18.16	96	0~25			TM1400-40	1400	6000/10000			160◎	
φ3600×6000	3600	6000	55	18.16	115.6	0~25			TM1600-40	1600	6000/10000			186.4◎	
φ3600×9000	3600	9000	82.5	17.25	148.5	0~25			TM2000-40	2000	6000/10000			218◎	
φ4300×6100	4300	6100	82.9	15.5	167.8	0~25			TM2500-40	2500	6000/10000			278※◎	

注：1. 带※号仅为参考值；

2. 带◎号表示未含电机和减速机或空气离合器的质量。

表5-12-8 水泥磨机技术参数（南宁广发重工集团有限公司 www.gfhi.com.cn）

项目规格	水泥产量/$t \cdot h^{-1}$	有效容积/m^3	入磨料粒度/mm	磨机转速/$r \cdot mm^{-1}$	研磨体装载量/t	驱动方式	主电动机		主减速机		质量/t
							型号	功率/kW	型号	速比	
MB32110	（开）46~48	75.4	≤20	18.2	112	边缘	YR1400-8	1400	MBY（X）900	6.3	213
MB32130	60~62/48~50	88.95	≤20	18.2	123	边缘	YR1600-8	1600	MBYX1000	6.3	225
MB32140	62~66/50~53	96.5	≤20	18.2	132	边缘	YR1800-8	1800	MBYX1000	6.3	237
MB34110	（圈）60~64	91.2	≤20	18.2	120	边缘	YR1600-8	1600	MBYX1000	6.3	230
M35110	（圈）62~66	93.8	≤25	16.5	152	中心	YR2000-10	2000	8J2240	36.8	230
M35130	（圈）65~70	110.8	≤25	17	175	中心	YR2000-8	2000	JS130-A-F1	43.53	260

续表 5-12-8

项目规格	水泥产量/t·h⁻¹	有效容积/m³	入磨料粒度/mm	磨机转速/r·mm⁻¹	研磨体装载量/t	驱动方式	主电动机		主减速机		质量/t
							型号	功率/kW	型号	速比	
M38120	（圈）70~75	108.5	≤20	16.3	143	中心	SBDDL-W	2000	SG-220	36.36	197
M38130				17		中心空轴	YR2500-8	2500	JS130-C-F1	43.53	320
M38130	（圈）70~75	133.9	≤25	16.5	190	中心双滑履	YR2500-8	2500	JS130-C-F1	43.53	330
MB38130				16.5		单边双转动	YRKK800-6	2500	DBS250		325
M40130	（圈）78~82	149	≤25	16.3	192	中心	YRKK900-8	2800	JS140-A		348
M42110	（圈）105~115	138	≤25	15.8	200	中心	YR2800-8	2800	JS140-A-F1D		350
M42130	125~135/80~85	164	≤25	15.6	230	中心传动、滚动轴承	YRKK900-8	3250	JS150-A2	46.84	380
M42130					285	中心双滑履					390
M46140	（圈）120~135	210	≤25	15	285	中心	YR1000-8	4200	JS160-C		485
M50150	（圈）160~165	260	≤25	14	350	中心	YRKK1000-8	6000			598

表 5-12-9 溢流型球磨机的规格参数（北方重工集团有限公司 www.nhi.com.cn）

规格型号	筒体内径/mm	筒体有效长度/mm	有效容积/m³	筒体工作转速/r·min⁻¹	最大装球量/t	主电机功率/kW
MQY2745	2700	4500	23	20.5	42	450
MQY2760	2700	6000	30.4	20.5	56	630
MQY3245	3200	4500	32.8	18.5	61	630
MQY3254	3200	5400	39.5	18.5	73	1000
MQY3260	3200	6000	43.7	18.5	81	1000
MQY3645	3600	4500	41	17.5	76	1000
MQY3660	3600	6000	55	17.3	102	1250
MQY3690	3600	9000	83	17.3	145	1800
MQY3862	3800	6200	64	16.8	188	1500
MQY38110	3800	11000	115	16.8	203	2700
MQY4060	4000	6000	70	16.8	113.4	1500
MQY4067	4000	6700	78	16.2	138	1600
MQY4267	4200	6700	85	15.7	157	1800
MQY4261	4270	6100	80	15.7	144	1750
MQY4275	4270	7500	106	15.7	187	2500
MQY4290	4270	9000	125	15.7	221	3000
MQY4370	4300	7000	92	15.7	169	2200
MQY4385	4300	8500	112	15.7	208	2500
MQY4561	4572	6100	93.3	15.1	151	2200
MQY4564	4500	6400	97	15.3	134	2000
MQY4567	4500	6700	97.8	15.3	181	2300
MQY4575	4500	7500	111.4	15.3	179	2500
MQY4590	4500	9000	134	15.3	235	3000
MQY4669	4600	6900	105.9	15	185	2300
MQY4675	4600	7580	115	15	205	2600
MQY4860	4800	6000	101.5	15	191	2300

续表 5-12-9

规格型号	筒体内径/mm	筒体有效长度/mm	有效容积/m^3	筒体工作转速/$r \cdot min^{-1}$	最大装球量/t	主电机功率/kW
MQY4864	4800	6400	107.5	15	188	2500
MQY4870	4800	7000	118.9	15	208	2500
MQY4883	4800	8300	138	15	240	3000
MQY4873	4800	7300	132.4	15	233.4	3000
MQY5064	5030	6400	121	14.4	224	2600
MQY5067	5030	6700	123.2	14.4	227	3000
MQY5070	5030	7000	128.8	14.4	227	3000
MQY5074	5030	7400	136	14.4	240	3300
MQY5080	5030	8000	147.2	14.4	246	3300
MQY5083	5030	8300	152.7	14.4	255	3300
MQY5280	5200	8000	159	14.2	295	4000
MQY5570	5500	7000	156	13.7	275	3800
MQY5575	5500	7500	168	13.7	296	4200
MQY5585	5500	8500	185	13.7	300	4500
MQY5588	5500	8800	191.5	13.7	335	4500
MQY5595	5500	9500	219	13.8	356	4800
MQY5885	5800	8500	210	13.3	438	6300
MQY58110	5800	11000	270	13.3	438	6300
MQY6095	6000	9500	249.3	13	462.6	6000
MQY6190	6100	9000	246	13	456	6000
MQY6290	6200	9000	252.8	13	430	6500
MQY6464	6400	6400	192	12.8	338	5500
MQY6490	6400	9000	268.2	12.8	476	7500
MQY67116	6710	11570	385	12.5	625	2×4700
MQY73125	7315	12497	494.1	12	871.2	2×6750
MQY80120	8000	12000	570.5	11.5	1005.8	2×7500

表 5-12-10 溢流型、格子型球磨机应用案例（北方重工集团有限公司 www.nhi.com.cn）

名 称	数 量	用 户	时 间
MQY4060 溢流型球磨机	2	吉林珲春	2004
MQY4060 溢流型球磨机	1	栾川启兴	2008
MQY4561 溢流型球磨机	2	贵州息烽重钙	2006
MQY4564 溢流型球磨机	2	新疆罗布泊钾盐	2007
MQY4564 溢流型球磨机	2	云南磷化晋宁项目	2008
MQY4575 溢流型球磨机	1	古马岭铁矿	2008
MQS4560 格子型球磨机	2	云南磷化晋宁项目	2008
MQS4866 格子型球磨机	1	云南磷化晋宁项目	2008
MQY4870 溢流型球磨机	1	河南嵩县开拓者	2007
MQY4870 溢流型球磨机	1	江铜城门山	2007
MQY4860 溢流型球磨机	2	四川龙蟒矿业	2010
MQS4866 格子型球磨机	1	瓮福达州化工	2010
MQY4065 溢流型球磨机	1	云浮广业硫铁矿	2010

续表 5-12-10

名　称	数 量	用　户	时 间
MQY4067 溢流型球磨机	1	海南联合矿业	2010
MQY4873 溢流型球磨机	2	土耳其项目	2010
MQY4675 溢流型球磨机	1	马钢集团姑山矿业	2011
MQY4570 溢流型球磨机	1	江苏和兴炉料有限公司	2011
MQY4261 溢流型球磨机	1	刚果金 MKM 矿业	2011
MQY4275 溢流型球磨机	2	本钢贾家堡铁矿	2012
MQY4290 溢流型球磨机	2	本钢贾家堡铁矿	2012

表 5-12-11 球磨机应用案例（北方重工集团有限公司 www.nhi.com.cn）

名　称	数 量	用　户	日 期
MQY5064 溢流型球磨机	1	鞍钢齐大山选厂	2004
MQY5064 溢流型球磨机	2	青海德尔尼铜矿	2006
MQY5064 溢流型球磨机	3	赤峰敖仑花铁矿	2008
MQY5064 溢流型球磨机	1	新疆金宝矿业	2008
MQY5064 溢流型球磨机	1	福建紫金集团公司	2008
MQY5067 溢流型球磨机	9	鞍钢	2007
MQY5074 溢流型球磨机	2	吉林珲春	2007
MQY5075 溢流型球磨机	5	印度 Vedanta 氧化铝	2008
MQY5088 溢流型球磨机	2	吉尔吉斯	2007
MQY5083 溢流型球磨机	1	昆明大红山铁矿	2009
MQY5083 溢流型球磨机	4	河北钢铁集团	2009
MQY5085 溢流型球磨机	4	攀钢白马铁矿	2010
MQY5070 溢流型球磨机	2	四川龙蟒矿业	2010
MQY5083 溢流型球磨机	1	阳谷祥光铜业	2010
MQG50110 球磨机	2	伊朗球团项目	2011
MQY5083 溢流型球磨机	1	太钢万邦炉料有限公司	2012
MQY5067 溢流型球磨机	2	本钢贾家堡铁矿	2012

表 5-12-12 溢流型球磨机应用案例（北方重工集团有限公司 www.nhi.com.cn）

型　号	数 量	用　户	时 间
MQY5585	2	青海德尔尼铜矿	2006
MQY5585	1	福建紫金集团公司	2008
MQY5585	2	安徽铜陵一冶	2008
MQY5588	6	鞍钢调军台选厂	1992
MQY5585	4	河北钢铁集团	2009
MQY5588	4	黑龙江多宝山矿业	2010
MQY5585	1	新疆焱鑫铜业	2010
MQY5575	1	内蒙古乌拉特后旗	2010
MQY5570	2	四川龙蟒矿业	2010
MQY5595	1	金川镍矿	2010
MQY5580	2	湖北宜昌兴发化工公司	2011
MQY6095	1	昆明大红山铁矿	2009
MQY6464	1	南非铂金矿项目	2011
MQY64100	2	老挝 PHONESACK 集团	2013

生产厂商：中信重工机械股份有限公司，北方重工集团有限公司，南宁广发重工集团有限公司。

5.12.3 干式球磨机

5.12.3.1 概述

干式球磨机是物料被破碎之后，再进行粉碎的关键设备，磨机筒体中不含水，采用风力输送。它广泛应用于水泥、硅酸盐制品，以及玻璃、陶瓷等新型建筑材料，耐火材料，化肥，黑色与有色金属选矿等，对各种矿石和其他可磨性物料进行干式粉磨。

5.12.3.2 主要特点

干式球磨机由给料部、出料部、回转部、传动部（减速机，传动齿轮，电机，电控）等主要部分组成。中空轴采用铸钢件，内衬可拆换，筒体内镶有耐磨衬板，具有良好的耐磨性。干式格子型球磨机外形结构如图5－12－5所示。

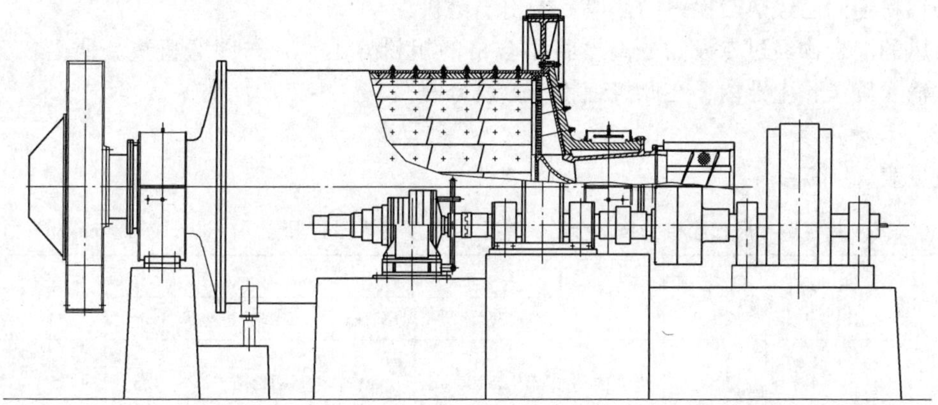

图5－12－5 干式格子型球磨机外形结构

5.12.3.3 工作原理

干式球磨机为卧式筒形旋转装置，外沿齿轮传动。物料由进料装置经入料中空轴螺旋均匀地进入磨机筒体仓内有阶梯衬板或波纹衬板，内装不同规格钢球，筒体转动产生离心力将钢球带到一定高度后落下，对物料产生重击和研磨作用，完成粉磨作业。

5.12.3.4 技术参数

技术参数见表5－12－13。

表5－12－13 干式格子型球磨机的基本参数（中信重工机械股份有限公司 www.chmc.citic.com）

筒体内径（不计衬板）D_0/mm	筒体长度（法兰/法兰）L_0（F/F）/mm	筒体有效容积 V/m^3	最大装球量 M_b/t	磨机转速 n/r·min^{-1}	电机功率 P_0/kW
900	900～1800	0.45～0.9	0.96～1.9	35.5	17～22
1200	1200～2400	1.1～2.2	2.4～4.7	30.4	30～55
1500	1500～3000	2.2～4.5	4.7～9.7	27	60～95
2100	2200～4000	6.7～12.2	14.7～26.8	22.6	155～310
2400	2400～4500	9.8～18.3	20.7～38.7	21.1	210～355
2700	2100～5400	10.7～27.5	23.0～59.0	19.9	260～630
3200	3000～6400	21.8～46.5	46.0～98.0	18.2	500～1120
3600	4200～7200	35.3～63.5	74.0～133.0	17.1	1000～1800
4000	4800～7500	54.0～85.3	108.0～170.5	16.2	1400～2200
4300	5000～7800	64.6～102.0	129.0～204.0	15.6	1600～2500
4500	5300～8000	74.5～114.2	149.0～228.0	15.3	2000～3100

注：1. 筒体直径指筒体内径，筒体长度是指筒体有效长度；

2. 给矿粒度不大于25mm。

生产厂商：中信重工机械股份有限公司。

5.12.4 风扫球磨机

5.12.4.1 概述

风扫式球磨机是水泥厂的主要设备，用于烘干兼粉磨煤粉。设备主要有进料装置、主轴承、回转部分、传动装置。

5.12.4.2 工作原理

喂料设备将原料送入磨机进料装置内，在物料下落时与进风管送来热风混合，经过中空轴进入筒体内部。

在筒体内装有一定数量的研磨体，由于筒体回转将研磨体带到一定的高度，再利用其降落时的冲击能和摩擦能将原料进行破碎和研磨，在原料被破碎和研磨的同时，由专设的通风机经过磨机的出料装置，将已研磨好的细粉连同已经热交换过的热风一同引出磨机。

细粉与热风的混合物经过专设的分离器将不合格的粗粉分出，并送回磨机重新研磨。合格的细粉与热风的混合被输入旋风收尘器内，在此将细粉与热风分离。

5.12.4.3 技术参数

技术参数见表5-12-14。

表5-12-14 风扫磨机的技术参数（南宁广发重工集团有限公司 www.gfhi.com.cn）

产品名称	规格/m	生产能力/$t \cdot h^{-1}$	筒体转速/$r \cdot min^{-1}$	传动形式	电动机		减速机		质量/t	备注
					型号	功率/kW	型号	速比		
风扫煤磨机	φ2.4×4.5+2	11	20.4	边缘传动	YRKK5004-8	280	KH276	4.5	66.3	K9372（不包括电机质量）
	φ2.6×5+2.5	7.5~11.5	19.55	边缘传动	YRKK500-8	355	KH275	5.64	96.8	M3220
	φ2.8×5.75+2.25	17~20	18	边缘传动	YRKK5601-8	500	KH275	5.2	94.2	K9380（不包括电机质量）
	φ3.8×7.8+3.5	41	16.7	边缘传动	YRKK710-8	1600	JDX100-WXB	5.6	234	K9398（滚动轴承）
					YRKK710-8	1400	JDX900B-WX	5.6	216.5	K9399（单滑履）
风扫球磨机	φ2.4×4.75	7.5~8.5	19.22	边缘传动	YTM500-8	355	KH276	4.5	58.6	K9371（不包括电机质量）
	φ2.5×4.7	7.5~8.5	20.77	边缘传动	YRKK500-8	400	KH276	4.5	56.7	K9323（不包括电机质量）
	φ2.8×6	11.5~12.5	18	边缘传动	YRKK5602-8	560	KH275	5.2	90	K9378（不包括电机质量）
	φ3×6.5	12.5	17.79	边缘传动	YRKK56.3-8	710	MBY630	5	115.1	K9386（不包括电机质量）
	φ3.2×7	16~18	17.74	边缘传动	YRKK630-8	900	JD80	6.3	133.5	K9387

生产厂商：南宁广发重工集团有限公司。

5.13 棒磨机

棒磨机的筒体内所装载研磨体为钢棒，棒磨机一般是采用湿式溢流型，可作为一级开路磨矿使用，广泛用在人工石砂、选矿厂、化工厂和电力部门的一级磨矿。

5.13.1 概述

以钢棒为磨矿介质，棒的直径为50~100mm，长度比筒体短25~50mm，筒体长度是直径的1.5~2.0倍，构造与筒形球磨机相同，棒磨机的磨矿粒度较粗，过磨现象较少，钢棒间产生类似筛分作用，产品粒度比较均匀，棒磨机主要用在重选厂做一段磨矿，也可做三段碎矿的最后一段开路作业。

5.13.2　工作原理

在低速连续回转的筒体内，装有许多作为研磨介质的钢棒，钢棒同连续从筒体一端进入的物料，不断地被筒壁带到一定高度后下落，下落的介质和物料在随筒体回转过程中，产生不规则的滑动和滚动。在介质、筒体衬板和物料间产生研磨作用将物料磨细，被研磨越来越细的物料缓慢地流出筒体，而完成筒体内的磨矿过程。棒磨机工作原理如图 5-13-1 所示。

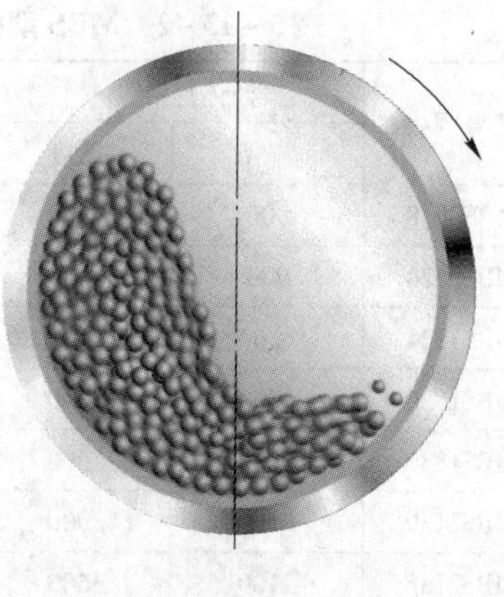

图 5-13-1　棒磨机工作原理示意图

5.13.3　主要结构

溢流型棒磨机主要结构如图 5-13-2 所示。

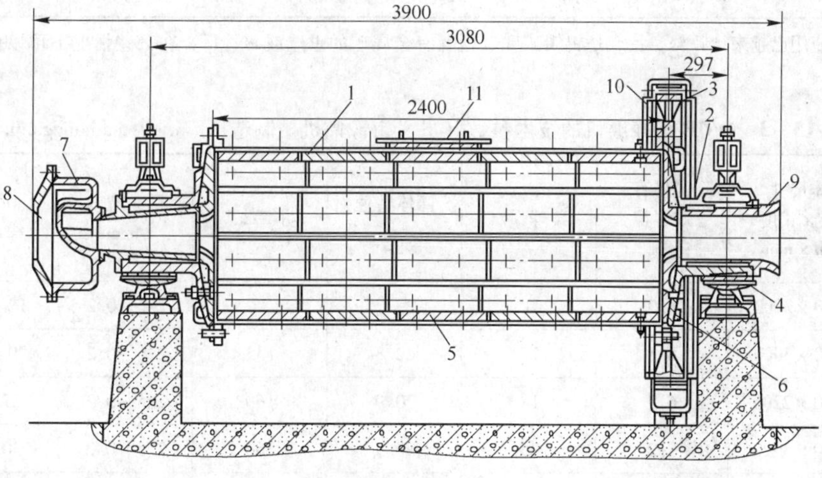

图 5-13-2　溢流型棒磨机

1—筒体；2—端盖；3—传动齿轮；4—主轴承；5—筒体衬板；6—端盖衬板；7—给矿器；8—给矿口；9—排矿口；10—法兰盘；11—检修口

5.13.4　技术参数

技术参数见表 5-13-1 ~ 表 5-13-3。

表 5-13-1　湿式棒磨机的技术参数（中信重工机械股份有限公司　www.chmc.citic.com）

筒体内径（不计衬板）D_0/mm	筒体长度（法兰/法兰）L_0(F/F)/mm	筒体有效容积 V/m^3	最大装棒量 M_b/t	磨机转速 $n/r \cdot min^{-1}$	电机功率 P_0/kW
900	1400 ~ 2250	0.7 ~ 1.1	1.7 ~ 2.8	35	17 ~ 30
1200	1800 ~ 2500	1.6 ~ 2.2	4.1 ~ 5.6	29.6	40 ~ 55
1500	2250 ~ 3100	3.3 ~ 4.5	8.4 ~ 11.5	26.5	75 ~ 95
2100	3000 ~ 3700	9.0 ~ 11	23.0 ~ 28.2	21.4	175 ~ 210
2700	3600 ~ 4600	18 ~ 23	46.0 ~ 59.0	18.3	355 ~ 450
3200	4500 ~ 5400	32.3 ~ 38.6	82.4 ~ 98.8	16.4	630 ~ 800
3600	4500 ~ 5400	40.0 ~ 53.8	102.4 ~ 137.8	15.3	1000 ~ 1250
4000	5500 ~ 6200	68.0 ~ 74.4	143.6 ~ 160	14.4	1250 ~ 1500
4300	5500 ~ 6200	74.0 ~ 80.4	155 ~ 168	13.8	1400 ~ 1800
4500	5800 ~ 6200	82.3 ~ 87.6	183.0 ~ 216.6	13.3	1600 ~ 1800
4700	6000 ~ 6200	90 ~ 96	175 ~ 188	12.3	1800 ~ 2000

表 5-13-2　MBS 型棒磨机的技术参数（河南红星选矿设备有限公司 www. xuankuang. net）

型号规格	筒体规格/mm		筒体转速 /r · min⁻¹	给料粒度 /mm	排料粒度/mm	处理量 /t · h⁻¹	功率/kW	质量/kg
	直径	长度						
MBS0918	900	1800	36 ~ 38	≤25	0. 833 ~ 0. 147	0. 62 ~ 3. 2	18. 5	4600
MBS0924	900	2400	36	≤25	0. 833 ~ 0. 147	0. 81 ~ 4. 3	22	5100
MBS1224	1200	2400	36	≤25	0. 833 ~ 0. 147	1. 1 ~ 4. 9	30	12000
MBS1530	1500	3000	29. 7	≤25	0. 833 ~ 0. 147	2. 4 ~ 7. 5	75	15600
MBS1830	1830	3000	25. 4	≤25	0. 833 ~ 0. 147	4. 8 ~ 11. 6	130	28000
MBS2130	2100	3000	23. 7	≤25	0. 833 ~ 0. 147	14 ~ 35	155	34000
MBS2136	2100	3600	23. 7	≤25	0. 833 ~ 0. 147	19 ~ 43	180	37000
MBS2430	2400	3000	21	≤50	0. 833 ~ 0. 147	25 ~ 65	245	54000
MBS2736	2700	3600	20. 7	≤50	0. 833 ~ 0. 147	32 ~ 86	400	86000
MBS2740	2700	4000	20. 7	≤50	0. 833 ~ 0. 147	32 ~ 92	400	94000
MBS3245	3200	4500	18	≤50	0. 833 ~ 0. 147	64 ~ 180	800	137000

注：现在棒磨机的使用已越来越频繁，特点是钨锡矿和其他稀有金属矿的重选或磁选厂，在某些情况下可以代替短头圆锥碎矿机作细碎。

表 5-13-3　GMB 型棒磨机的技术参数（巩义市豫鼎机械制造厂　www. maihongganji. com）

规格型号	筒体尺寸（直径×长度）/mm×mm	筒体有效容积 /m³	装球量/t	筒体转速 /r · min⁻¹	功率/kW	排矿粒度 /mm	产量 /t · h⁻¹	质量/t
GMB1530	ϕ1500×3000	5. 0	8	29. 7	75	2. 5 ~ 0. 2	12 ~ 5. 5	16. 71
GMB1830	ϕ1800×3000	6. 5	17	22. 8	132	2. 5 ~ 0. 2	20 ~ 9. 5	29. 8
GMB2122	ϕ2100×2200	6. 7	18	20. 9	160	2. 5 ~ 0. 2	27 ~ 12	42. 5
GMB2130	ϕ2100×3000	9. 2	25	20. 9	160	2. 5 ~ 0. 2	30 ~ 13	43. 9
GMB2136	ϕ2100×3600	11. 0	28	20. 9	200	2. 5 ~ 0. 2	35 ~ 14. 8	49. 4
GMBZ2136	ϕ2100×3600	11. 0	32. 5	20. 9	210	约 5. 0	61. 5 ~ 43	49. 9
GMB2140	ϕ2100×4000	12. 2	31	20. 9	220	2. 5 ~ 0. 2	38 ~ 17	50. 3
GMB2145	ϕ2100×4500	13. 8	35	20. 9	250	2. 5 ~ 0. 2	43 ~ 19	51. 8
GMB2430	ϕ2400×3000	12. 2	31	19	250	2. 5 ~ 0. 2	47 ~ 22	56. 0
GMBZ2430	ϕ2400×3000	12. 2	31	19	250	约 5. 0	73 ~ 52	58. 3
GMB2436	ϕ2400×3600	14. 6	37	19	280	2. 5 ~ 0. 2	55 ~ 26	61. 0
GMBZ2436	ϕ2400×3600	14. 6	37	19	280	约 5. 0	84 ~ 60	62. 4
GMB2730	ϕ2700×3000	15. 3	35	17. 5	315	5 ~ 0. 8	125 ~ 37. 5	75. 6
GMB2736	ϕ2700×3600	18. 4	42	17. 5	355	5 ~ 0. 8	150 ~ 45	81. 8
GMBZ2740	ϕ2700×4000	20. 5	47	17. 5	400	5 ~ 0. 8	165 ~ 50	84. 3
GMB3040	ϕ3000×4000	25. 9	50	16. 2	500	5 ~ 0. 8	206 ~ 62	130
GMB3245	ϕ3200×4500	33	56	15. 5	630	5 ~ 0. 8	228 ~ 70	138
GMB3248	ϕ3200×4800	34	60	15. 5	710	5 ~ 0. 8	240 ~ 74	142
GMB3645	ϕ3600×4500	40. 8	78	14. 5	800	5 ~ 0. 8	270 ~ 83	168
GMB3654	ϕ3600×5400	50	94	14. 5	1000	5 ~ 0. 8	340 ~ 103	192

生产厂商：中信重工机械股份有限公司，河南红星选矿设备有限公司，巩义市豫鼎机械制造厂。

5.14 润磨机

5.14.1 概述

润磨机是球团工艺中的主要设备，它处理含水量在8%～13%的物料，使物料充分混合和细化，增长大物料颗粒的表面积，使用润磨机可以缩短球团矿的制作工艺、降低设备能耗、提高团矿质量和金属回收率、改善劳动条件和环保条件等。

5.14.2 工作原理

由周边大齿轮带动筒体旋转时，物料受到研磨介质钢球的冲击，以及球与球之间和球与筒体衬板之间的粉磨，使物料充分暴露出新鲜表面，得到充分混合，最后经排料孔排出磨机，进入下道工序。本机可有效地降低膨润土添加量，提高生球强度。

润磨机在球磨机的基础上有三个主要特点：强制给料、周边排矿、橡胶衬板。

5.14.3 技术参数

技术参数见表5-14-1。

表5-14-1 润磨机的技术参数（北方重工集团有限公司 www.nhi.com.cn）

规格型号		SKMQR2745	SKMQR3254	SKMQR3562
筒体内径/mm		2700	3200	3500
筒体工作长度/mm		4500	5400	6200
筒体有效容量/m^3		23.5	39.5	55.6
最大装载量/t	物料	3.8	6	8.7
	钢球	27.30	44	64
筒体工作转速/$r \cdot min^{-1}$		17.86	16.5	15.47
主电动机	型号	YR4503-8	YR45003-8	Ytm5602-6
	功率/kW	400	630	1000
	转速/$r \cdot min^{-1}$	735	740	993
	电压/V	6000	6000	6000
主减速成器	速比	4.5	4.96	6.74
	输入转速/$r \cdot min^{-1}$	735	740	993
慢速驱动装置	电机参数	Y160M2-8 5.5kW 380V 730r/min	Y160L-8 11kW 380V 970r/min	Y160L-8 11kW 380V 730r/min
	减速机速比	400	500	355
	输出转速/$r \cdot min^{-1}$	1.8	1.94	2.056
螺旋输料装置	电机功率/kW	11	18.5	18.5
	电机电压/V	380	380	380
	电机转速/$r \cdot min^{-1}$	1500	1000	1000
	减速机输出转速/$r \cdot min^{-1}$	25.4	23.25	23.25
	速比	59	43	43
机器外形尺寸/mm×mm×mm		—	13400×7250×5700	15473×7707×6280
机器质量（不含主电机、电控）/t		65	122	
产量/$t \cdot h^{-1}$		30	50	

生产厂商：北方重工集团有限公司。

5.15 钢球磨煤机

5.15.1 概述

磨煤机是干式球磨机中专门粉磨煤粉的一种机型。煤从进料端不断加入筒体，研磨体下落时冲击煤块，磨好的煤粉被系统的风动设备送至锅炉燃烧或送到储煤仓储存。钢球磨煤机是火力发电站煤粉制备系统的主体设备。广泛用于粉碎各种硬度的煤炭。其作用是将一定尺寸的煤块干燥、破碎并磨制成煤粉以供给锅炉燃烧。也适用于水泥工业、冶金工业、化学工业、制糖工业等制粉系统。

5.15.2 工作原理

钢球磨煤机是将煤块破碎并磨成煤粉的机械。磨煤过程是煤被破碎及其表面积不断增加的过程。煤在煤磨机中被磨制成煤粉，主要是通过压碎、击碎和研碎三种方式进行。

5.15.3 技术参数

技术参数见表5－15－1。

表5－15－1 钢球磨煤机的技术参数（南宁广发重工集团有限公司 www.gfhi.com.cn）

规格	筒体有效直径/mm	筒体工作长度/mm	筒体有效容积/m^3	筒体转速/$r \cdot min^{-1}$	最大装球量/t	生产能力/$t \cdot h^{-1}$	电动机型号	电动机功率/kW	电动机转速/$r \cdot min^{-1}$	电动机电压/V	减速机中心距/mm	减速机传动比	机器质量/t
250/320	2500	3200	15.71	20.77/20.63	18	8	JSQ1410－8 /JSQ147－8	280/260	740/735	6000/3000	600	4.5	49.95
250/390	2500	3900	19.14	20.77/20.63	22	10	JSQ157－8 /JSQ148－8	320/310	740/735	6000/3000	600	4.5	53.14
290/350	2900	3500	23.12	19.40	26	12	JSQ158－8	380	740	6000	750	4.81	70.106
290/410	2900	4100	27.08	19.40	30	14	JSQ1510－8	475	740	6000	750	4.81	72.976
290/470	2900	4700	31.04	19.40	35	16	JSQ1512－8	570	740	6000	750	40.81	76.428
320/470	3200	4700	37.8	18.46	44	20	Y450－6	630	987	6000	800	6.42	103
320/580	3200	5800	46.65	18.5	55	25	Y500－6	800	990	6000	800	6.42	113
350/7000	3500	7030	67.35	17.85	75	35	JS1510－6	650×2	987	6000	800×2	6.42	155

生产厂商：南宁广发重工集团有限公司。

5.16 自磨机

5.16.1 概述

自磨机又称无介质磨矿机，其工作原理与球磨机基本相同，不同的是它的筒体直径更大，研磨不用钢球或任何其他粉磨介质，而是利用筒体内被粉碎物料本身作为介质，在筒体内连续不断地冲击和相互磨剥以达到粉磨的目的。有时为了提高处理能力，也可加入少量钢球，通常只占自磨机有效容积的2%～3%。

自磨机主要用于粉磨各种硬度的矿石和物料，具有破碎比大、可靠性高、适应性强、处理能力大等优点，广泛用于选矿、冶金、建筑、化工、电力等行业。

自磨机代替传统的三段破碎机，破碎比大，一次成品，且具有选择性磨碎作用，过粉碎矿粒少，物料输送方便，同时可以大大简化工艺流程，降低建设投资和运行费用，提高产量和质量。

5.16.2 结构特点

湿式自磨机较干式自磨机更容易产生“偏析”，其原因是除了长径比较大外，还由于湿式自磨机中矿浆向排矿端流动时携带较大颗粒的力量较干式自磨机中气流的携带力量更大，因此，为了阻止大块物料的排出，湿式自磨机排矿端均安装格子板，这种格子板还可以加速排矿和减轻物料的过粉碎。湿式自磨机的排矿格子板与格子型球磨机有所不同。后者自筒体内衬至筒体中心线部分的格板上均有格孔，而湿式自磨机的排矿格板在靠近筒体内衬趋向筒体中心处则有一段高度的挡板上没有格孔。根据这个高度的不同，湿式自磨机又分为低水平排矿、中水平排矿、高水平排矿，可根据生产要求借助更换无格孔挡板来调整排矿水平。湿式自磨机的排矿端安装有自返装置，自返装置类似于圆筒筛，内装反螺旋，随磨机一起旋转。大于筛孔的物料借反螺旋作用返回自磨机再磨，小于筛孔的物料漏下进入下段工序。

5.16.3 技术参数

技术参数见表5-16-1。

表5-16-1 自磨机的技术参数（中信重工机械股份有限公司 www.chmc.citic.com）

筒体内径（不计衬板）D_0/mm	筒体长度（法兰/法兰）L_0(F/F)/mm	筒体有效容积 V/m^3	磨机转速 $n/r \cdot min^{-1}$	电机功率 P_0/kW
4000	1600~3600	19~42	16.2	240~540
4500	1800~4100	17~61	15.3	360~830
5000	2000~4500	38~83	14.5	530~1200
5500	2200~5000	51~112	13.8	740~1700
6100	2400~5500	69~152	13.1	1050~2400
6700	2700~6000	93~201	12.5	1500~3300
7300	2900~6600	120~264	12	2000~4500
8000	3200~7200	160~347	11.4	2800~6200
8600	3400~7700	197~429	11	3500~7900
9200	3700~8300	246~530	10.7	4500~10000
9800	3900~8800	296~640	10.3	5600~12500
10400	4200~9400	359~774	10	7000~15400
11000	4400~9900	422~909	9.8	8400~19000
11600	4600~10400	492~1064	9.5	10000~22000
12200	4900~11000	580~1246	9.2	12000~27000

生产厂商：中信重工机械股份有限公司。

5.17 半自磨机

5.17.1 概述

在自磨机中加入少量钢球，其结果处理能力可以提高10%~30%，单位产品的能耗降低10%~20%，但衬板磨损相对增加15%，产品细度也变粗些。

半自磨机主要用于粉磨各种硬度的矿石和物料，具有破碎比大、可靠性高、适应性强、处理能力大等优点，广泛用于选矿、冶金、建筑、化工、电力等各行业。

大型半自磨机代替传统的三段破碎机，破碎比大，一次成品，且具有选择性磨碎作用，过粉碎矿粒少，物料输送方便，同时可以大大简化工艺流程，降低建设投资和运行费用，提高产量和质量。

5.17.2 外形结构

半自磨机外形结构如图5-17-1所示。

5.17.3 技术参数

技术参数见表5-17-1。

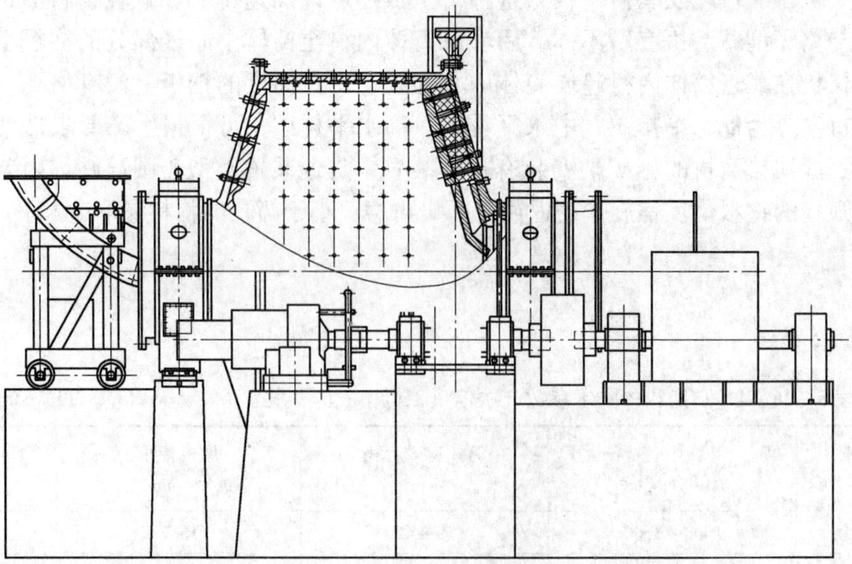

图 5-17-1　半自磨机

表 5-17-1　半自磨机的技术参数（中信重工机械股份有限公司　www.chmc.citic.com）

筒体内径（不计衬板）D_0/mm	筒体长度（法兰/法兰）L_0(F/F)/mm	筒体有效容积 V/m^3	最大装球量 M_b/t	磨机转速 $n/r \cdot min^{-1}$	电机功率 P_0/kW
4000	1600 ~ 3600	19 ~ 42	13 ~ 29	16.2	310 ~ 710
4500	1800 ~ 4100	27 ~ 61	19 ~ 43	15.345	470 ~ 1100
5000	2000 ~ 4500	38 ~ 83	27 ~ 58	14.535	700 ~ 1500
5500	2200 ~ 5000	51 ~ 112	36 ~ 78	13.845	960 ~ 2200
6100	2400 ~ 5500	69 ~ 152	48 ~ 106	13.1325	1400 ~ 3100
6700	2700 ~ 6000	93 ~ 201	65 ~ 140	12.5175	2000 ~ 4300
7300	2900 ~ 6600	120 ~ 264	84 ~ 184	11.9775	2600 ~ 5900
8000	3200 ~ 7200	160 ~ 347	112 ~ 242	11.43	3600 ~ 8100
8600	3400 ~ 7700	197 ~ 429	137 ~ 299	11.0175	4600 ~ 10000
9200	3700 ~ 8300	246 ~ 530	172 ~ 370	10.65	5900 ~ 13000
9800	3900 ~ 8800	296 ~ 640	206 ~ 446	10.3125	7300 ~ 16000
10400	4200 ~ 9400	359 ~ 770	250 ~ 537	10.005	9100 ~ 20000
11000	4400 ~ 9900	422 ~ 909	294 ~ 634	9.8	11000 ~ 25000
11600	4600 ~ 10400	492 ~ 1064	343 ~ 742	9.465	13000 ~ 30000
12200	4900 ~ 11000	580 ~ 1246	405 ~ 869	9.225	16000 ~ 36000

生产厂商：中信重工机械股份有限公司。

5.18　摆式磨粉机

5.18.1　概述

摆式磨粉机又称为雷蒙磨，利用分布磨机腔中的磨辊的滚压，将物料粉碎，细粒级物料通过气流带出。

该机主要用于冶金、建材、化工、煤炭等矿产品物料的粉磨加工，可粉磨长石、硅石、方解石、滑石、重晶石、萤石、稀土、大理石、陶瓷、铝矾土、铁矿石、锰矿、铜矿、磷矿石、氧化铁、锆英砂、矿渣、水渣、水泥熟料、活性炭、白云石、氧化铁黄、豆饼、化肥、复合肥、粉煤灰、烟煤焦煤、褐煤、菱镁砂、氧化铬绿、金矿、红泥、黏土、高岭土、焦炭、煤矸石、瓷土、蓝晶石、氟石、膨润土、麦饭石、流纹岩、浑绿岩、叶蜡石、页岩、砂石、绿浑岩、迭岩石、玄武石、石膏、石墨、碳化硅、保温材料等莫氏硬度在9.3级以下的各种非易燃易爆矿产物。

5.18.2 特点

（1）与其他磨机相比同等动力条件下产量提高20%～30%。

（2）莫氏硬度小于9.3级的矿产物料均可加工粉碎。

（3）成品粒度范围广，粒径最粗可达0.613mm（30目），粒径一般可达0.033mm（425目），部分物料最细可达到0.013mm（1000目）。

（4）研磨装置采用重叠式多级密封，密封性能好。除尘效果完全达到国家粉尘排放标准。

5.18.3 工作原理

物料经均匀连续地送入主机内进行研磨，研磨后的粉料被鼓风机循环风流带出，经置于主机上方的分析机进行分级。细度合乎规格的粉料，随风流进入大旋风收集器，收集后经出粉管排出即为成品。风流由大旋风收集器上端的回风管再次流入鼓风机，整个风路系统是封闭循环的，并且大部分是在负压状态下流动的。

由于被磨物料中含有水分，在研磨时蒸发变为气体以及整个风管中在负压作用下进入风管的气体，导致循环风路中的风量增加。此项增加的风量，从鼓风机和主机中间的余风管导入小旋风收集器。随同风流带入若干细粉，经小旋风收集器后，又从另一个出粉管排出，气体经小旋风收集器上端排气管排入大气中。

5.18.4 整机结构特征

磨粉机整机由主机、减速机、分析机、管道装置、鼓风机、电磁振动给料机、电控电机等组成。

5.18.5 技术参数

技术参数见表5－18－1～表5－18－3。

表5－18－1 R型摆式磨粉机的技术参数（大石桥市虎庄镇腰林工矿机械厂 www.ylgkjx.cn）

项 目		技术性能数据	
规 格		4R	5R
磨辊数量/个		4	5
磨辊直径×高度/mm×mm		320×160	410×190
磨环直径×高度/mm×mm		1113×160	1385×190
主机转速/r·min⁻¹		130	105
最大进料粒度/mm		20～25	30～40
成品粒度/mm		0.613～0.033，最细可达0.013	0.613～0.033，最细可达0.013
产量（根据不同原料）/t·h⁻¹		3.5～5	4～9
外形尺寸（长×宽×高）/m×m×m		9.9×5.8×10.58	10.05×6.8×13.53
总重（电控除外）/t		16	24
主机电动机	型 号	Y225S－4	Y280S－4
	功率/kW	37	75
	转速/r·min⁻¹	1480	1470
分析机电动机	型 号	YCT180－4A	YCT200－4B
	功率/kW	4.0	5.5
	转速/r·min⁻¹	125～1250	125～1250

续表 5－18－1

项 目		技术性能数据	
提升机电动机	型 号	Y100L2－4	Y100L－4
	功率/kW	3	3
	转速/r·min⁻¹	1420	1420
鼓风机电动机	型 号	Y200L－4	Y250M－4
	功率/kW	30	55
	转速/r·min⁻¹	1470	1480

注：粉碎石灰石、成品粒度为 0.075mm（200 目），通筛率为 85% 条件下的标准产量。

表 5－18－2 摆式超细磨粉机的技术参数（桂林矿山机械有限公司 www.guikuang.com）

最大进料尺寸/mm	20
成品粒度/目	80～600
产量（根据不同原料细度）/t·h⁻¹	2～15
中心轴转速/r·min⁻¹	105～115
磨环内径/mm	ϕ1270
磨辊尺寸（外径×高度）/mm	ϕ410×280

表 5－18－3 YGMX 超细磨粉机的技术参数（郑州维科重工机械有限公司 vipeak.diytrade.com）

型 号	YGMX95	YGMX130	YGMX160
磨辊尺寸（直径×高度）/mm×mm	ϕ310×170	ϕ410×210	ϕ440×270
磨环尺寸/mm×mm	ϕ950×170	ϕ1280×210	ϕ1600×270
最大进料粒度/mm	<20	<25	<30
主机转速/r·min⁻¹	130	103	82
成品粒度/目	325～1250	325～1250	325～1250
产量/t·h⁻¹	0.4～3	0.8～6	1.2～10
主机功率/kW	37	75	132
风机功率/kW	30	75	132
分析机功率/kW	11	15	18.5

生产厂商：大石桥市虎庄镇腰林工矿机械厂，桂林矿山机械有限公司，郑州维科重工机械有限公司。

5.19 离心式磨机

5.19.1 概述

离心式超细磨机简称离心磨，可生产 325～1500 目之间超细粉。

5.19.2 用途和适用范围

离心磨主要适应重晶石、方解石、大理石、石灰石、膨润土、高岭土、耐火材料、石英等普氏硬度不大于 9 级的矿物，主要用作高细微粉加工，成品颗粒可在 80～1500 目范围内任意调节。

5.19.3 结构特点

（1）压力大，适用于坚硬物料的加工。
（2）出粉细，产量高。
（3）噪音小。
（4）磨环和磨辊磨损均匀，噪声小。
（5）在运转期间，不影响自磨辊室注油。

5.19.4 技术参数

技术参数见表5-19-1。

表5-19-1 离心式超细磨粉机的技术参数（河南科帆矿山设备有限公司 www.zzhlks.com）

型 号	LXM-820	LXM01120
最大进料/mm	≤20	≤25
成品粒度/目	325~1500	325~1500
时产量/kg	1500	2500
中心轴转速/r·min⁻¹	228	180
磨盘直径/mm	φ820	φ1120
主机型号	Y250M-8-30	Y225S-4-37
风机型号	Y180L-4-22	Y200M-4-30
分级机型号	Y132M-4-15	Y180M-4-18.5

生产厂商：河南科帆矿山设备有限公司。

5.20 立式辊磨机

5.20.1 概述

立式辊磨机简称立磨，用于水泥生料、水泥熟料、矿渣及煤渣粉磨加工。包括机体、磨盘装置和传动装置，机体与磨盘装置之间设置有确定回转中心的定心结构，磨盘装置的底部固定设置有回转导轨，磨盘装置通过回转导轨可回转支撑在机体上，磨盘装置与传动装置传动连接。由于传动装置不承受磨盘的重量及碾磨压力等高轴向负荷，因此传动装置可采用通用减速机，从而具有结构配置紧凑、工作可靠的优点，可缩短停磨时间，降低设备的使用和维护成本。

5.20.2 工作原理

电动机通过减速机带动磨盘转动，物料经锁风喂料器从进料口落在磨盘中央，同时热风从进风口进入磨内。随着磨盘转动，物料在离心力作用下，向磨盘边缘移动，经过磨盘上环形槽时受到磨辊碾压而粉碎，粉碎后物料在磨盘边缘被高速气流带起，大颗粒直接落到磨盘上重新粉磨，气流中的物料经过上部分离器时，在旋转转子作用下，粗粉从锥斗落到磨盘重新粉磨，合格细粉随气流一起出磨，通过收尘装置收集，即为产品。含有水分物料在与热气流接触过程中被烘干，通过调节热风温度，能满足不同湿度物料要求，达到所要求产品水分。通过调整分离器，可达到产品不同粗细度。

5.20.3 技术参数

技术参数见表5-20-1。

表5-20-1 立式辊磨机的技术参数（北方重工集团有限公司 www.nhi.com.cn）

型 号	磨盘直径/mm	磨辊直径/mm	给料粒度/mm	产量/t·h⁻¹	主电动机功率/kW	磨盘转速/r·min⁻¹
MLS1411	1400	1185	≤35	18	225	37.96
MLS1612	1600	1200	≤40	25	280	36.16
MLS1813	1800	1300	≤45	35	350	34
MLS2115	2100	1500	≤50	44	400	31.6
MLS2215	2250	1570	≤65	52.5	500	31
MLS2417	2450	1750	≤80	75	630	29.5
MLS2619	2650	1900	≤80	90	710	28.1

续表 5-20-1

型 号	磨盘直径/mm	磨辊直径/mm	给料粒度/mm	产量/$t\cdot h^{-1}$	主电动机功率/kW	磨盘转速/$r\cdot min^{-1}$
MLS2921	2900	2100	≤80	110	1000	26.8
MLS3123	3150	2300	≤80	150	1120	25
MLS3424	3450	2430	≤90	180	1300	24.5
MLS3626	3600	2650	≤90	190	1950	25.2
MLS3726	3750	2650	≤95	210	2200	24.5
MLS4028	4000	2850	≤100	310	3100	22.9
MLS4531	4500	3150	≤110	360	3600	21.6
MLN1613	1600	1300	≤40	10	300	35
MLN2417	2450	1850	≤40	32	870	29.2
MLN2619	2650	1900	≤40	45.5	970	28.1
MLN3425	3450	2430	≤40	94	1800	24.5

生产厂商：北方重工集团有限公司。

6 矿用筛分设备

通过筛面把物料颗粒分成不同粒级的设备。根据设备结构、振动原理的不同，筛分设备的品种也不同。

6.1 直线振动筛

直线振动筛利用振动电机激振作为振动源，筛箱运动轨迹为直线或近似直线的振动筛，按激振器不同分为块偏心式和轴偏心式。使物料在筛网上被抛起，同时向前作直线运动，物料从给料机均匀地进入筛分机的进料口，通过筛网产生数种规格的筛上物、筛下物，分别从各自的出口排出。具有耗能低、产量高、结构简单、易维修、全封闭结构的特点，无粉尘溢散，自动排料，更适合于流水线作业。适用于矿山、煤炭、冶炼、建材、轻工、化工等行业的粒状或颗粒物料粒度的分级。

6.1.1 轴偏心式

6.1.1.1 概述

振动器利用偏心轴制成，偏心轴旋转带动筛箱做圆周运动轨迹，振动使物料在筛网上运动，形成物料粒度分级。

6.1.1.2 特点

（1）筛网结构方便快速更换筛网，可使用各种材质的筛网（尼龙、特种龙、PP 网）。

（2）母网完全支撑细网，使细网得到较长的寿命，从而降低细网使用成本。

6.1.1.3 技术参数

技术参数见表 6－1－1。

表 6－1－1 直线振动筛的技术参数（河南方大实业股份有限公司 www.zzksjx.com）

直线振动筛型号	筛面规格（长×宽）/mm×mm	筛面层数/层	筛孔尺寸/mm	进料粒度/mm	处理量 $/t\cdot h^{-1}$	电机功率/kW	总质量/kg	振动频率/Hz	双幅振幅/mm	筛面倾角/(°)	外形尺寸（长×宽×高）/mm×mm×mm
ZSG1237	3700×1200	1	4～50	≤200	10～100	5.5×2	2250	16	6～8	15	3800×2050×1920
2ZSG1237	3700×1200	2	4～50	≤200	10～100	5.5×2	3345	16	6～8	15	3800×2050×2200
ZSG1443	4300×1400	1	4～50	≤200	10～150	5.5×2	4100	16	6～8	15	4500×3040×2500
2ZSG1443	4300×1400	2	4～50	≤200	10～150	5.5×2	4900	16	6～8	15	4500×3040×2700
3ZSG1443	4300×1400	3	4～50	≤200	10～150	5.5×2	5870	16	6～8	15	4500×3040×2820
2ZSG1548	4800×1500	2	5～50	≤200	15～200	7.5×2	5836	16	8～10	15	4800×3140×2814
3ZSG1548	4800×1500	3	5～50	≤200	15～200	7.5×2	6900	16	8～10	15	4799×3140×3014
2ZSG1848	4800×1800	2	5～50	≤300	50～500	7.5×2	6489	16	8～10	15	4799×3440×2814
3ZSG1848	4800×1800	3	5～50	≤300	50～500	7.5×2	7750	16	8～10	15	4799×3440×3014
4ZSG1848	4800×1800	4	5～50	≤200	50～500	11×2	8300	16	8～10	15	4799×3440×3503
2ZSG1860	6000×1800	2	5～150	≤300	80～600	11×2	9950	16	8～10	15	6000×3440×3326

生产厂商：河南方大实业股份有限公司。

6.1.2 块偏心式

6.1.2.1 概述

振动筛的振动器偏心配重是块状，其质心与旋转轴心有一定的偏心距。振动器运动产生振动，带动筛箱运动。

6.1.2.2 性能特点

筛面面积大，属于大型振动筛系列；生产能力大，筛分效率高，具有节省占地面积和投资的优点。

6.1.2.3　工作原理

振动器为箱式，内装一对齿轮并分别强迫两组质量相等的偏心块异向回转，由偏心块产生的离心惯性力，时而叠加，时而抵消，使筛箱产生直线轨迹振动，水平筛箱安装在四组减振弹簧支撑座上。筛面上的物料在重力和振动力作用下，由入料端向出料端跳跃和抛掷，实现粒度分级和脱水、脱介质的目的。

6.1.2.4　外形结构

ZKK 型宽筛面强迫同步直线振动筛主要结构如图 6－1－1 所示。

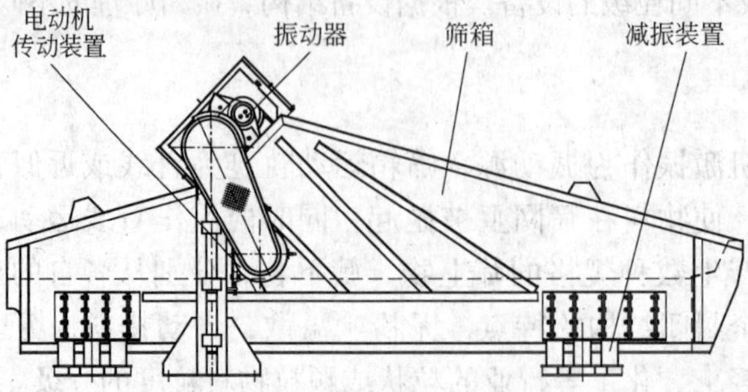

图 6－1－1　ZKK 型宽筛面强迫同步直线振动筛主要结构

6.1.2.5　技术参数

技术参数见表 6－1－2、表 6－1－3。

表 6－1－2　ZKK 型宽筛面强迫同步直线振动筛的技术参数（鞍山重型矿山机器股份有限公司　www.aszkjqc.com）

筛面宽度 /dm	筛面长度 /dm	筛网孔径 /mm	筛面倾角 /(°)	振动方向角 /(°)	给料粒度 /mm	振幅 /mm	频率 /Hz	生产能力 /$t \cdot h^{-1}$
30	45							95～340
30	52							110～360
30	61							130～420
36	45							130～500
36	52	0.5～25.0	0	45	≤50	5	15	150～530
36	61							175～560
36	75							200～600
42	61							270～890
42	75							310～1100

注：生产能力按松散密度为 0.85～0.90t/m^3 的煤计算。

表 6－1－3　ZKR 系列振动筛的技术参数（海安万力振动机械有限公司　www.wlzd.cn）

型　号	筛　面				给料粒度 /mm	处理量 /$t \cdot h^{-1}$	振动频率 /Hz	双振幅 /mm	电动机		质量 /kg
	面积 /m^2	倾角 /(°)	筛孔尺寸 /mm	结构					型　号	功率 /kW	
ZKR1022	2.25					3～25			Y132S－6	2×3	2060
ZKR1230	3.6					5～40			Y132M1－6	2×4	2580
ZKR1445	6.3					9～70			Y160M－6	2×7.5	3874
ZKR1645	7.2					10～80			Y160M－6	2×7.5	4901
ZKR1845	8.1					12～88			Y160L－6	2×11	4886
ZKR1852	9.45					13～95			Y160L－6	2×11	5021
ZKR2052	10.5					14～100			Y160L－6	2×11	6835
ZKR2060	12.0	－5～5	0.25～50	编织筛网、条缝筛网、冲孔筛网、橡胶筛网、聚氨酯筛网	＜250	14～115	16	6～19	Y180L－6	2×15	7297
ZKR2460	14.4					22～158			Y200L－6	2×22	9460
ZKR3060	18.0					27～190			Y200L2－6	2×22	10005
ZKR3660	21.6					32～235			Y200L2－6	2×11	13732
2ZKR1445	6.3					15～245			Y160L－6	2×15	6365
2ZKR1845	8.1					18～460			Y180L－6	2×22	7927
2ZKR2160	12.6					20～530			Y200L2－6	2×30	11250
2ZKR3060	18					22～590			Y225M－6	2×22	16052

· 生产厂商：鞍山重型矿山机器股份有限公司，海安万力振动机械有限公司。

6.1.3 高频筛

6.1.3.1 概述

高频筛用于湿法筛分。振动频率达25~60Hz，振幅为0.8~2.5mm，振幅小、频率高、效率高。

6.1.3.2 工作原理

高频筛采用了高频率，破坏了矿浆表面的张力，细粒物料在筛面上的高速振荡，加速了大密度（比重）有用矿物的析离作用，增加了小于分离粒度物料与筛孔接触的概率，从而造成了较好的分离条件，使小于分离粒度的物料，特别是比重大的物粒和矿浆一起透过筛孔成为筛下产物。

6.1.3.3 性能特点

（1）激振器通过传动机构驱动筛面做高频振动，筛箱静止。振动系统设计在近共振状态工作，整机经过减振支撑，使地面基本不承受动载荷，筛机不需要制作基础，直接安装在坚实平整的地面上或普通钢结构平台即可正常工作。

（2）筛面振幅0~2mm，振动强度为重力加速度的8~10倍，是一般机械振动筛振动强度的2~3倍。筛面不易堵孔，筛分效率高、处理能力大。特别适用于细粒粉体物料的筛分。分级粒度0.074~1mm。

（3）筛面由三层不同的柔性筛网组成。底层钢丝绳芯聚氨酯网为支撑网，上面铺设丝径和网孔皆不相同的双层不锈钢丝编织复合网。复合网上层为工作网，与物料直接接触进行筛分工作，复合网下层为底网，用于分散受力和传递振动，以保证工作网的高筛分效率和延长使用寿命。筛网两端有挂钩，便于筛网装卸和调整张紧度。入料缓冲筛板使矿浆分散均布，避免直接冲击筛网造成损坏。

（4）筛机安装角度方便可调，选矿厂的湿法筛分安装倾角一般为25°±2°。

（5）筛机振动参数采用计算机调节控制，每个振动器的振动参数可单独调节设定。在控制上设置有瞬时强振功能，通过设定间断瞬时强振参数，定时清理筛面，以防堵孔。

（6）振动传动系统采用优质弹性材料柔性连接，长期运转工作可靠，筛机为节能产品。单个激振器功率仅0.15kW，选矿常用2420型电磁高频筛，整机耗电功率不超过1.2kW/台。

（7）筛箱侧板采用钢板整体折弯成型，既提升筛机整体刚度和工作可靠性，设备外形也更为美观。

（8）筛机可根据客户的不同需求配置不同型号的电控柜，以实现参数设定、远程集控、历史记录与故障报警等多种附加功能。

6.1.3.4 主要结构

HFS系列液压高频筛主要结构如图6-1-2所示。

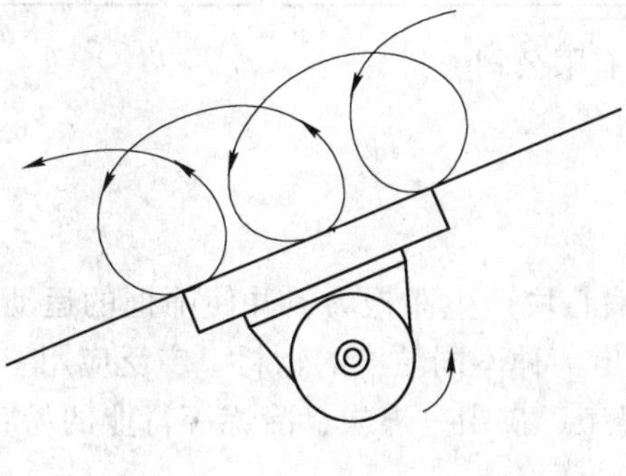

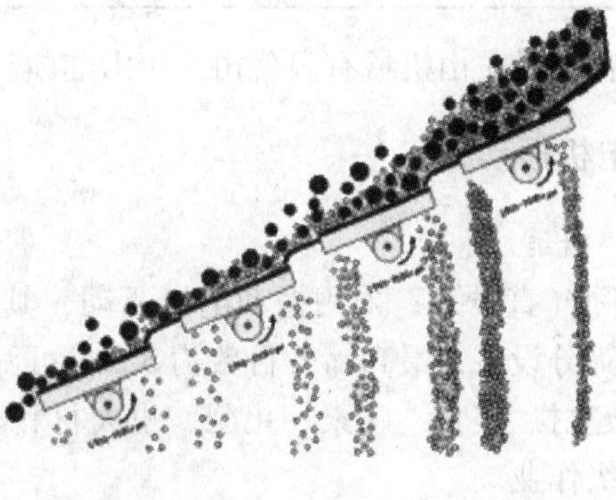

图6-1-2 HFS系列液压高频筛

6.1.3.5 技术参数

技术参数见表6-1-4、表6-1-5。

表 6－1－4 HFS 高频筛的技术参数（南昌矿山机械有限公司 www. nmsystems. cn）

型　号	筛面面积 /m²	筛面层数/层	给料粒度 /mm	振动次数 /次 · min⁻¹	生产能力 /t · h⁻¹	质量（不含液压系统）/kg
HFS1857V	10.26	1	0～20	0～5000	60～400	4038
HFS1876V	13.68	1	0～20	0～5000	70～500	4760
2HFS1838V	6.84	2	0～20	0～5000	50～300	4350
2HFS1857V	10.26	2	0～20	0～5000	60～400	4890
2HFS1857DV	10.26	2	0～40	0～5000	100～580	5648
2HFS1876V	13.68	2	0～20	0～5000	70～500	6280
3HFS1857V	10.26	3	0～20	0～5000	60～400	6560
3HFS1857DV	10.26	3	0～40	0～5000	100～580	6995

表 6－1－5 ZK 高频筛的技术参数（唐山陆凯科技有限公司 www. LK－t. com. cn）

型　号	入料颗粒度/mm	电机功率/kW	面积/m²	处理量/t · h⁻¹	质量/kg
ZK10225	50～0	2×3.0	2.25	25～85	1150
ZK1225	50～0	2×3.0	2.7	35～90	1850
ZK12375	50～0	2×4.0	4.5	50～110	2100
ZK1445	50～0	2×7.5	6.3	60～125	3500
ZK1645	50～0	2×7.5	7.2	70～140	3900
ZK1845	50～0	2×11	8.1	85～145	4100
ZK20375	<100	2×11	7.5	75～145	4180
ZK2060	<100	2×15	12	115～170	6450
ZK2460	<200	2×15	14.4	135～200	7500
ZK30525	<200	2×18.5	15.75	145～215	7900
2ZK1225	<100	2×5.5	2.7	25～24	2825
2ZK12375	<100	2×7.5	4.5	25～50	3150
2ZK16375	<100	2×15	6.0	35～55	6325
2ZK1830	<100	2×11	5.4	40～55	6500
2ZK1845	<100	2×15	8.1	60～85	7245
2ZK2045	<100	2×15	9.0	65～90	8125
2ZK2060	<100	2×18.5	12	75～100	10500
2ZK2445	<200	2×22	10.8	80～100	11250
2ZK2460	<200	2×22	14.4	100～150	12250

生产厂商：南昌矿山机械有限公司，唐山陆凯科技有限公司。

6.1.4 振动电机振动筛

6.1.4.1 概述

直线振动筛（直线筛）采用振动电机驱动，其中偏心块产生激振力，并使筛框的运动为一直线形，是高效新型的筛分设备，最高筛分目数为 325，可筛分出 7 种不同粒度的物料。广泛应用于塑料、磨料、化工、医药、建材、粮食、碳素、化肥、耐火材料、轻工、矿山、煤炭、冶炼等行业的粉状、颗粒状物料的筛选和分级作业。

6.1.4.2 特点

（1）采用振动电机作为激振力，激振力强。

（2）筛子横梁与筛箱采用高强度螺栓连接，无焊接。

（3）筛机结构简单，维修方便快捷。

6.1.4.3 工作原理

直线振动筛采用双电机驱动，当两台电机做同步、反向旋转时，其偏心块所产生的激振力在平行于电机轴线的方向相互抵消，在垂直于电机轴的方向叠为一合力，因此筛机的运动轨迹为一直线。其两电机轴相对筛面有一倾角，在激振力和物料自重力的合力作用下，物料在筛面上被抛起，跳跃式向前做直线运动，从而达到对物料进行筛选和分级的目的。

6.1.4.4 主要结构

振动电机振动筛主要由筛箱、筛网、振动电机、电机台座、减振弹簧、支架等组成。

6.1.4.5 技术参数

技术参数见表6-1-6、表6-1-7。

表6-1-6 ZK系列直线振动筛的技术参数（郑州一帆机械设备有限公司 www.yfmac.com）

型号	筛面		给料粒度/mm	电机功率/kW	产量/$t\cdot h^{-1}$	质量/t
	面积/m^2	倾角度/(°)				
ZK1022	2.25	-5~5	<250	3×2	4.5~90	2.2
ZK1230	3.6	-5~5	<250	4×2	7.2~144	2.6
ZK1237	4.5	-5~5	<250	5.5×2	9~180	3.1
ZK1437	5.25	-5~5	<250	5.5×2	12~250	3.2
ZK1445	6.3	-5~5	<250	7.5×2	12.6~252	4.1
ZK1637	6	-5~5	<250	5.5×2	12~240	3.5
ZK1645	7.32	-5~5	<250	11×2	95~280	4.5
ZK1837	6.75	-5~5	<250	11×2	90~270	5
ZK1845	8.1	-5~5	<250	11×2	16.2~234	5.5
ZK1852	9.45	-5~5	<250	11×2	18.9~378	5.9
ZK2045	9	-5~5	<250	11×2	16.2~324	6
ZK2052	10.5	-5~5	<250	11×2	21~420	6.4
ZK2060	12	-5~5	<250	15×2	24~480	7.6
ZK2445	10.8	-5~5	<250	15×2	21.6~432	7.4
ZK2452	12.6	-5~5	<250	15×2	25.2~504	8.2
ZK2460	14.4	-5~5	<250	15×2	28.8~576	9.2
ZK3045	13.5	-5~5	<250	15×2	27~540	10
ZK3052	15.75	-5~5	<250	22×2	31.4~628	10
ZK3060	18	-5~5	<250	22×2	17.5~525	11
ZK3645	16.2	-5~5	<250	22×2	37.8~756	12.2
ZK3652	18.9	-5~5	<250	22×2	43.2~864	13.4
ZK3660	21.6	-5~5	<250	22×2	43.2~864	14.3
ZK3675	27	-5~5	<250	30×2	54~1080	17.1
2ZK1022	2.25	-5~5	<250	4×2	4.5~90	3
2ZK1230	3.6	-5~5	<250	5.5×2	7.2~144	3.7
2ZK1237	4.5	-5~5	<250	7.5×2	9~180	4.4
2ZK1437	5.25	-5~5	<250	7.5×2	12~250	5
2ZK1445	6.3	-5~5	<250	15×2	12.6~252	6.9
2ZK1637	6	-5~5	<250	15×2	12~240	6.9
2ZK1645	7.32	-5~5	<250	15×2	95~280	8.6
2ZK1837	6.75	-5~5	<250	15×2	90~270	7.9
2ZK1845	8.1	-5~5	<250	15×2	16.2~234	8.1

续表 6-1-6

型号	筛面		给料粒度/mm	电机功率/kW	产量/t·h^{-1}	质量/t
	面积/m^2	倾角度/(°)				
2ZK1852	9.45	-5~5	<250	15×2	18.9~378	9
2ZK2045	9	-5~5	<250	15×2	16.2~324	9.1
2ZK2052	10.5	-5~5	<250	22×2	21~420	10.1
2ZK2060	12	-5~5	<250	22×2	24~480	10.8
2ZK2445	10.8	-5~5	<250	22×2	21.6~432	11
2ZK2452	12.6	-5~5	<250	22×2	25.2~504	12.5
2ZK2460	14.4	-5~5	<250	22×2	28.8~576	13.5
2ZK3045	13.5	-5~5	<250	30×2	27~540	15.4
2ZK3052	15.75	-5~5	<250	37×2	31.4~628	16.9
2ZK3060	18	-5~5	<250	37×2	17.5~525	18.2
2ZK3645	16.2	-5~5	<250	45×2	37.8~756	21
2ZK3652	18.9	-5~5	<250	45×2	43.2~864	24
2ZK3660	21.6	-5~5	<250	45×2	43.2~864	

表 6-1-7 ZKR 系列重型直线振动筛的技术参数（南昌矿山机械有限公司 www.nmsystems.cn）

型号	筛面		倾角/(°)(推荐范围)	给料粒度/mm	处理量/t·h^{-1}	振动次数/次·min^{-1}	双振幅/mm	电动机		质量/kg
	面积/m^2	筛孔尺寸/mm						型号	功率/kW	
ZKR1022H	2.25	0.25~50	0（-5、+5）	<250	3~25	960	6.0~10.0	Y132S-6	2×3	2215
ZKR1230H	3.6	0.25~50	0（-5、+5）	<250	5~40	960	6.0~10.0	Y132M1-6	2×4	2693
ZKR1237H	4.5	0.25~50	0（-5、+5）	<250	5~50	960	6.0~10.0	Y132M2-6	2×5.5	3118
ZKR1437H	5.25	0.25~50	0（-5、+5）	<250	9~58	960	6.0~10.0	Y132M2-6	2×5.5	3210
ZKR1445H	6.3	0.25~50	0（-5、+5）	<250	9~70	970	6.0~10.0	Y160M-6	2×7.5	4040
ZKR1645H	7.2	0.25~50	0（-5、+5）	<250	10~80	970	6.0~10.0	Y160M-6	2×7.5	5005
ZKR1845H	8.1	0.25~50	0（-5、+5）	<250	12~88	970	6.0~10.0	Y160L-6	2×11	5436
ZKR2045H	9	0.25~50	0（-5、+5）	<250	14~98	970	6.0~10.0	Y160L-6	2×11	5969
ZKR2460H	14.4	0.25~50	0（-5、+5）	<250	22~158	970	6.0~10.0	Y180L-6	2×15	9235
ZKR3060H	18	0.25~50	0（-5、+5）	<250	27~190	970	6.0~10.0	Y200L2-6	2×22	11562
ZKR3660H	21.6	0.25~50	0（-5、+5）	<250	32~235	970	6.0~10.0	Y200L2-6	2×22	14390
2ZKR1437H	5.25	0.25~50	0（-5、+5）	<250	12~204	970	6.0~10.0	Y160L-6	2×11	5042
2ZKR1445H	6.3	0.25~50	0（-5、+5）	<250	15~245	970	6.0~10.0	Y160L-6	2×11	6883
2ZKR1645H	7.2	0.25~50	0（-5、+5）	<250	17~285	970	6.0~10.0	Y180L-6	2×15	8654
2ZKR1845H	8.1	0.25~50	0（-5、+5）	<250	18~460	970	6.0~10.0	Y180L-6	2×15	8865
2ZKR2045H	9	0.25~50	0（-5、+5）	<250	20~510	970	6.0~10.0	Y180L-6	2×15	9113
2ZKR2052H	10.5	0.25~50	0（-5、+5）	<250	20~510	970	6.0~10.0	Y200L2-6	2×22	10128
2ZKR2060H	12	0.25~50	0（-5、+5）	<250	20~510	970	6.0~10.0	Y200L2-6	2×22	10875
2ZKR2460H	14.4	0.25~50	0（-5、+5）	<250	20~540	970	6.0~10.0	Y200L2-6	2×22	13560
2ZKR3060H	18	0.25~50	0（-5、+5）	<250	22~595	980	6.0~9.0	Y225M-6	2×30	18253
2ZKR3660H	21.6	0.25~50	0（-5、+5）	<250	26~714	980	6.0~9.0	Y280S-6	2×45	25400

注：表内所列单层筛处理量是按精煤脱水或湿法筛分计算的，双层筛处理量是按精煤分级计算的。所列处理量仅供参考，具体值根据现场情况与研发部商定。

生产厂商：南昌矿山机械有限公司，郑州一帆机械设备有限公司。

6.1.5 等厚筛（香蕉筛）

6.1.5.1 概述

等厚筛的筛箱形状与香蕉相似，亦称香蕉筛，筛面呈多种不同的倾角。等厚筛主要用于物料的分级筛分，也可用于物料的脱水，具有很大的推广应用价值。

6.1.5.2 工作原理

等厚筛分法是在入料端给予料层一个比较大的加速度，使物料运动速度加快，料层迅速变薄并分层。对完成分层过程的料群，再按普通筛分法的筛面加速度使物料透筛。经过这样处理后，小颗粒和筛面接触的概率大大增加，平均单位透筛能力显著提高。

6.1.5.3 技术特点

在筛分过程中，不论大于或小于筛孔尺寸的颗粒在入料中所占比例如何，筛上的物料层厚度从入料端到排料端保持不变。而普通筛分法，筛上物料层的厚度是递减的。与普通的筛分机（如 DD 系列单轴振动筛）相比，等厚筛具有能减少筛孔堵塞，大幅度提高筛子单位面积处理能力，简化筛分系统等一系列优点。

6.1.5.4 主要结构

香蕉筛主要结构如图 6－1－3 所示。

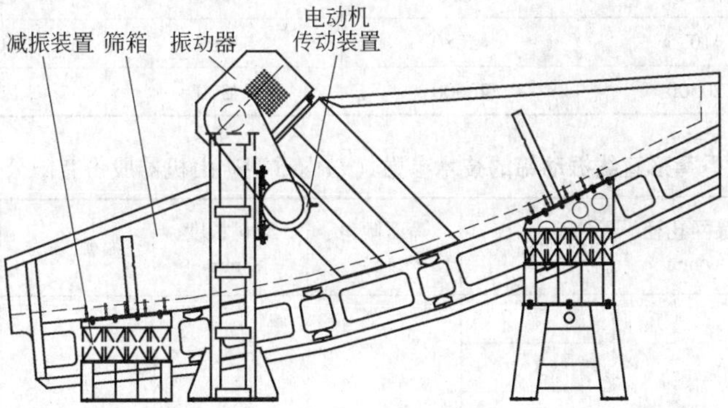

图 6－1－3 香蕉筛主要结构

6.1.5.5 技术参数

技术参数见表 6－1－8～表 6－1－10。

表 6－1－8 BS 系列香蕉筛的技术参数（南昌矿山机械有限公司 www.nmsystems.cn）

型 号	筛面规格 /mm×mm	激振器	振动次数 /次·min^{-1}	双振幅/mm	功率/kW	质量/kg
BS1861	1800×6100	4×NJ100	970	7.0～11.0	2×22	11370
BS2461	2400×6100	4×NJ100	970	7.0～11.0	2×22	13316
BS3061	3000×6100	4×NJ100	970	7.0～11.0	2×22	14960
BS3073	3000×7320	4×NJ200	980	7.0～11.0	2×30	16386
BS3661	3600×6100	4×NJ200	980	7.0～11.0	2×30	19768
BS3673	3600×7320	4×NJ300	980	7.0～11.0	2×37	22057
BS4261	4200×6100	4×NJ300	980	7.0～10.0	2×37	24865
BS4273	4200×7320	4×NJ300	980	7.0～10.0	2×37	27612
2BS1861	1800×6100	4×NJ100	970	7.0～11.0	2×22	15829
2BS2461	2400×6100	4×NJ200	980	7.0～11.0	2×30	21501
2BS3061	3000×6100	4×NJ300	980	7.0～11.0	2×37	25695
2BS3073	3000×7320	4×NJ300	980	7.0～11.0	2×37	27576
2BS3673	3600×7320	4×NJ400	980	7.0～11.0	2×45	32128

表 6-1-9　SXJ 系列香蕉筛的技术参数（天地科技股份有限公司　www. tdtec. com）

项目		参数				
型号		SXJ3061	SXJ3661	SXJ4261	2SXJ3061	2SXJ3661
最大入料粒度/mm		≤200	≤200	≤200	≤200	≤200
筛网层数/层		1	1	1	2	2
工作面积（每层）/m^2		18.3	21.96	25.62	18.3	21.96
筛面倾角/(°)		3～25				
标称频率/Hz		13～15				
双振幅/mm		7～10				
生产能力/$t \cdot h^{-1}$		90～370	105～440	150～550	90～370	105～440
电机	型号	Y250M-4	Y280S-4	Y280M-4	Y280S-4	Y280M-4
	转速/$r \cdot min^{-1}$	1480	1482	1483	1482	1483
	功率/kW	55	75	90	75	90
外形尺寸（长×宽×高）/mm×mm×mm		6680×5052×3537	6680×5672×3537	6680×6272×3537	6650×4771×4118	6650×5371×4118
单支点动负荷/N		8215	9016	10780	12054	13426
单支点最大动负荷/N		41075	45080	53900	60270	67130
质量/kg		20500	22500	24500	22000	24000

表 6-1-10　ZXF 型香蕉形直线振动筛的技术参数（鞍山重型矿山机器股份有限公司　www. aszkjqc. com）

筛面宽度/dm	筛面长度/dm	筛网孔径/mm	筛面段数	筛面倾角/(°)	给料粒度/mm	振幅/mm	频率/Hz	生产能力/$t \cdot h^{-1}$
18	48	13～100	4	45	≤300	5	15	150～650
18	61		5					180～800
24	48		4					220～1000
24	61		5					250～1200
24	73		6					280～1500
30	61		5					320～1700
30	73		6					350～1800
30	85		7					400～2000
36	61		5					400～2000
36	73		6					450～2200
36	85		7				14.17	500～2500
42	61		5					580～2800
42	73		6					650～3000
42	85		7					720～3200

注：生产能力按松散密度为 0.85～0.90t/m^3 的煤计算。

生产厂商：天地科技股份有限公司，南昌矿山机械有限公司，鞍山重型矿山机器股份有限公司。

6.1.6　电磁振动筛

6.1.6.1　概述

电磁振动筛靠电磁力激振筛箱或筛网，用于包装水泥和煤炭等工业。

6.1.6.2　工作原理

电磁振动与直线振动相结合，电磁振动强度大、频率高，有利于细粒物料透筛，直线振动振幅大，对物料起抛掷作用，有利于物料层松散和输送。在提高处理能力、筛分效率的同时，降低了筛上产品的水分，更适用于选煤厂对煤泥水的处理。

电磁振动筛的电磁振动器使用时可根据产量和筛分精度要求自行调整。

6.1.6.3　技术参数

技术参数见表6－1－11。

表6－1－11　FMVSM1235复合振动筛的技术参数（唐山陆凯科技有限公司　www.LK－t.com.cn）

型　号	筛面面积/m^2	各分级粒度下的台时处理量/$t \cdot h^{-1}$				功率/kW
		1mm	2mm	3mm	4mm	
FMVSM1235	4.2	10～15	15～20	20～25	25～30	4.2

生产厂商：唐山陆凯科技有限公司。

6.2　椭圆振动筛

6.2.1　椭圆振动筛简介

6.2.1.1　概述

椭圆振动筛是一种在垂直于筛面纵剖面内做椭圆运动轨迹的振动筛，具有高效、筛分精度高、适合范围广等优点。与同规格普通筛机相比，有更大的处理量和更高的筛分效率。适用于冶金、煤炭的分级及脱水、脱介等作业。

6.2.1.2　性能特点

椭圆振动筛是一种适合潮湿细粒级难筛物料干法筛分的振动筛分机械设备，是目前国内处理难筛物料的振动筛分机械设备。

6.2.1.3　TAB（TKB）型振幅递减椭圆振动筛型号表示

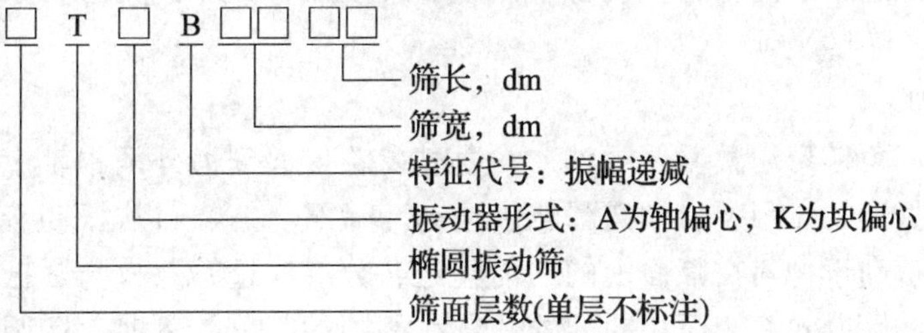

6.2.1.4　主要结构

TAB（TKB）型振幅递减椭圆振动筛主要结构如图6－2－1所示。

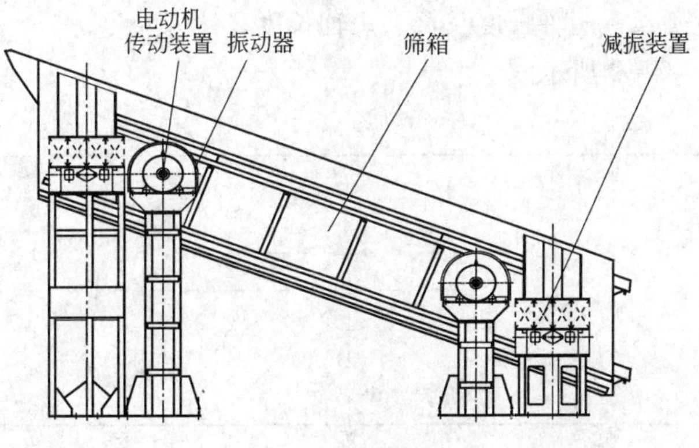

图6－2－1　TAB（TKB）型振幅递减椭圆振动筛主要结构

6.2.1.5　工作原理

TAB型是指振动器为轴偏心式，TKB型是指振动器为块偏心式。TAB或TKB型振幅递减椭圆振动筛的工作原理都是相同的，即是由两台电动机经过传动装置，分别驱动布置在倾斜筛箱的入料端和出料端，且偏心质量不相等的两组异向自同步回转的振动器。入料端处振动器的偏心质量大于出料端的，振幅值从入料端向出料端方向递减，并且形成的椭圆形轨迹的长轴方向与筛面垂直。入料端处振幅大，有利于提高生产能力；出料端处振幅减小，有利于提高筛分效率。

6.2.1.6 主要参数

主要参数见表6-2-1。

表6-2-1 TAB（TKB）型振幅递减椭圆振动筛的技术参数（鞍山重型矿山机器股份有限公司 www.aszkjqc.com）

筛面宽度/dm	筛面长度/dm	筛面倾角/(°)	筛网孔径/mm	给料粒度/mm	振幅/mm				频率/Hz	生产能力/$t\cdot h^{-1}$
					入料端		出料端			
					长轴	短轴	长轴	短轴		
30	72									700~1300
34	72									800~1400
38	82	20	50~150	≤400	6.00	0.75	4.50	0.75	12.33	950~1600
42	82									1050~2000
50	113									1200~2500

注：生产能力按松散密度为0.85~0.90t/m^3的煤计算。

生产厂商：鞍山重型矿山机器股份有限公司。

6.2.2 等厚筛

6.2.2.1 概述

等厚振动筛筛箱的设计采用等厚筛分原理，筛箱采用三段不同的筛面倾角，三段筛面倾角从入料端到出料端依次减小，使物料层在筛面各段厚度近似相等。

三轴椭圆等厚振动筛适用于冶金行业的热烧结矿、冷烧结矿、熔剂筛分，矿石分级，煤炭行业的分级及脱水、脱介等作业。

6.2.2.2 工作原理

振动筛电动机经过三角带带动激振器主轴，并通过齿轮传递到另外两根轴上，三轴同速旋转产生激振力，筛箱在振动器激振力的作用下，做椭圆轨迹运动。筛面上的物料从振动着的筛面获得能量而做抛掷运动，椭圆等厚筛分有利于物料在筛面上的向前输送、分层和透筛，故与圆振动筛和直线振动筛相比有较大的处理量和较高的筛分效率。而相同的处理量和相同的筛分效率时，椭圆等厚筛具有较小的筛分面积，能节约投资。

两振动器采用同步器机械同步，既能使振动筛获得稳定的振动参数，又能根据现场需要适当调节振动方向角，调节椭圆运动轨迹长、短轴长度及长、短轴长度之比。

三轴椭圆筛原理如图6-2-2所示。

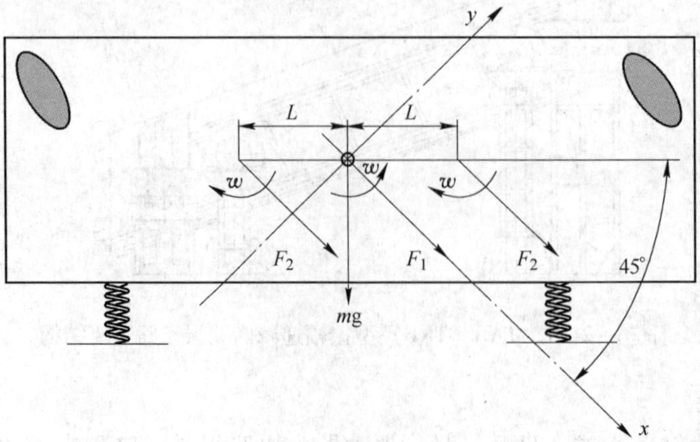

图6-2-2 三轴椭圆筛原理

6.2.2.3 主要特点

在物料筛分过程中，料层过厚时，筛面的透筛能力显得不足，料层过薄时，筛面的透筛能力显得有余，料层等厚就能以有余补不足，充分发挥筛面潜力。因此该筛箱按照等厚筛分原理设计成三段不同倾角的筛面。入料端筛面倾角大，物料运动速度较快，有利于物料的颗粒快速等厚，使物料尽快分层并与筛孔进行比较，完成透筛，出料段筛面倾角小，物料运动速度较慢，使难于透筛的颗料与筛孔进行比较，充分透筛。通过不同倾角筛面作用的特点，使物料的颗粒快速的等厚并与筛孔进行比较，充分透筛，大大提高了筛分效率。

同步器是一个特殊设计的齿轮箱，它使三轴振动器上的三组偏心块按照设计的相位角差同步转动，通过齿轮传动使三组偏心块产生的激振力合力形成的椭圆运动轨迹准确可靠，稳定了振动筛的工作状态。

同步器采用一轴输入三轴输出的对称式结构，便于安装使用。

6.2.2.4 外形结构

三轴椭圆筛结构如图6-2-3所示。

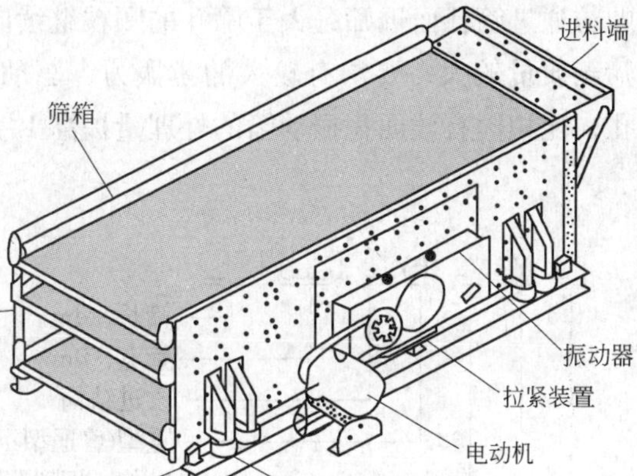

图6-2-3 三轴椭圆筛结构

6.2.2.5 技术参数

技术参数见表6-2-2。

表6-2-2 JDSS系列轴椭圆筛的技术参数（西安锦程振动科技有限责任公司 www.jczdkj.diytrade.com）

型号	筛面规格 /mm×mm	分级点 /mm	振幅/mm		振频 /r·min^{-1}	处理量 /t·h^{-1}	筛分效率 /%	功率 /kW	筛面倾角/(°)			外形尺寸 /mm×mm×mm	质量 /kg
			长轴	短轴					头部	中部	尾部		
JDSS3090	3000×9000	5~20	8~10	4~6	800	300~800	85	2×45	15	10	5	9661×6820×3626	60000
JDSS3075	3000×7500	3~20	8~10	4~6	800	300~600	85	2×30	30	20	10	7318×6850×4245	35000
JDSS2575	2500×7500	5~20	8~10	4~6	800	200~500	85	2×30	15	10	5	7803×5550×3435	32000
JDSS2460	2400×6000	3~20	8~10	4~6	800	150~300	85	2×15	30	20	10	6115×4942×3037	18000
JDSS2060	2000×6000	3~20	10~15	6~8	800	150~200	85	2×15	15	10	5	6755×5150×3262	17500

生产厂商：西安锦程振动科技有限责任公司。

6.3 圆振动筛

圆振动筛的筛箱做圆形或近似圆形运动，圆振动筛采用筒体式偏心轴激振器或偏块调节振幅。按工作时激振器上胶带轮的几何中心位置变与不变分为限定中心圆振动筛、不定中心圆振动筛和自定中心圆振动筛，是一种多层数、高效新型振动筛。该振动筛广泛应用于矿山、建材、交通、能源、化工等行业的产品分级。

6.3.1 轴偏心式

6.3.1.1 概述

圆振动筛采用筒体式偏心轴激振器，振动器安装在筛箱侧板上，并由电动机通过三角皮带带动旋转，产生离心惯性力，迫使筛箱振动。筛面倾角的调整可通过改变弹簧支座位置高度来实现。

6.3.1.2 特点

轴偏心式圆振动筛有普通型和重型之分，重型筛适合大块物料分级（型号中标有“H”）；普通型适合中、小块粒度物料粒度分级，减振效果好、噪声小。

6.3.1.3 工作原理

电动机通过皮带传动装置驱动位于筛箱中部振动器回转，由偏心轴产生的离心惯性力使筛箱做圆形轨迹振动，倾斜筛箱安装在四组减振弹簧的支撑座上，物料在重力和振动力的作用下由入料端向出料端跳跃和抛掷，小于筛孔的颗粒通过筛孔而透筛，大于筛孔的颗粒继续向前运动，直到从出料端排出。

大型双轴圆振筛由于筛箱质量较大，要求有较大的激振力，驱动筛子产生连续的振动，振动均匀平稳、筛分效率好、不易堵孔，比相同有效面积振动筛的处理量提高1~2倍。

6.3.1.4 型号表示

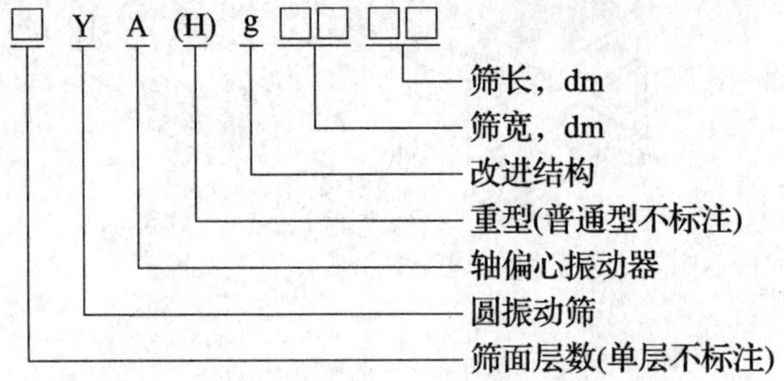

6.3.1.5 主要结构

YAg型圆振动筛主要结构如图6-3-1所示。

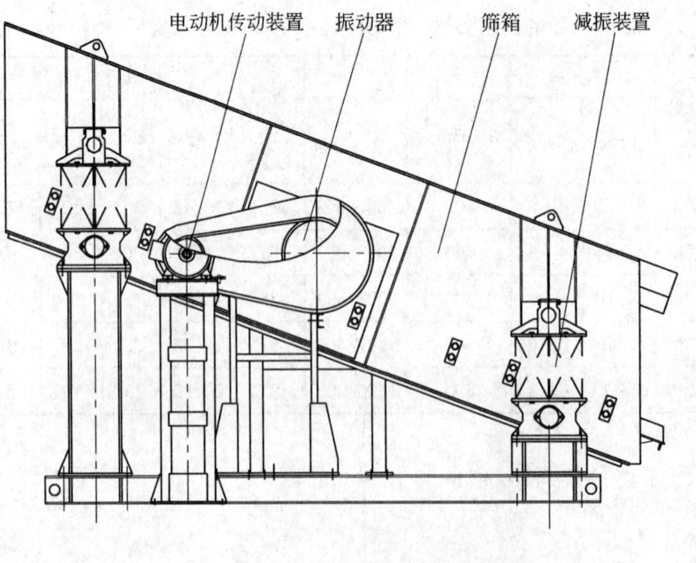

图6-3-1 YAg型圆振动筛主要结构

6.3.1.6 技术参数

技术参数见表6-3-1~表6-3-5。

表 6-3-1 YAg 型圆振动筛的技术参数（鞍山重型矿山机器股份有限公司 www. aszkjqc. com）

型号	筛面宽度/dm	筛面长度/dm	筛网孔径/mm	筛面倾角/(°)	给料粒度/mm	振幅/mm	频率/Hz	生产能力/$t \cdot h^{-1}$
YAg1236	12	36						75~240
YAg1536	15	36						95~310
YAg1542	15	42						110~360
YAg1548	15	48						125~410
YAg1836	18	36	6~50	20	≤200	4.0~5.5	14.0	115~370
YAg1842	18	42						135~430
YAg2148	21	48						175~570
YAg2160	21	60						220~715
YAg2448	24	48						230~650
YAg2460	24	60						250~810

注：生产能力按松散密度为 0.85~0.90t/m^3 的煤计算。

表 6-3-2 YA（H）系列圆振动筛的技术参数（烟台鑫海矿山机械有限公司 ytxinhai. cnal. com）

型号	筛面			最大给料粒度/mm	处理能力/$t \cdot h^{-1}$	电动机		质量/kg
	面积/m^2	倾角/(°)	筛孔尺寸/mm			型号	功率/kW	
YA1236	4.3				80~240	Y160M-4		4905
2YA1236				200	80~240	Y160M-4	11	5311
YA1530	4.5		6~50		80~240	Y160M-4		4675
YA1536					100~350	Y160M-4		5137
2YA1536					100~350	Y160L-4	15	5624
YAH1536	5.4		30~150	400	160~650	Y160M-4	11	5625
2YAH1536			30~200 6~50		160~650	Y160L-4	15	6045
YA1542	6.5		6~50		110~385	Y160M-4	11	5515
2YA1542			30~150	200	110~385	Y160L-4		6098
YA1548	7.2		6~50		120~420	Y160L-4	15	5918
2YA1548		20	6~50		120~420	Y160L-4		6321
YAH1548			30~150	400	200~780	Y160L-4		6842
2YAH1548	7.2		30~150		200~780	Y160L-4		7404
YA1836	6.5		30~150	200	140~220	Y160M-4	11	5205
2YA1836	6.5		30~150		140~220	Y160L-4	15	5946
YAH1836	6.5		30~150	400	220~910	Y160M-4	11	5900
2YAH1836	6.5		30~200 6~50		220~900	Y160L-4	15	6353
YA1842	7.6		6~150	200	140~490	Y160L-4	15	5829
2YA1842	7.6		6~150		140~490	Y160L-4	15	6437
YAH1842	7.6		30~150	400	450~800	Y160L-4	15	6352
2YAH1842	7.6		30~150		450~800	Y160L-4	15	7037

续表 6-3-2

型号	筛面 面积 /m²	筛面 倾角 /(°)	筛面 筛孔尺寸 /mm	最大给料粒度 /mm	处理能力 /t·h⁻¹	电动机 型号	电动机 功率/kW	质量/kg
YA1848	8.6	20	6~50	200	150~525	Y160L-4	15	6289
2YA1848	8.6				150~525	Y160L-4	15	6624
YAH1848	8.6		30~150	150	250~1000	Y160L-4	15	7122
2YAH1848	8.6		30~150	400	250~1000	Y160L-4	15	7740
YA2148	10		6~50	210	180~630	Y180M-4	18.5	9033
2YA2148	10		6~50	210	180~630	Y180L-4	22	10532
YAH2148	10		13~200	400	270~1200	Y180M-4	18.5	10430
2YAH2148	10		30~150	400	270~1200	Y180L-4	22	11190
YA2160	12.6		3~80	200	230~800	Y180M-4	18.5	9926
2YA2160	12.6		6~50	200	230~800	Y180L-4	22	11249
YAH2160	12.6		30~150	400	350~1500	Y200L-4	30	12490
2YAH2160	12.6		30~150	400	350~450	Y200L-4	30	13858
YA2448	11.5		6~50	200	200~700	Y180M-4	18.5	9834
YAH2448	11.5		6~50	400	310~1300	Y200L-4	30	11830
2YAH2448	11.5		30~150	400	310~1300	Y200L-4	30	13012
YA2460	14.4		6~50	200	260~780	Y200L-4	30	12240
2YA2460	14.4		6~50	200	260~780	Y200L-4	30	13583
YAH2460	14.4		30~150	400	400~1700	Y200L-4	30	13096

表 6-3-3 SZZ 系列圆振动筛的技术参数（烟台鑫海矿山机械有限公司 ytxinhai. cnal. com）

型号	规格	最大给料粒度 /mm	处理能力 /t·h⁻¹	电机型号	电机功率/kW	质量/kg	备注
SZZ0918	900×1800	40	20~25	Y100L1-4	2.2	420	吊式
SZZ0918						553	座式
2SZZ0918						570	座式
SZZ1225	1250×2500	100	100	Y132S-4	5.5	1020	吊式
SZZ1225						1330	座式
2SZZ1225						1320	吊式
2SZZ1225						1335	座式
SZZ1530	1500×3000		200	Y132M-4	7.5	1650	吊式
SZZ1530						1700	座式
2SZZ1530						2870	吊式
2SZZ1540	1500×4000	100	250	Y160L-4	15	4240	座式
SZZ1836	1800×3600	150	300	Y180M-4	18.5	4500	吊式
2SZZ1836							

表 6-3-4 WDY 系列双轴大型圆振动筛的技术参数（河南威猛振动设备股份有限公司 www. weimeng. com. cn）

型号	筛孔尺寸 /mm	给料粒度 /mm	处理量 /t·h⁻¹	双振幅 /mm	振次 /次·min⁻¹	电机 型号	电机 功率/kW	单点最大动负荷/N
WDY3073	5~200	<450	220~2200	10~12	708	Y200L-4	30×2	±12000
2WDY3073	上：25~200 下：5~100	<450	660~2200			Y200L-4	30×2	±15000

续表 6－3－4

型 号	筛孔尺寸 /mm	给料粒度 /mm	处理量 /t·h^{-1}	双振幅 /mm	振次 /次·min^{-1}	电 机		单点最大动负荷/N
						型号	功率/kW	
WDY3373	5～200	<450	240～2420	10～12	708	Y200L－4	30×2	±15000
2WDY3373	上：25～200 下：5～100	<450	720～2420	10～12	708	Y200L－4	30×2	±18500
WDY3673	5～200	<450	260～2640	10～12	708	Y225M－4	45×2	±19000
2WDY3673	上：25～200 下：5～100	<450	780～2640	10～12	708	Y225M－4	45×2	±22000

表 6－3－5 WDY 系列双轴大型圆振动筛应用案例（河南威猛振动设备股份有限公司 www.weimeng.com.cn）

规 格 型 号	使 用 单 位	数 量
WDY－3073	上海宝钢原料厂	1
WDY－3073	河北旭阳焦化	2
WDY－3073	张掖市东皇煤炭有限责任公司	2
2WDY－3073	富阳宏升建材有限公司	13
2WDY－3073	中国铝厂河南分公司	1
2WDY－3073	内蒙古包头鑫达黄金矿业有限责任公司	2
WDY－3373	中平能化集团	2
2WDY－3373	上海宝钢原料厂	1
WDY－3673	上海宝钢原料厂	1
WDY－3673	大同市同华矿厂	3
WDY－3673	嵩县金牛有限责任公司	1
WDY－3673	重钢集团原料厂	1
2WDY－3673	南阳丰瑞矿业有限公司	1

生产厂商：鞍山重型矿山机器股份有限公司，烟台鑫海矿山机械有限公司，河南威猛振动设备股份有限公司。

6.3.2 块偏心式

6.3.2.1 概述

圆振动筛采用偏块调节振幅使振动筛运动轨迹为圆形，是一种多层数、高效新型振动筛。

6.3.2.2 性能特点

（1）采用块偏心作为激振力，激振力强，筛分效率高、处理量大、寿命长。

（2）筛子横梁与筛箱采用高强度螺栓连接，无焊接。

（3）筛机结构简单，维修方便快捷。

（4）采用轮胎联轴器，柔性连接，运转平稳。

6.3.2.3 设备型号表示

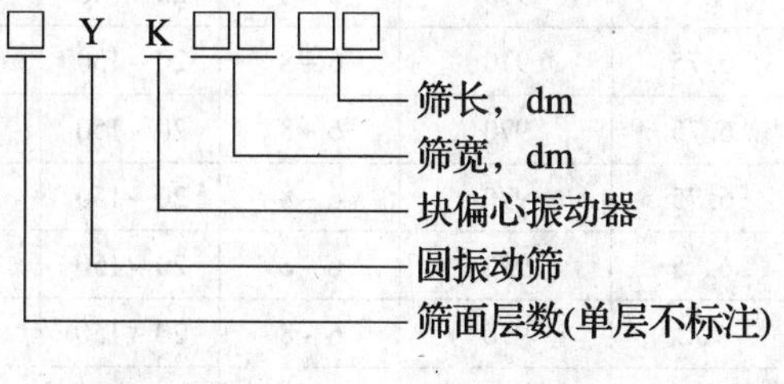

6.3.2.4 工作原理

由电动机通过传动装置驱动位于筛箱中部的一组块偏心振动器回转，偏心块产生的离心惯性力使倾斜安装的筛箱在四组减振弹簧支撑下做圆形轨迹振动，物料由入料端向出料端振动抛掷，实现分层和透筛。

6.3.2.5　主要结构

YK 型圆振动筛主要结构如图 6－3－2 所示。

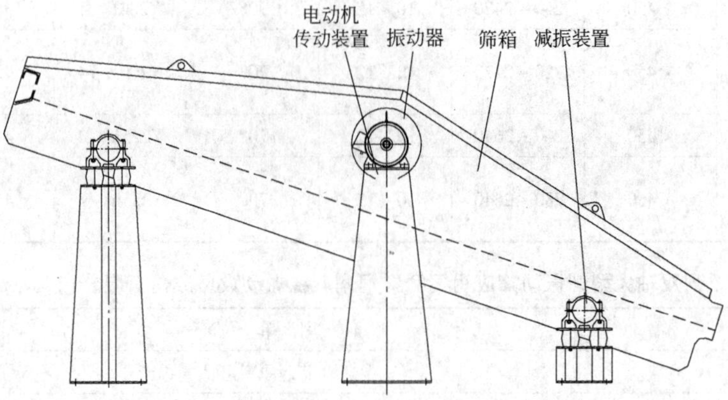

图 6－3－2　YK 型圆振动筛主要结构

6.3.2.6　主要参数

主要参数见表 6－3－6～表 6－3－10。

表 6－3－6　YK 型圆振动筛的技术参数（鞍山重型矿山机器股份有限公司　www.aszkjqc.com）

筛面宽度 /dm	筛面长度 /dm	筛网孔径 /mm	筛面倾角 /(°)	给料粒度 /mm	振幅/mm	频率/Hz	生产能力 /t·h^{-1}
12	30	3～50	18	≤100	4.5±0.5	16.2	15～223
15	36			≤200			30～300
15	45						35～350
18	45	5～50					40～400
20	45					12.3	60～440
20	60			≤100			80～450
24	48						150～500
30	60	10～50					400～600

注：生产能力按松散密度为 0.85～0.90t/m^3 的煤计算。

表 6－3－7　YK 系列圆振动筛的技术参数（郑州一帆机械设备有限公司　www.yfmac.com）

型号规格	筛网层数	筛面倾角 /(°)	筛网面积 /m^2	振动频率 /次·min^{-1}	双振幅 /mm	处理能力 /m^3·h^{-1}	电机功率 /kW	外形尺寸 ($L\times W\times H$) /mm×mm×mm	质量 /kg
2YK1224	2	15	2.88	970	6～8	20～120	5.5	2673×2382×2027	1750
YK1235	1	15	4.2	970	6～8	20～150	5.5	3710×2464×1450	1729
2YK1235	2	15	4.2	970	6～8	20～150	7.5	3705×2393×2339	2476
3YK1235	3	15	4.2	970	6～8	20～150	7.5	3621×2521×2581	3158
4YK1235	4	15	4.2	970	6～8	20～150	11	3510×2521×2830	4160
YK1545	1	17.5	6.75	970	6～8	20～150	11	4904×3044×2179	3319
2YK1545	2	17.5	6.75	970	6～8	20～150	15	5042×3090×3165	5308
3YK1545	3	17.5	6.75	970	6～8	20～150	15	4972×3090×3395	5915
4YK1545	4	17.5	6.75	970	6～8	20～150	18.5	4915×3155×3804	7260
YK1548	1	17.5	7.2	970	6～8	20～150	11	5190×3044×2186	3319
2YK1548	2	17.5	7.2	970	6～8	20～150	15	5265×3140×3208	5284
3YK1548	3	17.5	7.2	970	6～8	20～150	15	5200×3090×3440	6186

续表 6-3-7

型号规格	筛网层数	筛面倾角/(°)	筛网面积/m^2	振动频率/次·min^{-1}	双振幅/mm	处理能力/$m^3 \cdot h^{-1}$	电机功率/kW	外形尺寸($L \times W \times H$)/mm×mm×mm	质量/kg
4YK1548	4	17.5	7.2	970	6~8	20~150	18.5	5200×3155×3849	7284
YK1860	1	20	10.8	970	6~8	32~350	15	6302×3365×2992	4651
2YK1860	2	20	10.8	970	6~8	32~350	18.5	6020×3455×3756	6195
3YK1860	3	20	10.8	970	6~8	32~350	18.5	6020×3455×4180	7613
4YK1860	4	20	10.8	970	6~8	32~350	22	5963×3505×4463	8650
YK2160	1	20	12.6	970	6~8	66~720	18.5	6302×3730×2992	4917
2YK2160	2	20	12.6	970	6~8	66~720	22	5966×3958×3975	6856
3YK2160	3	20	12.6	970	6~8	66~720	30	5966×3958×4400	9112
4YK2160	4	20	12.6	970	6~8	66~720	30	5966×3958×4780	11405
YK2460	1	20	14.4	970	6~8	75~750	18.5	6302×4155×2992	5243
2YK2460	2	20	14.4	970	6~8	75~750	30	6027×4308×3975	8503
3YK2460	3	20	14.4	970	6~8	75~750	30	6027×4308×4400	10411
4YK2460	4	20	14.4	970	6~8	75~750	30	5966×4308×4780	12068
2YK2475	2	20	18	970	6~8	120~900	30	7812×4308×4642	10709
3YK2475	3	20	18	970	6~8	120~900	37	7718×4393×5033	13400
4YK2475	4	20	18	970	6~8	120~900	45	7718×4494×5361	15500
YK3060	1	20	18	970	6~8	200~900	30	6302×4943×3108	14052
2YK3060	2	20	18	970	6~8	200~900	37	6207×4943×3985	17185
3YK3060	3	20	18	970	6~8	200~900	45	6207×4943×4485	19200
4YK3060	4	20	18	970	6~8	200~900	45	6207×4943×4785	21080

表 6-3-8 YKR 系列标准圆振动筛的技术参数（南昌矿山机械有限公司 www.nmsystems.cn）

型号	筛面		倾角/(°)(推荐范围)	给料粒度/mm	处理量/$t \cdot h^{-1}$	振动频率/次·min^{-1}	双振幅/mm	电动机		质量/kg
	面积/m^2	筛孔尺寸/mm						型号	功率/kW	
YKR1022	2.25	2~76	18 (15~25)	<250	25~126	800~900	7.0~10.0	Y132S-4	5.5	1976
YKR1230	3.6	2~76	18 (15~25)	<250	40~202	800~900	7.0~10.0	Y132M-4	7.5	2604
YKR1437	5.25	2~76	18 (15~25)	<250	59~294	800~900	7.0~10.0	Y160M-4	11	3578
YKR1445	6.3	2~76	18 (15~25)	<250	70~353	800~900	7.0~10.0	Y160M-4	11	3963
YKR1645	7.2	2~76	18 (15~25)	<250	80~403	800~900	7.0~10.0	Y160L-4	15	4799
YKR1845	8.1	2~76	18 (15~25)	<250	90~454	800~900	7.0~10.0	Y160L-4	15	5402
YKR1852	9.45	2~76	18 (15~25)	<250	106~529	800~900	7.0~10.0	Y180M-4	18.5	5887
YKR2052	10.5	2~76	18 (15~25)	<250	117~588	800~900	7.0~10.0	Y180M-4	18.5	6579
YKR2060	12	2~76	18 (15~25)	<250	134~672	800~900	7.0~10.0	Y180L-4	22	7648
YKR2460	14.4	2~76	18 (15~25)	<250	161~806	800~900	7.0~10.0	Y180L-4	22	8983
YKR3060	18	2~76	18 (15~25)	<250	201~1008	800~900	7.0~10.0	Y200L-4	30	12705
2YKR1237	4.5	2~76	18 (15~25)	<250	50~252	800~900	7.0~10.0	Y160L-4	15	4093

续表 6-3-8

型 号	筛面 面积/m^2	筛面 筛孔尺寸/mm	倾角/(°)(推荐范围)	给料粒度/mm	处理量/$t \cdot h^{-1}$	振动次数/次·min^{-1}	双振幅/mm	电动机 型号	电动机 功率/kW	质量/kg
2YKR1437	5.25	2~76	18 (15~25)	<250	59~294	800~900	7.0~10.0	Y160L-4	15	5328
2YKR1445	6.3	2~76	18 (15~25)	<250	70~353	800~900	7.0~10.0	Y180M-4	18.5	6365
2YKR1645	7.2	2~76	18 (15~25)	<250	80~403	800~900	7.0~10.0	Y180M-4	18.5	6724
2YKR1845	8.1	2~76	18 (15~25)	<250	90~454	800~900	7.0~10.0	Y180L-4	22	7927
2YKR1852	9.45	2~76	18 (15~25)	<250	106~529	800~900	7.0~10.0	Y180L-4	22	8225
2YKR2052	10.5	2~76	18 (15~25)	<250	117~588	800~900	7.0~10.0	Y200L-4	30	10397
2YKR2060	12	2~76	18 (15~25)	<250	134~672	800~900	7.0~10.0	Y200L-4	30	10957
2YKR2160	12.6	2~76	18 (15~25)	<250	141~706	800~900	7.0~10.0	Y200L-4	30	11250
2YKR2460	14.4	2~76	18 (15~25)	<250	161~806	800~900	7.0~10.0	Y225S-4	37	12809
2YKR3060	18	2~76	18 (15~25)	<250	201~1008	800~900	6.0~9.0	Y225M-4	45	16052
3YKR1645	7.2	2~76	18 (15~25)	<250	80~403	800~900	7.0~10.0	Y180L-4	22	8339
3YKR1845	8.1	2~76	18 (15~25)	<250	90~454	800~900	7.0~10.0	Y200L-4	30	9244
3YKR1852	9.45	2~76	18 (15~25)	<250	106~529	800~900	7.0~10.0	Y200L-4	30	10130
3YKR2052	10.5	2~76	18 (15~25)	<250	117~588	800~900	7.0~10.0	Y200L-4	30	11550
3YKR2060	12	2~76	18 (15~25)	<250	134~672	800~900	7.0~10.0	Y225S-4	37	12571
3YKR2160	12.6	2~76	18 (15~25)	<250	141~706	800~900	7.0~10.0	Y225S-4	37	13049
3YKR2460	14.4	2~76	18 (15~25)	<250	161~806	800~900	6.0~9.0	Y225S-4	37	15112
3YKR3060	18	2~76	18 (15~25)	<250	201~1008	800~900	6.0~9.0	Y225M-4	45	16218
3YKR3675	27	2~76	18 (15~25)	<250	225~2249	800~900	6.0~9.0	Y225M-4	2×45	32820

注：表内所列处理量是按对松散密度为1.6t/m^3的石灰石进行干式分级给定的，所列处理量仅供参考，具体值根据现场情况与研发部商定。

表 6-3-9 YKR (H) 系列重型圆振动筛的技术参数（南昌矿山机械有限公司 www.nmsystems.cn）

型 号	筛面 面积/m^2	筛面 筛孔尺寸/mm	倾角/(°)(推荐范围)	给料粒度/mm	处理量/$t \cdot h^{-1}$	振动次数/次·min^{-1}	双振幅/mm	电动机 型号	电动机 功率/kW	质量/kg
YKR1022H	2.25	2~150	18 (15~35)	<300	19~187	800~900	7.0~10.0	Y132S-4	5.5	2106
YKR1230H	3.6	2~150	18 (15~35)	<300	30~300	800~900	7.0~10.0	Y132M-4	7.5	3203
YKR1437H	5.25	2~150	18 (15~35)	<300	44~437	800~900	7.0~10.0	Y160M-4	11	3832
YKR1445H	6.3	2~150	18 (15~35)	<300	53~525	800~900	7.0~10.0	Y160L-4	15	4747
YKR1645H	7.2	2~150	18 (15~35)	<300	60~600	800~900	7.0~10.0	Y160L-4	15	5345
YKR1845H	8.1	2~150	18 (15~35)	<300	68~675	800~900	7.0~10.0	Y160L-4	15	5974
YKR1852H	9.45	2~150	18 (15~35)	<300	79~787	800~900	7.0~10.0	Y180M-4	18.5	6536
YKR2052H	10.5	2~150	18 (15~35)	<300	88~875	800~900	7.0~10.0	Y180L-4	22	7567
YKR2060H	12	2~150	18 (15~35)	<300	100~1000	800~900	7.0~10.0	Y180L-4	22	8276
YKR2460H	14.4	2~150	18 (15~35)	<300	120~1200	800~900	7.0~10.0	Y200L-4	30	10904
YKR3060H	18	2~150	18 (15~35)	<300	150~1500	800~900	7.0~10.0	Y200L-4	30	13604
YKR3660H	21.6	2~150	18 (15~35)	<300	180~1800	800~900	6.0~9.0	Y225M-4	45	15391
YKR3675H	27	2~150	18 (15~35)	<300	270~1800	800~900	7.0~10.0	2×Y200L-4	30	24730
2YKR1237H	4.5	2~150	18 (15~35)	<300	38~375	800~900	7.0~10.0	Y160L-4	15	4537
2YKR1437H	5.25	2~150	18 (15~35)	<300	44~437	800~900	7.0~10.0	Y160L-4	15	6076
2YKR1445H	6.3	2~150	18 (15~35)	<300	53~525	800~900	7.0~10.0	Y180M-4	18.5	6863
2YKR1645H	7.2	2~150	18 (15~35)	<300	60~600	800~900	7.0~10.0	Y180L-4	22	8226
2YKR1845H	8.1	2~150	18 (15~35)	<300	68~675	800~900	7.0~10.0	Y180L-4	22	8998
2YKR1852H	9.45	2~150	18 (15~35)	<300	79~787	800~900	7.0~10.0	Y200L-4	30	10990
2YKR2052H	10.5	2~150	18 (15~35)	<300	88~875	800~900	7.0~10.0	Y200L-4	30	11772
2YKR2060H	12	2~150	18 (15~35)	<300	100~1000	800~900	7.0~10.0	Y200L-4	30	12572
2YKR2160H	12.6	2~150	18 (15~35)	<300	105~1050	800~900	7.0~10.0	Y200L-4	30	13012
2YKR2460H	14.4	2~150	18 (15~35).	<300	120~1200	800~900	7.0~10.0	Y225M-4	45	14740
2YKR3060H	18	2~150	18 (15~35)	<300	150~1500	800~900	6.0~9.0	Y225M-4	45	18293

续表 6-3-9

型 号	筛 面		倾角/(°)(推荐范围)	给料粒度/mm	处理量/t·h⁻¹	振动次数/次·min⁻¹	双振幅/mm	电动机		质量/kg
	面积/m²	筛孔尺寸/mm						型号	功率/kW	
2YKR3073H	21.9	2~150	18 (15~35)	<300	182~1824	800~900	7.0~10.0	2×Y225S-4	2×37	24230
2YKR3660H	21.6	2~150	18 (15~35)	<300	180~1800	800~900	7.0~10.0	2×Y225S-4	2×37	25573
2YKR3675H	27	2~150	18 (15~35)	<300	225~2249	800~900	7.0~10.0	2×Y225M-4	2×45	32960
3YKR1645H	7.2	2~150	18 (15~35)	<300	60~600	800~900	7.0~10.0	Y180L-4	22	9454
3YKR1845H	8.1	2~150	18 (15~35)	<300	68~675	800~900	7.0~10.0	Y200L-4	30	10612
3YKR1852H	9.45	2~150	18 (15~35)	<300	79~787	800~900	7.0~10.0	Y200L-4	30	11528
3YKR2052H	10.5	2~150	18 (15~35)	<300	88~875	800~900	7.0~10.0	Y225S-4	37	12625
3YKR2060H	12	2~150	18 (15~35)	<300	100~1000	800~900	7.0~10.0	Y225S-4	37	1373
3YKR2160H	12.6	2~150	18 (15~35)	<300	105~1050	800~900	7.0~10.0	Y225S-4	37	14123
3YKR2460H	14.4	2~150	18 (15~35)	<300	120~1200	800~900	6.0~9.0	Y225M-4	45	16526

注：表内所列最大处理量是按对松散密度为 1.7t/m³ 的金属矿石进行干式分级给定的，所列处理量仅供参考，具体值根据现场情况与研发部商定。

表 6-3-10 YKR（EH）系列超重型圆振动筛的技术参数（南昌矿山机械有限公司 www.nmsystems.cn）

型 号	筛 面		倾角/(°)(推荐范围)	给料粒度/mm	处理量/t·h⁻¹	振动次数/次·min⁻¹	双振幅/mm	电动机		质量/kg
	面积/m²	筛孔尺寸/mm						型号	功率/kW	
YKR2060EH	12	3~150	18 (15~35)	<350	147~1470	800~900	7.0~11.0	Y180L-4	22	9230
YKR2460EH	14.4	3~150	18 (15~35)	<350	176~1764	800~900	7.0~11.0	Y200L-4	30	11738
YKR3060EH	18	3~150	18 (15~35)	<350	221~2205	800~900	7.0~11.0	Y200L-4	30	14102
2YKR1445EH	6.3	3~150	18 (15~35)	<350	77~772	800~900	7.0~11.0	Y180M-4	18.5	7354
2YKR1645EH	7.2	3~150	18 (15~35)	<350	88~882	800~900	7.0~11.0	Y180M-4	18.5	8726
2YKR1852EH	9.45	3~150	18 (15~35)	<350	116~1158	800~900	7.0~11.0	Y200L-4	30	11520
2YKR2060EH	12	3~150	18 (15~35)	<350	147~1470	800~900	7.0~11.0	Y225S-4	37	13272
2YKR2460EH	14.4	3~150	18 (15~35)	<350	176~1764	800~900	7.0~10.0	Y225M-4	45	15432
2YKR3060EH 进口 FAG 轴承	18	3~150	18 (15~35)	<350	221~2205	800~900	7.0~11.0	Y225M-4	45	19303

注：表内所列最大处理量是按对松散密度为 2.5t/m³ 的金属矿石进行干式分级给定的，所列处理量仅供参考，具体值根据现场情况与研发部商定。

生产厂商：鞍山重型矿山机器股份有限公司，郑州一帆机械设备有限公司，南昌矿山机械有限公司。

6.3.3 自定中心振动筛

6.3.3.1 概述

自定中心振动筛又名万能吊筛。振动器使筛子产生振动而振动器上胶带轻的几何中心位置可自行调整。多种产品规格可供选用，应用广泛。

6.3.3.2 主要特点

(1) 筛上物料在振动作用下能达到很好的松散和分层。

(2) 自定中心振动筛的配重质量大小可以调节，可根据生产要求调节筛子振幅大小。

(3) 当给矿量发生变化时，振幅也变化。当给矿量少时振幅加大，振动加剧，给矿量多时振幅变小。

(4) 适用于中、细粒筛分而不适应粗物料筛分。

6.3.3.3 外形尺寸

自定中心振动筛外形尺寸如图 6-3-3 所示。

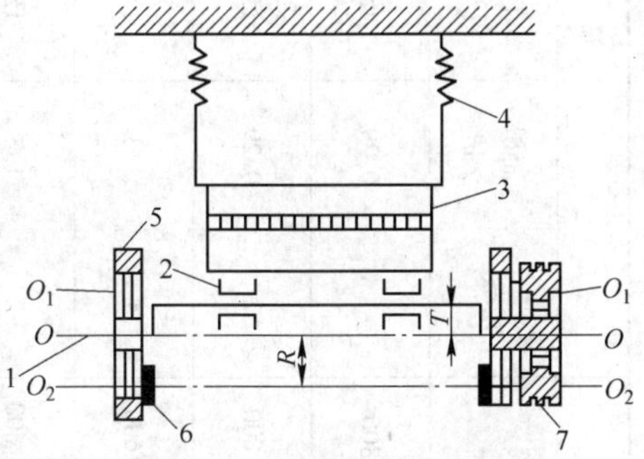

图 6-3-3 自定中心振动筛外形尺寸

1—主轴；2—轴承；3—筛框；4—弹簧悬挂装置；5—偏重轮；6—偏心轴；7—皮带轮

6.3.3.4 技术参数

技术参数见表 6-3-11、表 6-3-12。

表 6-3-11 **SZZ 型自定中心振动筛技术参数**（新乡市鑫威工矿机械有限公司 www.zhendongshebei.com）

型号	筛面					给料粒度/mm	处理量/$t \cdot h^{-1}$	振次/次·min^{-1}	双振幅/mm	电动机		外形尺寸（长×宽×高）/mm×mm×mm	总量/kg	每支点工作动负荷/N		最大动负荷/N	
	层数	面积/m^2	倾角/(°)	筛孔尺寸/mm	结构					型号	功率/kW			给料端	排料端	给料端	排料端
SZZ400×800	1	0.29	15	1~25	编织	<50	12	1500	6	Y90S-4	1.1	1363×797×1250	120	±94.8	±94.8	±474	±474
SZZ2400×800	2	0.29	15	1~16	编织	<50	12	1500	6	Y90S-4	1.1	1363×797×1250	149	±53.7	±53.7	±268.5	±268.5
SZZ800×1600	1	1.3	15	3~40	编织	<100	20~25	1430	6	Y100L1-4	2.2	2167×1653×1110	498	±102	±102	±510	±510
SZZ2800×1600	2	1.3	15	3~40	编织	<100	20~25	1430	6	Y100L2-4	3	1935×1678×1345	822	±296	±296	±1480	±1480
SZZ1250×2500	1	3.1	15	6~40	编织	<100	150	850	2~7	Y132S-4	5.5	2569×2110×1006	1021	±377	±377	±1885	±1885
SZZ21250×2500	2	3.1	15	6~65	编织	<150	100	1200	2~6	Y132M2-6	5.5	2635×2376×1873	1260	±1000	±1000	±5000	±5000
SZZ21250×4000	2	5	15	3~60	编织	<150	120	900	2~6	Y132M-4	7.5	4184×2468×3146	2500	±1528	±1528	±7640	±7640
SZZ1500×3000	1	4.5	20	6~16	编织	<100	245	800	8	Y132M-4	7.5	2866×2342×1650	2234	±806	±808	±4040	±4040
SZZ1500×4000	1	6	20	1~13	编织	<75	250	810	8	Y132M-4	7.5	3951×2386×2179	2582	±784	±784	±3920	±3920
SZZ21500×3000	2	4.5	15	6~40	编织	<100	245	840	5~10	Y132M-4	7.5	3050×2524×1855	2511	±2548	±2548	±12740	±12740
SZZ21500×4000	2	6	20	6~65	编织或冲孔	<100	250	800	7	Y132M-4	7.5	4155×2754×2656	4022	±764	±764	±3820	±3820
SZZ1800×3600	1	6.48	25	6~50	编织或冲孔	<150	300	750	8	Y180M-4	18.5	3750×3060×2541	4626	±587	±587	±2935	±2935

表 6-3-12 自定中心振动筛的技术参数（新乡市鑫威工矿机械有限公司 www.zhendongshebei.com）

型号	规格	最大给料粒度/mm	处理能力/$t\cdot h^{-1}$	电机型号	电机功率/kW	质量/kg	备 注
SZZ0918	900×1800	40	20~25	Y100L1-4	2.2	420	吊式
SZZ0918						553	座式
2SZZ0918						570	座式
SZZ1225	1250×2500	100	100	Y132S-4	5.5	1020	吊式
SZZ1225						1330	座式
2SZZ1225						1320	吊式
2SZZ1225						1335	座式
SZZ1530	1500×3000		200	Y132M-4	7.5	1650	吊式
SZZ1530						1700	座式
2SZZ1530						2870	吊式
2SZZ1540	1500×4000	100	250	Y160L-4	15	4240	座式
SZZ1836	1800×3600	150	300	Y180M-4	18.5	4500	吊式
2SZZ1836							

生产厂商：新乡市鑫威工矿机械有限公司。

6.4 旋转概率筛

6.4.1 概述

旋振筛由具有径向辐条制成的水平旋转筛面，利用离心力和重力原理，通过变化转速来实现概率筛分，是一种高精度细粉筛分机械，其噪声低、效率高；快速换网需 3~5min；全封闭结构，适用于粒、粉、黏液等物料的筛分过滤。

6.4.2 特点

（1）任何粉类、黏液均可筛分。网孔不堵塞、粉末不飞扬、可筛至500目或0.028mm。

（2）杂质、粗料自动排出，可以连续作业。独特网架设计，换网容易、操作简单、清洗方便。筛网使用时间长久，换网快，只需3~5min，效率高、设计精巧耐用。

（3）体积小，不占空间，移动方便。筛机最高可以达到五层，建议使用三层。

6.4.3 工作原理

三元旋振筛，由直立式电机作激振源，电机上、下两端安装有偏心重锤，将电机的旋转运动转变为水平、垂直、倾斜的三次元运动，再把这个运动传递给筛面。调节上、下两端的相位角，可以改变物料在筛面上的运动轨迹。S49-A 系列三元旋振筛工作原理如图 6-4-1 所示。

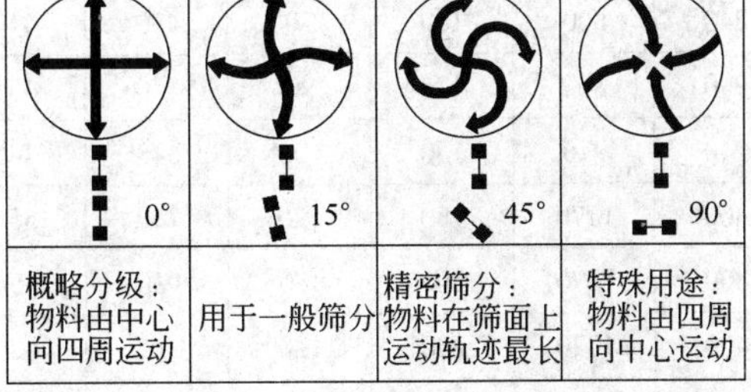

图 6-4-1 S49-A 系列三元旋振筛工作原理

6.4.4　结构尺寸

旋振筛主要结构、尺寸如图6－4－2、图6－4－3所示。

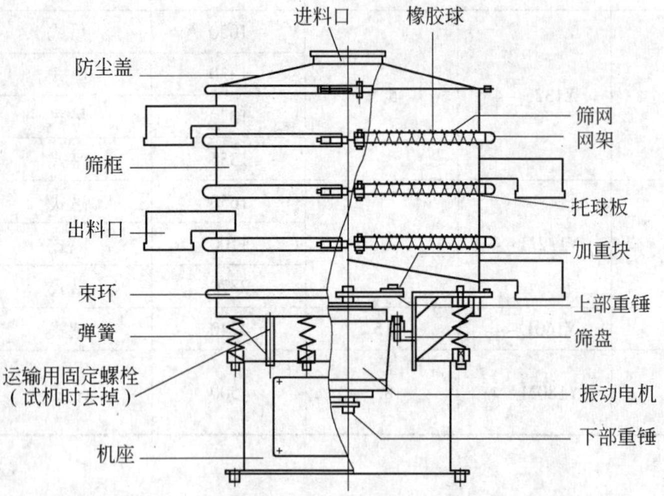

图6－4－2　旋振筛结构

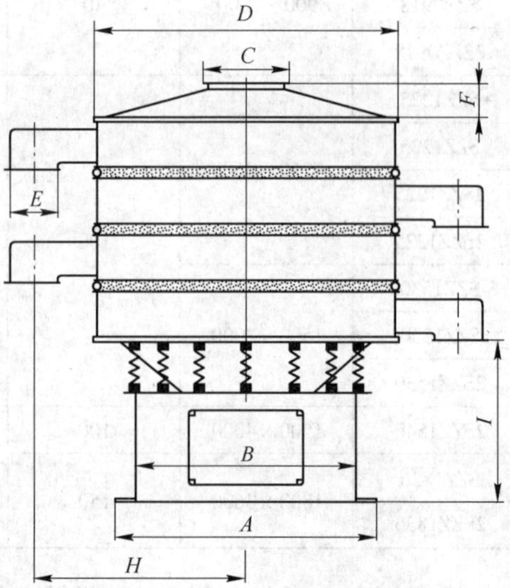

图6－4－3　旋振筛外形尺寸

6.4.5　技术参数

技术参数见表6－4－1、表6－4－2。

表6－4－1　旋振筛的技术参数（新乡伟达振动设备有限公司　www.zgzhendongshai.com）

型　号		S49－400	S49－600	S49－800	S49－1000	S49－1200	S49－1500	S49－1800	S49－2000
有效筛分直径/mm		ϕ340	ϕ540	ϕ730	ϕ900	ϕ1100	ϕ1400	ϕ1700	ϕ1886
有效筛分面积/mm^2		0.0907	0.2289	0.4283	0.6359	0.9499	1.5386	2.2687	2.7922
晒网规格/目·t^{-1}		2～500							
层数		1～5	1～5	1～5	1～5	1～5	1～5	1～3	1～3
功率/kW	振动电机	0.18	0.25	0.55	1.1	1.1	1.5	4.0	4.0
	普通电机	—	0.75	1.1	1.5	1.5	2.2	3.0	3.0

表6－4－2　旋振筛的安装尺寸（新乡伟达振动设备有限公司　www.zgzhendongshai.com）　（mm）

型　号	*A*	*B*	*C*	*D*	*E*	*F*	*H*	*I*	单层高度	双层高度	三层高度
S49－400	330	305	240	400	80	70	320	390	635	770	870
S49－600	530	430	240	600	100	70	430	419	780	897	1013
S49－800	680	580	240	800	125	90	540	435	850	1003	1152
S49－1000	800	700	240	970	150	100	643	445	866	1015	1165
S49－1200	985	855	400	1170	180	120	750	555	1035	1204	1373
S49－1500	1190	1050	400	1470	200	120	930	556	1072	1249	1425
S49－1800	1540	1440	400	1770	200	120	1025	680	1225	1394	1562
S49－2000	1800	1720	400	1960	200	170	1260	680	1250	1420	1586

生产厂商：新乡伟达振动设备有限公司。

6.5 固定式弧形筛

6.5.1 概述

弧形筛筛面沿料流方向为圆弧形，是筛条垂直于料流排列的固定筛。主要用于细物料的预先脱水，本筛机效率高，物料处理能力大，是一种经济实用的固液分离设备。

6.5.2 技术特点

固定式弧形筛包括静态和动态两种弧形筛，其特点主要有：

（1）筛框采用枢轴转向结构，能旋转180°，使入料端和出料端位置对调，使得筛板均匀磨损，延长了使用寿命，操作也灵活方便。

（2）振动弧形筛的激振力由安装在激振梁上的一台振动电机直接供给，可靠平稳地传递动力，使筛体按预定频率定向振动物料，从入料端开始到排料端结束，通过筛面进行脱水等处理。

（3）各部件选用优质结构钢制作，并均经喷砂喷漆防腐处理，所有配合面为防水密封处理，适应现场恶劣环境。横梁表面及箱体内表面涂聚氨酯耐磨材料。

6.5.3 工作原理

本筛机主要用于煤矿等行业的物料分级、脱水和脱介。物料以一定的速度沿切线方向给入筛面，由于离心力的作用，使物料层紧贴筛面运动，当物料层由一根筛条流向另一根筛条的过程中，每根筛条的边棱都对物料层产生切割作用，被切割的这部分物料在离心力的作用下，经过筛缝排出，成为筛下物，未被切割的那部分物料越过根根筛条成为筛上物。

6.5.4 技术参数

技术参数见表6-5-1。

表6-5-1 弧形筛的技术参数（合肥约翰芬雷矿山装备有限公司 www.johnfinlay.com.cn）

型　号	筛箱宽度/mm	筛面半径/mm	筛面包角/(°)	电机型号	入料粒度/mm
FL-HXS2045	2000	2101	45	MVE1700/15	0~50
FL-HXS2245	2200	2101	45	MVE1700/15	0~50
FL-HXS2445	2400	2101	45	MVE2500/15	0~50
FL-HXS2645	2600	2101	45	MVE2500/15	0~50
FL-HXS2845	2800	2101	45	MVE2500/15	0~50
FL-HXS3045	3000	2101	45	MVE2500/15	0~50
FL-HXS3245	3200	2101	45	MVE2500/15	0~50
FL-HXS3445	3400	2101	45	MVE2500/15	0~50
FL-HXS2060	2000	2032	60	MVE1700/15	0~50
FL-HXS2260	2200	2032	60	MVE1700/15	0~50
FL-HXS2460	2400	2032	60	MVE2500/15	0~50
FL-HXS2660	2600	2032	60	MVE2500/15	0~50
FL-HXS2860	2800	2032	60	MVE2500/15	0~50
FL-HXS3060	3000	2032	60	MVE2500/15	0~50
FL-HXS3260	3200	2032	60	MVE2500/15	0~50
FL-HXS3460	3400	2032	60	MVE2500/15	0~50
FL-GDS2060	2000	2032	60		0~90
FL-GDS2160	2100	2032	60		0~90
FL-GDS2260	2200	2032	60		0~90
FL-GDS2460	2400	2032	60		0~90
FL-GDS2660	2600	2032	60		0~90

续表 6－5－1

型　号	筛箱宽度/mm	筛面半径/mm	筛面包角/(°)	电机型号	入料粒度/mm
FL－GDS2860	2800	2032	60		0～90
FL－GDS3060	3000	2032	60		0～90
FL－GDS3260	3200	2032	60		0～90
FL－GDS3460	3400	2032	60		0～90
FL－GDS3660	3600	2032	60		0～90
FL－GDS3860	3800	2032	60		0～90
FL－GDS2053	2000	2032	53		0～90
FL－GDS2253	2200	2032	53		0～90
FL－GDS2453	2400	2032	53		0～90
FL－GDS2653	2600	2032	53		0～90
FL－GDS2853	2800	2032	53		0～90
FL－GDS3053	3000	2032	53		0～90
FL－GDS3253	3200	2032	53		0～90
FL－GDS3453	3400	2032	53		0～90
FL－GDS3653	3600	2032	53		0～90
FL－GDS3853	3800	2032	53		0～90

生产厂商：合肥约翰芬雷矿山装备有限公司。

6.6　弛张筛

6.6.1　概述

弛张筛利用弹性筛面的弛张运动来抛掷细、黏、湿物料，进行筛分，由于采用筛面做大挠度运动，筛孔可变形，所以能有效地克服筛孔堵塞问题。

6.6.2　特点

弛张筛加速度大于黏结力，避免物料黏结；可变形的筛面可解放堵塞的颗粒；锥形筛孔减少堵塞影响。

6.6.3　技术参数

技术参数见表 6－6－1。

表 6－6－1　弛张筛技术参数（奥瑞（天津）工业技术有限公司　www.tjaury.cn）

筛宽/m	1.5～3
筛长/m	6～12
筛重/t	5～25
入料粒度/mm	100～0
单台最大处理量/$t \cdot h^{-1}$	650（根据不同的粒度组成，处理能力差异较大）
分级粒度/mm	>3
振幅/mm	13～18
频率/$r \cdot min^{-1}$	740～800
筛分效率/%	>85
限下率/%	<5
限上率/%	<15
驱动功率/kW	20～55
筛子角度/(°)	8～22

生产厂商：奥瑞（天津）工业技术有限公司。

6.7 滚轴筛

6.7.1 概述

滚轴筛的筛面由很多根平行排列的，其上交错地装有筛盘的辊轴组成，滚轴通过链轮或齿轮传动而旋转，其转动方向与物料流动方向相同。为了使筛上的物料层松动以便于透筛，筛盘形状有偏心的和异形的。为防止物料卡住筛轴，装有安全保险装置。滚轴筛全部为座式，有左传动和右传动之分，又分带走轮和不带走轮的，带走轮的可在钢轨上移动。

6.7.2 工作原理

物料从入料口进入筛箱后，由于前5根筛轴和水平成15°大夹角，煤料开始在自重和筛片转动的双重作用下以较快速度向下移动，同时进行筛分，此为初步粗筛分阶段。大部分物料经此阶段后被筛分完毕并平铺在整个筛面上；当物料进入后5根筛轴以后，由于筛轴排列近乎水平，筛轴和水平成5°角，物料前进速度减慢，此为筛分的精筛阶段，物料经此阶段后小于30mm的粒度已被筛下，大于30mm的物料经出料口被送出。

6.7.3 技术参数

技术参数见表6－7－1。

表6－7－1 SDL－GZS系列滚轴筛技术参数（南京苏电联能源设备有限公司 www.sdlinfo.net）

型 号	出力 /$t \cdot h^{-1}$	电机转速 /$r \cdot min^{-1}$	电机功率 /kW	电机数量	筛下粒度 /mm	筛分效率 /%	筛面宽度 /mm	进料口 /mm×mm	出料口 /mm×mm	动载荷 /kg
GZS1007	630	110	3	7	30	80	1000	800×800	1000×1000	14360
GZS1009	630	110	3	9	30	90	1000	800×800	1000×1300	12963
GZS1012	630	110	3	12	30	95	1000	800×800	1000×1300	13800
GZS1407	1000	110	3	7	30	90	1400	1000×1000	1400×1300	10700
GZS1409	1000	110	3	9	30	90	1400	1000×1000	1400×1300	12800
GZS1412	1000	110	3	12	30	95	1400	1000×1000	1400×1300	16400
GZS1415	1000	110	3	15	30	95	1400	1000×1000	1400×1300	19000
GZS1809	1500	110	4	9	30	90	1800	1350×1000	1800×1300	15400
GZS1812	1500	110	4	12	30	95	1800	1350×1000	1800×1300	19000
GZS1815	1500	110	4	15	30	95	1800	1350×1000	1800×1300	22500

生产厂商：南京苏电联能源设备有限公司。

6.8 滚筒筛

6.8.1 概述

滚筒筛筛面为圆柱形或圆台形，安装在水平或接近水平的旋转轴上。主要有电机、减速机、滚筒装置、机架、密封盖、进出料口组成。

6.8.2 工作原理

滚筒筛分机通过电动机和减速箱，带动滚筒旋转，滚筒是由许多个圆环状扁钢圈组成的，滚筒呈一定倾斜角度安装。工作的时候，物料会从顶端进入到滚筒中。滚筒旋转，细物料会从上到下通过圆环状扁钢组成的筛网间隔中得到分离，同时难以筛分的粗料则从分离筒的下面出口排出。滚筒中间装有板式自动清筛机构，在整个物料分离过程中，通过清筛机构与筛体的相对运动，对筛体进行不间断的“梳理”，使筛体保持清洁，防止发生堵塞筛孔的现象，从而提高了筛分效率。

6.8.3　特点

（1）筛分效率高。该设备配备有板式清筛机构，筛网不堵塞；在筛分过程中，进入分离筛的黏、湿、杂物料，通过清筛机与筛体的相对运动，得到筛分。

（2）工作环境好。整个筛分的机构都在全密封的防尘罩内，所以筛分的过程中不会再出现灰尘乱飞的现象，工作环境大大好转。

（3）该设备噪声低。滚筒筛在运转的时候，因为是全密封的环境，所以工作噪声是不能传递到外面的，所以噪声非常低。

（4）维修方便。设备密封防尘罩两侧设有观察窗口，工作时工作人员可随时观察设备运行情况，在密封罩端部和清筛机机构侧面设有检修口，检修时不影响设备的正常运行。

6.8.4　技术参数

技术参数见表6－8－1。

表6－8－1　GS型滚筒筛主要技术参数（河南方大实业股份有限公司　www. zzksjx. com）

型　号	处理量/$m^3 \cdot h^{-1}$	直径/mm	长度/mm	功率/kW	外形尺寸/mm×mm×mm
GS1230	20～50	ϕ1200	3000	3	3580×1590×1675
GS1530	40～80	ϕ1500	3000	5.5	3980×1790×1975
GS1830	80～150	ϕ1800	3000	7.5	4150×1870×2240
GS2030	130～200	ϕ2000	3000	11	4230×1950×2950

生产厂商：河南方大实业股份有限公司。

6.9　波动辊式筛分机

6.9.1　概述

波动辊式筛分机是为破碎系统的预筛分而专门设计的。适用于石灰石、泥灰岩、白垩、泥岩、煤、石膏等非金属矿物以及建筑废渣等的预筛分。将原料中的碎细料和泥土等预先筛分出来，可以减轻破碎机的负荷，减轻磨损。

6.9.2　主要结构

波动辊式筛分机外形结构如图6－9－1所示。

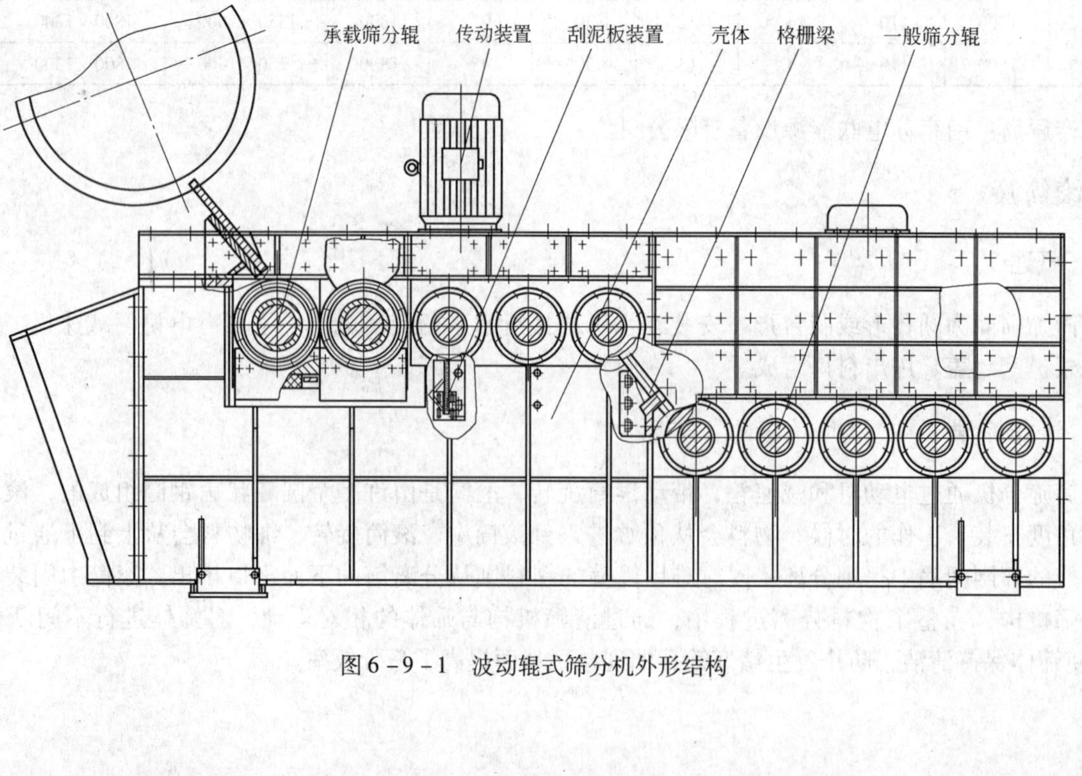

图6－9－1　波动辊式筛分机外形结构

6.9.3 技术参数

技术参数见表6-9-1。

表6-9-1 波动辊式筛分机的技术参数（中国中材装备集团有限公司 www.sinoma-tec.com）

型 号	WRS14□	WRS16□	WRS18□	WRS21□	WRS24□	WRS27□	WRS30□
最大给料能力/$t \cdot h^{-1}$	300	600	1000	1200	1500	1800	2000
槽体有效宽度/mm	1400	1600	1800	2100	2400	2700	3000
最大进料粒度/mm	600	600	1000	1500	1500	1500	1500
筛下粒度/mm	0~70	0~70	0~80	0~80	0~80	0~80	0~80

注：□表示筛分机的有效长度，有效长度取决于辊子数量。

生产厂商：中国中材装备集团有限公司。

7 洗选设备

将原料按需要分成不同质量和规格的产品，富集精矿，去除脉石。

7.1 分级机

7.1.1 概述

分级机广泛用于选矿厂中与球磨机配成闭路循环流程。在金属选矿流程中对矿浆进行粒度分级、脱泥、脱水等作业。该机具有结构简单、工作可靠、操作方便等特点。

7.1.2 工作原理

分级机是借助于固体粒大小不同、比重不同，在液体中的沉降速度不同的原理，将磨机内排出的料粉进入分级机，细矿粒浮游在空气或水中成溢流排出，粗矿粒下沉，达到分级的一种分级设备。

7.1.3 立式分级机结构

AF 系列多级立式分级机结构如图 7－1－1 所示。

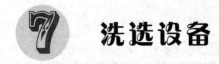

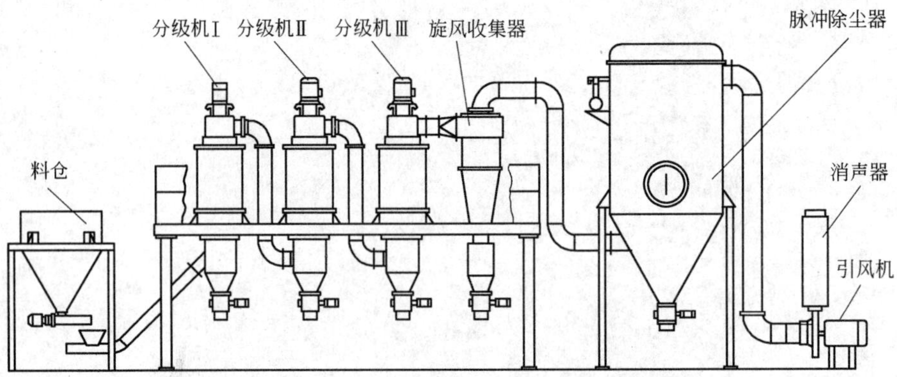

图 7－1－1　AF 系列多级立式分级机

7.1.4 技术参数

技术参数见表 7－1－1。

表 7－1－1　AF 系列多级立式分级机的技术参数（潍坊市精华粉体工程设备有限公司　www. powder－jh. com）

型　号	处理量/$t \cdot h^{-1}$	分级细度/μm	分级效率/%	分级主机功效/kW	装机功率/kW
AF050	0.1～0.5	2～100	70～85	5.5	30
AF100	0.5～1.0	2～100	70～85	11	45
AF200	1.0～3.0	2～100	70～85	22	70
AF400	2.0～8.0	2～100	70～85	37	95
AF600	5.0～15	2～100	70～85	45	120
AF800	10～25	2～100	70～85	55	200
AF1000	20～50	2～100	70～85	75	250
AF1200	50～100	2～100	70～85	110	360
AF1600	80～150	2～100	70～85	132	400
AF2000	200～300	2～100	70～85	160	500

生产厂商：潍坊市精华粉体工程设备有限公司。

7.2 磁选机

7.2.1 概述

磁选机产生一定的磁场，利用各种矿物的磁性差别进行分选矿物。磁选机广泛用于冶金、建材、食品、化工以及资源回收等行业，适用于粒度为3mm以下的磁铁矿、磁黄铁矿、焙烧矿、钛铁矿等物料的湿式磁选，也用于煤、非金属矿、建材等物料的除铁作业。

7.2.2 工作特点

（1）分选系统采用钢毛作为填充介质，增加磁场梯度，感应场强可达8～10T，利用很高的感应场强更有利于选出弱磁性杂质。可用于非金属矿提纯作业，满足高端产品的要求。

（2）往复运动系统能使分选系统交替进入磁场中，从而实现连续选矿，提高生产效率。

（3）整个过程由电控系统自动监控，参数自动采集，便于生产管理和质量控制。

7.2.3 工作原理

矿浆经给矿箱流入槽体后，在给矿喷水管的水流作用下，矿粒呈松散状态进入槽体的给矿区。由于磁场的作用，磁性矿粒发生磁聚而形成“磁团”或“磁链”，“磁团”或“磁链”在矿浆中受磁力作用，向磁极运动，而被吸附在圆筒上。由于磁极的极性沿圆筒旋转方向是交替排列的，并且在工作时固定不动，“磁团”或“磁链”在随圆筒旋转时，产生磁搅拌现象，夹杂在“磁团”或“磁链”中的脉石等非磁性矿物在翻动中脱落下来，最终被吸在圆筒表面的“磁团”或“磁链”即是精矿。精矿随圆筒转到磁系边缘磁力最弱处，在卸矿水管喷出的冲洗水流作用下被卸到精矿槽中，如果是全磁磁辊，卸矿是用刷辊进行的。非磁性或弱磁性矿物被留在矿浆中随矿浆排出槽外，即是尾矿。

低温超导磁选机是利用低温使线圈材料达到超导态，从而得到高强度磁场的电磁体，磁场强度达到5.5T，而一般常规导磁体小于2T，能够更好地除去矿物中的弱磁体杂质。超导态下的线圈电阻为零，可比常规电磁体节电90%。超导线圈的制冷设备实现液氦零挥发，最大限度降低运行成本。

7.2.4 技术参数

技术参数见表7－2－1～表7－2－6。

表7－2－1 零挥发低温超导磁选机技术参数（山东华特磁电科技股份有限公司 www.sdhuate.com）

型 号	ϕ300型	ϕ500型
分选腔外径/mm	300	500
矿浆流速/$cm \cdot s^{-1}$	0.6～3.2	0.6～3.8
背景场强/T	≤5.5	≤5.0
离开屏蔽体1m处场强/Gs	≤50	≤50
励磁功率/kW	<1.5	<1.5
工作制	连续	连续
超导线工作温度/K	4.2	4.2
处理干矿量/$t \cdot h^{-1}$	≤4	≤15
主机总功率/kW	≤11	≤13

表 7-2-2　**LHGC 系列立环高梯度磁选机技术参数（一）**（山东华特磁电科技股份有限公司　www.sdhuate.com）

机型	LHGC-500□(Z)	LHGC-750□(Z)	LHGC-1000□(Z)	LHGC-1250□(Z)	LHGC-1500□(Z)	LHGC-1750□(Z)	LHGC-2000□(Z)	LHGC-2500□(Z)	LHGC-3000□(Z)	LHGC-3600□(Z)	LHGC-4000□(Z)
额定背景场强/T	1.0(0.6)(恒流连续可调)										
额定励磁功率/kW	≤10 (6)	≤13 (8)	≤17 (10)	≤19 (12)	≤27 (15.5)	≤37 (23)	≤42 (29)	≤57 (37)	≤74 (48)	≤90 (60)	≤100 (72)
干矿处理量/t·h^{-1}	0.1~0.3	0.1~0.5	3.5~7.5	10~20	20~30	30~50	50~80	80~150	150~250	250~400	350~550
矿浆通过能力/m^3·h^{-1}	0.25~0.5	5~10	12.5~20	20~50	50~100	75~150	100~200	200~400	350~650	550~950	750~1400
激磁电流/A	63	72	85	92	105	124	130	153	185	210	230
给矿浓度/%	10~40										
给矿粒度/mm	约1.0	约1.0	约1.2	约1.2	约1.2	约1.2	约1.2	约1.2	约1.2	约1.2	约1.2
转环转速/r·min^{-1}	2~4										
转环外径/mm	ϕ500	ϕ750	ϕ1000	ϕ1250	ϕ1500	ϕ1750	ϕ2000	ϕ2500	ϕ3000	ϕ3600	ϕ4000
转环电机功率/kW	0.18	0.75	1.1	1.5	3	4	5.5	11	18.5	30	37
脉动电机功率/kW	0.37	1.5	2.2	3	3	4	7.5	11	18.5	30	37
脉动冲程/mm	0~30(可机械调整)										
脉动冲次/次·min^{-1}	0~300(变频可调)										
激磁电压(DCV)/V	0~409(280)(随电流变化)										
卸矿水压力/MPa	0.1~0.2	0.1~0.2	0.2~0.4	0.2~0.4	0.2~0.4	0.2~0.4	0.2~0.4	0.2~0.4	0.2~0.4	0.2~0.4	0.2~0.4
卸矿耗水量/m^3·h^{-1}	0.65~1.4	1.4~2.5	8~12	12~20	20~30	30~50	50~100	100~150	150~250	420~550	560~800
主机质量/t	2(1.5)	5(3.5)	9(7)	14(11)	24(20)	35(28)	50(39)	105(83)	175(135)	285(215)	450(350)
最大部件质量/t	0.3(0.25)	0.6(0.5)	2.3(2)	4(3.5)	5(4)	11(9)	16(13)	23(18)	24(19)	36(27)	38(30)
外形尺寸(长×宽×高)/mm×mm×mm	1800×1400×1320	2000×1360×1680	2700×2000×2400	3200×2340×2700	3600×2900×3200	3900×3550×5400	4200×3550×4200	5800×5000×5400	6350×5850×6450	7760×6500×7600	8670×7500×8550

表7-2-3 LHGC系列立环高梯度磁选机技术参数（二）（山东华特磁电科技股份有限公司 www.sdhuate.com）

机型	LHGC-500F	LHGC-750F	LHGC-1000F	LHGC-1250F	LHGC-1500F	LHGC-1750F	LHGC-2000F	LHGC-2500F	LHGC-3000F	LHGC-3600F	LHGC-4000F
额定背景场强/T	1.4(恒流连续可调)										
额定励磁功率/kW	≤20	≤30	≤40	≤50	≤60	≤72	≤85	≤98	≤110	≤121	≤130
干矿处理量/$t \cdot h^{-1}$	0.03~0.125	0.1~0.5	4~7	10~18	20~30	30~50	50~80	100~150	150~250	250~400	350~550
矿浆通过能力/$m^3 \cdot h^{-1}$	0.25~0.5	1~2	12.5~20	20~50	50~100	75~150	100~200	200~400	350~650	550~950	750~1400
激磁电流/A	42	64	85	105	127	153	180	207	233	245	260
给矿浓度/%	10~40										
给矿粒度/mm	约1.0	约1.0	约1.2	约1.2	约1.2	约1.2	约1.2	约1.2	约1.2	约1.2	约1.2
转环转速/$r \cdot min^{-1}$	3										
转环外径/mm	ϕ500	ϕ750	ϕ1000	ϕ1250	ϕ1500	ϕ1750	ϕ2000	ϕ2500	ϕ3000	ϕ3600	ϕ4000
转环电机功率/kW	0.18	0.75	1.1	1.5	3	4	5.5	11	18.5	30	37
脉动电机功率/kW	0.55	1.5	2.2	3	3	4	7.5	11	18.5	30	37
脉动冲程/mm	0~30(可机械调整)										
脉动冲次/次$\cdot min^{-1}$	0~300(变频可调)										
激磁电压(DCV)/V	0~514(280)(随电流变化)										
卸矿水压力/MPa	0.1~0.2	0.1~0.2	0.2~0.4	0.2~0.4	0.2~0.4	0.2~0.4	0.2~0.4	0.2~0.4	0.2~0.4	0.2~0.4	0.2~0.4
卸矿耗水量/$m^3 \cdot h^{-1}$	0.65~1.4	1.4~2.5	8~12	12~20	20~30	30~50	50~100	100~150	150~250	420~550	560~800
主机质量/t	4	8	15	24	34	45	60	125	165	285(215)	450(350)
最大部件质量/t	0.5	1.1	3.2	5	7	15	20	32	38	36(27)	38(30)
外形尺寸(长×宽×高)/mm×mm×mm	1800×1400×1320	2000×1360×1680	2700×2000×2400	3200×2340×2700	3600×2900×3200	3900×3550×3800	4200×3550×4200	5800×5000×5400	6350×5850×6450	7760×6500×7600	8670×7500×8550

表7-2-4 第五代LHGC蒸发冷却立环高梯度磁选机的技术参数（山东华特磁电科技股份有限公司 www.sdhuate.com）

机 型	LHGC-1500Z	LHGC-1750Z	LHGC-2000Z	LHGC-2500Z	LHGC-3000Z	LHGC-3600Z	LHGC-4000Z
额定背景场强/T	≤1.8						
额定励磁功率/kW	≤128	≤135	≤147	≤155	≤170	≤185	≤198
干矿处理量/t·h⁻¹	20~30	30~50	50~80	80~150	150~250	250~400	350~550
矿浆通过能力/m³·h⁻¹	50~100	70~160	100~200	200~400	350~650	550~950	750~1400
激磁电流/A	300~380						
给矿浓度/%	10~40						
给矿粒度/mm	约1.2						
转环转速/r·min⁻¹	2~4						
转环外径/mm	φ1500	φ1750	φ2000	φ2500	φ3000	φ3600	φ4000
转环电机功率/kW	4	7.5	11	15	18.5	30	37
脉动电机功率/kW	3	4	7.5	11	18.5	30	37
脉动冲程/mm	0~30（可机械调整）						
脉动冲次/次·min⁻¹	0~300（变频可调）						
激磁电压(DCV)/V	0~514（随电流变化）						
卸矿水压力/MPa	0.2~0.4						
卸矿耗水量/m³·h⁻¹	20~30	30~50	50~100	100~150	150~250	420~550	560~800
主机质量/t	50	70	95	175	310	450	580
最大部件质量/t	16	20	37	40	45	50	55
外形尺寸（长×宽×高）/mm×mm×mm	3800×3500×3600	4200×3800×4000	4942×4686×4728	6200×5400×5800	7900×7000×7800	8500×7600×8500	9000×8100×9100

表7-2-5 CTB型磁选机的技术参数（烟台瑞得矿山机械有限公司 www.rhythermining.cn）

型 号	圆筒尺寸（筒径×筒长）/mm×mm	筒表面磁感应强度/mT			处理能力		电机功率/kW	筒体转速/r·min⁻¹	设备总重/t	减速机型号
		磁极几何中心值	扫选区平均值	最高磁感应强度	t/h	m³/h				
CTB(N.S)-46	400×600	—	130	160	1~3	5	1.1	45	0.6	250
CTB(N.S)-66	600×600	—	145	170	5~10	16	1.1	40	0.75	250
CTB(N.S)-69	600×900	—	145	170	8~15	24	1.1	40	0.91	250
CTB(N.S)-612	600×1200	—	145	170	10~20	32	2.2	40	1.13	250
CTB(N.S)-618	600×1800	—	145	170	15~30	48	3	40	1.39	250
CTB(N.S)-712	750×1200	120	155	180	15~30	48	3	35	1.51	250
CTB(N.S)-718	750×1800	120	155	180	20~45	72	3	35	2.05	250
CTB(N.S)-918	900×1800	148	165	190	25~55	90	5.5	28	2.9	350
CTB(N.S)-924	900×2400	148	165	190	35~70	110	5.5	28	3.5	400
CTB(N.S)-1018	1050×1800	148	165	190	40~75	120	5.5	22	4.02	400
CTB(N.S)-1021	1050×2100	148	165	190	45~88	140	5.5	22	4.25	400
CTB(N.S)-1021	1050×2100	160	240	280	45~88	140	5.5	22	4.36	400
CTB(N.S)-1024	1050×2400	148	165	190	52~100	160	7.5	22	4.71	400
CTB(N.S)-1024	1050×2400	160	240	280	52~100	160	7.5	22	4.93	400
CTB(N.S)-1030	1050×3000	160	240	280	65~125	200	7.5	22	6.2	500
CTB(N.S)-46	1200×1800	148	165	190	47~90	140	7.5	19	5.8	400
CTB(N.S)-66	1200×1800	160	240	280	47~90	140	7.5	19	6.1	400
CTB(N.S)-69	1200×2400	148	165	190	82~120	192	7.5	19	6.2	500
CTB(N.S)-612	1200×2400	160	240	300	82~120	192	11	19	6.35	500
CTB(N.S)-618	1200×3000	148	165	190	80~150	240	11	19	7.2	500
CTB(N.S)-712	1200×3000	160	240	280	80~150	240	11	19	7.35	500
CTB(N.S)-718	1500×3000	180	240	300	90~170	270	11	14	8.1	500
CTB(N.S)-918	1500×3000	180	240	300	115~220	350	11	14	9.3	500

表 7-2-6 磁筒式磁选机的技术参数（河南宇恒机械制造有限公司 www.hnhlzg.cn）

型号与规格	圆筒尺寸		圆筒转速 /r·min^{-1}	磁感应强度 /mT	选料粒度 /mm	生产能力 /t·h^{-1}	电动机功率 /kW	外形尺寸（长×宽×高）/mm×mm×mm	质量 /t
	直径 /mm	长度 /mm							
CTB-618	600	1800	35	150~800	0~0.6	20~40	1.5	3180×1300×1115	1.4
CTB-718	750	1800	35	150~800	0~0.6	20~40	2.2	3175×1965×1500	2.1
CTB-918	900	1800	24	150~800	0~0.6	25~55	3	3175×1510×1590	2.8
CTB-924	900	2400	24	150~800	0~0.6	35~70	4	3740×1510×1590	4.5
CTB-1018	1050	1800	22	150~800	0~0.6	40~75	4	3575×1660×1740	4
CTB-1024	1050	2400	22	150~800	0~0.6	52~100	5.5	4137×1660×1740	5

生产厂商：山东华特磁电科技股份有限公司，烟台瑞得矿山机械有限公司，河南宇恒机械制造有限公司。

7.3 浮选机

7.3.1 概述

浮选机利用物料表面不同的物理化学性质来进行选别有用矿物。适用于有色、黑色金属矿物的选别，还可用于非金属如：煤、萤石、滑石的选别。

7.3.2 工作特点

浮选机吸气量大且相对稳定，循环性好，功率消耗低，药剂消耗少；结构简单，调整方便，分选效率比较高，提高回收利用率；每槽兼有吸气、吸浆和浮选回路，不需要泡沫泵；水平配置，便于流程的变更，配有先进的控制系统，可实现自动化控制。

7.3.3 工作原理

浮选机由电动机三角带传动带动叶轮旋转，产生离心作用形成负压，一方面吸入充足的空气与矿浆混合，一方面搅拌矿浆与药物混合，同时细化泡沫，使矿物黏合泡沫之上，浮到矿浆液面形成矿化泡沫。调节闸板高度，控制液面，使矿化泡沫被刮板刮出富集成精矿浆，沉于槽底的尾矿浆由排矿口排出。

7.3.4 外形尺寸

XJM-(K)S 系列高选择性浮选机结构及安装如图 7-3-1 所示。

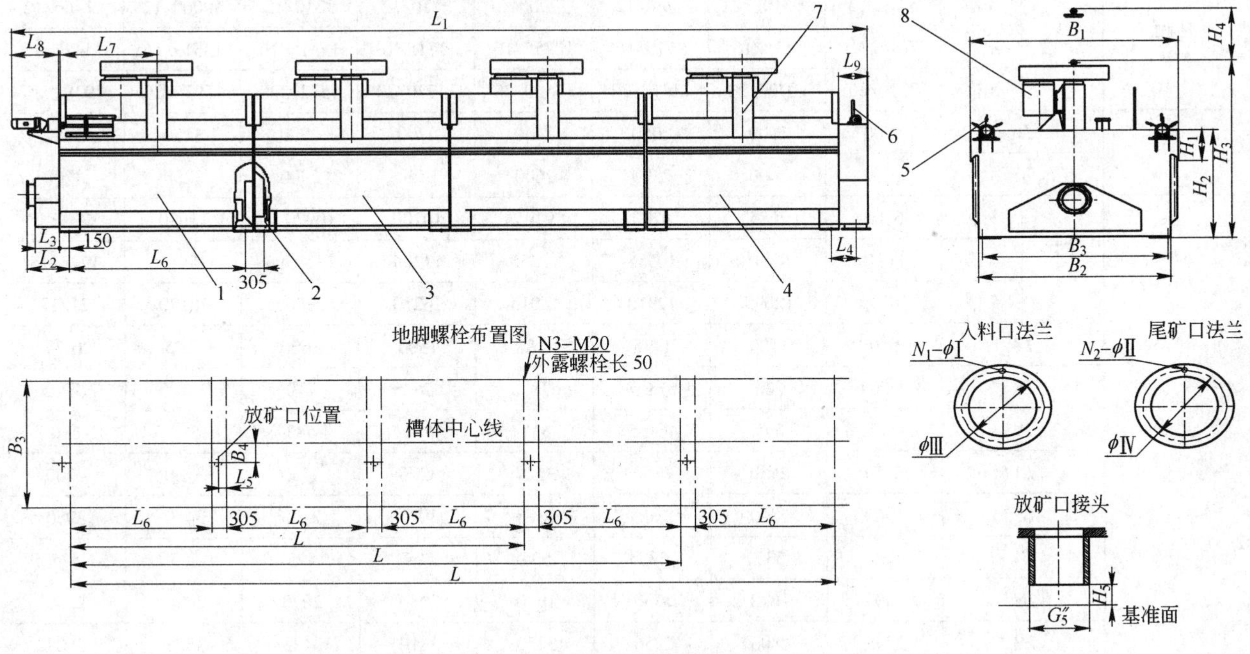

图 7-3-1 XJM-(K)S 系列高选择性浮选机结构及安装示意图

1—头部槽体；2—放矿机构；3—中间槽体；4—尾部槽体；5—刮泡机构；6—液位自动（手动）调节装置；7—搅拌机构；8—搅拌机构驱动装置

7.3.5 技术参数

技术参数见表7－3－1～表7－3－4。

表7－3－1 XJM－S/KS系列高选择性浮选机的技术参数（天地科技股份有限公司 www.tdtec.com）

型号:XJM－S/KS		4	6	8	12	14	16	20	28
单槽容积/m^3		4	6	8	12	14	16	20	28
矿浆处理能力/t·$(m^3·h)^{-1}$		6～10							
充气速率/$m^3·(m^2·min)^{-1}$		0.6～1.2							
搅拌电机功率/kW		15	18.5	22	30	30	37	45	55
刮板功率/kW		1.5	1.5	1.5	1.5	1.5	2.2	2.2	4.0
外形尺寸/mm	长(四室)	8960	9890	10555	12254	13205	14175	15175	17271
	宽	2150	2450	2750	3120	3270	3450	3700	4200
	高	2758	2806	2956	3250	3310	3433	3503	3607

表7－3－2 XJM－(K)S系列高选择性浮选机的安装尺寸（天地科技股份有限公司 www.tdtec.com） （mm）

特征尺寸 \ 型号			XJM－S4	XJM－S6	XJM－S8	XJM－S12	XJM－S14	XJM－S16	XJM－S20	XJM－S28
入料口	L2		455	455	455	550	465	690	690	745
	L3		200	200	200	200	200	400	400	390
	N1		12	12	12	12	12	12	12	20
	ϕⅠ/ϕⅢ		ϕ18/ϕ335	ϕ18/ϕ335	ϕ23/ϕ395	ϕ23/ϕ445	ϕ23/ϕ495	ϕ23/ϕ495	ϕ23/ϕ500	ϕ25/ϕ705
尾矿口	L4		360	360	383	420	420	420	445	550
	N2		12	12	12	12	12	12	12	16
	ϕⅡ/ϕⅣ		ϕ18/ϕ335	ϕ18/ϕ335	ϕ23/ϕ395	ϕ23/ϕ395	ϕ23/ϕ445	ϕ23/ϕ445	ϕ23/ϕ495	ϕ23/ϕ600
放矿口	L5		40	40	40	20	20	15	15	48
	B4		130	130	130	125	125	470	470	330
	H5		32	30	30	62	62	82	62	20
地脚螺栓	L/N3	3槽	5410/12	6310/12	6760/12	7990/12	8710/12	9310/12	10060/12	11466/12
		4槽	7315/16	8515/16	9115/16	10755/16	11715/16	12515/16	13515/16	15424/16
		5槽	9220/20	10720/20	11470/20	13520/20	14720/20	15720/20	16970/20	19382/20
	L6		1600	1900	2050	2460	2700	2900	3150	3550
	B3		1700	2000	2300	2600	2750	2900	3200	3700
其他	全长 L1	3槽	6785	7685	8200	9495	10200	10970.5	11670	13313.5
		4槽	8690	9890	10555	12255	13205	14175.5	15715	17271.5
		5槽	10595	12095	12910	15015	16210	17380.5	18170	21229
	L7		950	1100	1175	1380	1500	1600	1725	1975
	L8		680	680	678.5	678.5	678.5	770	777.5	777.5
	L9		392	395	461.5	511	511	583	583	670
	B1		2150	2450	2750	3120	3270	3450	3700	4200
	B2		1900	2200	2500	2870	3020	3200	3450	3950
	H1		535	535	535	595	595	595	505	575
	H2		1600	1670	1750	1970	2030	2070	2070	2240
	H3		2758	2806	2956	3250	3310	3433	3503	3607
起吊高度	H4		>1500	>1500	>1500	>1600	>1600	>1700	>1700	>1700
搅拌机构起吊质量/kg			1000	1000	1000	2000	2000	2000	2000	2000

表7-3-3 选矿用浮选机的技术参数（河南宇恒机械制造有限公司 www.hnhlzg.cn）

型 号	槽容积/m^3	吸气量 /$m^3\cdot(m^2\cdot min)^{-1}$	电机功率/kW	生产能力 /$m^3\cdot min^{-1}$	单槽质量/kg
SF-0.15	0.15	0.9~1.0	2.2	0.06~0.18	270
SF-0.25	0.25	0.9~1.0	1.5	0.12~0.28	370
SF-0.37	0.37	0.9~1.0	1.5	0.2~0.4	470
SF-0.65	0.65	0.9~1.0	3.0	0.3~0.7	932
SF-1.2	1.2	0.9~1.0	5.5	0.6~1.2	1370
SF-2.0	2.0	0.9~1.0	7.5	1.0~2.0	1750
SF-2.8	2.8	0.9~1.0	11	1.5~3.5	2130
SF-4.0	4.0	0.9~1.0	15	2~4	2585
SF-6.0	6.0	0.9~1.0	18.5	3~6	3300
SF-8.0	8.0	0.9~1.0	30	4~8	4130
SF-10	10	0.9~1.0	30	5~10	4500
SF-16	16	0.9~1.0	45	8~16	8320
SF-20	20	0.9~1.0	45	10~20	8670

注：产品性能在不断改进中，参数会有一定变化。

表7-3-4 XCF型浮选机技术参数（烟台瑞得矿山机械有限公司 www.rhythermining.cn）

型号	有效容积 /m^3	处理能力 /$m^3\cdot min^{-1}$	叶轮直径 /mm	叶轮转速 /$r\cdot min^{-1}$	鼓风机风压 /kPa	最大充气量 /$m^3\cdot(m^2\cdot min)^{-1}$	电机功率/kW		单槽质量 /kg
							搅拌用	刮板用	
XCF-1	1	0.2~1	400	358	≥12.6	2	5.5	1.1	1154
XCF-2	2	0.4~2	470	331	≥14.7	2	7.5	1.1	1659
XCF-3	3	0.6~3	540	266	≥19.8	2	11	1.5	2259
XCF-4	4	1.2~4	620	215	≥19.8	2	15	1.5	2669
XCF-8	8	3.0~8	720	185	≥21.6	2	22	1.5	4435
XCF-16	16	4~16	860	160	≥25.5	2	37	1.5	6568
XCF-24	24	4~24	950	153	≥30.4	2	37	1.5	8000
XCF-30	30	7~30	900	150	≥31	2	55	1.5	10000
XCF-38	38	10~38	1050	148	≥34.3	2	75	1.5	11000
XCF-40	40	10~40	1100	144	—	2	75	1.5	12101
XCF-50	50	10~50	1210	136	—	2	90	1.5	17586

生产厂商：天地科技股份有限公司，河南宇恒机械制造有限公司，烟台瑞得矿山机械有限公司。

7.4 跳汰机

7.4.1 概述

跳汰机中产生上下波动的脉动水流，对矿物按密度进行分选，轻、重物料分别排出，主要用于煤矿的分选。

7.4.2 结构特点

（1）数控无背压盖板阀，U型振荡筛下空气室，多室共用风阀，单格室漏斗机体，全宽度均匀给水，无溢流堰稳静排料。

（2）高压风集中净化加油。
（3）跳汰参数智能优化调控，四连杆防卡阻浮标装置。

7.4.3　主要结构

SKT 系列下排料跳汰机结构如图 7－4－1 所示，上排料跳汰机结构如图 7－4－2 所示。

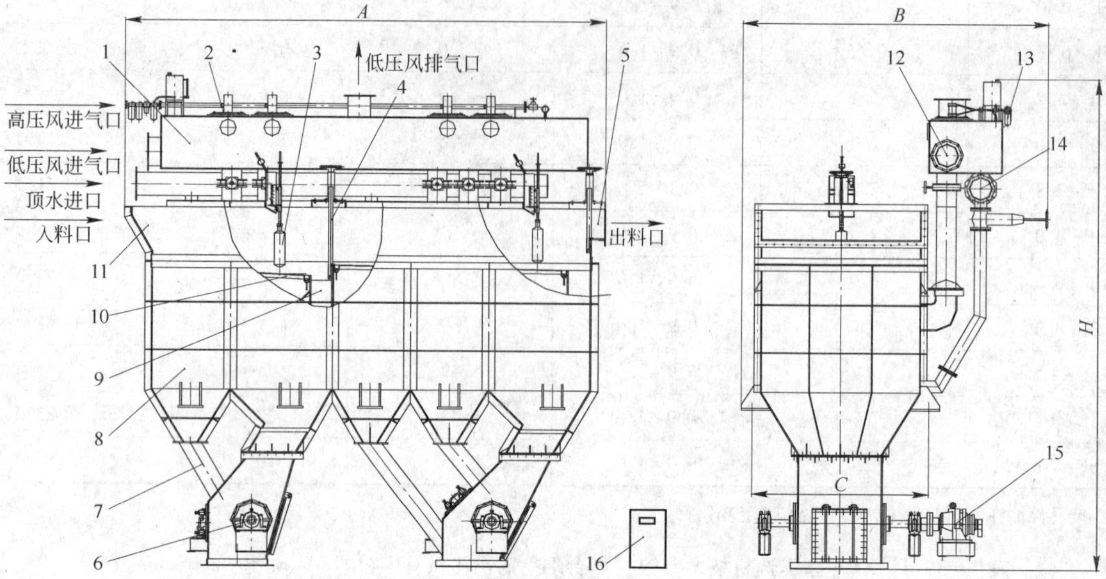

图 7－4－1　SKT 系列下排料跳汰机示意图

1—风箱；2—多室共用风阀；3—浮标装置；4—随动溢流堤；5—出料端；6—排料轮；7—透筛料管；8—单格室组合式机体；9—排料道；10—筛板；11—入料端；12—总风管；13—高压风集中净化加油装置；14—总水管；15—电机减速机；16—控制柜

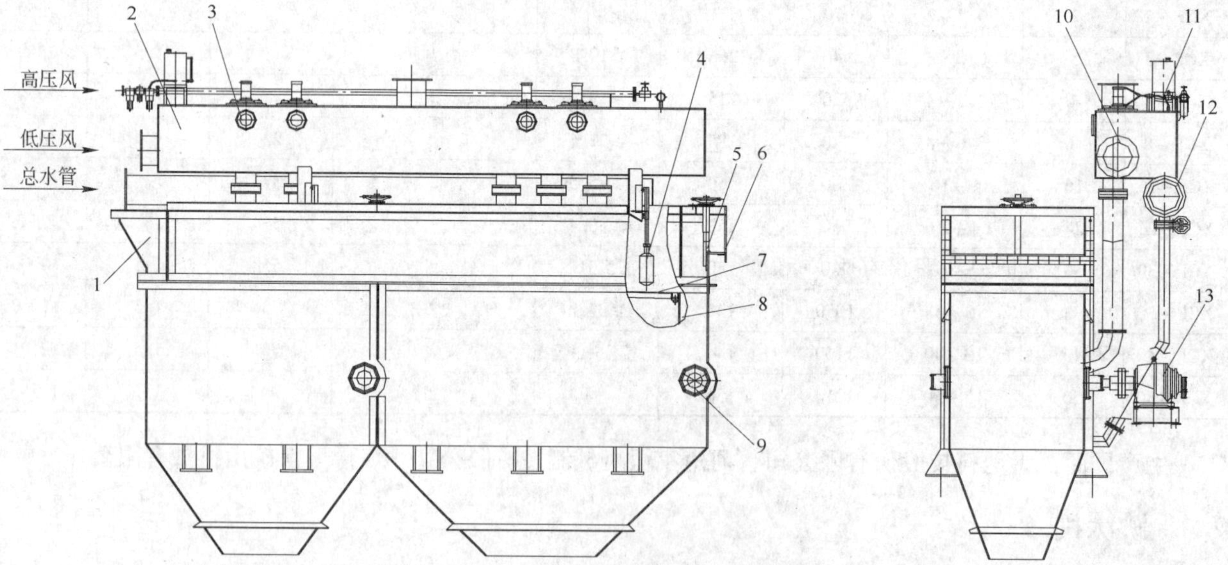

图 7－4－2　SKT 系列上排料跳汰机示意图

1—入料端；2—风箱；3—多室共用风阀；4—浮标装置；5—随动溢流堤；6—出料端；7—筛板；8—排料道；9—排料轮；10—总风管；11—高压风集中净化加油装置；12—总水管；13—电机减速机

7.4.4　技术参数

技术参数见表 7－4－1。

表 7-4-1 SKT 型跳汰机技术指标（天地科技股份有限公司 www.tdtec.com）

技术特征 \ 标准型号		SKT-8.6 单段	SKT-13.2 三段	SKT-6	SKT-8	SKT-10	SKT-12	SKT-14	SKT-16	SKT-18	SKT-20	SKT-24	SKT-27	SKT-35
跳汰面积/m^2		8.6	13.2	6	8	10	12	14	16	18	20	24	27	35
单位处理能力 /t·$(m^2·h)^{-1}$		10~20												
跳汰频率/n·min^{-1}		30~90												
筛面倾角		矸石段 3°（可调整），中煤段 1°（可调整）												
筛板类型		冲孔筛板，焊接筛板												
筛孔尺寸/mm	冲孔筛板	矸石段 ϕ16/19（倒锥孔、可调整）、中煤段 ϕ13/16（倒锥孔、可调整）												
	焊接筛板	矸石段 15×15（可调整）、中煤段 15×13（可调整）												
交流电机功率/kW		5.5	5.5×3	3×2	3×2	5.5×2	5.5×2	5.5×2	5.5×2	5.5×2	5.5×2	5.5×2	5.5×2	7.5×2
数量效率/%		≥90												
不完善度 I		≤0.16												
吨煤用水量/t		2~3.5												
外形尺寸/mm	长 *A*	4316	7571	6641	6739	6747	6747	6747	6747	6747	6747	6764	6764	7891
	宽 *B*	5433	4436	2715	2835	3350	3742	4626	5078	5888	5616	6318	6818	7927
	高 *H*	6386	6310	5469	5920	6908	6908	6856	7028	7217	7140	7944	7918	8510
地脚尺寸宽 *C*/mm		1580	2824	1608	1650	2068	2458	2800	3100	4198	3958	4880	5380	5900
配用鼓风机	风量 /$m^3·(m^2·min)^{-1}$	≥6												
	风压/MPa	≥0.035												
配用压风机	风量 /$m^3·min^{-1}$	0.35（每个小气缸），0.75（每个大气缸）气缸个数根据不同跳汰机确定，0.7（每个大风阀）												
	风压/MPa	0.7												

注：表中仅列出部分规格型号，供选型所用。跳汰面积、段数可根据用户需要及煤质情况灵活调整，并可为老厂改造用户提供非标准设备设计。

生产厂商：天地科技股份有限公司。

7.5 旋流器

7.5.1 概述

旋流器利用离心力使物料在介质中进行分级、脱泥和分选，是一种常见的分离分级设备。

7.5.2 工作原理

旋流器将具有一定密度差的液—液、液—固、液—气等两相或多相混合物在离心力的作用下进行分离。将混合液以一定的压力切向进入旋流器，在圆柱腔内产生高速旋转流场，混合物中密度大的组分在旋流场的作用下同时沿轴向向下运动，沿径向向外运动，在到达锥体段沿器壁向下运动，并由底流口排出，这样就形成了外旋涡流场；密度小的组分向中心轴线方向运动，并在轴线中心形成一向上运动的内涡旋，然后由溢流口排出，这样就达到了两相分离的目的。

7.5.3 外形结构

3SNWX 多给介系列无压给料三产品重介质旋流器结构如图 7-5-1 所示。

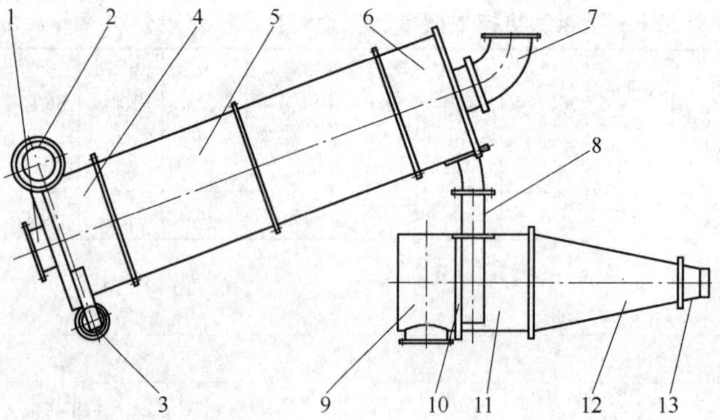

图7-5-1 3SNWX多给介系列无压给料三产品重介质旋流器设备结构

1——一段中心溢流管；2——一段给介口1；3——一段给介口2；4——一段入料导向筒；5——一段中部；6——一段出料导向筒；

7——入料弯头；8——连接管；9——二段溢流帽；10——二段中心溢流管；11——二段导向筒；12——锥体；13——底流口

7.5.4 技术参数

技术参数见表7-5-1、表7-5-2。

表7-5-1 3SNWX多给介系列重介质旋流器技术参数（天地科技股份有限公司 www.tdtec.com）

参数规格	一段筒体直径 /mm	二段筒体直径 /mm	入料粒度 /mm	入介压力/MPa		处理量 /t·h⁻¹
				1号	2号	
1500/1100	1500	1100	≤110	4×0.15~0.20（四给介）		450~600
1400/1050	1400	1050	≤100	0.18~0.21	0.22~0.26	400~550
1350/950	1350	950	≤90	0.15~0.18	0.20~0.24	350~500
1300/920	1300	920	≤90	0.14~0.17	0.18~0.23	300~450
1200/850	1200	850	≤80	0.13~0.16	0.16~0.20	280~400
1100/780	1100	780	≤70	0.10~0.15	0.15~0.18	230~350

表7-5-2 应用案例（天地科技股份有限公司 www.tdtec.com）

太原煤气化晋阳选煤厂	汾西矿业集团介休选煤厂	内蒙古庆华集团百灵选煤厂	新汶矿业集团翟镇选煤厂
重庆干坝子选煤厂	山西金桃园选煤厂	兖州矿业集团鲍店选煤厂	陕西彬县火石嘴选煤厂

生产厂商：天地科技股份有限公司。

7.6 水膈膜泵

7.6.1 概述

水隔膜泵是在水隔离泵和隔膜泵的基础上研发的。它以多级清水泵为动力源，以清水为传动介质，推动隔膜，隔膜推动矿浆，通过这种压力传递的方式，把矿浆送到指定地点。

7.6.2 性能及特点

这种泵综合了水隔离泵流量大和隔膜泵扬程高的双重特点，最大流量达1000m³/h，最大压力达12MPa。采用膜隔离，无水耗，不混浆。由于传动介质为清水，所以没油耗，因此它又摒弃了水隔离泵大量水耗，偶尔存在混浆、清水泵磨损快和隔膜泵油耗和污染环境的弊端。

水隔膜泵对浆体的粒度适应较广泛，通常要求粒度不超过2mm。但对水煤浆，输送粒度可达10mm。对于长距离输送，其粒度组成，要考虑到经济效益。过粗粒径临界流速很高，增加了输送成本，加重了管路磨损。

水隔膜泵适于1.6~10MPa范围内的浆体输送。在这个压力段较其他泵，如隔膜泵、水隔离泵、油隔离泵更经济划算。

7.6.3 结构组成

水隔膜泵结构由五个系统组成，包括动力系统（清水泵，电动机，变频启动柜），隔离系统（三个隔离罐，三个隔膜，六个保护装置，九个检测装置），清水分配系统（六个清水阀，一个液压站），止回阀系统（六个止回阀），微机控制系统（一台工控机和一台 PLC 可编控制器）。结构及组成如图 7－6－1 所示。

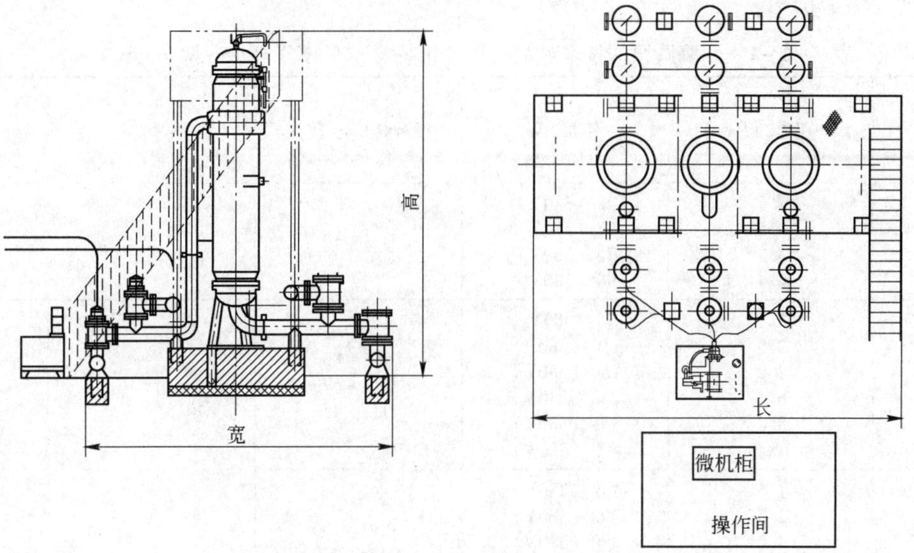

图 7－6－1　水隔膜泵的结构

7.6.4　工作原理

由高位矿浆仓或浓缩池或喂料泵，向隔离罐下部供矿浆，矿浆经进浆止回阀进入隔离胶囊里面，扩充胶囊伸张至罐壁，此时回水清水阀处于打开状态，进水清水阀处于关闭状态，罐与隔膜之间清水在矿浆挤压下流回清水箱。当进水清水阀打开时，回水清水阀处于关闭状态，高压清水泵输出的高压清水，经进水清水阀进入隔离罐与胶囊之间（此时胶囊已紧贴罐壁），挤压出胶囊中的矿浆经排浆止回阀进入外管线。清水泵的高压清水的压力经隔膜传递给矿浆，获得高压的矿浆被输送到很远的储存地点。三个罐类似 120°角那样不断进浆和排浆，进浆和排浆总管道都会呈现连续的、平稳的矿浆流量。

水隔膜泵各部件运动，均由控制微机按已编程序工作。微机控制液压站，液压站是微机的动力执行系统，控制清水阀的关闭及周期调整。微机根据检测信号，调整变频器的频率，改变输出流量的大小。根据隔膜位置检测信号，调整供排浆的匹配。根据光电检测信号判断哪个隔膜破裂。由于水隔膜泵有可靠的隔膜保护装置，即使操作失误，隔膜也不会损坏。工作原理如图 7－6－2 所示。

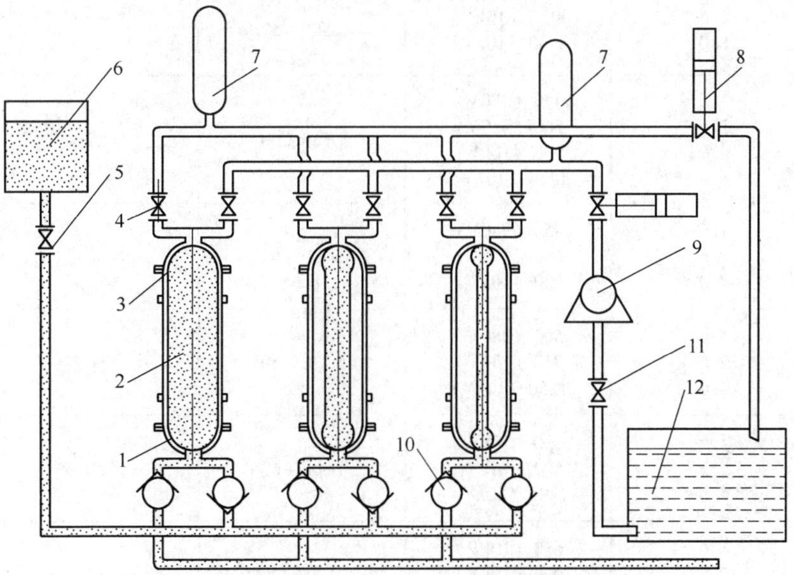

图 7－6－2　水隔膜泵原理图

1—罐体；2—尾矿；3—隔膜；4—清水阀；5，8—三片阀；6—喂料箱；7—稳压罐；9—清水泵；10—逆止阀；11—闸阀；12—清水池

7.6.5　技术参数

技术参数见表 7－6－1。

表 7－6－1　水隔膜泵的技术参数（辽宁维扬机械有限公司　www. lnwyjx. com）

流量/$m^3 \cdot h^{-1}$	压力/MPa	电机/kW	清水泵(参数)	效率/%	外形尺寸（长×宽×高）/m×m×m
10～30	1.6 2.5 4.0 6.4	22 (380V) 37 (380V) 75 (380V) 90 (380V)	D25－50	52	2×2×2
30～100	1.6 2.5 4.0 6.4 8.0 10.0	75 (380V) 110 (380V) 160 (380V) 280 (380V) 355 (380V) 400 (380V)	D85－80 D85－67 D85－45	72	4×3×3.3
101～200	1.6 2.5 4.0 6.4 8.0 10.0	132 (380V) 200 (380V) 280 (380V) 400 (380V) 560 (10kV) 710 (10kV)	D150－100 D155－67 D155－30	75	4×3×4.2
201～300	1.6 2.5 4.0 6.4 8.0 10.0	220 (380V) 315 (380V) 500 (380V) 900 (10kV) 1000 (10kV) 1250 (10kV)	D280－100 D280－65 D280－43	77	4.6×4×6.5
301～400	1.6 2.5 4.0 6.4 8.0 10.0 12.0	250 (380V) 355 (380V) 630 (10kV) 900 (10kV) 1250 (10kV) 1400 (10kV) 1600 (10kV)	D300－150 D300－65 D360－40	80	5×5×7.5
401～500	1.6 2.5 4.0 6.4 8.0	315 (380V) 450 (380V) 800 (10kV) 1120 (10kV) 1400 (10kV)	D420－93 D450－60 D450－90 D500－57	78	6×6×7.8
501～600	1.6 2.5 4.0 6.4	450 (380V) 500 (380V) 900 (10kV) 1250 (10kV)	D580－60	82	6×6×7.8
601～700	1.6 2.5 4.0	450 (380V) 630 (10kV) 900 (10kV)	D600－65	80	6×6×8.0
701～800	1.6 2.5 4.0	500 (380V) 710 (10kV) 1250 (10kV)	D720－60	80	6.6×6.6×8.0
801～900	1.6 2.5 4.0	630 (10kV) 800 (10kV) 1400 (10kV)	D800－60	80	7.2×7.2×8.2
901～1000	1.6 2.5 4.0	630 (10kV) 900 (10kV) 1600 (10kV)	D1000－80	82	7.6×7.6×9.0

生产厂商：辽宁维扬机械有限公司。

7.7 浓缩设备

7.7.1 概述

浓缩机利用沉降原理，使固液两相中的固体颗粒沉降到池底，利用旋转的耙子刮集到池底中心排出，水由浓缩池上部溢出。适用于选矿厂的精矿和尾矿脱水处理，广泛用于冶金、化工、煤炭、非金属选矿、水处理等行业。按照耙式刮泥机传动式，可分为中心传动型、周边传动型。

7.7.2 产品特点

（1）添加絮凝剂增大沉降固体颗粒的粒径，从而加快沉降速度。

（2）装设倾斜板缩短矿粒沉降距离，增加沉降面积。

（3）发挥泥浆沉积浓相层的絮凝、过滤、压缩和提高处理量的作用。

（4）配备有完整的自控设施。

7.7.3 工作原理

浓缩机是连续工作设备，矿浆进入浓缩池中，悬浮在矿浆中的固体颗粒在重力作用下沉降，上部则成为澄清水，澄清水由浓缩池上部溢流堰溢出，沉降到池底的矿泥同耙式刮泥机连续慢速旋转，刮集到池底中心的排料口。

浓缩机一般用作过滤之前的精矿或用作尾矿脱水。浓缩机、高效浓缩机适用于过滤之前的精矿浓缩或尾矿脱水，还可广泛用于冶炼、煤炭、化工、建材及给水和污水处理等工业中含固料浆液的浓缩和净化。

7.7.4 主要结构

高效浓缩设备主要由浓缩池、耙架、传动装置、耙架提升装置、给料装置、卸料装置和信号安全装置等组成。高效浓缩设备是在待浓缩的矿浆中添加一定量的絮凝剂，使矿浆中的矿粒形成絮团，进入浓缩池后，加快其沉降速度，进而达到提高浓缩效率的目的。浓缩机外形结构如图7-7-1~图7-7-4所示。

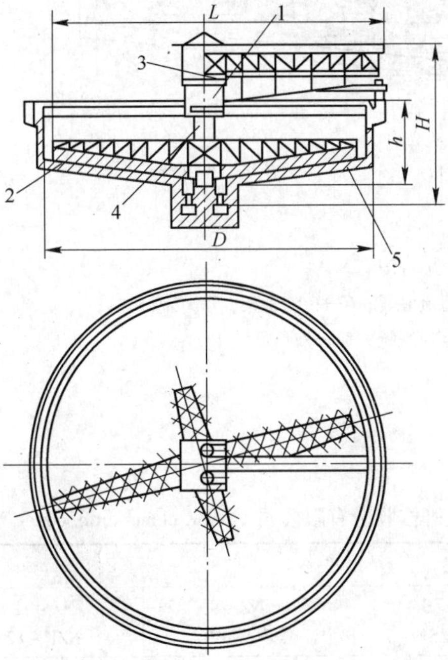

图7-7-1 中心传动浓缩机外形结构

1—给料装置；2—耙架；3—传动装置；4—支撑体；5—槽体

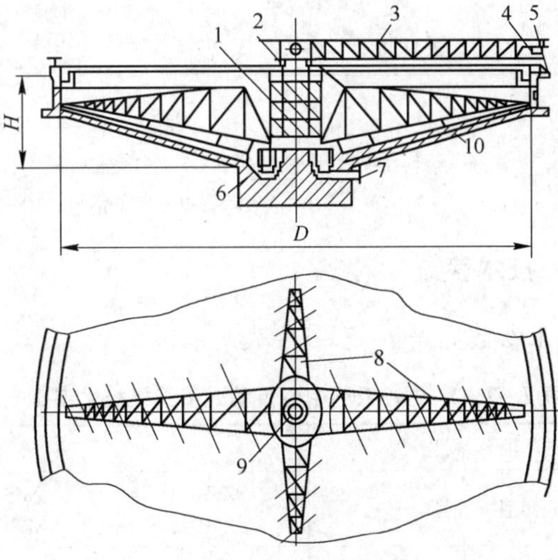

图7-7-2 周边传动浓缩机结构

1—中心筒；2—中心支撑部；3—传动架（桁架）；4—传动机构；5—溢流口；6—副耙；7—排料口；8—耙架；9—给料口；10—槽体

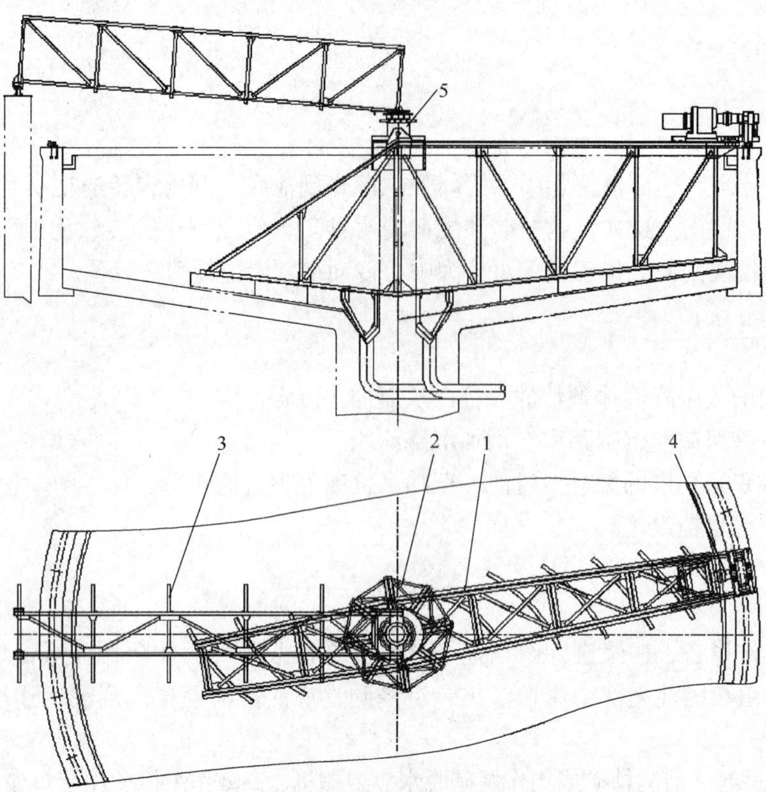

图 7－7－3 NT 型、NG 型周边传动浓缩机结构

1—耙架；2—副耙；3—槽架；4—传动机构；5—中心支架

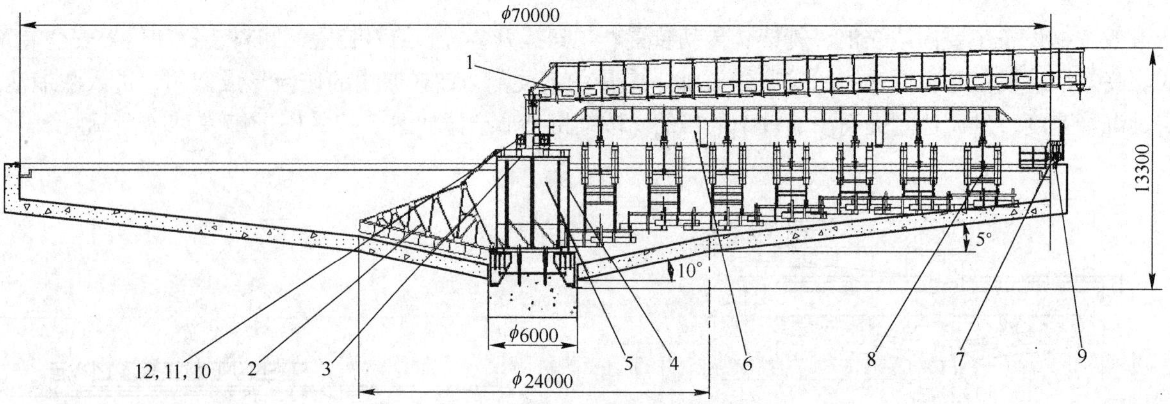

图 7－7－4 GNJ－70 高效浓缩机结构

1—给料桥架；2—副耙装置；3—中心回转机构；4—中心筒；5—稳流装置；6—转动桥架；7—传动机构；8—刮集装置；9—齿条钢轨；10—集电装置；11—电控系统；12—液压系统

7.7.5 技术参数

技术参数见表 7－7－1～表 7－7－5。

表 7－7－1 NZ 系列中心传动式浓缩机技术参数（一）（中信重工机械股份有限公司 www.chmc.citic.com）

项目	参数				
型号	NZSF－1 NZSF－1	NZS－3 NZSF－3	NZS－6 NZSF－6	NZ－9 NZF－9	NZ－12 NZF－12
浓缩池直径/m	1.8	3.6	6	9	12
池中心的深度/m	1.8		3		3.5
公称沉淀面积/m^2	2.5	10	28	63	110
耙架提升高度/mm	200			250	

续表 7-6-1

项 目	参 数				
型 号	NZSF-1 NZSF-1	NZS-3 NZSF-3	NZS-6 NZSF-6	NZ-9 NZF-9	NZ-12 NZF-12
耙架每转时间/min	2	2.5	3.7	4	5.2
耙架传动功率/kW	1.1			3	
带金属池浓缩机总重/kg	1235	3144	8575		
不带金属池浓缩机总重/kg				6000	8500

表 7-7-2 NZ 系列中心传动式浓缩机技术参数（二）（中信重工机械股份有限公司 www.chmc.citic.com）

项 目	参 数				
型 号	NZSF-1 NZSF-1	NZS-3 NZSF-3	NZS-6 NZSF-6	NZ-9 NZF-9	NZ-12 NZF-12
浓缩池直径/m	1.8	3.6	6	9	12
池中心的深度/m	1.8		3		3.5
公称沉淀面积/m²	2.5	10	28	63	110
耙架提升高度/mm	200			250	
耙架每转时间/min	2	2.5	3.7	4	5.2
耙架传动功率/kW	1.1			3	
带金属池浓缩机总重/kg	1235	3144	8575		
不带金属池浓缩机总重/kg				6000	8500

项 目	参 数					
型 号	NZ-20 NZF-20	NZ-30 NZF-30	NZ-40 NZF-40	NZ-53 NZF-53	NZ-75 NZF-75	NZ-100 NZF-100
浓缩池直径/m	20	30	40	53	75	100
池中心的深度/m	4.4	4		5	6.5	7.5
公称沉淀面积/m²	310	700	1250	2200	4410	7350
耙架提升高度/mm	400			700		
耙架每转时间/min	10.4	13, 16, 20	15, 18, 20	18, 26, 33	26~60	33~80
耙架传动功率/kW	5.2	7.5	13	17	22	
不带金属池浓缩机总重/kg	25000	30000	70000	80000	130000	200000

表 7-7-3 周边传动浓缩机规格（中信重工机械股份有限公司 www.chmc.citic.com）

型 号	NG-15	NT-15	NG-18	NT-18	NG-24	NT-24
浓缩池直径/m	15		18		24	
池中心的深度/m	3.6		3.4		3.44	
沉淀面积/m²	177		255		452	
耙架每转时间/min	8.4		10		12.7	
处理能力/t·d⁻¹	390		560		1000	
电动机功率/kW	5.5		5.5		7.5	
总重/t	9.3	11	10	12.5	24	29

型 号	NG-30	NT-30	NQ-38	NT-45	NTJ-45	NT-53	NTJ-53
浓缩池直径/m	30		38	45		53	
池中心的深度/m	3.6		5.05	5.06		5.07	
沉淀面积/m²	707		1134	1590		2202	
耙架每转时间/min	16		18	19.3		23.18	
处理能力/t·d⁻¹	1570			2400	4300	3400	6250
电动机功率/kW	7.5		7.5	10	13	10	13
总重/t	27	32	49	59	72	70	80

表 7-7-4 NZS 型、NT 型、NG 型浓缩机的技术参数（中信重工机械股份有限公司 www. chmc. citic. com）

型 号		NZS-9	NZS-12	NT(G)-15	NT(G)-18	NT(G)-24	NT(G)-30	NT(G)-45	NT(G)-53
浓缩池直径/m		9	12	15	18	24	30	45	53
浓缩池深度/m		3	3.5	3.5	3.5	3.7	3.97	5.06	5.07
浓缩池沉淀面积/m^2		63.6	113	177	255	452	707	1590	2202
耙架每转时间/min		4.3	5.2	8.4	10	12.7	16	19.3	23.2
生产能力/$t \cdot h^{-1}$		2~5.8	2.3~10.4	3.6~16.25	5.6~23.3	9.4~41.6	13.8~65.4	18.5~100	23.6~260
辊轮轨道（齿条）直径/m				15.36 (15.565)	18.3 (18.576)	24.6 (24.882)	30.36 (30.868)	45.383 (45.629)	55.16 (55.406)
传动电动机	型 号	Y123S-6	Y123S-6	$Y123M_2-6$	$Y123M_2-6$	Y160M-6	Y160M-6	Y160L-6	Y180L-6
	功率/kW	4	4	5.5	5.5	7.5	7.5	11	15
	转速/$r \cdot min^{-1}$	960	960	960	960	970	970	970	970
提耙形式		手动,自动	手动,自动	自动	自动	自动	自动	自动	自动
总质量/t		5.1	8.5	11.7	13.2	23.9	26.6	58.2	69.6

表 7-7-5 高效浓缩机技术参数（中信重工机械股份有限公司 www. chmc. citic. com）

型 号	GNJ-25	GNJ-60S	GNJ-70	NZY-45	NZY-90
浓缩池直径/m	25	60	70	45	90
浓缩池深度/mm	6159	5750	6500	7753	12504
浓缩池面积/mm^2	491	2827	3847	1590	6362
驱动功率/kW	11	37	45	55	75
转动桥架每转时间/min	14~16	12~25	17~30	10~22	20~80
传动方式	周边齿条	周边齿条（双桥）	周边齿条（双桥）	中心传动	中心传动
处理能力/$t \cdot d^{-1}$	1200~1600	7000	9000	2400~3000	10000~18000
齿条中心圆直径/m	26.182	60.632	70.824	—	—
滚轮中心圆直径/m	25.404	60.348	70.540	—	—
提耙高度/mm	450	500	600	600	600
提耙速度/$mm \cdot min^{-1}$	30	30	30	30	30

生产厂商：中信重工机械股份有限公司。

7.8 盘式过滤机

7.8.1 概述

盘式过滤机是在主轴上安装多片圆盘过滤单元，利用真空过滤原理，实现固液分离，降低物料中的水分。用于矿物洗选后的脱水作业。

7.8.2 工作特点

过滤精度高，除水分可达95%以上。

7.8.3 工作原理

盘式真空过滤机过滤面由多个单独的扇形片组成若干个圆盘而构成。每一个扇形片为单独的过滤单元，滤布固定在扇形片上形成滤室。工作时，中心轴转动浸在矿浆中的过滤盘，料浆中的固体颗粒借滤盘的真空作用被吸附在过滤盘上形成滤饼。过滤盘转动，将滤饼带出液面，在真空的作用下滤饼继续脱去水分。滤液进入过滤盘内，经过滤液管，从分配头排出。滤饼在卸料区通过滤盘由内向外吹气，正压卸落。

7.8.4 主要结构

GLL 系列盘式真空过滤机结构如图 7－8－1 所示。

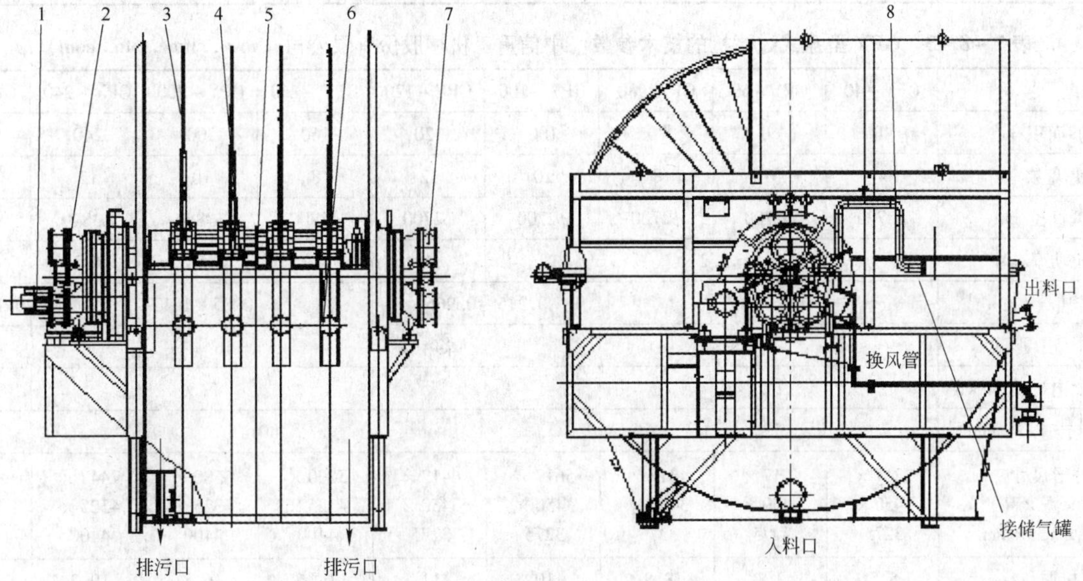

图 7－8－1 GLL 系列盘式真空过滤机的结构示意图

1—传动装置；2—驱动端分配头；3—扇形板装置；4—导料装置；5—中心轴；6—槽体；7—非驱动端分配头；8—吹风系统

7.8.5 技术参数

技术参数见表 7－8－1～表 7－8－7。

表 7－8－1 PG 型盘式过滤机的技术参数（中信重工机械股份有限公司 www.chmc.citic.com）

型 号		PG18－4	PG27－6	PGS27－6（耐酸）	PG39－4	PG58－6	PG78－8	PG97－10	PG116－12
过滤面积/m^2		18	27	27	39	58	72	97	116
过滤盘数/个		4	6	6	4	6	8	10	12
滤盘直径/mm		ϕ1800	ϕ1800	ϕ1800	ϕ2700	ϕ2700	ϕ2700	ϕ3800	ϕ2700
主轴转速 /$r \cdot min^{-1}$		0.135～1.14				0.15～1.44		0.148～1.98	
主电机功率/kW		1.1			1.5	2.2		4	
搅拌器	电机功率 /kW	1.1			1.5	2.2	4		
	转速 /$r \cdot min^{-1}$	60							
外形尺寸（长×宽×高）/mm×mm×mm		2833×2340×2295	3820×2355×2295	3918×2425×2320	3015×3275×3275	3930×3355×3275	4730×3355×3275	5530×3355×3275	6330×3355×3275
主机质量/t		3.5	4.36	3.9	5.65	8.0	8.98	10.9	12.0
产品水分/%		22～26							
处理量（干物料）/$t \cdot h^{-1}$		4.5～5.4	6.7～8.1	6.5～8.0	9.78～11.7	14.5～17.4	19.5～23.4	24.3～29.1	29.0～34.8
辅机 真空泵	气量 /$m^3 \cdot min^{-1}$	26.03			34.8	68.6		108.3	
辅机 真空泵	真空度 /kPa	66.66			73.33	66.66			
辅机 真空泵	电机功率 /kW	40			60	130		185	
辅机 鼓风机	风量 /$m^3 \cdot min^{-1}$	1.5				7.5	12.5	7.5	
辅机 鼓风机	风压/MPa	1							
辅机 鼓风机	电机功率 /kW	17				40			

注：盘式真空滤机的处理量、滤饼水分与真空度、主轴转速、固液黏度、粒度组成、灰分等因素有关。

表 7-8-2 GPY 代替 PG 型系列盘式过滤机对照表（中信重工机械股份有限公司 www. chmc. citic. com）

新系列	GPY-30	GPY-40	GPY-60	GPY-80	GPY-100	GPY-120
老系列	PG27-6	PG39-4	PG58-6	PG72-8	PG97-10	PG116-12

表 7-8-3 GPY 型盘式过滤机的技术参数（中信重工机械股份有限公司 www. chmc. citic. com）

型号			GPY-40	GPY-60	GPY-80	GPY-100	GPY-120	GPY-160	GPY-200	GPY-240	GPY-300
过滤面积/m^2			40	60	80	100	120	160	200	240	300
过滤盘数/个			4	6	8	10	12	8	10	12	15
滤盘直径/mm			ϕ2700	ϕ2700	ϕ2700	ϕ2700	ϕ2700	ϕ2700	ϕ3840	ϕ3840	ϕ3840
电机功率/kW			2.2				4	4.7	5	4.7	6.5
主轴转速/$r \cdot min^{-1}$			0.167~1			0.215~0.966		0.85~1.17			0.15~0.93
搅拌器	形式		桨叶式								
搅拌器	电机功率/kW		2.2			4		5.5			7.5
搅拌器	转速/$r \cdot min^{-1}$		73			80.4					
外形尺寸（长×宽×高）/mm×mm×mm			3217×3450×3275	4017×3450×3275	4817×3450×3275	5617×3450×3275	6417×3450×3275	5600×4325×4400	6500×4325×4400	7447×4325×4400	8830×4325×4400
主机质量/t			5.5	7.8	8.8	10	11	14.6	16.8	19.3	23.3
产品水分/%			22~24								
处理量（干物料）/$t \cdot h^{-1}$			9~12	13~18	18~24	22~30	26~36	35~48	44~60	53~72	66~90
辅机	真空泵	气量/$m^3 \cdot min^{-1}$	60	90	120	150	180	240	300	360	450
辅机	真空泵	真空度/kPa	73.33								
辅机	真空泵	电机功率/kW	40	130		185		320	340	400	600
辅机	鼓风机	风量/$m^3 \cdot min^{-1}$	1.5	7.5				20		30	
辅机	鼓风机	风压/MPa	0.1~0.15								
辅机	鼓风机	电机功率/kW	17	40				95			155

注：盘式真空滤机的处理量、滤饼水分与真空度、主轴转速、固液黏度、粒度组成、灰分等因素有关。

表 7-8-4 GLL 氧化铝厂用盘式过滤机技术性能（中信重工机械股份有限公司 www. chmc. citic. com）

型号	GLL-40	GLL-80	GLL-100	GLL-120		GLL-150		GLL-180		GLL-240	GLL-300
				A	B	A	B	A	B		
过滤面积/m^2	40	80	100	120		150		180		240	300
过滤盘数/个	2	4	5	6	4	4	5	6	4	4	4
滤盘直径/mm	ϕ3800	ϕ4200	ϕ4200	ϕ4200	ϕ5300	ϕ5600	ϕ5300	ϕ5300	ϕ6000	ϕ6880	ϕ8000
电机功率/kW	11	15		22	30	37	30	30	37	45	55
主轴转速/$r \cdot min^{-1}$	0.45~4.0			0.3~4.0		0.3~4.1	0.3~4.0	0.3~3.0		0.3~3.51	0.3~3.0
外形尺寸（长×宽×高）/mm×mm×mm	3795×4525×4135	5300×4840×4605	5870×4840×4605	A：5325×5575×5450 B：6630×4735×4625		A：5260×6372×45830 B：5925×5875×5450		A：6525×5725×5450 B：6525×7340×6375		7757×6605×7020	5648×8617×7967
主机质量/t	15.28	24.39	31.25	37.2	40.65	46.29		46.0	62		71.432
产品水分/%	10~14										
处理量（干物料）/$t \cdot h^{-1}$	140~280	280~560	350~700	650~840		600~1050		750~1440			1500~2400

续表 7－8－4

型　号			GLL－40	GLL－80	GLL－100	GLL－120		GLL－150		GLL－180		GLL－240	GLL－300
						A	B	A	B	A	B		
辅机	真空泵	气量/$m^3 \cdot min^{-1}$	30～40	60～80	75～100	90～120		115～150		135～180		180～240	225～300
		真空度/MPa	0.03～0.05										
		电机功率/kW	65	75	90	185		150		200			300
	鼓风机	风量/$m^3 \cdot min^{-1}$	8～10	16～20	20～25	24～30		30～37.5		37～43		48～60	60～75
		风压/MPa	0.1～0.15					0.035～0.2					
		电机功率/kW	20	35	40	55				110			

注：1. 盘式真空滤机的处理量、滤饼水分与系统真空度、主轴转速、料浆黏度、粒度组成、入料固含及比重等因素有关，本表处理量是指入料固含为750g/L时的产量；

2. 适用范围：粒度小于0.5mm的氧化铝行业氢氧化铝种子液的过滤脱水。

表7－8－5　GPYK型矿用盘式过滤机参数（中信重工机械股份有限公司　www.chmc.citic.com）

型　号	GPYK－40	GPYK－60	GPYK－80	GPYK－100	GPYK－120		GPYK－160		GPYK－180		GPYK－210		GPYK－240	
					A	B	A	B	A	B	A	B	A	B
过滤面积/m^2	40	60	80	100	120		160		180		210		240	
过滤盘数/个	2	3	4	5	6	4	8	5	9	4	11	7	12	8
滤盘直径/mm	φ3800	φ3800	φ4200	φ4200	φ4000	φ5300	φ4000	φ5300	φ4000	φ6000	φ4000	φ5300	φ4000	φ5300
电机功率/kW	11		15		15	30	15	37	15	37	15	37	15	37
主轴转速/$r \cdot min^{-1}$	4.0～0.45				0.3～4.5									
外形尺寸（长×宽×高）/mm×mm×mm	3795×4525×4135	4345×4525×4135	5300×4840×4605	5870×4840×4605	A:5325×5575×5450 B:6630×4735×4625		A:6465×5575×5450 B:7230×4735×4625		A:6525×5725×5450 B:6525×7340×6375		A:7665×5725×5450 B:8430×4735×4625		A:8265×5725×5450 B:9030×4735×4625	
主机质量/t	15.28	19.32	24.39	31.25	35.1	40.65	41.0	46.29	45.0	67.93	50.0	57.57	59.0	63.22
产品水分/%	8～15													
处理量（干物料）/$t \cdot h^{-1}$	6～40	9～60	12～80	15～100	18～120		22.5～160		88～180		103～210		120～240	

注：1. 盘式真空滤机的处理量、滤饼水分与系统真空度、主轴转速、料浆黏度、粒度组成、入料固含及比重等因素有关；

2. 适用范围：粒度小于0.5mm的有色和黑色金属精矿，尾矿以及赤泥尾矿的过滤脱水。

表7－8－6　过滤机常用单位面积处理量（中信重工机械股份有限公司　www.chmc.citic.com）

过滤物料	处理量/$t \cdot (m^2 \cdot h)^{-1}$	备　注	过滤物料	处理量/$t \cdot (m^2 \cdot h)^{-1}$	备　注
浮选精煤	0.25～0.3		氢氧化铝种子液	4.0～7.0	种子细化后产量会有所下降
细粒硫化、氧化铅锌精矿	0.1～0.15	氧化矿精矿，粒度很细时取偏小值	硫化钼精矿	0.1～0.2	
硫化铅精矿	0.15～0.2		锑精矿	0.1～0.2	
硫化锌精矿	0.2～0.25		锰精矿	1.0	
硫化铜精矿	0.1～0.2		萤石精矿	0.1～0.15	
氧化铜、氧化镍精矿	0.05～0.1		磁铁精矿	1.0～1.2	粒度0.2～0mm
黄铁矿精矿	0.2～0.5		磁铁精矿	0.8～1.0	粒度0.12～0mm
含铜黄铁矿精矿	0.25～0.3		焙烧磁选精矿	0.65～0.75	
硫化镍精矿	0.1～0.2		浮选赤铁精矿	0.2～0.3	粒度0.1～0mm
磷精矿	0.4～0.5		磁浮选混合精矿	0.4～0.6	

注：表中数值是按真空过滤机（滤布为棉织帆布）的生产指标选取的。

表7-8-7 盘式过滤机应用案例（中信重工机械股份有限公司 www. chmc. citic. com）

名 称	型号规格	台 数	项 目 业 主	备 注
盘式过滤机	GLL-300	1	山西信发铝华宇电有限公司	氧化铝种子
盘式过滤机	GLL-240	2	洛阳香江万基铝业有限公司	氧化铝种子
盘式过滤机	GLL-180	2	洛阳香江万基铝业有限公司	氧化铝种子
盘式过滤机	GLL-180A	10	山东邹平高新铝电有限公司	氧化铝种子
盘式过滤机	GLL-180C	2	广西信发华宇铝电有限公司	氧化铝种子
盘式过滤机	GLL-180B	12	山东信发华宇铝业有限公司	氧化铝种子
盘式过滤机	GLL-180C	2	贵州广铝铝业有限公司	氧化铝种子
盘式过滤机	GLL-180C	8	山西信发铝华宇电有限公司	氧化铝种子
盘式过滤机	GLL-180D	15	山东滨州北海新材料有限公司	北海粉煤
盘式过滤机	GLL-180D	2	山东无棣齐星高科技铝材有限公司	氧化铝种子
盘式过滤机	GLL-180D	6	山西信发化工有限公司	氧化铝种子
盘式过滤机	GLL-152	5	贵州其正化工有限公司	氧化铝种子
盘式过滤机	GLL-120B	4	东方希望（三门峡）铝业有限公司	氧化铝种子
盘式过滤机	GLL-120B	22	山东信发华宇铝业有限公司	氧化铝种子
盘式过滤机	GLL-120B1	10	广西信发华信铝业有限公司	氧化铝种子
盘式过滤机	GLL-120B1	31	山东滨州魏桥铝业科技有限公司	氧化铝种子
盘式过滤机	GLL-120B1	6	中铝国际重庆分公司	氧化铝种子
盘式过滤机	GLL-120B1	6	中铝国际遵义分公司	氧化铝种子
盘式过滤机	GLL-120B3	2	河南有色汇源铝业有限公司	氧化铝种子
盘式过滤机	GLL-120A	4	三门峡义翔铝业有限公司	氧化铝种子
盘式过滤机	GLL-120C	2	三门峡义翔铝业有限公司	氧化铝种子
盘式过滤机	GLL-120C	6	东方希望（三门峡）铝业有限公司	氧化铝种子
盘式过滤机	GLL-120C	2	肥城矿业集团有限责任公司	氧化铝种子
盘式过滤机	GLL-100C	3	山东铝业股份有限公司	氧化铝种子
盘式过滤机	GLL-80HA	2	山西铝业股份有限公司	氧化铝种子
盘式过滤机	GLL-80C	2	三门峡韶星氟化盐有限公司	氧化铝种子
盘式过滤机	GLL-80C	2	山东铝业股份有限公司	氧化铝种子
盘式过滤机	GLL-80C	3	山西铝业股份有限公司	氧化铝种子
盘式过滤机	GLL-80F	5	平顶山汇源铝业有限公司	氧化铝种子
盘式过滤机	GLL-80H	2	贵州华飞化学工业有限公司	氧化铝种子
盘式过滤机	GLL-80B	1	贵州凯晟铝业有限公司	氧化铝种子
立盘过滤机	GPL-40	2	中铝公司河南分公司	氧化铝种子
盘式过滤机	GLL-40CP	2	山西鲁能晋北氧化铝有限公司	排盐
盘式过滤机	GLL-40C	2	洛阳恒基铝业有限公司	排盐
盘式过滤机	GLL-40CP	2	东方希望（三门峡）铝业有限公司	排盐
盘式过滤机	GLL-40CP	2	山东信发华宇铝业有限公司	排盐
盘式过滤机	GLL-40CP	2	三门峡开曼铝业有限公司	排盐
盘式过滤机	GLL-40CP	2	孝义市兴安化工有限公司	排盐
盘式过滤机	GLL-40CP	3	广西信发华信铝业有限公司	排盐
盘式过滤机	GLL-40C	8	内蒙古大唐	排盐

续表 7-8-7

名 称	型号规格	台 数	项目业主	备 注
立盘过滤机	GPL-100	4	中铝公司河南分公司	氧化铝种子
立盘过滤机	GPL-100B	1	山东铝业股份有限公司	氧化铝种子
立盘过滤机	GPL-100	1	中铝公司中州分公司	氧化铝种子
立盘过滤机	GPL-80	18	中铝公司河南分公司	氧化铝种子
盘式过滤机	GPYK-20	1	洛阳栾川富川选矿厂	铁精矿
盘式过滤机	GPYK-20	1	河南长石矿业科技有限公司	钾长石
盘式过滤机	GPYK-60	1	河南长石矿业科技有限公司	钾长石
盘式过滤机	PGK96-8	4	山西太钢哈斯科有限公司	钢渣
盘式过滤机	GPYC-160	2	中铝国际重庆分公司	赤泥
立盘过滤机	GPY-240	8	中铝公司山西分公司	氧化铝种子
盘式过滤机	GPYK-240	2	中铝公司中州分公司	铝土矿
盘式过滤机	GPY-200	2	山西西山矿务局东曲矿选煤厂	
盘式过滤机	GPY-200	4	盘江矿务局	
盘式过滤机	GPY-180	2	河南晶美选煤有限公司	
盘式过滤机	GPYS-180	4	广东云浮水泥厂	
盘式过滤机	GPYS-160	4	广东广州水泥厂	
盘式过滤机	GPYS-160	4	广东英德水泥厂	

生产厂商：中信重工机械股份有限公司。

8 焙烧设备

焙烧固体物料是在高温不发生熔融的条件下进行的氧化、热解、还原、卤化等反应过程，通常用于焙烧无机化工和冶金工业。焙烧过程有加添加剂和不加添加剂两种类型。

8.1 间接传热型干燥机

8.1.1 概述

干燥机是利用热能降低物料水分的机械设备，用于对物料进行干燥。干燥机通过加热使物料中的湿分（一般指水分或其他可挥发性液体成分）气化逸出，以获得符合湿度的固体物料。干燥的目的是为了物料使用或进一步加工的需要。

间接传热烘干机为筒状设备，物料连续进入筒中，与热风接触，水分蒸发，干燥物料排出。烘干后的物料含水量可以达到1%～0.5%以下。它广泛用于建材、冶金、化工、水泥工业烘干矿渣石灰石、煤粉、矿渣、黏土等物料。产品由回转体、扬料板、传动装置、支撑装置及密封圈等部件组成。

8.1.2 工作原理

物料由给料装置进入回转滚筒的内层，实现顺流烘干，物料在内层的抄板下不断抄起、散落呈螺旋行进式实现热交换，物料移动至内层的另一端进入中层，进行逆流烘干，物料在中层不断地被反复扬进，呈进两步退一步的行进方式，物料在中层既充分吸收内层滚筒散发的热量，又吸收中层滚筒的热量，同时又延长了干燥时间，物料在此达到最佳干燥状态。物料行至中层另一端而落入外层，物料在外层滚筒内呈矩形多回路方式行进，达到干燥效果的物料在热风作用下快速行进排出滚筒，没有达到干燥效果的湿物料因自重而不能快速行进，物料在此矩形抄板内进行充分干燥，由此完成干燥目的。

8.1.3 主要特点

间接传热烘干机结构紧凑、构造简单、布局合理，提高物料与热能的热交换率，使物料烘干效果好；基础投入少，仅是相同产量单筒烘干机的二分之一，减少了一次性投入；运行可靠、能耗低、热效率高；同时，容易实现自动化控制，减少操作人员，节约劳动力资源。

筒体自我保温热效率高达70%以上（传统单筒烘干机热效率仅为35%），提高热效率35%。燃料可采用煤、油、气。可烘20mm以下的块料、粒料和粉状物料。较单筒烘干机减少占地50%左右，土建投资降低50%左右，电耗降低60%，可根据用户要求轻松调控所要的最终水分指标。

8.1.4 技术参数

技术参数见表8－1－1、表8－1－2。

表8－1－1 间接传热型干燥机的主要技术参数（中信重工机械股份有限公司 www.chmc.citic.com）

规格/m×m	外筒内径/mm	内筒外径/mm	筒体长度/m	筒体容积/m^3	筒体斜度/%	扬料板形式	最高进气温度/℃	外形尺寸（长×宽×高）/m×m×m
ϕ1.5×15 ϕ1.5×17 ϕ1.5×19	1500	500	15 17 19	20.27 22.97 25.68	3～5	升举式	850	16.2×2.7×2.7 18.2×2.7×2.7 20.2×2.9×2.9
ϕ1.8×21 ϕ1.8×23 ϕ1.8×25	1800	650	21 23 25	35.91 39.33 42.75	3～5	升举式	850	22.5×2.7×2.7 24.5×2.9×2.9 26.5×2.9×2.9

表 8-1-2 铁精矿干燥机的技术参数（中信重工机械股份有限公司 www.chmc.citic.com）

规格/m×m	产量/t·h⁻¹	斜率/%	转速/r·min⁻¹	支撑数	轴承形式	挡轮形式	传动形式	电机功率/kW	质量/kg
ϕ3.6×29	300	5	3.65	2	滚动	液压挡轮	双传动	2×220	备件
ϕ3.6×31	400	4	3.92	2	滑动	液压挡轮	双传动	2×355	249.55
ϕ4×30	520	5	4.35	2	滚动	液压挡轮	双传动	2×500	313.92
ϕ4.5×30	700	4	3	2	滑动	液压挡轮	双传动	2×630	380.2
ϕ4.5×31	730	4	3	2	滚动	液压挡轮	双传动	2×630	383.5
ϕ6×40	550	3.5	3	2	滚动	液压挡轮	双传动	2×710	697.52

生产厂商：中信重工机械股份有限公司。

8.2 竖式预热器

8.2.1 概述

竖式预热器是活性石灰煅烧过程中的主要工艺设备，适用于冶金、有色、化工、环保等行业的活性氧化钙（活性石灰）和活性镁质氧化钙（煅烧白云石）生产系统。

8.2.2 主要结构

竖式预热器由顶部料仓、下料管、预热器主体、悬挂装置、液压推杆装置、加料室等几部分组成。

8.2.3 主要特点

（1）独立分仓结构。预热器本体为正多边形，被耐火材料分隔成相对独立的数个预热仓。每个预热仓有独立的进料口、排风口、推料装置及温度检测装置。

（2）高预分解率。独立分仓结构使得物料进出相对独立，热风循环自成一体，可有效利用回转窑系统中高温烟气携带的热量，物料预热更加均匀，预热效果更佳。物料在进入回转窑之前可实现 25%～30% 的预分解率。

（3）设备运转率高。生产中若某个预热仓出现故障，可独自关闭，退出生产循环系统，不需停产就可对其进行检修，不影响系统的正常运行。

（4）大容量顶部料仓。顶部料仓能满足竖式预热器 4～5 个小时的投料使用，有效减少原料上料输送设备的启停次数，延长设备使用寿命和维护时间。

8.2.4 工作原理

利用回转窑煅烧后排出的 1100℃左右的高温烟气对石灰石或白云石原料在预热器内进行预热，物料被预热至 900℃后由液压推杆送入窑内，热交换后的烟气由预热仓顶排出预热器。

8.2.5 产品型号

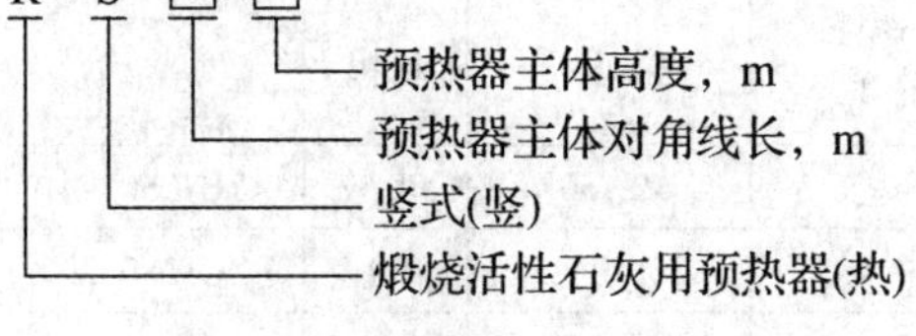

8.2.6 技术参数

技术参数见表 8-2-1。

表 8－2－1 竖式预热器的技术参数（中信重工机械股份有限公司 www.chmc.citic.com）

规格型号	生产能力 /t · d^{-1}	主体对角线长度/m	主体高度 /m	进料粒度 /mm	排烟温度 /℃	推头数量 /个	推杆液压站电机数量×功率 /kW	设备主体质量/t
RS－7×4	200	7	4	15～45 或 18～50	≤280	8	2×18.5	95
RS－8×4	300	8	4			8		152
RS－8.5×4	400	8.5	4			10		176
RS－10×4	500	10	4		≤260	12		216
RS－10.4×4.15	600	10.4	4.15			12		228
RS－10.8×4.15	700	10.8	4.15			12	2×22	253
RS－11.54×4.15	800	11.54	4.15			14		265
RS－13.4×4.15	1000	13.4	4.15			18		360
RS－15×4.15	1200	15	4.15			20	3×22	480

注：技术性能参数表中的质量是指设备主体质量，不包含预热器钢结构支架的质量。

生产厂商：中信重工机械股份有限公司。

8.3 窑

工业中的窑（一般大于 800℃），是烧制产品的热工设备。回转窑按处理物料不同可分为水泥回转窑、冶金化工回转窑和石灰回转窑。

8.3.1 水泥普通回转窑

8.3.1.1 概述

水泥回转窑是水泥熟料干法和湿法生产线的主要设备。水泥窑主要用于煅烧水泥熟料，分干法生产水泥窑和湿法生产水泥窑两大类。

8.3.1.2 工作原理

水泥回转窑在高温状态下重载交变慢速运转，物料进入窑内，随着窑体转动，物料沿圆周方向翻滚，并沿着窑体的高端向低端移动，生料在窑内通过分解焙烧后形成熟料，由窑的低端卸出。

8.3.1.3 主要结构

回转窑由筒体、支撑装置、带挡轮支撑装置、传动装置、活动窑头、窑尾密封装置、喷煤管装置等部件组成。回转窑的窑体与水平呈一定的倾角，整个窑体由托轮装置支撑，并有控制窑体上下窜动的挡轮装置，传动系统除设置主传动外，还设置了在主电源中断时仍能使窑体转动，防止窑体弯曲变形的辅助传动装置，窑头、窑尾密封装置采用了先进的技术，保证了密封的可靠性。

8.3.1.4 技术参数

技术参数见表 8－3－1、表 8－3－2。

表 8－3－1 水泥普通回转窑的主要参数（中信重工机械股份有限公司 www.chmc.citic.com）

规格 /m×m	技术参数			主减速机		主电动机			支撑数量 /个	质量 /t
	转速 /r · min^{-1}	斜度 /%	产量 /t · h^{-1}	型号	速比	型 号	功率 /kW	转速 /r · min^{-1}		
ϕ1.6×36	0.26～2.63	3	0.6～1.5	ZL750	48.57	YCT250－4B	22	1320/132	3	47.5
ϕ1.8×45	0.16～1.62	4	1～4.5	ZS110－5	80	YCT280－4A	30	1320/132	3	80
ϕ2.2×50	0.125～1.25	3.5	2～8	ZS145－11	160	YCT280－4A	45	1320/132	3	130.71
ϕ2.5×50	0.62～1.86	3.5	7.5～15	ZS145－7	100	YCT355－4A	55	1340/440	3	167.5
ϕ3×48	0.47～1.40	3.5	15～20	ZS145－7	100	YCT355－4B	75	1340/600	3	237

续表 8-3-1

规格/m×m	技术参数			主减速机		主电动机			支撑数量/个	质量/t
	转速/r·min^{-1}	斜度/%	产量/t·h^{-1}	型号	速比	型 号	功率/kW	转速/r·min^{-1}		
φ3.2×50	0.398~3.975	3.5	20~50	ZL130-16	40	ZSN4-280-11B	190	1000	3	263
φ3.3×52	0.391~3.91	3.5	24~55	ZSY500-28	28	ZSN4-315-082	190	1000	3	280.8
φ4×60	0.396~3.96	3.5	32~105	ZSY630-35.5	35.5	ZSN-355-092	315	1000	3	487.5
φ4.2×60	0.4165~4.165	3.5	45~116	ZSY710-35.5	35.5	ZSN4-355-12	355	1000	3	576.1

表 8-3-2 水泥回转窑的技术参数（上海明工重型设备有限公司 www.shmgjq.com）

规格/m×m			φ3×48	φ3.2×50	φ3.3×50	φ3.5×54	φ4×60	φ4.3×64	φ4.8×74	φ5.0×74	φ5.6×87
生产能力/t·d^{-1}			600~700	1000	1200	1500~1800	2500	3500	5000	6000	8000
窑体斜度/%			3.5	3.5	4	4	4	4	4	4	4
支撑数/个			3	3	3	3	3	3	3	3	3
挡轮形式			机械	液压	液压	液压	液压	液压	液压	液压	液压
窑体转速		主传动/r·min^{-1}	0.8197~1.8	0.36~3.57	0.36~3.57	0.39~3.9	0.41~4.07	0.4~4	0.35~4	0.35~4	最大4.23
		辅助传动/r·h^{-1}	9.36	6.5	5.61	7.66	8.2	7.93	8.52	7.58	8.7
主传动	电动机	型号	YCT355-4C	ZSN4-280-191B	ZSN4-280-1.91B	ZSN4-315-092	ZSN4-355-092	ZSN4-355-12	ZSN4-450-092	ZSN4-450-092	ZSN4-450-12
		额定功率/kW	90	160	160	220	315	400	630	710	800
		电压/V	1320~600	1500	1500	1000	1000	100~1000	1500	87.5~1000	100~1000
		额定电压/V	380	440	440	440	440	440	660	660	660
	减速器	型号	ZS165-6-4C	ZSY-450-40-Ⅴ	ZSY450-40-Ⅴ	NZS995-28VIBL	YNS1110-22.4VBR	YNS1400-3105VIBL	JH710C-SW305-40	JH800C-28	JH900C-SW305-25
		总速比	86.92	40	40	28	22.4	31.5	42.226	26.812	23.901
辅助传动	电动机	型号	Y160M-6	Y160L-4	Y160L-4	Y200L1-6	Y180L-4	Y200L-4	Y225M-4	Y250M-4	Y280M-4
		额定功率/kW	7.5	15	15	18.5	22	30	55	55	90
		额定转速/r·min^{-1}	970	1460	1460	970	1470	1470	1480	1480	1480
		额定电压/V	380	380	380	380	380	380	380	380	380
	减速器	型号	ZL35-7-1	ZSY160-31.5-Ⅱ	ZSY355-31.5	ZSY355-45	YNS440-45-Ⅱ	YNS497-45ZC	JH220C-SW302-28	JH280C-45	ZSY400-35.5-Ⅰ
		总速比	14	31.5	31.5	45	45	45	28	45	35.759
总重(不包括耐火砖)/t			243.9	282.8	317	362.5	510	568.4	866.3	887.2	1227.5

生产厂商：中信重工机械股份有限公司，上海明工重型设备有限公司。

8.3.2 冶金化工普通回转窑

8.3.2.1 概述

冶金化工窑主要用于冶金行业钢铁厂贫铁矿磁化焙烧；铬、镍铁矿氧化焙烧；耐火材料厂和铝厂焙烧熟料、氢氧化铝；化工厂焙烧铬矿砂和铬矿粉等类矿物。

8.3.2.2　技术特点

窑体采用优质镇静碳素钢或合金钢板卷制并自动焊接；轮带、托轮、开式齿轮采用合金铸钢；滑动轴承采用大间隙不刮瓦轴承；传动装置采用硬齿面减速器，弹性膜片联轴器，直流电机拖动设有慢速驱动装置。

8.3.2.3　技术参数

技术参数见表 8-3-3、表 8-3-4。

表 8-3-3　氧化球团窑技术参数（中信重工机械股份有限公司　www.chmc.citic.com）

规格 /m×m	基本参数			传　动					支撑		挡轮形式	轮带 (max) 直径×带宽/m×m 质量(G)/t	大齿圈 模数(m) 直径×齿宽 /m×m 质量(G)/t	设备质量 /t
	斜度 /%	转速 /r·min⁻¹	产量 /×10⁴ t·a⁻¹ (t/h)	形式	机械式		多点液压式		挡数	轴承形式				
					电机功率 /kW	减速器	液压点数	输出扭矩 /kN·m						
φ4.0×30	3.5	0.47~1.4	60 (90)	单侧机械传动	ZSN4-315-092 (190)	ZSY630 速比：63	—	—	2	滚动	单液压挡轮	φ4.81×0.65/0.692 G=22.5	m=28 φ6.16×0.4 G=11.74	329
φ5.0×33	4.36	0.95~1.27	110 (152)	单侧柔性传动	YZP400 L2-6 (330)	ZSY630 速比：40	单侧两点	144	2	滚动	双液压挡轮	φ6.1×0.766/0.85 G=50	m=32 φ7.296×0.7 G=38	646
φ5.0×35	4.25	0.3~1.3	120 (165)	单侧液压传动	—	—	双侧四点	82.5×4	2	滚动	单液压挡轮	φ6.1×0.76/0.87 G=47.7	m=36 φ7.343×0.6 G=37.7	635
φ5.9×38	4.25	0.5~1.5	200 (268)	双侧液压传动	—	—	双侧四点	87.5×4	2	滚动	单液压挡轮	φ7.2×0.96/1.0 G=81.46	m=40 φ8.8×0.68 G=46.4	960
φ6.1×40	4.25	0.45~1.35	220 (305)	双侧液压传动	—	—	—	—	2	滚动	单液压挡轮	φ7.4×0.96/1.0 G=83.9	m=40 φ9.04×0.68 G=51.5	988
φ6.4×45	4.25	0.45~1.5	240 (333)	双侧机械传动	YP2-450L2-6 (400×2)	ZSY800 速比：63	—	—	2	滚动	单液压挡轮	φ7.4×0.96/1.0 G=83.9	m=40 φ9.04×0.68 G=51.5	1084

表 8-3-4　锌浸出渣回转窑主要技术参数（南宁广发重工集团有限公司　www.gfhi.com.cn）

<table>
<tr><td colspan="2">窑体内径/m</td><td colspan="4">4.3</td></tr>
<tr><td colspan="2">窑体长度/m</td><td colspan="4">62</td></tr>
<tr><td colspan="2">斜度/%</td><td colspan="2">5</td><td>支座数</td><td>4</td></tr>
<tr><td colspan="2">窑体转速/r·min⁻¹</td><td colspan="4">0.45~0.7</td></tr>
<tr><td rowspan="3">电动机</td><td>型　号</td><td>Y315M2-6</td><td rowspan="3">减速机</td><td>型　号</td><td>YNF1110-125V/VⅠDT</td></tr>
<tr><td>功率/kW</td><td>110</td><td>中心距/mm</td><td>1110</td></tr>
<tr><td>转矩/N·m</td><td>1083</td><td>速比</td><td>125</td></tr>
</table>

生产厂商：中信重工机械股份有限公司，南宁广发重工集团有限公司。

8.3.3　活性石灰普通回转窑

8.3.3.1　概述

回转窑是活性石灰煅烧过程中的主要工艺设备。回转窑筒体以一定的斜度安装在两挡支撑上，主电机通过固定在筒体上的大齿圈驱动窑体旋转。从窑尾（进料端）流入的物料随着窑体旋转做复杂的螺旋运动并逐渐向窑头（出料端）运行。出料端的燃烧器（本设备不含）连续喷出火焰提供热量，物料在运动中与逆向流动的热气流进行热交换，吸收足够热量，发生复杂的物理化学反应，物料被煅烧成活性石灰或煅烧白云石，经窑头排出。

8.3.3.2 主要特点

（1）筒体受力状态好。采用两挡支撑，属静定结构，不会因安装误差和支座基础沉陷不均而产生附加应力，可使回转窑筒体长期处于自然直线状态，有利于设备的长期稳定运转。

（2）设备和土建造价低。与同规格三挡支撑的回转窑相比，设备质量减少15%，电机功率降低10%；节省制造加工费用、安装费用和土建费用，也使回转窑的操作调整变得相对简单。

（3）密封结构简单、实用、高效。窑头窑尾密封采用内外置鱼鳞片加迷宫结构，能适应摆动量大和大型回转窑的要求，结构简单，维护和更换非常简便，密封效果好，漏风系数小。

8.3.3.3 型号规格

ϕ □×□

回转窑筒体长度，m

回转窑筒体内径，m

8.3.3.4 用途

活性石灰普通回转窑适用于冶金、有色、化工、环保等行业所需的活性氧化钙（活性石灰）和活性镁质氧化钙（煅烧白云石）生产系统。

8.3.3.5 结构组成

回转窑由筒体装置、支撑装置、带挡轮支撑装置、传动装置等几部分组成。

8.3.3.6 技术参数

技术参数见表8-3-5。

表8-3-5 煅烧活性石灰用回转窑的技术参数（中信重工机械股份有限公司 www.chmc.citic.com）

规格型号	生产能力 /t·d^{-1}	支撑数量 /挡	挡轮		回转窑斜度 /%	转速 /r·min^{-1}	主电机功率 /kW	辅电机功率 /kW	设备质量 /t
			数量	形式					
ϕ3×46	200	3	2	机械挡轮	3	0.18~1.8	55	7.5	215
ϕ3.2×50	300	3	2	机械挡轮	3.5	0.18~1.8	75	7.5	255
ϕ3.6×54	400	3	1	液压挡轮	3.5	0.16~1.6	110	15	345
ϕ4×52	500	2	1	液压挡轮	3.5	0.17~1.68	132	15	405
ϕ4.2×52	600	2	1	液压挡轮	3.5	0.2~1.98	160	22	440
ϕ4.3×64	700	2	1	液压挡轮	3.5	0.2~1.98	250	22	535
ϕ4.5×63	800	2	1	液压挡轮	3.5	0.2~1.6	250	22	550
ϕ4.88×70	1000	2	1+1	液压+信号	3.5	0.2~1.6	315	55（柴油机）	670
ϕ4.9×69.5	1000	2	1	液压挡轮	3.5	0.2~1.94	315	37	660
ϕ5.2×72	1200	2	1	液压挡轮	3.5	0.19~1.86	450	37	809

生产厂商：中信重工机械股份有限公司。

8.4 竖式冷却器

8.4.1 概述

冷却器利用气体流冷却热烧的矿物，主要用于石灰或冶金烧结矿的冷却。

竖式冷却器是活性石灰煅烧过程中的主要工艺设备，其作用是利用冷却风机吹出的冷却空气与从回转窑中泻出的高温物料进行热交换，将物料从1150℃左右冷却至不大于100℃，热交换后的热空气作为二次风进入回转窑，参与燃烧。

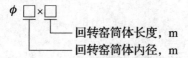

8.4.2 主要特点

（1）冷却效果好，节能降耗。冷却风塔均匀分布、高低错落，可实现对物料多层次多方位的均匀、快速冷却，出料温度不大于100℃，二次风温度不小于600℃，不仅热交换率高，而且可提高成品气孔率和活性度。

（2）每个冷却风塔均由专门管道供风，可有效利用风量。

（3）便于清除大块物料和异物。为防止大块物料、窑皮和掉砖等进入冷却器本体，设置有大料清出装置，可以将从窑内排出的大块物料从冷却器侧面排出，保证冷却器能够稳定连续运转，减轻工人劳动强度。

（4）采用电磁振动出料方式，可实现料量的无级调节，配合料位计的使用，可保持冷却器内物料的动态平衡和整个系统的正常运行。

8.4.3 型号规格

L S F－□×□

- □（后）——冷却器主体高度，m
- □（前）——冷却器截面尺寸，m
- F——结构形式代号，不标注为圆形，F为方形，L为圆形梁式
- S——竖式(竖)
- L——煅烧活性石灰用冷却器(冷)

8.4.4 结构组成

竖式冷却器由窑头罩、窑头密封装置、箅条装置、冷却器主体、下部冷却风室、出料装置、大料清出门装置、支撑装置等部分组成。

8.4.5 用途

竖式冷却器适用于冶金、有色、化工、环保等行业的活性氧化钙（活性石灰）和活性镁质氧化钙（煅烧白云石）生产系统。

8.4.6 技术参数

技术参数见表8－4－1。

表8－4－1 竖式冷却器的技术参数（中信重工机械股份有限公司 www.chmc.citic.com）

规格型号	生产能力 /t·d^{-1}	截面尺寸 /m	主体高度 /m	进料粒度 /mm	进料温度 /℃	出料温度 /℃	风塔数量 /个	振动给料机数量－电机数量×功率 /kW	设备质量 /t
LS－3×3	200	ϕ3	3	8～45	1150±50	<80＋环境温度	1	2台－2×0.25	23
LS－3.6×3.6	300	ϕ3.6	3.6				1		35
LSL－3.6×3.6	400	ϕ3.6	3.6				1		32
LSF－3.8×7.5	500	3.8×3.8	7.5				5	4台－2×0.4	45
LSF－4×8	600	4×4	8				5		53
LSF－4.7×8.9	800	4.7×4.7	8.9				5		70
LSF－5.2×10.3	1000	5.2×5.2	10.3				5		85
LSF－4.7×8.7	1000	4.7×4.7	8.7				5	4台－2×0.55	60
LSF－5.4×10.2	1200	5.4×5.4	10.2				5		89

生产厂商：中信重工机械股份有限公司。

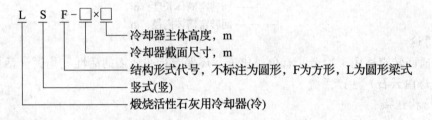

9 矿物深加工设备

矿物深加工是将煤铁、铜、铅、锌矿石通过洗选等方法，将品位较低的原矿富集为人造富矿粉石，为满足下一步的工作要求对粉状物料进行制浆、造粒、成型的加工，所用设备中一部分为专用设备。

9.1 水煤浆制备用球磨机

9.1.1 概述

水煤浆是替代油、气等能源的洁净能源之一，由大约65%的煤、34%的水和1%的添加剂通过物理加工得到的一种低污染、高效率、可管道输送的代油煤基流体燃料。它改变了煤的传统燃烧方式，制备水煤浆的主要设备之一是磨机，将煤磨成要求的粒度。

水煤浆球磨机是在煤炭被破碎之后，再进行粉磨的设备，是制备水煤浆过程中制备各种粒状级煤炭的关键设备。水煤浆球磨机既可干磨、也可湿磨。根据生产需要采用不同的衬板类型，依靠研磨时间自行控制研磨作业的细度。

9.1.2 主要结构

水煤浆球磨机主要由进料装置、主轴承、回转部分、传动装置、起动装置及润滑系统组成。

9.1.3 技术参数

技术参数见表9－1－1。

表9－1－1　水煤浆球磨机的技术参数（郑州邦科机械制造有限公司　www.zzbkjx.com）

直径×长度 /mm×mm	筒体转速 /r·min^{-1}	装球量/t	进料粒度 /mm	出料粒度 /mm	产量 /t·h^{-1}	功率/kW	质量/t
ϕ900×1800	36～38	1.5	≤20	0.075～0.89	0.65～2	18.5	4.6
ϕ900×3000	36	2.7	≤20	0.075～0.89	1.1～3.5	22	5.6
ϕ1200×2400	36	3	≤25	0.075～0.6	1.5～4.8	30	12
ϕ1200×3000	36	3.5	≤25	0.074～0.4	1.6～5	37	12.8
ϕ1200×4500	32.4	5	≤25	0.074～0.4	1.6～5.8	55	13.8
ϕ1500×3000	29.7	7.5	≤25	0.074～0.4	2～5	75	15.6
ϕ1500×4500	27	11	≤25	0.074～0.4	3～6	110	21
ϕ1500×5700	28	12	≤25	0.074～0.4	3.5～6	130	24.7
ϕ1830×3000	25.4	11	≤25	0.074～0.4	4～10	130	28
ϕ1830×4500	25.4	15	≤25	0.074～0.4	4.5～12	155	32
ϕ1830×6400	24.1	21	≤25	0.074～0.4	6.5～15	210	34
ϕ1830×7000	24.1	23	≤25	0.074～0.4	7.5～17	245	36
ϕ2100×3000	23.7	15	≤25	0.074～0.4	6.5～36	155	34
ϕ2100×4500	23.7	24	≤25	0.074～0.4	8～43	245	42
ϕ2100×7000	23.7	26	≤25	0.074～0.4	8～48	280	50
ϕ2200×4500	21.5	27	≤25	0.074～0.4	9～45	280	48.5
ϕ2200×6500	21.7	35	≤25	0.074～0.4	14～26	380	52.8
ϕ2200×7000	21.7	35	≤25	0.074～0.4	15～28	380	54

续表 9-1-1

直径×长度 /mm×mm	筒体转速 /r·min^{-1}	装球量/t	进料粒度 /mm	出料粒度 /mm	产量 /t·h^{-1}	功率/kW	质量/t
φ2200×7500	21.7	35	≤25	0.074~0.4	15~30	380	56
φ2400×3000	21	23	≤25	0.074~0.4	7~50	245	54
φ2400×4500	21	30	≤25	0.074~0.4	8.5~60	320	65
φ2700×4000	20.7	40	≤25	0.074~0.4	12~80	400	94
φ2700×4500	20.7	48	≤25	0.074~0.4	12~90	430	102
φ3200×4500	18	65	≤25	0.074~0.4	按工艺条件定	800	137

生产厂商：郑州邦科机械制造有限公司。

9.2 微粉加工设备柱磨机

9.2.1 概述

微粉机是将矿物碎磨至400目以下的微粉的设备，用于冶金、建材、医药、食品等工业。

柱磨机广泛用于电厂石灰石制粉，铁矿石金属矿石超细碎、水泥矿渣预粉磨、石膏非金属矿石制粉、磷矿石粉磨等。

9.2.2 性能特点

（1）细度可调，能严格控制产品的粒度范围。

（2）易损件消耗极少，既可降低生产成本，又可减少特殊要求物料的铁污染（铁污染可降至十万分之二）。

（3）噪声低，扬尘少，环保效果好。

9.2.3 工作原理

柱磨机采用连续、中压力的辊压粉磨原理。该柱磨机上部传动，带动主轴旋转，使辊轮在环锥形内衬中转动（辊、衬间隙可调，不接触），物料从上部给入之后，靠自重和上部推料作用在辊轮与衬板之间形成料层，料层受到辊轮的碾压而成粉末，最后从柱磨机的下部自动卸料。由于辊轮只做规则的公转和自转，料层作用力主要来自于挤压力及弹性装置给予的压力，而辊轮只做规则的自转和公转，从而避免了辊轮与衬板因撞击而产生的损耗及磨损。

9.2.4 技术参数

技术参数见表9-2-1。

表9-2-1 ZHM柱磨机技术参数（长沙深湘通用机器有限公司 www.sxzmj.com）

指标 数据 型号	外形尺寸（直径×高）/m×m	生产能力 /t·h^{-1}	细度/目	配用电动机功率/kW	电机转速 /r·min^{-1}	最大给料粒度 /mm	设备质量 /t
ZHM240C	0.7×1.1	0.1~0.5	40~400	11	1470	8	1.2
ZHM300C	0.8×1.2	0.3~1.5	40~400	18.5	970	10	1.5
ZHM400C	1.1×1.7	0.6~3	40~400	30	970	12	3
ZHM750B	1.5×2.5	3~10	40~400	55	970	30	10

生产厂商：长沙深湘通用机器有限公司。

10 矿山安全装备

10.1 救生舱

救生舱是在井下设置的具有特殊功能的安全设备。在发生灾难或意外事故时，现场人员迅速进入舱内，与危险隔离，等候救援，保障人员的生命安全。

10.2 救生舱技术参数

技术参数见表 10－1－1、表 10－1－2。

表 10－1－1 救生舱技术参数（江苏金安盾救援装备有限公司 www.giantrescue.com.cn）

项 目	主要技术参数			
额定人数/人	6	8	12	16
质量/t	18	20	22	28
最大单节拆装尺寸/mm × mm × mm	800 × 1480 × 1807	1200 × 1667 × 1805	1200 × 1667 × 1805	1200 × 1900 × 1805
布置范围/m	距采掘工作面 500 ~ 1000			
舱体材料形式	硬体舱			
额定防护时间	不低于 96h，备用系数不低于 1.1			
舱体抗爆炸冲击压力/MPa	≥0.3			
适应环境温度	环境温度：55℃ 4h，30℃ 92h			
	瞬间耐高温能力：1200℃			
舱内环境控制水平	舱内气压应始终保持高于外界气压 100 ~ 500Pa			
	氧气浓度 18.5% ~ 23%			
	甲烷浓度 < 1.0%			
	二氧化碳浓度 < 10%			
	一氧化碳浓度 ≤ 24×10^{-6}			
	体感温度 ≤ 35℃			

表 10－1－2 避难硐室技术参数（山东中盾电气设备有限公司 www.sdzddq.com）

额定防护人数/人	20 ~ 100
额定防护时间/h	> 96
防护密闭门抗冲击力/MPa	> 0.3
压风出口压力/MPa	0.1 ~ 0.3
避难硐室内 O_2 浓度/%	18.5 ~ 23
避难硐室内 CO_2 浓度/%	≤1
避难硐室内 CO_2 浓度/10^{-6}	< 24
避难硐室内温度/℃	≤35
避难硐室内湿度/%	≤85

生产厂商：江苏金安盾救援装备有限公司。

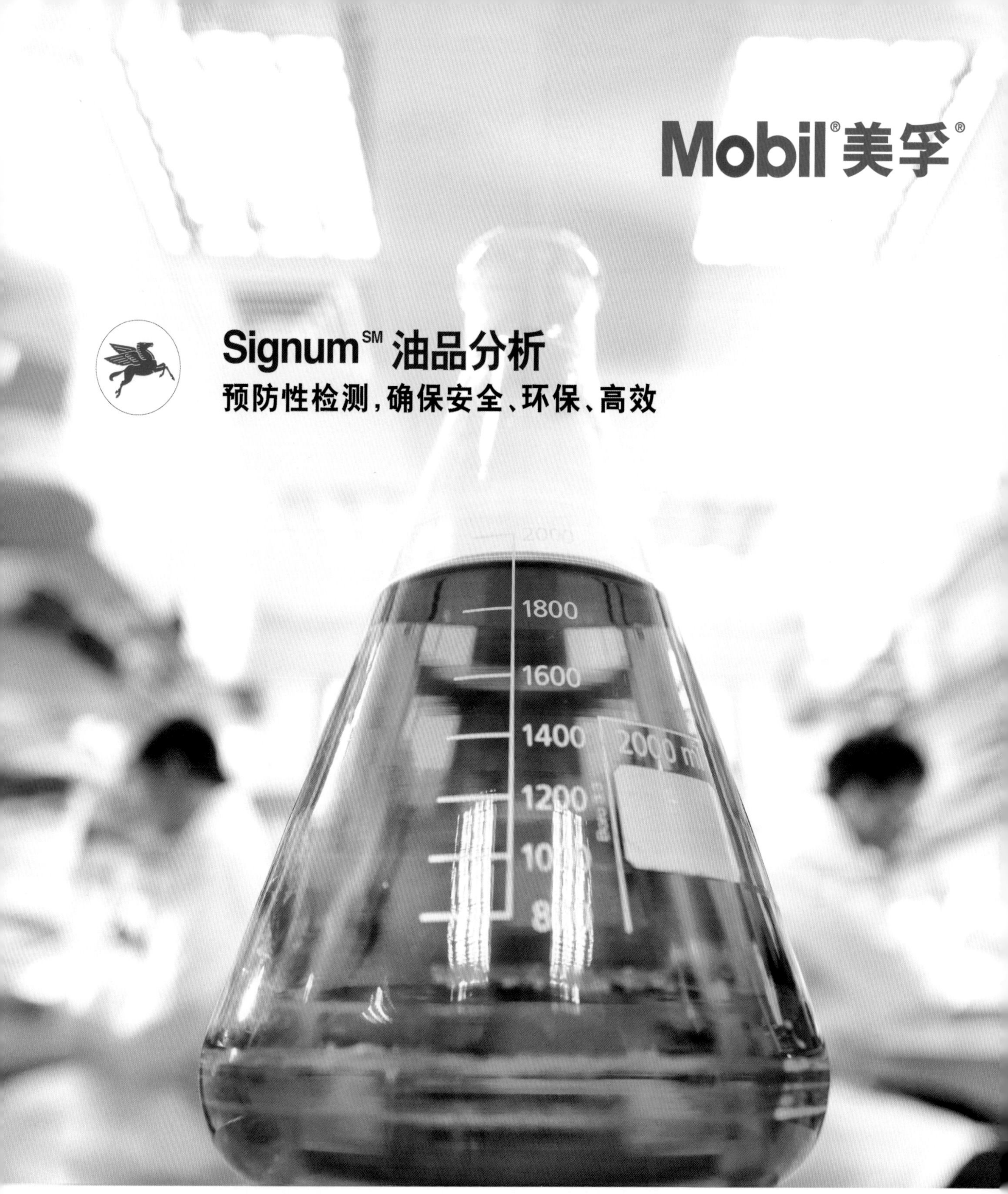
Mobil®美孚®
Signum℠ 油品分析
预防性检测，确保安全、环保、高效
1800
1600
1400
1200
2000 ml

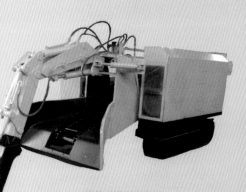

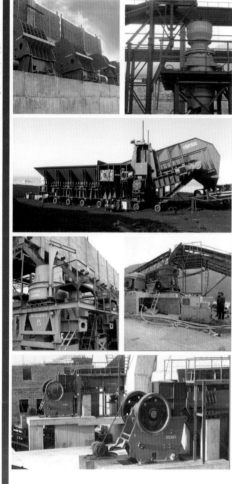

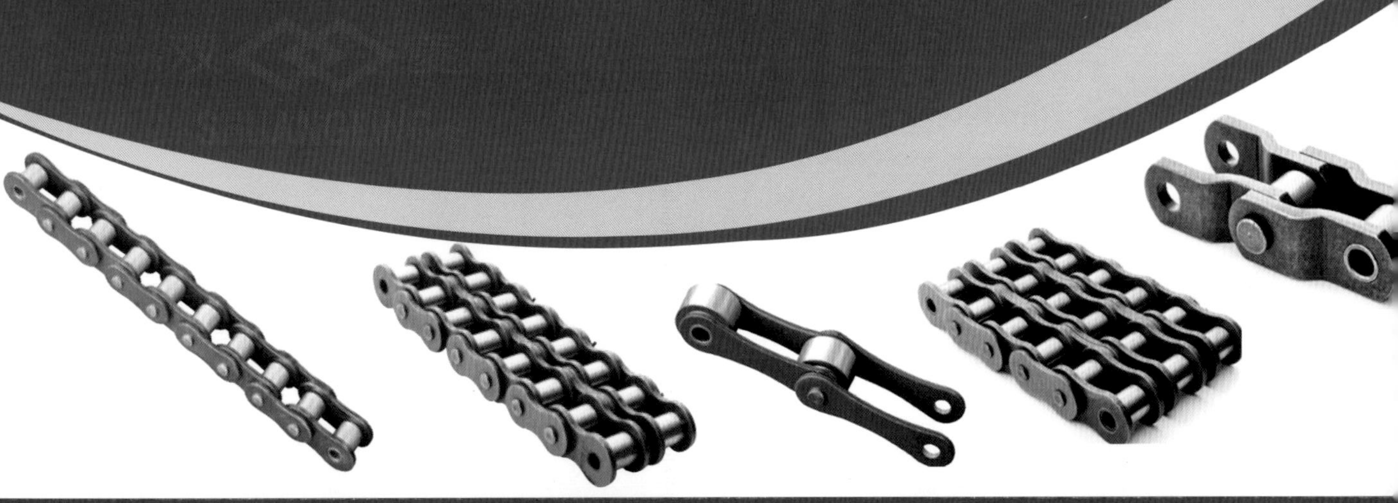